高岩温引水隧洞围岩稳定性与支护衬砌设计方法研究

李　宁　姚显春　余春海　侯代平　著

U0262509

科 学 出 版 社

北　京

内 容 简 介

  本书首先对国内外高岩温隧洞（道）的工程问题及研究现状进行介绍与分析，围绕新疆布仑口—公格尔水电站引水隧洞穿越高岩温地区遇到的设计难题，通过现场试验、室内试验、模拟试验、数值仿真试验的手段对引水隧洞在不同开挖、不同支护阶段的温度场进行系统分析、研究。在此基础上，对不同工况下温度场引发的隧洞围岩与支护、衬砌结构的温度应力特征及其变化规律进行分析、推导与数值求解，并推导出引水隧洞围岩与支护结构在内水荷载下的温度场、应力场耦合求解解析格式与数值求解方法及一种简单方便的半解析方法——微步开挖模拟法。最后对洞室喷层材料、衬砌混凝土在不同养护温度条件、不同工作温差工况下的力学性质进行系统的室内试验研究。综合研究成果，初步提出高岩温引水隧洞与支护衬砌结构的设计原则，并成功在布仑口—公格尔水电站高温隧洞工程中得到应用。

  本书可供从事隧洞（道）工程设计、施工的技术人员及科研人员阅读，也可作为大专院校相关专业研究生的参考书。

图书在版编目（CIP）数据

高岩温引水隧洞围岩稳定性与支护衬砌设计方法研究/李宁等著. —北京：科学出版社，2018.12

  ISBN 978-7-03-059171-5

  Ⅰ.①高… Ⅱ.①李… Ⅲ.①引水隧洞-围岩稳定性-研究②引水隧洞-隧道支护-隧道衬砌-设计-研究 Ⅳ.①TV672

  中国版本图书馆 CIP 数据核字（2018）第 242047 号

责任编辑：亢列梅 徐世钊 / 责任校对：郭瑞芝
责任印制：张 伟 / 封面设计：陈 敬

科学出版社 出版
北京东黄城根北街 16 号
邮政编码：100717
http://www.sciencep.com

北京中石油彩色印刷有限责任公司 印刷
科学出版社发行 各地新华书店经销
*

2018 年 12 月第 一 版 开本：720×1000 B5
2018 年 12 月第一次印刷 印张：26 1/2
字数：534 000

定价：198.00 元
（如有印装质量问题，我社负责调换）

前　　言

本书经过八年多的磨砺，终于与读者见面了。

本书主要由作者的博士生姚显春（2013年毕业）、曲星（2014年毕业）、张岩（2014年毕业）的三篇博士学位论文（《高温差下隧洞围岩衬砌结构热应力特性研究》《高岩温引水隧洞温度场、应力场耦合机理及支护结构设计原则研究》《高温差环境下引水洞衬砌及围岩的强度特性研究》）的主要内容及研究报告《布仑口—公格尔水电站高温隧洞支护结构力学特性》和《布仑口—公格尔水电站设计报告》的部分内容构成。

在此简单介绍本书相关研究的背景与起源。2009年新疆布仑口—公格尔水电站引水隧洞开工建设，19km长的引水隧洞遇到了4～5km的高岩温洞段，设计、施工遇到前所未见的困难。当时该工程的主要设计单位新疆水利水电勘测设计研究院院长于海鸣充分认识到，这种极特殊的围岩条件可能对该常规隧洞工程设计产生极大影响，在业主侯代平总经理的大力支持下，三方（设计单位、业主、西安理工大学）达成共同出资由西安理工大学主要承担的大型研究课题——新疆盖孜河布仑口—公格尔水电站工程高温引水隧洞围岩稳定性与支护衬砌研究（2009～2014）。首先在引水隧洞主洞高岩温洞段开挖了两个原位试验支洞，进行了长达一年多的现场原位试验，并结合现场试验情况，在西安理工大学进行了高岩温隧洞过冷水的模拟试验，不同温差、不同养护条件下的喷层材料纤维材料的热学、力学与热力学试验以及相应的系统的数值仿真试验研究。结合姚显春、曲星、张岩的博士学位论文及若干硕士生（王亚南、何欣、刘俊平、朱振烈、万克诚等）的学位论文研究，基本完成了高岩温地区水工引水隧洞在不同施工措施（通风、支护等）、不同运行工况（衬砌封闭、过冷水、放空检修等）条件下的围岩、支护、衬砌结构的温度场特性，温度场与应力场耦合特性及自重场、二次开挖应力场、温度应力场、内水压力产生的应力场的耦合特性研究，提出了该类围岩引水隧洞的设计原则。在此基础上，经由新疆水利水电勘测设计研究院该项目的设计工程师余春海、郭宇、代立新等的修改、补充，直接将研究成果应用于新疆布仑口—公格尔水电站工程高温引水隧洞高岩温洞段有压引水洞的衬砌设计与施工。工程完工后，经过近三年运行，效果良好，未出现任何温度应力裂缝。

本书第1章介绍高岩温隧洞的工程背景与研究现状，由李宁、余春海、姚显春、曲星执笔；第2章介绍高岩温引水隧洞的温度场特性，由姚显春、曲星执笔，李宁、余春海修改；第3章介绍高岩温引水隧洞与支护结构热力学参数与边界条件，由李宁、姚显春、曲星执笔；第 4 章介绍高岩温引水隧洞的温度应力特性，由李宁、姚显春、曲星执笔，郭宇、张岩修改；第 5 章介绍高岩温引水隧洞在内水压力下支护结构温度-应力耦合机制研究，由姚显春、曲星执笔，李宁修改；第 6 章介绍高岩温引水隧洞的喷层与衬砌混凝土结构抗高温特性，由李宁、张岩、侯代平执笔，余春海、郭宇修改；第 7 章介绍新疆布仑口—公格尔水电站高岩温引水隧洞设计实例，由余春海、郭宇、代立新执笔，侯代平修改；第 8 章结语由李宁、余春海、姚显春执笔。

　　本书的出版得到了西安理工大学水利工程国家重点学科和西北旱区生态水利国家重点实验室的资助。本书部分公式、图件由王喜鸽、杨敏、胡璇、谢海香等研究生协助整理，刘建莉参与了部分文稿的整理，在此一并表示感谢。

　　由于本书研究内容大部分属首次探索，少有相关文献与工程实例参考；加上时间等因素，本书大部分成果尚未以论文等形式发表，书中难免有不足之处，敬请广大读者批评指正。

目　　录

1 高岩温隧洞的工程背景与研究现状

1.1 引　　言

随着我国西部水电资源的大力开发以及环境生态工程的需要，长距离的引水调水工程越来越多。西部地区山高谷深、地势陡峻，长隧洞引水式发电是一种有效的水能开发方式[1]。但引水长隧洞均具有埋深大、线路长，穿越不同的地质单元，且无法避开活断层影响等特点。其中，高地温、高地应力及高渗压等地质问题严重，尤其是高地温问题在近年来的引水工程中逐渐增多[2-4]。新疆布仑口—公格尔引水发电隧洞，从现场揭示的地质情况来看，孔内最高温度达到 100℃，开挖后洞内温度也在 60~80℃，高温问题极其突出；锦屏二级水电站引水隧洞长 16~19km，一般埋深 1500~2000m，最大埋深 2500m，洞内温度也达到 50~60℃；墨脱水电站在雅鲁藏布江大拐弯处修建了 40km 长的引水隧洞，最大埋深可达 4000m，也存在高地温问题。

高地温越来越成为影响隧洞施工及安全性的主导因素。研究表明[5-7]，当初始岩体温度达到 35℃以上、湿度达到 80%时，高温问题就会对隧道的建设造成严重影响，不仅会显著降低劳动生产率，而且会危害作业人员的健康安全，导致施工无法进行。另外，洞内高温高湿也容易引起机械设备故障增多，使其效率降低，严重者工期受阻。目前，国内外针对高岩温隧洞的研究主要集中在煤炭巷道以及长距离公路、铁路在施工期开挖时的通风降温或发生火灾后的降温方面[8-17]。而除了这些问题外，水利工程中对于温度影响的分析与其他工程显著的不同之处在于：①对支护结构安全性的要求更加严格，其不仅要承担施工期开挖荷载，还要承担运行期的内水荷载；②运行期过水后围岩及支护结构的温度条件更加恶劣，尤其是西部高寒地区，常年极低水温、高温差下的支护结构受力情况在其他工程难以遇到。

矿井热害在我国及其他主要产煤国早已非常突出，作为矿井灾害之一，矿井中出现的高温严重恶化了施工条件，持续的高温对施工人员的身体健康及工作能力均造成了极大的影响，在降低劳动效率的同时也增加了事故的发生概率[18-20]。根据对山东、江苏等省份煤矿的调研成果[21]，煤矿工作面温度超过 30℃的达到 70%以上，针对煤矿热害的相关研究开展较早，取得了一定的研究成果。近年来，对于公路隧道及铁路隧道的温度研究也逐渐增多，其主要集中在两个方面：一方面为高海拔地区低温冻害对隧道主体结构及运行期间的影响[22-24]，另一方面主要为隧道运行过程中可能发生的火灾对隧道安全性的影响[25-28]。近年来，在秦岭特长隧道、高黎贡山隧道等工程中也出现了一定的高温问题，但研究成果较少[29-31]。随着高速公路、铁路建设在西部地区的发展，高温条件下的公路、铁路隧道研究也将大量涌现，现有研究成果对未来可能出现的高温问题缺乏足够指导。

高温条件下引水隧洞与其他隧洞的显著区别在于运行期，洞内低温水与岩体高温形成高温差，从而使支护结构的安全性面临重大考验，这方面的研究尚未见到相关报道。对于高温条件采取支护结构后的施工期、运行期过水条件下的温度场变化特征缺少实测资料的分析，尤其对于高温差下支护结构的受力特点缺少全面、系统的研究，其受力特点不明将严重制约引水隧洞设计工作的开展。

1.2　高岩温对地下洞室围岩稳定及支护结构的影响

1.2.1　高岩温隧洞（道）现状

隧道中高温现象的观察最早可追溯到 19 世纪后半叶[32]，高温隧洞最早出现在 1898 年建造连接意大利与瑞士的辛普隆铁路隧道时。当时出现了多次高温涌水事故，温度 46～56℃ 的水以 350L/s 的速度涌入正在施工的隧道中，不仅对施工造成了极大的影响，也使得岩体内部温度升高到 55℃ 左右。随后，各国在修建深埋长隧洞时，都不同程度地出现过高温热害。在圣哥达（Gotthard）和勒奇堡（Lotschberg）铁路隧道施工中也出现过围岩温度在 40℃ 以上、湿度相对较高的岩体。在勃朗峰（Blanc）隧洞中，部分岩石温度达到 30℃，施工中采用了喷水的方法，将工作面的温度降到 25℃ 左右。根据文献[33]和文献[34]的统计，近年来，不包括地下深部的矿井热害，仅隧洞（道）一个方面，典型的高地温隧洞（道）已有 15 个。例如，日本的安防公路隧道施工期岩石温度达到 75℃；意大利的辛普伦（Simplon）铁路隧道，其岩石最高温度达 55℃，施工期多次发生高温涌水事故，高地温涉及的洞段长达 3km；位于意大利穿越亚平宁山脉的亚平宁双线铁路隧道，修建时遇到 53.8℃ 的高地温；法国、意大利在勃朗峰隧洞修建中，部分岩石温度达到 35℃。新疆布仑口—公格尔水电站引水隧洞，实测到局部围岩温度达到 105℃，在 4km 长的范围内，施工期岩石温度为 50～85℃，涉及的地温之高，范围之广，在世界范围内，对于类似工程都是少见的。

与高温隧洞（道）相关的文献，可大致分以下三个方面。

1. 高岩温矿井方面

最早描述矿井高温现象的文献出现在 16 世纪[35]。目前，南非是世界上开采深度最大的国家，其在矿井温度控制方面取得了大量的经验，主要有：井下开挖过程中最大限度地优化通风系统；通过高效科学的净化装置净化粉尘，为井下通风提供基础；采取各种隔热措施对热源进行隔绝，降低洞壁温度及减小通风温升，在条件允许的情况下，可考虑采用空调制冷降温[36]。在理论分析方面，Heist Drekopt 在假定巷壁温度为稳定周期变化的前提下，得出了围岩内部温度场变化解析式，首次提出了围岩调热圈的概念；20 世纪 30～40 年代，Biccand 对深井条件下的风温预测进行了深入研究，提出了风温计算的基本思路；在此基础上，苏联的专家提出了较为完整的矿井内部岩体温度及风流热力计算方法[37-38]。70 年代，日本工学博士平松良雄[39]提出了考虑岩体与风流不稳定传热条件下的风温计算公式及相关热力学参数的计算方法。这些研究成果为现代矿井风温、岩温的预测奠定了坚实的基础。

随着数值方法的逐渐发展，将数值模拟方法引入到温度的预测方面也有了较大的进步，我国学者在这方面做了大量研究。侯祺棕等[40]从作为气温预测计算基础的井巷调热圈温度场入手，建立了优于一般差分格式的解算通风巷道调热圈半径及其内部温度场的不定区域异步长差分式，得出了经过一定通风时间的巷道壁温可当作常量处理和调热圈半径与通风时间的平方根呈线性关系这两个重要结论。胡汉华[41]针对矿山中掘进作业面的热害问题，研制了一种空气冷却器，提出矿井轻便空调室技术用以控制矿山中的热环境，并通过编写计算机程序解决了高温矿井通风网络问题，开发出能够预测整个矿井热环境的计算程序。李红阳[42]根据我国高海拔地区的热害问题，进行了隧道热力学特性分析，建立了高海拔地区的隧道热害预测模型，预测了不同热力状况下的高温隧道热害程度，并结合实际提出了具体的热害控制技术。王世东等[43]分析了深部矿井煤岩体温度场的特征及其控制因素，数值模拟了岩体热物理性质及裂隙网络几何参数对温度场的控制特征，得到了渗透系数、对流换热系数以及裂隙隙宽对温度场的影响。王志军[44]针对矿井中的高温热害问题进行了相关分析，提出了降温经济风量的概念，通过数值模拟得到了矿井的经济开采深度，开发了高温矿井热力分析与低温评价系统，并提出一些热害处理措施。

矿井高温作为一种热害，主要体现在对人体的伤害上，我国的学者在降温防护方面也做了大量工作。魏润柏等[45]、Fanger[46]、de Dear 等[47]基于室内热环境，提出了人体热舒适的理论、热舒适平衡方程以及热舒适度评价指标 PMV-PPD。向立平等[48]利用软件模拟了不同风速和温度组合下，高温巷道中的热环境，并依据PMV-PPD 对巷道中热环境进行了预测、评价，并给出了高温巷道中温度场、速度场和 PMV-PPD 的分布规律图。孙丽婧[49]通过建立特殊环境试验舱，进行样本试验，研究了作业人员在高温高湿低氧环境下的热耐受性特征，并分析了其影响参数。吕石磊[50]建立了高温高湿环境舱，通过试验得出热环境中人生理指标的变化规律，建立了数学模型，可以预测人体在热环境中的耐热极限时间，最后提出了一种新的评价热舒适的系统,可以反映人体的热耐受能力。李国建[51]指出口腔温度、失水率和心率是决定能否达到忍耐极限的主要因素,其中口腔温度影响最大,通过实验得出控制新陈代谢率和增加湿度能够延长忍耐时间,并说明女性较男性具有更强的耐热能力。这些研究为高温环境下施工人员的安全保证提供了基础。矿井中对温度的研究为其他高温环境下的隧洞施工与设计提供了一定的参考,但不同隧洞有其独特性,矿井重施工、轻支护的情况也制约了其对支护条件下温度场的研究,同时矿井更侧重于温度对人的影响,研究重点也主要集中在对施工人员的防护方面。

2. 核废料存储方面

在地下核废料存储研究方面,由于核废料在存储过程中释放大量的热能,核废料的处置研究主要为高温条件下围岩及混凝土处置库的多场耦合研究[52-53]。目前,国内外学者对此做了大量的工作。Bower 等[54]在 FEHM 基础上加入了力学耦合及双重孔隙模型,采用 Newton-Raphson 迭代运算方式模拟分析了含热源裂隙含水层中的 THM 耦合问题,将其应用到地热库的地下水运移问题、双重孔隙-裂隙介质的热流耦合问题以及二维饱和含水层的裂隙水力传导问题等,取得了较好效果。Thomas 等[55]以两个现场工程屏障系统实验为依据,根据质量守恒、动量守恒以及能量守恒方程,提出一种多孔介质多物理场 THM 耦合微观连续介质法,建立了三维模型并同时实现了并行计算。Tsang 等[56]重点分析了黏土地层内高放核废料贮存的 THM 耦合问题,详细阐述了过去几十年内世界四个主要的地下实验室在这方面的研究成果。国内的冯夏庭及其团队以国际项目 DECOVALEX 为依托,以瑞典 Äspö 硬岩实验室的试验数据为基础,进行关于结晶岩开挖损伤区的形成与演化机理分析,建立弹性、弹塑性、黏弹塑性 THMC 分析模型,并开发数值软件,通过对模拟处置库地下围岩 THMC 耦合过程试验监测数据的分析验证其可靠性[57-59]。刘亚晨等[60]在 THM 数学模型的基础上,应用加权残数法,建立了以结点位移、水压力和温度为求解量的有限元格式。唐春安等[61]建立了能够描述岩石破裂演化过程的热-水-力耦合细观力学模型,揭示了热-水-力耦合条件下岩体结构的宏观破坏行为。蒋中明等[62]应用多孔介质力学耦合理论,应用 Mont Terri 核废料储存地下岩石试验工程中黏土岩各种物理量各向异性的特点,研究了该黏土岩在加热和冷却全过程中由于热荷载引起的耦合效应场。研究表明,影响岩体温度场、应力场以及孔隙压力场分布的主要原因为岩体力学参数、水力学参数和热传导系数的各向异性。张玉军[63]使用 UDEC 程序对核废料处置库近场分别进行了水-应力耦合与热-水-应力耦合的数值模拟,对比了两种情况下围岩的温度、位移、塑性区、主应力、节理开度、水压力和流速的分布及温度随时间的变化等。结果表明,热-水-应力耦合能够比水-应力耦合更好地反映围岩位移、应力等的变化规律，且在围岩中节理开度、水压力和流速的描述上更加明显。刘文岗等[64]应用 FLAC3D 软件模拟计算了数百年内热-力耦合（TM）条件下高放废物地质处置库围岩的温度场、应力场和变形场的变化特征，初步得到一定条件下花岗岩体的热力学特征及处置巷道工程合理的设计间距。从目前的研究成果看，核废料的存储属于热门的研究方向，相关的研究成果也较多，但多从三场甚至四场耦合角度入手，相关参数难以准确确定，在实际工程中应用具有较大难度，对于高温隧洞的前瞻性理论研究具有一定的指导，但难以快速指导工程实际问题。

3. 隧道火灾方面

隧道火灾的影响研究主要针对高温下混凝土衬砌的安全性问题。国内外学者从室内试验及数值模拟分析方面进行了大量研究。澳大利亚的 Lemmerer 等[65]采用室内试验及数值模拟的手段分别对素混凝土、预应力混凝土以及纤维混凝土的不同材料下的衬砌防火性能进行研究，并对其进行改进。Ibrahim 等[66]对钢衬形式进行了现场火灾试验，并在试验基础上采用二维有限元方法对火灾条件下隧道衬砌的变形计应力进行分析，得到了一些有益成果。Schrefler 等[67]、Witek 等[68]详细总结了欧洲发生的隧道火灾案例，采用有限元数值模拟方法，分析了隧道衬砌结果在火灾条件下的温度场应力场情况，对火灾条件下衬砌的安全性进行了评估。闫治国[69]从材料、构件、结构体系三个层次对衬砌结构在火灾时的力学特性、耐火能力及薄弱环节进行了研究，给出了隧道衬砌结构温度场的理论计算方法。汪洋[70]采用理论分析与数值模拟相结合的方法，对火灾下衬砌结构的安全性能进行了深入研究。张孟喜等[71]以上海环线越江沉管隧道为背景，采用有限元程序分别进行了常温下和火灾时沉管隧道的热-力耦合分析，从而更直观地了解了温度场对应力场的影响。曾巧玲等[72]采用三维瞬态温度场的半解析有限元法对火灾下的隧道温度场进行分析，并与试验结果进行比较，为了解隧道内外火灾时温度场的分布和传递规律奠定了一定的基础。赵志斌[73]以长江隧道为研究对象，采用 ANSYS 热分析对火灾条件下隧道衬砌结构的温度场分布和温度应力状态进行了数值模拟研究，得出了不同火灾荷载下衬砌关键部位的温度应力分布，为隧道抗火设计提供了理论参考。金浩等[74]针对秦岭特长公路隧道建立了火灾工况下的数值仿真分析模型，分析了隧洞各部位的热量分布，并通过实验数据对仿真模型进行验证。李忠友等[75]综合考虑了火灾作用下衬砌结构中温度的非线性分布、材料力学性能的高温劣化及热膨胀等因素的影响，提出用于描述火灾作用下隧道衬砌结构变形行为的理论分析模型，为隧道结构防火设计及灾后评估提供了理论依据。熊珍珍等[76]利用数值模拟手段对高温火灾下的隧道受力进行分析，得到了衬砌混凝土破坏形态的定量化结果。火灾隧洞中温度会达到 200℃ 或 300℃，甚至更高，其研究主要集中在极高温度对岩体或支护结构的单一影响上，与正常高温下（100℃ 以内）

的影响存在一定差别，难以作为衬砌设计的参考。从目前的研究及对已有高温隧洞的研究成果来看，高温环境下的引水隧洞相关研究基本处于空白，已有研究成果难以准确指导高岩温引水隧洞的分析及支护结构设计。同时，这些学者对地下工程中地温场的预测、模拟做了大量的有益的工作，但在支护结构影响下的围岩温度场变化以及围岩温度场对支护结构的受力特征方面的分析和讨论则较少。

1.2.2　隧洞温度场研究现状

为了分析不同温度环境对隧道安全性的影响，其温度场的变化规律及影响因素研究至关重要，国内外学者对此也展开了大量研究。目前对于温度场变化的研究方法主要集中在两个方面：一方面为温度场解析解的研究，在寒区隧道中研究也较多，解析解物理意义明确，能够清晰地说明各种参数对温度变化的影响；另一方面为温度场的数值模拟研究，研究范围更广且能够较好地与结构应力分析相结合，是目前的主要研究方向。随着高温隧洞项目的增多，温度变化的现场监测方面也有了一些成果，为理论研究打下了坚实的基础。

　　1. 隧道温度场解析解研究

关于温度场变化的解析解研究开展较早，导热方程的合理建立能够揭示温度分布的空间不均匀性与它随时间而改变的非稳态性之间的内在联系，反映了一切导热过程的共性。但一个具体温度场即导热方程的解，还取决于过程进行的特定条件，即单值性条件，是指导热过程服从某一导热方程时能够求解为单一值时所具备的条件，导热方程与单值性条件一起，才能确定一个特定的温度场，这种关系可简明地表示为：导热方程+单值性条件确定的温度场[77]。其中，单值性条件主要包括以下几个方面的内容[39,78-79]。

　　1）几何条件

物体的几何条件包括尺寸、形状等要素，而不同几何形状、尺寸的物体具有不同形式的导热微分方程和不同的温度分布。正确地判断、合理地处理物体的几何条件，是解决具体导热问题的一个重要组成部分。

（1）物体的几何形状要进行适当地简化与概括，选取合理的坐标系。在导热分析中，应根据需要和实际条件，特别是物体内部温度分布的特点，尽可能将其简化为无限大物体、半无限大物体、无限大平板、有限大物体与平板、组合平板、圆柱或球体空腔、圆柱体、圆筒体或环形壳体、椭球体、伸展表面等，然后按照物体的形状与尺寸，选取合理的坐标系。

（2）热传导过程中物体的几何条件，不仅仅就其几何形状、尺寸的狭窄范围而言。更重要的是，所谓"几何"条件是有其物理含义的，也就是说不能拘泥于几何概念去定义导热过程中物体的大小、形状与薄厚。在研究物体的导热特性时，要将物体的几何条件、时间条件、物性条件、边界条件结合在一起去衡量导热物体的"大小"与"薄厚"。

2）时间条件

时间条件对温度场的影响可归结为初始条件的影响，是指被研究的导热过程的起始时刻物体内部的温度分布，主要有两种情况：一种为物体初始温度随空间坐标变化；另一种为物体初始温度分布为常数，分别可表示为

$$T(x, y, z, 0) = f(x, y, z) \tag{1.1}$$

$$T(x, y, z, 0) = T_0 \tag{1.2}$$

在分析实际导热问题时，应根据问题的要求与具体情况，恰当地判定物体导热过程处于何种阶段；对被研究物体导热过程的起始时刻温度分布进行合理地分析与假设。

3）边界条件

边界条件表示物体与外界之间接触面上的热量交换状况。外部因素是通过边界条件对物体内部温度场产生影响的，客观存在的外部环境条件往往是错综复杂的，在热传导研究中，应针对具体问题对边界条件加以简化。在一般的数理方程及热传导的早期著作里，将边界条件归纳为两类。

（1）第一类边界条件。其指给定物体边界上随时间变化或恒定的温度值，即

$$T_w = f_1(t) \text{ 或 } T_w = \text{const} \tag{1.3}$$

这类边界条件又称为狄利克雷（Dirichlet）条件。

（2）第二类边界条件。其指给定物体边界上各点的温度梯度，即

$$\left. \frac{\partial T}{\partial n} \right|_w = f_2(\tau) \tag{1.4}$$

对式（1.4）进行求解，通过与有限元方法比较，该解析解具有较高的精度，能够满足工程需要。张耀等[82]根据实测气温资料，将洞内对流温度边界按正弦曲线进行考虑，建立圆形隧道。考虑了一次衬砌、隔热层、二次衬砌以及围岩的四层结构的热传导方程，运用了微分方程及贝塞尔函数的正交和展开定理，对其进行了求解，与现场监测数据对比吻合良好。夏才初等[83,84]将隧道非齐次的瞬态传热分解为周期函数边界下的瞬态传热和恒温边界下的稳态传热，利用分离变量法与Laplace 相结合的方式，求解了包含保温层下的寒区隧道温度场解析解，并根据能量守恒，建立了隧道内气体的气-固耦合模型，得到了温度变化的显式解析解，有效地指导了工程设计。冯强等[85]针对西部寒区隧道冻害问题，采用 Laplace 变换，建立了隧道温度场的解析分析方法，通过对风火山隧道实例验算，得到和实际工

程相符的结果。邵珠山等[86]针对高地温环境中的圆形隧道，假定其具有一定长度且承受轴对称的温度荷载和地应力作用，建立两端简支的二维稳态的热传导方程和平衡方程，利用无量纲化和微分方程级数求解方法，得到包含温度场、位移场及应力场的热弹性理论解，研究成果可为隧道施工及运营过程中的保温隔热提供重要的理论依据。Lai 等[87]应用无量纲量和摄动技术给出了寒区圆形隧道冻结过程温度场的近似解析解。Prashant 等[88]、Suneet 等[89]等利用叠加原理和分离变量法获得了考虑温度随坐标变化的对流边界条件下圆形断面瞬态温度场的解析解。Nina 等[90]基于不同岩石类型，提出了可描述热传导和压缩波速间相关性的两个模型，两个模型中均考虑了矿物组分和裂纹对热传导的影响。从近年来对解析解的研究发现，在基本的边界条件以及求解方法上未有新的突破，研究主要集中在工程实际应用中，一方面应用于寒区隧道及巷道工程中，另一方面解析解主要对壁面温度进行分析，而对围岩一定范围内的温度变化规律分析较少。

2. 隧道温度场数值模拟研究

随着数值模拟方法的不断进步，国内外采用数值模拟方法对温度场进行大量分析，并取得了丰硕的成果。陈尚桥等[91]针对地下洞室建设所遇到的高温问题，指出了场地温度场评价的四种方法：①钻孔实测法；②地温梯度推算法；③工程类比法；④地球水文化学法。同时提出了专门针对深埋隧洞的新方法：数值模拟反分析法。该方法既能够考虑工程区的宏观山体地形、岩性及具体的构造变化，又能够动态模拟地下水活动对地热场的过程，并结合某电站勘探平洞的地质及地温实测资料，采用有限元反演的方法，对山体地温场进行数值模拟，并对进一步掘进时隧洞的地温场变化进行预测，有效指导了工程施工。张智等[92,93]针对深埋长大隧道存在的热害问题，分析了隧道内的热交换规律，并建立了预测施工掌子面温力分布及其可能导致的混凝土开裂，对保温隔热材料的防冻效果进行了评价。陈永萍等[94]针对秦岭隧洞可能存在的高地温问题，通过钻孔资料分析，建立了岩温预测经验公式，并利用该公式对隧洞岩温进行了预测。舒磊等[95]通过分析羊八井隧洞的地质条件及羊八井地热田的特征及分布规律，提出隧洞处于"正常增温区"，对羊八井隧洞地温做了计算预测。张学富等[96-100]建立了考虑相变的瞬态温度场控制微分方程，应用 Galerkin 法推导出三维有限元计算公式并编制程序，在多个寒区隧道工程中得到了很好的应用。晏启祥等[101]利用三维瞬态有限元程序，分析了不同保温隔热厚度下二次衬砌及周边围岩的温度变化过程，研究了温度应力分布及其可能导致的混凝土开裂，对保温隔热材料的防冻效果进行了评价。胡增辉等[102]利用 FLAC3D 程序模拟计算了隧道围岩的传热能力及其温度场的演化规律，通过实测数据对模型进行验证，最后用该模型对某地铁区间断面的围岩温度场演化规律进行预测分析，得到了地铁围岩的热套厚度、传热稳定时间及传热量的大小。刘玉勇等[103]采用数值模拟分析了考虑相变潜热情况下的围岩瞬态温度场分布，计算和预测隧道围岩在正常运营通风条件下的温度场变化，得出不同情况下保持隧道衬砌与围岩 100 年不冻的隔热层敷设厚度。郭春香等[104]利用有限元对混凝土不同水化热放热条件下对寒区隧道围岩的融化及回冻过程进行了分析，可知混凝土水化热增加了围岩的最大融化深度，同时使围岩温度升高，考虑混凝土水化热影响寒区隧道围岩回冻时间比不考虑水化热情况晚 1 年。杨旭等[105]采用 ANSYS 有限元，在数值模拟中考虑了水文地质条件、混凝土衬砌水化热、大气温度以及地温随时间变化等影响因素，预测并比较隧道施加保温层和未施加保温层的冻融循环圈，取得了有益的成果。谭贤君等[106]将传热学与流体力学、空气动力学相结合，推导出能够考虑通风影响的寒区隧道围岩温度场模型，模型中包括三个方程：围岩温度场控制方程、隧道内风温场控制方程以及风流场湍流控制方程。在此基础上，采用数值分析方法探讨西藏嘎隆拉隧道通风条件下围岩温度场的变化规律及其防寒保温措施。

3. 隧道温度场现场试验与测试研究

现场监测成果对于验证理论解析及数值模拟结果具有重要意义。吴紫汪等[107]在《寒区隧道工程》一书中对大量寒区隧道工程的监测成果进行了总结，寒区隧道内气温沿线路方向呈抛物线分布，暖季抛物线开口向下，隧道中间气温高，寒季相反，洞内气温变化的年振幅与其与洞口的距离成反比。王大为等[108]系统介绍了寒区公路隧道围岩温度的测试方法，并对吉林省小盘岭隧道围岩温度随深度及时间变化的规律进行了总结，当隧道长度小于 600m 时，通风对洞周岩体温度场影响较大。张先军[109]在昆仑山隧道洞内设置了地温及气温观测断面，根据实测资料，初步分析了昆仑山隧道洞内气温、地温及隔热层内外侧温度分布特征。张德华等[110]结合青藏铁路二期工程格尔木—拉萨段风火山隧道修建，选取多个断面对冻土隧洞开挖过程中热力学参数对隧道冻结围岩的影响规律进行深入系统的试验研究。结果表明，隧道支护结构岩体的温度变化与时间及深度呈线性变化趋势；洞内与洞外温度的比值与围岩融化范围及多年冻土上限的比值呈线性变化关系；隧道贯通后，保温措施的良好与否对围岩冻融圈的影响较大，且其围岩融化范围与多年冻土上限的比值，随着围岩表面温度与隧道洞外温度比值呈线性变化关系。赖金星等[111]采用埋入式铂金属热敏电阻测试方法，对地处青藏高原东部的青沙山公路隧道地温场进行现场实测与分析。分析表明，当环境温度较低时，隧道洞口段地温差值分布明显，隧道进出口段衬砌采取一定措施防止裂缝的产生及扩展[112-115]。吕记斌[116]研究了外界温度与混凝土自身温度共同影响下的支护结构受力情况，认为大温差会使得支护结构的可靠性指标大幅降低，应给予关注。徐明新[117,118]根据现场实测数据，采用平壁理论探讨了隧道围岩的热传递规律，通过理论分析研究隧道开挖完成后对围岩在日、月、年尺度及一定深度范围内温度变化的影响，通过解析解的方法对混凝土喷层和围岩的热力学参数进行了标定，提出了温度导致的支护结构变形的计算公式，列出了支护结构截面失效的功能函数，将成果应用于工程实例中，得出当温差超过 5℃时，必须将温度荷载对混凝土的影响考虑在内。方朝阳[119]从现场观测试验、观测成果分析、温度应力理论计算、温度场参数反分析及施工期混凝土弹性模量反分析等方面对大型隧洞衬砌混凝土施工期温度与温度应力进行了系统研究，获得了水泥水化热影响下大型隧洞衬砌混凝土施工期温度与温度应力的全面认识。王亚南[120]探讨了地下洞室开挖后高岩温对围岩收敛变形值、围岩二次应力场和支护结构受力在温度场下的影响，对洞室围岩收敛变形、二次应力场分布在有高地温和没有高地温进行了对比，得出温度场对地下洞室围岩稳定的影响；对有、无隔热层时衬砌温度应力和温度分布进行了对比分析。还有许多学者[121-124]对隧洞初期支护结构在地温条件下受力特点进行了分析，认为不可忽略温度对初期支护的影响，应采取一定的措施降低温度对初期支护结构的影响。

1.2.3　引水隧洞内外温差下混凝土衬砌受力研究

混凝土的温度-应力耦合系统是由温度和应力之间的相互影响作用形成的。一方面，温度变化引起的膨胀或收缩效应对应力状态产生影响；另一方面，应力不但引起内部孔隙率的变化，使材料导热性能发生改变[125,126]，还会导致材料的损伤甚至破坏的产生，改变材料的导热路径以及结构整体的导热能力[127]。暴露在水或空气中的混凝土结构，气温或水温的变化使得混凝土内外侧的温差很容易导致拉应力的产生，由于混凝土是一种准脆性材料，其抗拉强度较低，极限拉伸变形能力也很小，相当于温度降低 6~10℃的变形[128]。因此，温度变化引起的拉应力极容易导致混凝土中裂缝的产生。在某些水工建筑物中，由温度变化引起的温度应力在数值上可能超过其他外荷载引起的应力。例如，对三门峡重力坝孔口应力的研究结果表明，按照荷载产生应力的大小排列，各种荷载的次序是温度、内水压力、自重、外水压力，而且温度应力比其他各种荷载产生应力的总和还要大[129]；压力管道衬砌混凝土中，仅由温度变化（包括混凝土的绝热温升、混凝土浇筑温度、外界气温和水温的变化）引起的应力就可能引起混凝土管道的开裂[130,131]。因此，研究混凝土衬砌在内外温差条件下的力学特性具有重要的意义。王贤能等[132]以锦屏水电站深埋引水隧洞为例，分析出由水温变化导岩温的影响深度为 2~3m，在水温周期性变化下产生的热应力也具有周期性，从而造成围岩及衬砌发生疲劳破坏；徐长春[133]对外界高地热条件下洞周围岩温度分布以及衬砌的受力特性进行了研究，给出了外部温度影响下的衬砌结构受力特点。刘光沛等[134]采用二维热传导的数值模拟方法，研究了不同埋深、不同土壤性质、不同衬砌内空气温度及不同地面温度条件下地沟温度场的分布特征，确定了土壤中温度影响范围的取值，最后对地沟衬砌内、外壁温差计算公式及参数取值提出了建议。朱振烈[135]采用 ANSYS 有限元分析软件，模拟了高温隧洞典型断面的围岩与支护结构温度场及应力场特征，分析了支护结构内部温度与内力变化的关系，研究了几个关键因素对支护结构受力的影响规律，得出了较多有益的成果。刘俊平[136]采用解析解的方法对高温隧洞施工期、运行期支护结构的受力进行了计算分析，并详细论述了各种因素对其温度场、应力场的影响规律。姚显春[137]基于现场试验、解析分析、数值试验研究了高温差环境下隧洞围岩衬砌结构热力耦合特性，为高温隧道设计分析、施工提供理论基础与依据。曲星[138]对高岩温引水隧洞温度场、应力场变化规律、主要影响因素以及相关应力场温度场耦合机制进行系统深入研究，提出了高岩温中引水隧洞中支护结构的设计原则。张岩[139]针对岩体工程中高温隧洞的混凝土支护结构及洞周围岩特有的环境特征，对高温后及温度循环后的力学性能进行了系统的试验研究及理论分析，从细观上分析了其破坏机理，从宏观上提出了适用于工程实际的模型。

此外，多年来，国内外学者[140-152]对高岩温下的岩石力学特性、力学参数、热裂化及岩石损伤破坏机制等方面做了大量研究，并取得了一系列成果，为高温隧洞支护结构受力研究提供了参考依据。

1.3 高岩温隧洞工程存在的问题

目前国内外针对高温隧洞的研究主要集中在施工期范围内，遇到的围岩温度普遍不高，研究重点在于降低工作面温度从而使得施工人员能够正常施工。然而，对于高温隧洞的支护结构受力特点，尤其是高温差下的支护结构研究很少，目前主要存在以下几方面的问题。

（1）解析解作为分析规律的主要手段。目前的研究主要集中在寒区隧道的研究中，至今未见系统地分析高温隧洞未考虑支护措施的通风条件下的温度场变化规律以及在此基础上运行期复合介质条件下的温度场变化规律研究。

（2）针对温度-应力耦合问题的研究主要集中在耦合机理、数学模型及计算参数的选取上，目前在核废料储存方面取得了一定的成果，但不同的问题数学模型的建立及参数选取均有较大不同，高岩温引水隧洞下数值模型中参数及边界条件的选取对于判断支护结构受力准确性至关重要。

（3）高温对支护结构受力的影响主要集中在火灾等极高温条件下，而在 100℃范围内的参数随温度亦有小范围的变化，其对支护结构受力的影响有多大，没有定量的研究成果。

（4）温度对结构的受力影响前期研究往往时间尺度较大，而时间尺度放长后对支护结构的要求与短暂条件下的支护要求有所不同。从实际生活经验可知，在温度突降的短暂瞬间，结构可能发生失稳，因此高温下时间尺度的缩小及结构的精细尺度划分有利于更准确地判断支护结构的受力特点，开展相关条件下的支护结构受力分析有利于更好地了解温度荷载对支护受力的影响。

（5）对于引水隧洞，在高温环境下过水后，内水压力与温度荷载叠加下的支护结构受力设计计算以及相应的耦合机制未见研究成果，这对提高高岩温引水隧洞的支护结构设计具有重要意义。

（6）对于常规隧洞、寒区隧洞下支护结构的受力影响因素均有大量研究成果，能够用于指导隧洞的设计，而高温隧洞各因素，如埋深、支护厚度、温度变化等对支护结构影响的定量未有研究，系统、定量的研究成果对于高温硐室下支护结构设计原则的建立有着重要的指导意义。

（7）国内外对隧道结构进行现场监测研究、分析的案例较多，通过对实际资料的分析来进一步指导工程施工有着显著的经济效益。但研究成果有以下特点及不足：①从测试对象看，目前监测的内容主要集中在常规隧洞的土质或存在破碎的岩质隧洞，温度监测主要集中在寒区隧道，而高温隧洞的相关监测很少；②从监测内容看，对于隧洞支护结构性状的测试成果较多，而温度场及高温差条件下支护结构受力等的全方位现场测试未见报道；③从测试方法看，主要在主洞内进行观测，而专门建立试验洞对不同支护措施下受力特点进行系统全面的监测工作未有报道。

（8）高温条件下的混凝土性能试验已开展多年，但是试验温度通常处于两个极端温度范围：一种是针对矿井高温情况，对常温或较高温（60～70℃）的混凝土研究较多；另一种是针对火灾高温情况，对 200℃以上的火灾高温进行混凝土性能研究，但是对 100～200℃的高岩温环境下的混凝土性能研究很少。

（9）现阶段研究的高温隧洞大多数是对这种特殊施工环境下的施工方法与降温措施进行研究较多，而对高温环境下隧洞衬砌的设计理论与方法研究的却很少。

（10）大多数高温试验针对混凝土试样研究的多，而对高温隧洞的衬砌或喷层结构混凝土研究的少。

（11）对于高温隧洞中围岩体及混凝土衬砌结构受高温的影响，对其宏观的表现规律研究的多，而针对高温条件如何对围岩和混凝土衬砌产生的机理与作用、机制研究的少。

（12）已有的高温隧洞的研究主要是对洞内均匀高温研究比较多，而对时间及空间上的温度差作用，即非均匀高温—高温差研究较少。

同时，作为水工引水隧洞，在过水低温运行期和放空水的检修期，隧洞内的温度大幅度变化，温度干湿循环会使混凝土出现热疲劳损伤，即其中的最高温度或循环状态是影响混凝土力学性能的发展的重要因素。这样的环境中，鲜有涉及如何确保混凝土支护结构在高温环境下的工作性能的研究。

特别是针对较高温差下的衬砌喷层混凝土所做工作极为有限，急待研究的问题有：纤维混凝土在高温下的强度发展规律；养护温度、温度梯度以及高温循环对混凝土强度的影响；温度差对混凝土喷层或衬砌稳定性的影响作用；高温隧洞中的裂隙围岩强度受温度场的影响规律；高温条件下混凝土材料的细观分析模型与宏观力学特性响应的研究。

2 高岩温引水隧洞的温度场特性

在高温条件下，温度场是研究支护结构受力的前提条件，分析施工期开挖通风以及运行期过水条件下的支护结构及围岩的温度场的影响因素、变化规律，可为后续研究提供依据。为了全面了解高温隧洞的非稳态传热特性，本章以圆形隧洞为研究对象，分别建立未支护条件下高温隧洞的非稳态传导方程及复合介质（采取支护措施）条件下的热传导方程，以此分析高温隧洞不同参数影响下及不同工况条件下的非稳态传热规律。对比分析高温隧洞施工期通风、运行期过水条件下洞周岩体温度场变化机理。研究导热问题的最终目的是寻求物体与环境进行热交换时物体内部各处温度的变化规律，在建立对工程问题的数学描述时，首先要根据工程的物理性质判断该工程过程的属性与类型，尤其是要根据导热问题的物理实质，确定物体是属于薄壁还是厚壁，是有限大物体还是无限大物体的导热问题。不同类型的非稳态导热，分析与求解方法亦有不同，合理的简化可以使方程便于求解。而隧洞开挖后，洞壁受到通风的影响，内部一定深度范围内受到热源的影响。根据已有文献可知[78-80]，不论隧洞是否支护均能够简化为厚壁圆筒的非稳态导热问题。

2.1 隧洞温度场基本理论

在高温条件下，温度场是研究支护结构受力的前提条件，分析其施工期开挖通风以及运行期过水条件下的支护结构及围岩温度场的影响因素、变化规律，为后续研究提供依据。

为了全面了解高温隧洞的非稳态传热特性，以圆形隧洞为研究对象，分别建立未支护条件下高温隧洞的非稳态传导方程及复合介质（采取支护措施）条件下的热传导方程，以此分析高温隧洞不同参数影响下及不同工况条件下的非稳态传热规律，对比全面分析高温隧洞施工期通风、运行期过水条件下洞周岩体温度场变化机理。

研究导热问题的最终目的是寻求物体与环境进行热交换时物体内部各处温度的变化规律，在建立对工程问题的数学描述时，首先要根据过程的物理性质判断过程的属性与类型，尤其是要根据导热问题的物理实质，去确定物体属于薄壁还是厚壁，是有限大物体还是无限大物体的导热问题。不同类型的非稳态导热，分析与求解方法亦有不同，合理的简化可以使得方程便于求解。而隧洞开挖后，洞壁受到通风的影响，内部一定深度范围内受到热源的影响，根据已有研究可知，不论隧洞是否支护均能够简化为厚壁圆筒的非稳态导热问题。

热传导简称导热，是传热的三种基本方式之一。导热过程是由微观粒子的热运动引起的，可以发生在物体中具有不同温度的部分之间，也可以发生在直接接触的两个不同温度物体之间。就物体温度与时间的依变关系而言，热量传递过程可区分为稳态过程与非稳态过程两大类：凡是物体中各点温度不随时间而改变的热传递过程均称为稳态热传递过程，反之称为非稳态热传递过程。

研究导热问题的关键在于物体中的温度分布。大量实践经验证明，傅里叶定律能够很好地揭示连续的温度场中每一点的温度梯度与该点的热流密度之间的关系，而连续的温度场中每一点的温度与相邻点的温度之间的关系，以及每一点的温度与时间的关系则需要导热微分方程进一步解决。

导热微分方程推导应用能量守恒定律（热力学第一定律）及傅里叶定律，对于任意物体内的一个微元体有如下关系：

单位时间内通过微元体界面导热得到的净热量（通过傅里叶定律确定）+单位时间内由微元体的内热源生成的热量=单位时间内微元体的内能增加量

本书主要应用于隧洞开挖中，因此，建立圆柱坐标下的导热微分方程，圆柱坐标示意图见图 2.1。

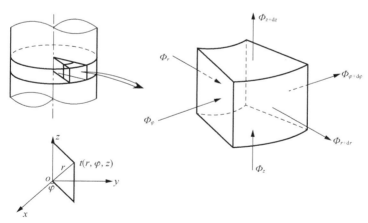

图 2.1　圆柱坐标示意图

（1）沿 z 向（轴向）热流 q_z：

$$q_{z1} = -\lambda A \frac{\partial t}{\partial z} = -\lambda \frac{2r\mathrm{d}r\mathrm{d}\varphi + r(\mathrm{d}r)^2 \mathrm{d}\varphi}{2} \frac{\partial t}{\partial z} \tag{2.1}$$

$$q_{z2} = -\lambda A \frac{\partial}{\partial z}\left(t + \frac{\partial t}{\partial z}\mathrm{d}z\right) = -\lambda \frac{2r\mathrm{d}r\mathrm{d}\varphi + r(\mathrm{d}r)^2 \mathrm{d}\varphi}{2}\left(\frac{\partial t}{\partial z} + \frac{\partial^2 t}{\partial z^2}\mathrm{d}z\right) \tag{2.2}$$

$$q_z = q_{z1} - q_{z2} = \lambda \frac{2r\mathrm{d}r\mathrm{d}\varphi\mathrm{d}z + r(\mathrm{d}r)^2\mathrm{d}\varphi\mathrm{d}z}{2}\frac{\partial^2 t}{\partial z^2} \tag{2.3}$$

式（2.3）忽略 $r(\mathrm{d}r)^2\mathrm{d}\varphi\mathrm{d}z$ 项后有

$$q_z = \lambda r\mathrm{d}r\mathrm{d}\varphi\mathrm{d}z\frac{\partial^2 t}{\partial z^2} \tag{2.4}$$

（2）沿 φ 向（环向）热流 q_φ：

$$q_{\varphi 1} = -\lambda A\frac{\partial t}{\partial(r\varphi)} = -\lambda\mathrm{d}r\mathrm{d}z\frac{\partial t}{r\partial\varphi} \tag{2.5}$$

$$q_{\varphi 2} = -\lambda A\frac{\partial}{r\partial\varphi}\left(t + \frac{\partial t}{r\partial\varphi}r\mathrm{d}\varphi\right) = -\lambda\mathrm{d}r\mathrm{d}z\frac{1}{r}\left(\frac{\partial t}{\partial\varphi} + \frac{\partial^2 t}{\partial\varphi^2}\mathrm{d}\varphi\right) \tag{2.6}$$

$$q_\varphi = q_{\varphi 1} - q_{\varphi 2} = \lambda\mathrm{d}r\mathrm{d}z\mathrm{d}\varphi\frac{1}{r}\frac{\partial^2 t}{\partial\varphi^2} \tag{2.7}$$

（3）沿 r 向（径向）热流 q_r：

$$q_{r1} = -\lambda A_1\frac{\partial t}{\partial r} = -\lambda r\mathrm{d}\varphi\mathrm{d}z\frac{\partial t}{\partial r} \tag{2.8}$$

$$q_{r2} = -\lambda A_2\frac{\partial t}{\partial r} = -\lambda(r+\mathrm{d}r)\mathrm{d}\varphi\mathrm{d}z\frac{\partial}{\partial r}\left(t + \frac{\partial t}{\partial r}\mathrm{d}r\right) \tag{2.9}$$

$$q_r = q_{r1} - q_{r2} = \lambda\mathrm{d}r\mathrm{d}\varphi\mathrm{d}z\left(r\frac{\partial^2 t}{\partial r^2} + \mathrm{d}r\frac{\partial^2 t}{\partial r^2}\right) + \lambda\mathrm{d}r\mathrm{d}\varphi\mathrm{d}z\frac{\partial t}{\partial r} \tag{2.10}$$

简化可得

$$q_r = \lambda\mathrm{d}r\mathrm{d}\varphi\mathrm{d}z\left(r\frac{\partial^2 t}{\partial r^2} + \frac{\partial t}{\partial r}\right) \tag{2.11}$$

（4）微元体内增加的热量：

$$d_q = \lambda\mathrm{d}r\mathrm{d}\varphi\mathrm{d}z\left(r\frac{\partial^2 t}{\partial r^2} + \frac{\partial t}{\partial r} + \frac{1}{r}\frac{\partial^2 t}{\partial\varphi^2} + r\frac{\partial^2 t}{\partial z^2}\right) \tag{2.12}$$

热量还可以表示成时间的关系式，即

$$d_q = mc\frac{\partial t}{\partial\tau}$$

$$mc\frac{\partial t}{\partial\tau} = \lambda\mathrm{d}r\mathrm{d}\varphi\mathrm{d}z\left(r\frac{\partial^2 t}{\partial r^2} + \frac{\partial t}{\partial r} + \frac{1}{r}\frac{\partial^2 t}{\partial\varphi^2} + r\frac{\partial^2 t}{\partial\varphi^2}\right) \tag{2.13}$$

微元体质量还可表示为 $m = r\mathrm{d}r\mathrm{d}z\mathrm{d}\varphi\cdot\rho$，代入式（2.13）可得

$$\rho c\frac{\partial t}{\partial\tau} = \lambda\left(\frac{\partial^2 t}{\partial r^2} + \frac{1}{r}\frac{\partial t}{\partial r} + \frac{1}{r^2}\frac{\partial^2 t}{\partial\varphi^2} + \frac{\partial^2 t}{\partial z^2}\right) \tag{2.14}$$

2.2 高岩温隧洞未支护条件下传热解析解及参数影响

2.2.1 毛洞温度场的基本假定及控制方程

针对不同的工程实际情况，可对导热微分方程进行简化并确定相应的定解条件，本章主要研究高温隧洞开挖后在通风荷载影响下的围岩温度场变化规律，相关假定及条件如下。

1. 几何条件

（1）开挖隧洞为圆形，其几何条件简化为厚壁圆筒，采用柱坐标系下的导热微分方程，即

$$\rho c \frac{\partial t}{\partial \tau} = \frac{1}{r}\frac{\partial}{\partial r}\left(\lambda r \frac{\partial t}{\partial r}\right) + \frac{1}{r^2}\frac{\partial}{\partial \varphi}\left(\lambda \frac{\partial t}{\partial \varphi}\right) + \frac{\partial}{\partial z}\left(\lambda \frac{\partial t}{\partial z}\right) + \dot{\Phi} \qquad (2.15)$$

（2）进风流温度恒定时，相比于径向温度的变化来说可不考虑围岩体内部沿轴向及环向的温度变化，因此式（2.15）可简化为

$$\rho c \frac{\partial t}{\partial \tau} = \frac{1}{r}\frac{\partial}{\partial r}\left(\lambda r \frac{\partial t}{\partial r}\right) + \dot{\Phi} \qquad (2.16)$$

2. 物性条件

隧洞壁面及其内部岩体无地下水存在，围岩干燥，岩质均一，导热系数为常数，且岩体内部无内热源，因此式（2.16）可简化为

$$\frac{\partial t}{\partial \tau} = \alpha \left(\frac{1}{r}\frac{\partial t}{\partial r} + \frac{\partial^2 t}{\partial r^2}\right) \qquad (2.17)$$

3. 时间条件

岩体的初始温度分布为常数，该常数即为岩体的初始岩温，可表示为

$$t(r,\tau)\big|_{\tau=0} = t_0 \qquad (2.18)$$

4. 边界条件

对于高温隧洞在开挖后，一方面洞壁岩体受空气对流换热的影响；另一方面在一定深度范围围岩将保持原始岩温。假定当围岩半径增大到 R 时其温度为原始岩温，其边界条件简化为

$$\begin{cases} \lambda \dfrac{\partial t}{\partial r}\Big|_{r=r_0} = h\left(t - t_{\mathrm{w}}\right) & \text{洞壁边界} \\[2mm] t\left(r,\tau\right)\Big|_{r=R} = t_0 & \text{岩体一定深度范围内边界} \end{cases} \tag{2.19}$$

式（2.15）～式（2.19）确定了未支护高温隧洞的导热微分方程及定解条件。式中，$\alpha = \lambda/(\rho c)$ 为热扩散系数，$\mathrm{m^2/s}$；r_0 为开挖隧洞半径，m；R 为岩体保持原始岩温处的距离半径，m；t_0 为一定深度处原始岩体的恒定初始温度，℃；t_{w} 为隧洞洞壁岩体温度，℃；h 为开挖洞室岩壁与风流间的对流换热系数，$\mathrm{W/(m^2 \cdot K)}$。

高温隧洞开挖后的简化示意图如图 2.2 所示。

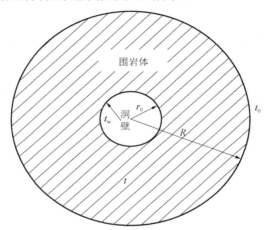

图 2.2　隧洞剖面示意图

高温隧洞开挖后导热问题的简化方程及定解条件整理如下。

控制方程：
$$\frac{\partial t}{\partial \tau} = \alpha \left(\frac{1}{r}\frac{\partial t}{\partial r} + \frac{\partial^2 t}{\partial r^2} \right) \tag{2.20}$$

初始条件：
$$t\left(r,\tau\right)\Big|_{\tau=0} = t_0 \tag{2.21}$$

边界条件：
$$\begin{cases} \lambda \dfrac{\partial t}{\partial r}\Big|_{r=r_0} = h\left(t - t_{\mathrm{w}}\right) \\[2mm] t\left(r,\tau\right)\Big|_{r=R} = t_0 \end{cases} \tag{2.22}$$

2.2.2　方程求解

（1）该问题为非稳态导热问题，引入过余温度 $T = t - t_{\mathrm{w}}$，则初始条件分别简化为

$$T\left(R,\tau\right)\Big|_{\tau=0} = t_0 - t_{\mathrm{w}} \tag{2.23}$$

$$\lambda \frac{\partial T}{\partial r}\bigg|_{r=r_0} = hT \tag{2.24}$$

$$T(r,\tau)\big|_{r=R} = t_0 - t_w \tag{2.25}$$

（2）为了更易求解，可将导热微分方程简化为稳态导热方程和边界简单的非稳态导热方程。

① 稳态方程：

$$\frac{d^2 T_1}{dr^2} + \frac{1}{r}\frac{dT_1}{dr} = 0 \tag{2.26}$$

边界条件：

$$\begin{cases} \lambda \dfrac{dT_1}{dr}\bigg|_{r=r_0} = hT_1 \\[3mm] T_1(r,\tau)\big|_{r=R} = t_0 - t_w \end{cases} \tag{2.27}$$

② 瞬态方程：

$$\frac{\partial T_2}{\partial \tau} = a\left(\frac{\partial^2 T_2}{\partial r^2} + \frac{1}{r}\frac{\partial T_2}{\partial r}\right) \tag{2.28}$$

边界条件：

$$\begin{cases} T_2(r,\tau)\big|_{\tau=0} = t_0 - t_w - T_1 = F(r) \\[3mm] \lambda \dfrac{\partial T_2}{\partial r}\bigg|_{r=r_0} = hT_2 \\[3mm] T_2(r,\tau)\big|_{r=R} = 0 \end{cases} \tag{2.29}$$

（3）对厚壁圆筒下内壁对流边界、外壁恒温边界的稳态方程进行求解，对式（2.26）进行二次积分，可得 $T_1 = c_1 \ln r + c_2$，代入边界条件进行求解，可得

$$c_1 = \frac{t_0 - t_w}{\ln\dfrac{R}{r_0} + \dfrac{\lambda}{hr_0}}, \quad c_2 = (t_0 - t_a)\left(1 - \frac{\ln R}{\ln\dfrac{R}{r_0} + \dfrac{\lambda}{hr_0}}\right) \tag{2.30}$$

代入式（2.27），可得稳态方程的解为

$$T_1 = (t_0 - t_w)\frac{\ln\dfrac{r}{r_0} + \dfrac{\lambda}{hr_0}}{\ln\dfrac{R}{r_0} + \dfrac{\lambda}{hr_0}} \tag{2.31}$$

（4）瞬态方程的求解较为复杂，本节将主要公式列出，重点推导其瞬态解的显示方程。

① 分离变量。$T_2 \equiv T_2(r,\tau)$，将变量 T_2 分离成 $T_2(r,\tau) = \Psi(r)\Gamma(\tau)$，则式（2.28）可变为

$$\frac{1}{\alpha\Gamma(\tau)}\frac{d\Gamma}{d\tau} = \frac{1}{\Psi}\left(\frac{\partial^2 \Psi}{\partial r^2} + \frac{1}{r}\frac{\partial \Psi}{\partial r}\right) = -\beta^2 \tag{2.32}$$

其中，$\dfrac{\mathrm{d}\varGamma}{\mathrm{d}\tau}+\alpha\beta^2\varGamma=0$ 的解为

$$\varGamma(\tau)=\mathrm{e}^{-\alpha\beta^2\tau} \tag{2.33}$$

$T_2(r,\tau)$ 的完全解为

$$T_2(r,\tau)=\sum_{m=1}^{\infty}c_m\mathrm{e}^{-\alpha\beta_m^2\tau}\varPsi(\beta_m,r) \tag{2.34}$$

将初始条件［式（2.21）］及边界条件［式（2.29）］代入得

$$F(r)=\sum_{m=1}^{\infty}c_m\varPsi(\beta_m,r) \tag{2.35}$$

用算子 $\displaystyle\int_{r_0}^{R}r\varPsi(\beta_n,r)$ 对式（2.35）两边进行运算，并利用正交关系式可确定

$$c_m=\frac{1}{N(\beta_m)}\int_{r_0}^{R}r\varPsi(\beta_m,r)F(r)\mathrm{d}r \tag{2.36}$$

最终得到温度分布 $T_2(r,\tau)$ 的表达式为

$$T_2(r,\tau)=\sum_{m=1}^{\infty}\frac{1}{N(\beta_m)}\mathrm{e}^{-\alpha\beta_m^2\tau}\varPsi(\beta_m,r)\int_{r_0}^{R}r'\varPsi(\beta_m,r')F(r')\mathrm{d}r' \tag{2.37}$$

式中，

$$\varPsi(\beta_m,r)=J_0(\beta_mR)Y_0(\beta_mR)-J_0(\beta_mR)Y_0(\beta_mr) \tag{2.38}$$

$$\frac{1}{N(\beta_m)}=\frac{\pi^2}{2}\frac{\beta_m^2U_0^2}{\left[U_0^2-B_1J_0^2(\beta_mR)\right]} \tag{2.39}$$

式中，β_m 是超越方程 $U_0Y_0(\beta_mR)-W_0J_0(\beta_mR)=0$ 的正根；$U_0\equiv\beta_mJ_0'(\beta_mr_0)-\dfrac{h}{\lambda}(\beta_mr_0)=0$；$B_1\equiv\left(\dfrac{h}{\lambda}\right)^2+\beta_m^2$。

$$W_0\equiv\beta_mY_0'(\beta_mr_0)-\frac{h}{\lambda}Y_0(\beta_mr_0) \tag{2.40}$$

式中，J_0、Y_0 分别为 0 阶的一类和二类贝塞尔函数；$J_0'(\beta_mr_0)$ 为贝塞尔函数的一阶导数。

　　② 显示方程推导。为了得到瞬态温度场的分布形式，应推导出公式的显示形式。根据贝塞尔导数的基本性质，超越方程可表示为

$$-\left[\beta_mJ_1(\beta_mr_0)+\frac{h}{\lambda}J_0(\beta_mr_0)\right]Y_0(\beta_mR)+\left[\beta_mY_1(\beta_mr_0)+\frac{h}{\lambda}Y_0(\beta_mr_0)\right]J_0(\beta_mR)=0$$

$$\tag{2.41}$$

　　为了求解 $T_2(r,\tau)$，主要对式（2.37）中的 $\displaystyle\int_{r_0}^{R}r'\varPsi(\beta_m,r')F(r')\mathrm{d}r'$ 项进行积分推导，将式（2.38）～式（2.40）代入可知

$$\int_{r_0}^{R} r' \Psi(\beta_m, r') F(r') dr'$$

$$= \int_{r_0}^{R} r' J_0(\beta_m, r') Y_0(\beta_m, R) - J_0(\beta_m, R) Y_0(\beta_m, r') \left[t_0 - t_w - (t_0 - t_w) \frac{\ln \dfrac{r'}{r_0} + \dfrac{\lambda}{hr_0}}{\ln \dfrac{R}{r_0} + \dfrac{\lambda}{hr_0}} \right] dr'$$

$$= \frac{t_0 - t_w}{\ln \dfrac{R}{r_0} + \dfrac{\lambda}{hr_0}} \int_{r_0}^{R} r' \ln \frac{R}{r'} J_0(\beta_m, r') Y_0(\beta_m, R) - J_0(\beta_m, R) Y_0(\beta_m, r') dr'$$

$$= \frac{t_0 - t_w}{\ln \dfrac{R}{r_0} + \dfrac{\lambda}{hr_0}} \left[\int_{r_0}^{R} r' \ln \frac{R}{r'} J_0(\beta_m, r') Y_0(\beta_m, R) dr' - \int_{r_0}^{R} r' \ln \frac{R}{r'} J_0(\beta_m, r') Y_0(\beta_m, r') dr' \right]$$

$$（2.42）$$

式中，前后两项积分过程是相同的，仅对其中一项进行积分推导，采用分部积分并应用贝塞尔函数积分的相关知识，即

$$\begin{cases} \displaystyle\int z^{\nu} W_{\nu-1}(\beta z) = \frac{1}{\beta} \int z^{\nu} W_{\nu}(\beta z) & W \equiv J, Y, I \\ \displaystyle\int \frac{1}{z^{\nu}} W_{\nu+1}(\beta z) dz = -\frac{1}{\beta z^{\nu}} W_{\nu}(\beta z) & W \equiv J, Y, I \end{cases} \quad （2.43）$$

推导可得

$$\int_{r_0}^{R} r' \Psi(\beta_m, r') F(r') dr' = \frac{t_0 - t_w}{\ln \dfrac{R}{r} + \dfrac{\lambda}{hr_0}} \left\{ \frac{r_0 \ln \dfrac{r_0}{R}}{\beta_m} \left[J_1(\beta_m r_0) Y_0(\beta_m R) - J_0(\beta_m R) Y_1(\beta_m r_0) \right] \right.$$

$$\left. + \frac{1}{\beta_m^2} \left[J_0(\beta_m R) Y_1(\beta_m r_0) - Y_0(\beta_m R) J_0(\beta_m r_0) \right] \right\}$$

$$（2.44）$$

将式（2.43）代入式（2.44），最终可得 $T_2(r, \tau)$ 的显示表达式为

$$T_2(r, \tau) = \sum_{m=1}^{\infty} \frac{1}{N(\beta_m)} \mathrm{e}^{-\alpha \beta_m^2 \tau} \Psi(\beta_m, r) \int_{r_0}^{R} r' \Psi(\beta_m, r') F(r') dr'$$

$$= \frac{\pi^2}{2} \frac{t_0 - t_w}{\ln \dfrac{R}{r_0} + \dfrac{\lambda}{hr_0}} \sum_{m=1}^{\infty} \frac{\mathrm{e}^{-\alpha \beta_m^2 \tau} \Psi(\beta_m, r)}{1 - \dfrac{B_1}{U_0^2} J_0^2(\beta_m, R)}$$

$$\times \left[J_0(\beta_m r) Y_0(\beta_m R) - J_0(\beta_m R) Y_0(\beta_m r) \right]$$

$$
\times \left\{ \beta_m r_0 \ln \frac{r_0}{R} \left[J_1(\beta_m r_0) Y_0(\beta_m R) - J_0(\beta_m R) Y_1(\beta_m r_0) \right] \right.
$$

$$
\left. + \left[J_0(\beta_m R) Y_0(\beta_m r_0) - Y_0(\beta_m R) J_0(\beta_m R) \right] \right\} \tag{2.45}
$$

（5）分别求出稳态方程解 T_1 及瞬态方程解 T_2，可知方程（2.21）的解为

$$
t(r,\tau) = T + t_{\mathrm{w}} = T_1 + T_2 + t_{\mathrm{w}}
$$

$$
= t_{\mathrm{w}} + (t_0 - t_{\mathrm{w}}) \frac{\ln \dfrac{r}{r_0} + \dfrac{\lambda}{h r_0}}{\ln \dfrac{R}{r_0} + \dfrac{\lambda}{h r_0}} + \frac{\pi^2}{2} \frac{t_0 - t_{\mathrm{w}}}{\ln \dfrac{R}{r_0} + \dfrac{\lambda}{h r_0}} \sum_{m=1}^{\infty} \frac{e^{-\alpha \beta_m^2 \tau}}{1 - \dfrac{B_1}{U_0^2} J_0^2(\beta_m, R)}
$$

$$
\times \left[J_0(\beta_m r) Y_0(\beta_m R) - J_0(\beta_m R) Y_0(\beta_m r) \right]
$$

$$
\times \left\{ \beta_m r_0 \ln \frac{r_0}{R} \left[J_1(\beta_m r_0) Y_0(\beta_m R) - J_0(\beta_m R) Y_1(\beta_m r_0) \right] \right.
$$

$$
\left. + \left[J_0(\beta_m R) Y_0(\beta_m r_0) - Y_0(\beta_m R) J_0(\beta_m R) \right] \right\} \tag{2.46}
$$

2.2.3 未支护条件下高温隧洞传热特性及参数影响分析

采用 MATLAB 软件对式（2.21）进行计算，MATLAB 软件中.m 文件的相互调用功能及相关的计算命令为求解方程提供了简便的途径，求解过程如下。

（1）通过 MATLAB 程序中的迭代法计算超越方程的根，迭代程序如下，易知超越方程有无穷多正根，在计算时取的根越多得出解的精确度越高。

```
step=0.01;
for i=0.1:step:100
y0=f(i);
y1=f(i+step);
if(y0*y1>0)
continue;
else t=fzero(f,[i,i+step]);
beta=[beta t];
s=[s f(t)];
end
```

（2）利用 MATLAB 中函数式 .m 文件对公式进行求解。其中，积分主要通过 quad 命令进行求解，通过 .m 文件进行调用实现多积分计算。

① 导热系数影响分析。导热系数反映了围岩的导热能力，从图 2.3 所示的解析结果看，当围岩导热系数较大时，在通风条件下，洞壁温度与深部热源温度相比降幅为 10%左右；当导热系数为 0.5W/（m·℃）时，降幅达到 45%；导热系数越大，岩体内部向洞壁传热量越大，洞壁温度降幅值越小。导热系数从 0.5W/（m·℃）

到 1W/(m・℃)时对传热的影响要显著大于导热系数从 20W/(m・℃)到 30W/(m・℃)，导热系数越小对温度变化越敏感。

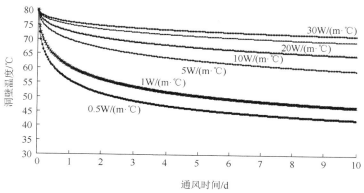

图2.3　不同导热系数下洞壁温度随时间变化

② 对流换热系数影响分析。对流换热系数反映了洞壁与风流间的热交换能力，不同对流换热系数对洞壁温度影响如图 2.4 所示。同等通风等条件下，当对流换热系数为 1W/（m²・℃）时，10 天通风时间内，洞壁几乎不发生热量散失，洞壁温度接近原始岩温；当对流系数增大到 100W/（m²・℃）时，通风 10 天后洞壁温度降至与风温接近，洞壁降温效果明显。对流系数越大，对前期洞壁温度变化影响越显著，1 天时间内洞壁温度降低幅度可达 50%左右。根据对流换热系数对温度变化的敏感度分析可知，当对流换热系数较小时，其变化对洞壁温度变化影响较为明显。通过采取降低壁面粗糙度、加大通风能力均能够有效提升洞周岩体对流换热能力，从而达到快速降低洞壁温度的目的。

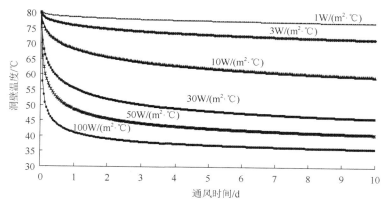

图2.4　不同对流换热系数下洞壁温度随时间变化

③ 通风温度影响分析。通风温度的不同对于洞壁温度会有一定影响，当风温

从 30℃降低到 10℃时，洞壁温度降低 5%左右，单纯降低风温时对洞壁温度影响不明显（图 2.5）。降低通风管道距离，保证从进风口到出风距离内风温升高幅度不大，同时要保证一定的风速。从施工现场可知，降低通风温度对高温施工环境具有明显的改善效果。计算中难以考虑风温变化后对对流换热系数的影响。

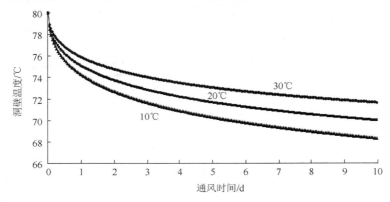

图 2.5　不同通风温度下洞壁温度随时间变化

④ 不同初始岩温影响分析。初始岩温影响如图 2.6 所示，初始岩温的高低一方面决定了施工期的工作环境，另一方面也对支护结构提出了更高的要求。初始岩温越高，相同条件下温度降幅越大。对于初始岩温较高的隧洞，应采取加强通风、局部冷水喷雾、局部制冷机制冷以及综合降温措施进行降温，保证施工环境能够正常作业。

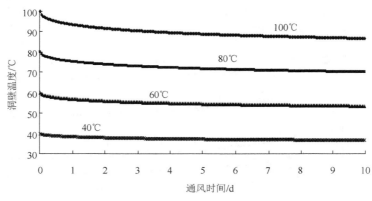

图 2.6　不同初始岩温下洞壁温度随时间变化

⑤ 不同热源深度对洞壁温度影响分析。热源深度影响如图 2.7 所示，在一定时间范围内，不同热源深度对洞壁温度影响较小，热源深度距洞壁 10m、50m 以及 100m 时，对洞壁温度变化影响不大，洞壁温度主要受初始岩温的影响。热源

深度从 5m 增大到 10m，10 天后洞壁温度仅降低了 2%左右；而热源深度从 10m
增大到 100m 时，洞壁温度几乎没有变化。

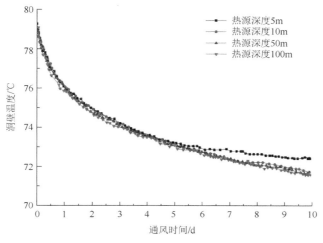

图 2.7　不同热源深度时洞壁温度随时间变化

⑥ 距洞壁不同距离岩体温度变化。受通风等条件影响，不同深度范围内岩体
温度分布不同，为了进一步对支护条件下的高温岩体温度变化进行分析，将不同
深度围岩温度进行拟合，作为采取支护措施后的初始岩温。将该温度分布作为有
支护措施下的围岩初始温度值，也更加符合工程实际，不同深度围岩的温度变化
如图 2.8 所示。

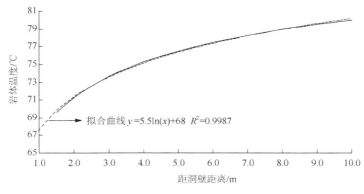

图 2.8　不同深度围岩的温度变化

2.3　高岩温隧洞支护措施下传热解析解及参数影响

采取支护措施后的导热方程属于复合介质下导热分析，对于高岩温引水隧洞，
主要分为两种情况，一种为施工期通风条件，另一种为运行期过水条件。在施工

期支护措施下，其初始围岩温度场为 2.1 节解析解所得到的不同深度岩体温度分布，公式推导仅考虑单层支护措施影响。

2.3.1 隧洞与支护结构温度场的基本假定及控制方程

针对不同的实际情况，可对热传导微分方程进行简化并确定相应的定解条件，本章主要研究高温隧洞施做衬砌后在通风影响下围岩及衬砌温度场的变化规律。公式及单值性条件如下。

1）几何条件及物性条件

（1）开挖隧洞为圆形，施做衬砌后其几何形状可简化为双层厚壁圆筒，采用柱坐标系下的三维热传导微分方程表示，即

$$\rho c \frac{\partial t}{\partial \tau} = \frac{1}{r} \frac{\partial}{\partial r} \left(kr \frac{\partial t}{\partial r} \right) + \frac{1}{r^2} \frac{\partial}{\partial \varphi} \left(k \frac{\partial t}{\partial \varphi} \right) + \frac{\partial}{\partial z} \left(k \frac{\partial t}{\partial z} \right) + \dot{\Phi} \qquad (2.47)$$

（2）隧洞衬砌及其内部岩体中无水分存在，衬砌、围岩均干燥；导热系数为常数，且各向同性；岩体内部无内热源存在；当进风流温度恒定时，相比于径向温度的变化来说，可不考虑沿轴向及环向的温度变化，因此式（2.47）可简化为

$$\rho c \frac{\partial t}{\partial \tau} = \frac{1}{r} \frac{\partial}{\partial r} \left(kr \frac{\partial}{\partial r} \right) \qquad (2.48)$$

2）控制方程

对式（2.48）进行简化，并推广至两层，可得控制方程为

$$\begin{cases} \dfrac{\partial t_i}{\partial \tau} = \alpha_i \left(\dfrac{1}{r} \dfrac{\partial t_i}{\partial r} + \dfrac{\partial^2 t_i}{\partial r^2} \right) \\ r_i < r < r_{i+1}; \ \tau > 0; \ i = 1,2 \end{cases} \qquad (2.49)$$

导热问题的边界条件根据高温隧洞实际工程假定如下。

3）初始条件

假设衬砌的初始温度为 $f_1(r) = t_n$，围岩的初始温度为经过开挖通风一段时间后的温度，记为 $f_2(r)$，公式为

$$\begin{cases} t_i(r,\tau) \big|_{\tau=0} = f(r) \\ r_i < r < r_{i+1}; \ \tau > 0; \ i = 1,2 \end{cases} \qquad (2.50)$$

根据 2.2 节拟合洞周岩体温度分布为 $f_2(r) = 5.5\ln x + 68$，x 为距洞壁距离。

4）边界条件

高温隧洞施做衬砌后，衬砌外边界 r_1 由于通风作用发生对流换热；衬砌与围岩交界 r_2 处存在界面边界，此处考虑热阻的影响；在一定深度范围围岩将保持原始岩温，假定当围岩半径为 r_3 时其温度为原始岩温。其边界条件简化如下。

（1）对流边界：$k_1 \dfrac{\partial t_1}{\partial r} = h_1(t_1 - t_w) \qquad \tau \geqslant 0 , \ r = r_1$ $\qquad (2.51)$

（2）界面边界：
$$\begin{cases} -k_1 \dfrac{\partial t_1}{\partial r} = h_2 \left(t_1 - t_2 \right) \\ k_1 \dfrac{\partial t_1}{\partial r} = k_2 \dfrac{\partial t_2}{\partial r} \end{cases} \qquad \tau \geqslant 0 \, , \quad r = r_2 \qquad (2.52)$$

（3）围岩内部边界： $t_2 \left(r, t \right) = t_0 \, , \quad \tau \geqslant 0 \, , \quad r = r_3 \qquad (2.53)$

式（2.49）～式（2.53）确定了已支护高温隧洞的热传导控制方程及其定解条件，式中，k_1、k_2 分别为衬砌和围岩导热系数，W/(m·K)；$\alpha_i = k_i/(\rho c)$ 为第 i 层的热扩散系数，m^2/s；r_1、r_2、r_3 分别为隧洞支护后半径、开挖半径以及围岩内部边界所对应半径，m；t_0 为原始岩温，℃；t_w 为风流温度，℃；h_1、h_2 分别为衬砌与风流间的对流换热系数、衬砌与围岩之间的膜系数，W/(m²·K)。

高温隧洞施做衬砌后简化示意图如图 2.9 所示。

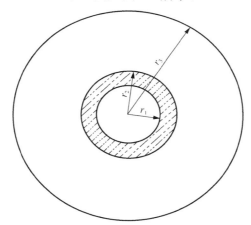

图 2.9　洞剖面示意图

高温隧洞施做衬砌后导热问题的简化方程及定解条件整理如下。

控制方程：
$$\frac{\partial t_i}{\partial \tau} = \alpha_i \left(\frac{1}{r} \frac{\partial t_i}{\partial r} + \frac{\partial^2 t_i}{\partial r^2} \right) \qquad (2.54)$$

初始条件：
$$t \left(r, \tau \right) \big|_{\tau = 0} = f_i \left(r \right) \qquad (2.55)$$

边界条件如下：

对流边界：
$$k_1 \frac{\partial t_1}{\partial r} = h_1 \left(t_1 - t_\text{w} \right) \qquad \tau \geqslant 0 \, , \quad r = r_1 \qquad (2.56)$$

界面边界：
$$\begin{cases} -k_1 \dfrac{\partial t_1}{\partial r} = h_2 \left(t_1 - t_2 \right) \\ k_1 \dfrac{\partial t_1}{\partial r} = k_2 \dfrac{\partial t_2}{\partial r} \end{cases} \qquad \tau \geqslant 0 \, , \quad r = r_2 \qquad (2.57)$$

围岩内部边界：$t_2(r,t) = t_0$，$\tau \geqslant 0$，$r = r_3$ （2.58）

2.3.2 方程求解

对于 2.3.1 小节中温度场求解非齐次问题，采用分离变量法，可由以下三个问题的解叠加而成：

$$t_i(r,\tau) = t_w\phi_i(r) + t_0\psi_i(r) + \theta_i(r,\tau)$$ （2.59）

1）函数 $\phi_i(r)$ 的求解

函数 $\phi_i(r)$ 与下列问题有相同定义域，但在 $r = r_1$ 处有一非齐次边界条件的稳态问题的解。

（1）控制方程：

$$\frac{\mathrm{d}}{\mathrm{d}r}\left(r \cdot \frac{\mathrm{d}\phi_i}{\mathrm{d}r}\right) = 0 \qquad r_i < r < r_{i+1}，\quad i = 1,2$$ （2.60）

（2）边界条件：

$$\begin{cases} -k_1\dfrac{\mathrm{d}\varphi_1(r)}{\mathrm{d}r} + h_1\varphi_1(r) = h_1 & r = r_1 \\[2mm] -k_1\dfrac{\mathrm{d}\phi_1(r)}{\mathrm{d}r} = h_2(\phi_1 - \phi_2) & \\[2mm] k_1\dfrac{\mathrm{d}\phi_1(r)}{\mathrm{d}r} = k_2\dfrac{\mathrm{d}\phi_2(r)}{\mathrm{d}r} & r = r_2 \\[2mm] \phi_2(r) = 0 & r = r_3 \end{cases}$$ （2.61）

对控制方程进行积分求解，可得其通解为

$$\phi_i(r) = A_i + B_i \ln r$$ （2.62）

式（2.62）等价于

$$\begin{cases} \phi_1(r) = A_1 + B_1 \ln r & r_1 < r < r_2 \\ \phi_2(r) = A_2 + B_2 \ln r & r_2 < r < r_3 \end{cases}$$ （2.63）

将式（2.63）代入边界条件，整理得

$$\begin{cases} -k_1\dfrac{B_1}{r_1} + h_1(A_1 + B_1 \ln r_1) = h_1 \\[2mm] -k_1\dfrac{B_1}{r_2} = h_2\big[(A_1 - A_2) + \ln r_2(B_1 - B_2)\big] \\[2mm] k_1\dfrac{B_1}{r_2} = k_2\dfrac{B_2}{r_2} \\[2mm] A_2 + B_2 \ln r_3 = 0 \end{cases}$$ （2.64）

求解该四元一次方程，可分别求得 A_1、B_1、A_2、B_2，即

$$
\begin{cases}
A_1 = \dfrac{\dfrac{k_1}{k_2}\ln\dfrac{r_2}{r_3} - \dfrac{k_1}{h_2 r_2} - \ln r_2}{\ln\dfrac{r_1}{r_2} + \dfrac{k_1}{k_2}\ln\dfrac{r_2}{r_3} - \dfrac{k_1}{h_2 r_2} - \dfrac{k_1}{h_1 r_1}} \\[6mm]
B_1 = \dfrac{1}{\ln\dfrac{r_1}{r_2} + \dfrac{k_1}{k_2}\ln\dfrac{r_2}{r_3} - \dfrac{k_1}{h_2 r_2} - \dfrac{k_1}{h_1 r_1}} \\[6mm]
A_2 = \dfrac{-\dfrac{k_1}{k_2}\ln r_3}{\ln\dfrac{r_1}{r_2} + \dfrac{k_1}{k_2}\ln\dfrac{r_2}{r_3} - \dfrac{k_1}{h_2 r_2} - \dfrac{k_1}{h_1 r_1}} \\[6mm]
B_2 = \dfrac{\dfrac{k_1}{k_2}}{\ln\dfrac{r_1}{r_2} + \dfrac{k_1}{k_2}\ln\dfrac{r_2}{r_3} - \dfrac{k_1}{h_2 r_2} - \dfrac{k_1}{h_1 r_1}}
\end{cases}
\tag{2.65}
$$

2）函数 $\psi_i(r)$ 的求解

函数 $\psi_i(r)$ 与下列问题有相同定义域，但在 $r=r_3$ 处有一非齐次边界条件的稳态问题的解。

（1）控制方程：

$$
\frac{\mathrm{d}}{\mathrm{d}r}\left(r\cdot\frac{\mathrm{d}\psi_i}{\mathrm{d}r}\right) = 0 \qquad r_i < r < r_{i+1}，\ i=1,2
\tag{2.66}
$$

（2）边界条件：

$$
\begin{cases}
-k_1\dfrac{\mathrm{d}\psi_1(r)}{\mathrm{d}r} + h_1\psi_1(r) = 0 & r = r_1 \\[3mm]
-k_1\dfrac{\mathrm{d}\psi_1(r)}{\mathrm{d}r} = h_2(\psi_1 - \psi_2) & \\[3mm]
k_1\dfrac{\mathrm{d}\psi_1(r)}{\mathrm{d}r} = k_2\dfrac{\mathrm{d}\psi_2(r)}{\mathrm{d}r} & r = r_2 \\[3mm]
\psi_2(r) = 1 & r = r_3
\end{cases}
\tag{2.67}
$$

对控制方程进行积分求解，可得其通解为

$$
\psi_i(r) = C_i + D_i\ln r
\tag{2.68}
$$

式（2.68）等价于

$$
\begin{cases}
\psi_1(r) = C_1 + D_1\ln r & r_1 < r < r_2 \\
\psi_2(r) = C_2 + D_2\ln r & r_2 < r < r_3
\end{cases}
\tag{2.69}
$$

将式（2.69）代入边界条件，整理有

$$
\begin{cases}
-k_1 \dfrac{D_1}{r_1} + h_1 \left(C_1 + D_1 \ln r_1 \right) = 0 \\[2mm]
-k_1 \dfrac{D_1}{r_2} = h_2 \left[\left(C_1 - C_2 \right) + \ln r_2 \left(D_1 - D_2 \right) \right] \\[2mm]
k_1 \dfrac{D_1}{r_2} = k_2 \dfrac{D_2}{r_2} \\[2mm]
C_2 + D_2 \ln r_3 = 0
\end{cases}
\tag{2.70}
$$

求解该四元一次方程，可分别求得 C_1、D_1、C_2、D_2，即

$$
\begin{cases}
C_1 = \dfrac{\dfrac{k_1}{r_1 h_1} - \ln r_1}{\dfrac{k_1}{r_1 h_1} + \dfrac{k_1}{r_2 h_2} - \ln \dfrac{r_1}{r_2} - \dfrac{k_1}{k_2} \left(\ln \dfrac{r_2}{r_3} \right)} \\[6mm]
D_1 = \dfrac{1}{\dfrac{k_1}{r_1 h_1} + \dfrac{k_1}{r_2 h_2} - \ln \dfrac{r_1}{r_2} - \dfrac{k_1}{k_2} \left(\ln \dfrac{r_2}{r_3} \right)} \\[6mm]
C_2 = \dfrac{\dfrac{k_1}{r_1 h_1} + \dfrac{k_1}{r_2 h_2} - \ln \dfrac{r_1}{r_2} - \dfrac{k_1}{k_2} \ln r_2}{\dfrac{k_1}{r_1 h_1} + \dfrac{k_1}{r_2 h_2} - \ln \dfrac{r_1}{r_2} - \dfrac{k_1}{k_2} \left(\ln \dfrac{r_2}{r_3} \right)} \\[6mm]
D_2 = \dfrac{\dfrac{k_1}{k_2}}{\dfrac{k_1}{r_1 h_1} + \dfrac{k_1}{r_2 h_2} - \ln \dfrac{r_1}{r_2} - \dfrac{k_1}{k_2} \left(\ln \dfrac{r_2}{r_3} \right)}
\end{cases}
\tag{2.71}
$$

3）函数 $\theta_i \left(r, \tau \right)$ 的求解

函数 $\theta_i \left(r, \tau \right)$ 与下列问题有相同定义域，但具有齐次边界条件的非稳态热传导问题。

（1）控制方程：

$$
\alpha_i \cdot \frac{1}{r} \cdot \frac{\partial}{\partial r} \left(r \cdot \frac{\partial \theta_i}{\partial r} \right) = \frac{\partial \theta_i}{\partial \tau} \qquad r_i < r < r_{i+1}, \quad \tau > 0, \quad i = 1, 2
\tag{2.72}
$$

（2）边界条件：

$$
-k_1 \frac{\mathrm{d} \theta_1 \left(r \right)}{\mathrm{d} r} + h_1 \theta_1 \left(r \right) = 0 \qquad r = r_1
$$

$$\begin{cases} -k_1 \dfrac{\mathrm{d}\theta_1(r)}{\mathrm{d}r} = h_2(\theta_1 - \theta_2) \\ k_1 \dfrac{\mathrm{d}\theta_1(r)}{\mathrm{d}r} = k_2 \dfrac{\mathrm{d}\theta_2(r)}{\mathrm{d}r} \end{cases} \qquad r = r_2 \qquad (2.73)$$

$$\theta_2(r) = 0 \qquad\qquad r = r_3$$

（3）初始条件：

$$\theta_i(r,0) = t_i(r,0) - t_w \varphi_i(r) - t_0 \varphi_i(r) = f_i(r) - t_w \varphi_i(r) - t_0 \varphi_i(r) \qquad (2.74)$$

为求解上面的热传导问题，可依照下述形式分离变量。

令 $\theta_i(r,\tau) = R_i(r)\Gamma(\tau)$，将此式代入控制方程，可得

$$\alpha_i \cdot \frac{1}{r} \frac{1}{R_i(r)} \cdot \frac{\mathrm{d}}{\mathrm{d}r}\left(r \cdot \frac{\mathrm{d}R_i}{\mathrm{d}r}\right) = \frac{1}{\Gamma(\tau)} \cdot \frac{\mathrm{d}\Gamma(\tau)}{\mathrm{d}\tau} = -\beta^2 \qquad (2.75)$$

分离方程，可得

$$\frac{\mathrm{d}\Gamma(\tau)}{\mathrm{d}\tau} + \beta_n^2 \Gamma(\tau) = 0 \qquad \tau > 0$$

$$\frac{1}{r} \cdot \frac{\mathrm{d}}{\mathrm{d}r}\left(r \cdot \frac{\mathrm{d}R_{in}}{\mathrm{d}r}\right) + \frac{\beta_n^2}{\alpha_i} R_{in} = 0 \qquad r_i < r < r_{i+1}, \quad i = 1,2 \qquad (2.76)$$

$R_{in} = R_i(\beta_n, r)$，下标 n 表示有无穷多个不连续的特征值 $\beta_1 < \beta_2 < \cdots < \beta_n < \cdots$ 和相应的特征函数 R_{in}。

将分离变量 $\theta_i(r,\tau) = R_i(r)\Gamma(\tau)$ 代入边界条件，有

$$\begin{cases} -k_1 \dfrac{\mathrm{d}R_{1n}}{\mathrm{d}r} + h_1 R_{1n} = 0 & r = r_1 \\ -k_1 \dfrac{\mathrm{d}R_{1n}}{\mathrm{d}r} = h_2(R_{1n} - R_{2n}) & \\ & r = r_2 \\ k_1 \dfrac{\mathrm{d}R_{1n}}{\mathrm{d}r} = k_2 \dfrac{\mathrm{d}R_{2n}}{\mathrm{d}r} & \\ R_{2n} = 0 & r = r_3 \end{cases} \qquad (2.77)$$

分离方程及其边界条件构成了用于求解特征值 β_n 和相应的特征函数 R_{in} 的特征值问题。

时间变量函数 $\Gamma(\tau)$ 的解为

$$\Gamma(\tau) = \mathrm{e}^{-\beta_n^2 \tau} \qquad (2.78)$$

对于某一层 i，温度 $\theta_i(r,\tau)$ 的一般解为

$$\theta_i(r,\tau) = \sum_{n=1}^{\infty} C_n \mathrm{e}^{-\beta_n^2 \tau} R_{in}(r) \qquad (2.79)$$

式中，累加号是对所有的特征值 β_n 求和。这个解满足控制方程和边界条件。令

式（2.79）满足初始条件，为表示方便，引入函数 $F_i(r) = \theta_i(r,0)$，有

$$F_i(r) = f_i(r) - \left[t_w\varphi_i(r) + t_0\Psi_i(r)\right] = \sum_{n=1}^{\infty} C_n R_{in}(r) \qquad r_i < r < r_{i+1}, \quad i = 1,2 \qquad (2.80)$$

利用下面的算子对式（2.80）两边进行运算。

$$\frac{k_i}{\alpha_i}\int_{r_i}^{r_{i+1}} r R_{in}(r)\,\mathrm{d}r \qquad (2.81)$$

式中，k_i、α_i 分别为第 i 层的导热系数和热扩散系数。

对由此得到的表达式从 $i=1$ 到 $i=2$ 求和得到

$$\sum_{i=1}^{2}\frac{k_i}{\alpha_i}\int_{r_i}^{r_{i+1}} r \cdot R_{ir}(r) \cdot F_i(r)\,\mathrm{d}r = \sum_{n=1}^{\infty} C_n\left[\sum_{i=1}^{2}\frac{k_i}{\alpha_i}\int_{r_i}^{r_{i+1}} r \cdot R_{ir}(r) \cdot R_{in}(r)\,\mathrm{d}r\right] \qquad (2.82)$$

根据正交性，当 $n \neq r$ 时，式（2.82）右面括号里面的项为零；而当 $n = r$ 时，式（2.82）右面括号里面的项等于 $N(\beta_n)$。可求得

$$C_n = \frac{1}{N(\beta_n)} \cdot \sum_{i=1}^{2}\frac{k_i}{\alpha_i}\int_{r_i}^{r_{i+1}} r \cdot R_{ir}(r) \cdot F_i(r)\,\mathrm{d}r \qquad (2.83)$$

$N(\beta_n)$ 为范数，定义为

$$N(\beta_n) = \sum_{j=1}^{2}\frac{k_j}{\alpha_j}\int_{r_j}^{r_{j+1}} r' R_{jn}(\beta_n,r') \cdot R_{jn}(\beta_n,r')\,\mathrm{d}r'$$

$$= \frac{k_1}{\alpha_1}\int_{r_1}^{r_2} r' R_{1n}(\beta_n,r') \cdot R_{1n}(\beta_n,r')\,\mathrm{d}r' + \frac{k_2}{\alpha_2}\int_{r_2}^{r_3} r' R_{2n}(\beta_n,r') \cdot R_{2n}(\beta_n,r')\,\mathrm{d}r'$$

$$(2.84)$$

则 $\theta_i(r,\tau)$ 可以整理成

$$\theta_i(r,\tau) = \sum_{n=1}^{\infty} \mathrm{e}^{-\beta_n^2\tau} \cdot \frac{1}{N(\beta_n)} \cdot R_{in}(r) \cdot \sum_{j=1}^{2}\frac{k_j}{\alpha_j}\int_{r_j}^{r_{j+1}} r' R_{jn}(r') F_j(r')\,\mathrm{d}r'$$

$$r_i < r < r_{i+1} \qquad i = 1,2 \qquad (2.85)$$

此处 $F_j(r') = F_i(r) = f_i(r) - \left[t_w\varphi_i(r) + t_0\Psi_i(r)\right]$

4）特征值、特征函数的求解

特征值问题的一般解 $R_{in}(r)$ 可以写成

$$R_{in} = A_{in}J_0\left(\frac{\beta_n}{\sqrt{\alpha_i}}r\right) + B_{in}Y_0\left(\frac{\beta_n}{\sqrt{\alpha_i}}r\right) \qquad i = 1,2 \qquad (2.86)$$

在根据一组齐次方程确定 A_{in}、B_{in} 的过程中，可令任何一个不为零的系数，如 A_{1n} 等于 1，这一点不影响结果，具有一般性。因此特征值问题的一般解 $R_{in}(r)$ 可以分开写成

$$\begin{cases} R_{1n} = J_0\left(\frac{\beta_n}{\sqrt{\alpha_1}}r\right) + B_{1n}Y_0\left(\frac{\beta_n}{\sqrt{\alpha_1}}r\right) & r_1 < r < r_2 \\ R_{2n} = A_{2n}J_0\left(\frac{\beta_n}{\sqrt{\alpha_2}}r\right) + B_{2n}Y_0\left(\frac{\beta_n}{\sqrt{\alpha_2}}r\right) & r_2 < r < r_3 \end{cases} \tag{2.87}$$

将式（2.87）代入分离变量后整理的边界条件，可得

$$\begin{cases} \left[J_1\left(\frac{\beta_n}{\sqrt{\alpha_1}}r_1\right) + \frac{h_1\sqrt{\alpha_1}}{k_1\beta_n}J_0\left(\frac{\beta_n}{\sqrt{\alpha_1}}r_1\right)\right] + B_{1n}\left[Y_1\left(\frac{\beta_n}{\sqrt{\alpha_1}}r_1\right) + \frac{h_1\sqrt{\alpha_1}}{k_1\beta_n}Y_0\left(\frac{\beta_n}{\sqrt{\alpha_1}}r_1\right)\right] = 0 \\ \frac{k_1\beta_n}{h_2\sqrt{\alpha_1}}J_1\left(\frac{\beta_n}{\sqrt{\alpha_1}}r_2\right) - J_0\left(\frac{\beta_n}{\sqrt{\alpha_1}}r_2\right) + B_{1n}\left[\frac{k_1\beta_n}{h_2\sqrt{\alpha_1}}Y_1\left(\frac{\beta_n}{\sqrt{\alpha_1}}r_2\right) - Y_0\left(\frac{\beta_n}{\sqrt{\alpha_1}}r_2\right)\right] \\ \qquad + A_{2n}J_0\left(\frac{\beta_n}{\sqrt{\alpha_2}}r_2\right) + B_{2n}Y_0\left(\frac{\beta_n}{\sqrt{\alpha_2}}r_2\right) = 0 \\ \frac{k_1}{k_2}\sqrt{\frac{\alpha_2}{\alpha_1}}\left[J_1\left(\frac{\beta_n}{\sqrt{\alpha_1}}r_2\right) + B_{1n}Y_1\left(\frac{\beta_n}{\sqrt{\alpha_1}}r_2\right)\right] - A_{2n}J_1\left(\frac{\beta_n}{\sqrt{\alpha_2}}r_2\right) - B_{2n}Y_1\left(\frac{\beta_n}{\sqrt{\alpha_2}}r_2\right) = 0 \\ A_{2n}J_0\left(\frac{\beta_n}{\sqrt{\alpha_2}}r_3\right) + B_{2n}Y_0\left(\frac{\beta_n}{\sqrt{\alpha_2}}r_3\right) = 0 \end{cases} \tag{2.88}$$

令 $\gamma = \dfrac{r_1\beta_n}{\sqrt{\alpha_1}}$，$\eta = \dfrac{r_3\beta_n}{\sqrt{\alpha_2}}$，$H = \dfrac{r_1h_1}{k_1}$，$K = \dfrac{k_1}{k_2}\sqrt{\dfrac{\alpha_2}{\alpha_1}}$，$W = \dfrac{k_1\beta_n}{h_2\sqrt{\alpha_1}}$，代入式（2.88），可得

$$\begin{cases} J_1(\gamma) + \frac{H}{\gamma}J_0(\gamma) + B_{1n}\left[Y_1(\gamma) + \frac{H}{\gamma}Y_0(\gamma)\right] = 0 \\ WJ_1\left(\gamma\frac{r_2}{r_1}\right) - J_0\left(\gamma\frac{r_2}{r_1}\right) + B_{1n}\left[WY_1\left(\gamma\frac{r_2}{r_1}\right) - Y_0\left(\gamma\frac{r_2}{r_1}\right)\right] + A_{2n}J_0\left(\eta\frac{r_2}{r_3}\right) + B_{2n}Y_0\left(\eta\frac{r_2}{r_3}\right) = 0 \\ K\left[J_1\left(\gamma\frac{r_2}{r_1}\right) + B_{1n}Y_1\left(\gamma\frac{r_2}{r_1}\right)\right] - A_{2n}J_1\left(\eta\frac{r_2}{r_3}\right) - B_{2n}Y_1\left(\eta\frac{r_2}{r_3}\right) = 0 \\ A_{2n}J_0(\eta) + B_{2n}Y_0(\eta) = 0 \end{cases}$$

$$\tag{2.89}$$

表示为矩阵形式，则有

$$\begin{bmatrix} J_1(\gamma)+\dfrac{H}{\gamma}J_0(\gamma) & Y_1(\gamma)+\dfrac{H}{\gamma}Y_0(\gamma) & 0 & 0 \\ WJ_1\!\left(\gamma\dfrac{r_2}{r_1}\right)-J_0\!\left(\gamma\dfrac{r_2}{r_1}\right) & WY_1\!\left(\gamma\dfrac{r_2}{r_1}\right)-Y_0\!\left(\gamma\dfrac{r_2}{r_1}\right) & J_0\!\left(\eta\dfrac{r_2}{r_3}\right) & Y_0\!\left(\eta\dfrac{r_2}{r_3}\right) \\ KJ_1\!\left(\gamma\dfrac{r_2}{r_1}\right) & KY_1\!\left(\gamma\dfrac{r_2}{r_1}\right) & -J_1\!\left(\eta\dfrac{r_2}{r_3}\right) & -Y_1\!\left(\eta\dfrac{r_2}{r_3}\right) \\ 0 & 0 & J_0(\eta) & Y_0(\eta) \end{bmatrix}\begin{bmatrix} 1 \\ B_{1n} \\ A_{2n} \\ B_{2n} \end{bmatrix}=\begin{bmatrix} 0 \\ 0 \\ 0 \\ 0 \end{bmatrix}$$

$$（2.90）$$

式（2.89）中的任意三个方程都能用来确定系数 B_{1n}、A_{2n}、B_{2n}。此处选择第 1、3、4 个方程，由此得到的方程组为

$$\begin{bmatrix} Y_1(\gamma)+\dfrac{H}{\gamma}Y_0(\gamma) & 0 & 0 \\ KY_1\!\left(\gamma\dfrac{r_2}{r_1}\right) & -J_1\!\left(\eta\dfrac{r_2}{r_3}\right) & -Y_1\!\left(\eta\dfrac{r_2}{r_3}\right) \\ 0 & J_0(\eta) & Y_0(\eta) \end{bmatrix}\begin{bmatrix} B_{1n} \\ A_{2n} \\ B_{2n} \end{bmatrix}=\begin{bmatrix} -J_1(\gamma)+\dfrac{H}{\gamma}J_0(\gamma) \\ -KJ_1\!\left(\gamma\dfrac{r_2}{r_1}\right) \\ 0 \end{bmatrix}$$

$$（2.91）$$

由克莱姆法则，可得

$$\begin{cases} A_{1n}=1 \\ B_{1n}=\dfrac{-J_1(\gamma)-\dfrac{H}{\gamma}J_0(\gamma)}{Y_1(\gamma)+\dfrac{H}{\gamma}Y_0(\gamma)} \\[4mm] A_{2n}=\dfrac{Y_0(\eta)\left\{\left[J_1(\gamma)+\dfrac{H}{\gamma}J_0(\gamma)\right]\cdot KY_1\!\left(\gamma\dfrac{r_2}{r_1}\right)-\left[Y_1(\gamma)+\dfrac{H}{\gamma}Y_0(\gamma)\right]\cdot KJ_1\!\left(\gamma\dfrac{r_2}{r_1}\right)\right\}}{\left[Y_1(\gamma)+\dfrac{H}{\gamma}Y_0(\gamma)\right]\left[Y_1\!\left(\eta\dfrac{r_2}{r_3}\right)J_0(\eta)-J_1\!\left(\eta\dfrac{r_2}{r_3}\right)Y_0(\eta)\right]} \\[4mm] B_{2n}=\dfrac{J_0(\eta)\left\{\left[Y_1(\gamma)+\dfrac{H}{\gamma}Y_0(\gamma)\right]\cdot KJ_1\!\left(\gamma\dfrac{r_2}{r_1}\right)-\left[J_1(\gamma)+\dfrac{H}{\gamma}J_0(\gamma)\right]\cdot KY_1\!\left(\gamma\dfrac{r_2}{r_1}\right)\right\}}{\left[Y_1(\gamma)+\dfrac{H}{\gamma}Y_0(\gamma)\right]\left[Y_1\!\left(\eta\dfrac{r_2}{r_3}\right)J_0(\eta)-J_1\!\left(\eta\dfrac{r_2}{r_3}\right)Y_0(\eta)\right]} \end{cases}$$

$$（2.92）$$

β_n 是超越方程 [式 (2.93)] 的根。

$$\begin{bmatrix} J_1(\gamma) + \dfrac{H}{\gamma}J_0(\gamma) & Y_1(\gamma) + \dfrac{H}{\gamma}Y_0(\gamma) & 0 & 0 \\ WJ_1\left(\gamma\dfrac{r_2}{r_1}\right) - J_0\left(\gamma\dfrac{r_2}{r_1}\right) & WY_1\left(\gamma\dfrac{r_2}{r_1}\right) - Y_0\left(\gamma\dfrac{r_2}{r_1}\right) & J_0\left(\eta\dfrac{r_2}{r_3}\right) & Y_0\left(\eta\dfrac{r_2}{r_3}\right) \\ KJ_1\left(\gamma\dfrac{r_2}{r_1}\right) & KY_1\left(\gamma\dfrac{r_2}{r_1}\right) & -J_1\left(\eta\dfrac{r_2}{r_3}\right) & -Y_1\left(\eta\dfrac{r_2}{r_3}\right) \\ 0 & 0 & J_0(\eta) & Y_0(\eta) \end{bmatrix} = 0 \quad (2.93)$$

综上可得

$$t_i(r,\tau) = t_w\phi_i(r) + t_0\psi_i(r) + \theta_i(r,\tau) \quad (2.94)$$

式中，$\phi_i(r) = A_i + B_i\ln r$

$\psi_i(r) = C_i + D_i\ln r$

$$\theta_i(r,\tau) = \sum_{n=1}^{\infty}\mathrm{e}^{-\beta_n^2\tau} \cdot \frac{1}{N(\beta_n)} \cdot R_{in}(r) \cdot \sum_{j=1}^{2}\frac{k_j}{\alpha_j}\int_{r_j}^{r_{j+1}} r'R_{jn}(r')F_j(r')\mathrm{d}r'$$

其中，$F_j(r') = F_i(r) = f_i(r,0) - [t_w\phi_i(r) + t_0\psi_i(r)]$；$r_i < r < r_{i+1}$；$i = 1,2$；$\tau > 0$。

2.3.3　支护条件下高温隧洞传热特性及参数影响分析

1. 工期采取支护措施下不同参数影响分析

1）支护结构温度场变化规律

在围岩调热圈的影响下，喷层施做后温度与洞壁温度相同，在此温度条件下，随着通风时间的增加，喷层内部温度逐渐降低。喷层施做后通风 1 天喷层不同部位温度变化如图 2.10 所示，通风 12h 内侧温度由 70℃降为 50℃左右，降低幅度约 30%，后续温度变化基本稳定；喷层中部（10cm 位置）温度降低 15%左右。受到岩体高温影响，靠近岩壁侧喷层温度略有提升。

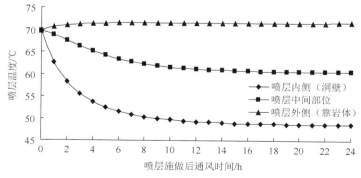

图 2.10　喷层施做后通风 1d 喷层不同部位温度变化

喷层施做后通风 10 天喷层不同部位温度变化如图 2.11 所示，长期通风影响下，喷层温度变化主要集中在前期，即一天时间内，后续温度变化基本趋于平稳。

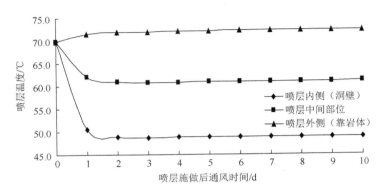

图 2.11　喷层施做后通风 10d 喷层不同部位温度变化

2）支护结构温度场影响因素分析

（1）喷层对流换热系数影响分析。洞壁与空气间的对流化热系数是一个较为重要的参数，其影响因素较多，主要影响参数有通风风速、壁面糙率以及洞壁与空气间的温差等。根据实际来测量对流换热系数较为困难，因此根据参考文献选取对流系数分别为 $10W/(m^2 \cdot ℃)$、$20W/(m^2 \cdot ℃)$、$70W/(m^2 \cdot ℃)$、$120W/(m^2 \cdot ℃)$ 进行分析，研究对流系数在此范围内变化时的喷层温度场变化特点。

不同对流换热系数对喷层内侧温度影响如图 2.12 所示。通风 1 天时间内，喷层内侧温度迅速降低，随着对流换热系数的增大，温度降低幅度也增大，当对流换热系数为 $120W/(m^2 \cdot ℃)$ 时，喷层壁面温度降低 55%左右。通风 1 天后，喷层内侧温度变化趋于平稳，对流换热系数 $10W/(m^2 \cdot ℃)$ 与 $120W/(m^2 \cdot ℃)$ 喷层壁温相差 40%左右。

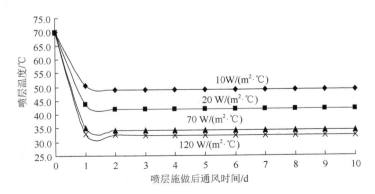

图 2.12　不同对流换热系数对喷层内侧温度影响

　　喷层外壁靠近洞壁，通风 1 天时间内喷层外侧温度变化如图 2.13 所示，不同对流换热系数下的喷层外侧温度均有一定幅度提升，提升幅度均在 3%以内。随着通风的持续进行， 1 天后，对流换热系数较大的喷层结构外壁温度出现一定程度的降低，对流换热系数较小时温度持续上升，上升及降低幅度均在 5%以内，变化程度不大，这主要受到岩体内部热源影响。存在内热源时，喷层外侧温度有增大的趋势，使得喷层内外侧受力性态不同，影响支护结构的稳定性，应给予注意。

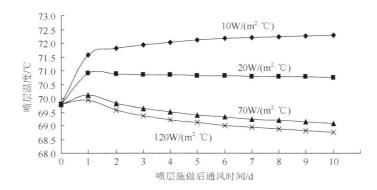

图 2.13　不同对流换热系数对喷层外侧温度影响

　　从喷层内外侧温差随时间变化图（图 2.14）可知，对流换热系数越大，喷层内外侧温差越大。1 天时间内，喷层外侧温度上升，而内侧温度下降，因此内外侧温差有一定幅度的增大，1 天后温差变化趋于平稳。

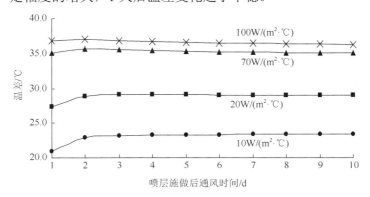

图 2.14　不同对流换热系数下喷层内外侧温差

　　（2）喷层导热系数影响分析。施工期，当温度在 0～100℃变化时，根据《混凝土结构设计规范》（GB 50010—2010）[153]一般可取混凝土的导热系数值为 3.0W/（m·℃），为了研究支护结构导热系数的影响，考虑到采取不同材料时会导致导热系数的增加或降低，因此支护结构的导热系数选择 1.0～10W/（m·℃）。

不同导热系数对喷层内侧温度影响如图 2.15 所示，在高温通风条件下，喷层内部导热系数越高，其通风 10 天后喷层内侧温度越大。导热系数为 10W/（m·℃）时，内侧温度降低 7%左右；导热系数为 1W/（m·℃）时，内侧温度降幅达 45%，降低幅度明显。通风 1 天内，喷层内侧温度变化较为明显，1 天后温度变化趋于平稳。

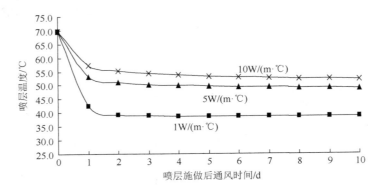

图 2.15　不同导热系数对喷层内侧温度影响

不同导热系数对喷层外侧温度影响如图 2.16 所示。当导热系数较小时，喷层外侧温度出现小幅度回升，后变化趋于平稳；当导热系数较大时，通风后外侧温度持续降低。喷层外侧温度变化较为均衡，未有明显突变。

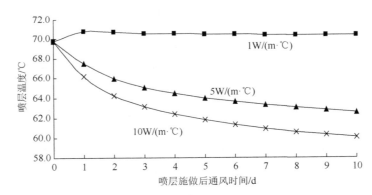

图 2.16　不同导热系数对喷层外侧温度影响

不同导热系数对喷层内外侧温差影响如图 2.17 所示。不同导热系数下，前期温差有一定幅度升高，内侧温度较外侧温度降低幅度大，2 天后趋于平稳。导热系数越大，喷层内部温差越小，且温差变幅较小。

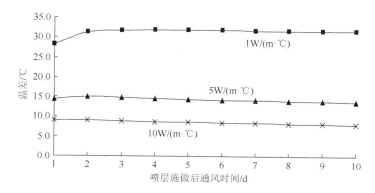

图 2.17 不同导热系数对喷层内外侧温差影响

（3）通风温度影响。考虑到风温受季节、通风管距离等影响，风温考虑为 5℃、10℃、20℃和 30℃。在此通风温度下，不同通风温度对喷层内侧温度影响如图 2.18 所示。通风温度较低时，喷层内侧温度受其影响较为明显，通风温度从 30℃降为 5℃时，洞壁温度降低 30%左右。通风温度对前期发生温度突变的规律未有影响，仅降低程度有所不同。

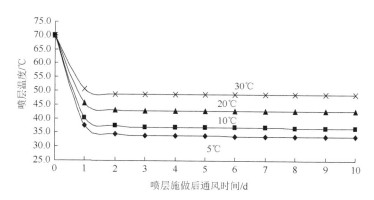

图 2.18 不同通风温度对喷层内侧温度影响

不同通风温度对喷层内侧温度影响如图 2.19 所示。通风 1 天时间内，不同通风温度下喷层外侧温度均有小幅提升；通风温度为 30℃时，通风 10 天时间内，外侧温度持续小幅升高，通风温度在 5～10℃时，1 天后温度有所降低，降低幅度不超过 5%。喷层外侧温度总体受通风温度变化影响较小，通风 10 天范围内温度总体变化幅度不超过 5%。

通风 2 天时间内，内外侧温差如图 2.20 所示，有小幅提升，后续趋于平稳。

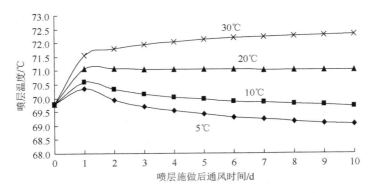

图 2.19　不同通风温度对喷层外侧温度影响

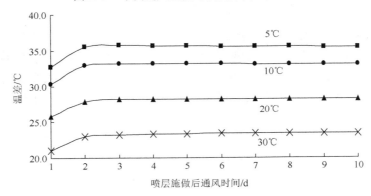

图 2.20　不同通风温度下喷层内外侧温差

（4）围岩导热系数影响分析。围岩导热系数根据围岩类别不同而不同，高温隧洞一般是岩体的导热性较好所致，因此结合前期研究成果及相关资料，选取岩体导热系数为 1～50W/（m·℃）。①对岩体温度场影响分析。不同导热系数下距洞壁不同距离温度变化如图 2.21 所示，岩体导热系数不同，洞壁温差最为明显，距洞壁 5m 距离处岩体温度基本相同。导热系数为 1W/（m·℃）时，岩体内部温度梯度在 35℃左右；导热系数增大到 50W/（m·℃）时，温度梯度为 5℃。施做喷层后，不同岩体导热系数下洞壁温度变化如图 2.22 所示。受喷层"隔热"影响，不同岩体导热系数下洞壁温度变化具有显著区别，导热系数较大时洞壁即喷层与岩体接触部位温度有一定幅度的提升；导热系数小于 10W/（m·℃）时，洞壁温度明显降低。在未支护温度场条件下，当导热系数较高时，洞壁温度可能回升到初始温度状态，导热系数为 50W/（m·℃）时，温度从 70℃回升至 75℃左右。②对支护结构温度场影响分析。围岩导热系数发生改变后，使得洞壁温度发生不同变化，对喷层内侧温度产生一定影响，不同岩体导热系数下喷层内侧温度变化如图 2.23 所示。当岩体导热系数小于 10W/（m·℃）时，影响较为明显；导热系数大于 10W/（m·℃）时，通风一天后温度变化趋于稳定；导热系数小于 1W/（m·℃）时，喷层内侧温度降低时间持续较长，降温幅度达 40%左右。喷层外侧与洞壁紧贴，与岩体温度变化相同（图 2.24）。

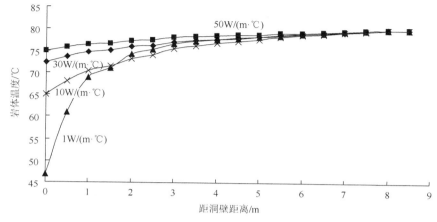

图 2.21　不同导热系数下距洞壁不同距离温度变化

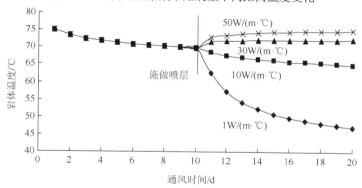

图 2.22　不同岩体导热系数下洞壁温度变化

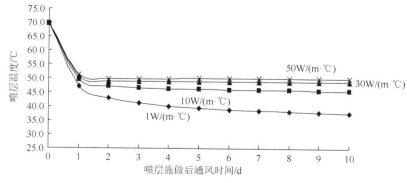

图 2.23　不同岩体导热系数下喷层内侧温度变化

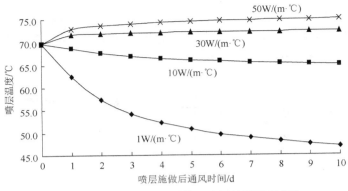

图 2.24　不同岩体导热系数下喷层外侧温度变化

2. 运行期不同参数影响分析

根据前期的研究成果，对于Ⅲ类围岩高温隧洞，运行期仍采用喷层混凝土支护的形式，将施工期喷层内部温度及围岩体内部温度作为初始温度条件，过水温度为5℃，分析如下。

（1）温度条件。施工期喷层温度分布拟合曲线如图 2.25 所示。

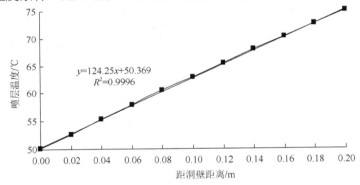

图 2.25　喷层内部温度变化

施工期通风 10 天后，喷层内部温度近乎直线分布，内侧温度为 50℃，外侧温度为 75℃。施工期岩体内部温度呈线性分布，如图 2.26 所示，洞壁温度 75℃，远端半径温度为 80℃。

（2）运行期相关热力学参数对温度变化影响分析。将拟合公式作为温度初始条件代入式（2.95）中，计算运行期过水条件下的温度场分布，围岩内部温度与施工期通风类似，因此仅分析不同过水时间下喷层内部温度变化。运行期过水 24h 喷层内部温度分布如图 2.27 所示，喷层内外侧存在明显温差，喷层内壁受水温影响降低到 10℃，而外壁受岩体影响温度变幅较小；过水 2h 内喷层内壁温度突变最为明显，后续温度变化趋于平缓。

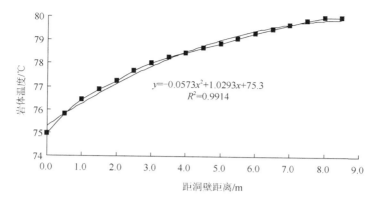

图 2.26 施工期岩体内部温度变化

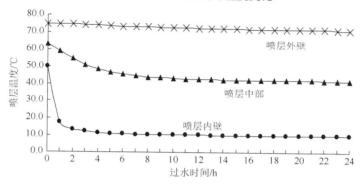

图 2.27 过水 1 天喷层内部温度分布

从过水 10 天时间喷层内部温度分布（图 2.28）可知，运行期过水后对温度影响的主要时间集中在第 1 天，由于混凝土导热系数较低，喷层内外侧温差较大，应在过水前多通风，降低喷层外壁温度，从而减少过水后内壁温度突降而造成的喷层内部高温差。

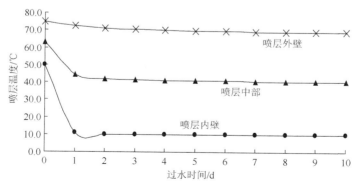

图 2.28 过水 10 天喷层内部温度分布

2.4 高岩温隧洞温度场原位试验结果与分析

现场原位试验依托布仑口—公格尔水电站发电引水隧洞,该引水隧洞前段存在高地温,从已监测到的温度看,孔内最高温度达到 100℃以上,而运行期过水水温又低至 0～5℃,高温洞段支护结构设计及各工况下支护结构的受力特性等国内外尚未有研究报道或经验可参考。为了探讨布仑口—公格尔水电站引水发电高温隧洞在施工期通风及运行期过水条件下采用喷层支护的安全性态与支护效果,在引水发电高温隧洞主洞段设计 1#、2#试验洞,对试验洞进行施工期、运行期过水后的围岩温度以及不同支护措施下的应力、应变监测,考察高温隧洞施工期及运行期过水工况下的围岩温度、支护结构受力变化特点,为主洞的支护结构设计提供参考。

2.4.1 原位试验设计

试验洞主要分为两个洞段,1#试验洞及 2#试验洞,分述如下。

(1)1#试验洞。其洞长 11m,洞径 3.0m,分别采用 3 种不同支护措施。其中,洞前 2m 洞段不支护,为毛洞;后 9m 进行喷层支护,分为三段,其中前 3m(靠近洞口侧)采用聚酯纤维混凝土,中间 3m 采用钢纤维混凝土,后 3m 采用混凝土喷层挂网,喷层厚度为 15cm。

(2)2#试验洞。其洞长 17m,前 5m 同样为毛洞段,后 12m 为衬砌洞段,其中前 3m 仅施做混凝土衬砌,后 9m 增加 10cm 厚的隔热层。保温材料分别采用硬质聚氨酯、发泡聚苯乙烯以及泡沫玻璃三种。

通过与设计方沟通及考虑现场的实际施工情况,在温度较高的主洞段(3#～4#支洞)距施工支洞150m 左右布设 1#试验洞,1#试验洞以采用喷层作为永久支护措施的试验研究为主。

试验洞垂直于已开挖主洞,朝向山内开挖,桩号为发 4+550m,圆形洞,洞径 3m。1#试验洞长 11m,前 2m 洞段为毛洞,后 9m 进行喷层支护,分为三段,其中前 3m(靠近洞口侧)采用聚酯纤维混凝土,中间 3m 采用钢纤维混凝土,后 3m 采用混凝土喷层挂网,喷层厚度为 15cm,锚杆为梅花形间隔布置,长度 1.5m。1#试验洞支护结构布设示意图见图 2.29。

为了全面了解高岩温隧洞在不同工况及支护条件下洞周及洞内温度分布规律,不同支护措施下的受力性态,为高岩温隧洞的施工、设计提供科学依据;也为后续数值试验的模型验证,以及与后续理论、数值分析成果进行对照验证,在试验洞布置围岩内部温度分布观测试验。围岩内部温度监测主要采用温度探头进行测量，由于围岩温度较高，普通传热线在高温影响下可能发生软化失灵，自行设计了特殊的温度监测仪器，如图 2.30 和图 2.31 所示。

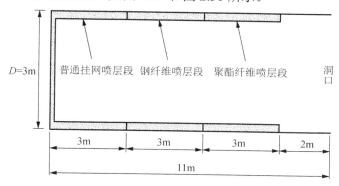

图 2.29　1#试验洞支护结构布设示意图

图 2.30　隧道围岩测温原件

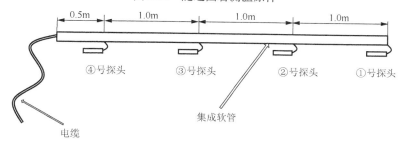

图 2.31　测温探头示意图

围岩内部温度监测深度范围为 3.5m，考虑到洞周岩体热源是由下部传导上来，仅受传导系数较高的石墨含量的影响，因此洞周温度梯度分布应较为相似。在试验洞拱腰位置，沿纵向每 3m 布置一组温度测点，共布设 4 个观测组，16 个测温探头，钻孔深度为 4m，根据测温仪器的尺寸，钻孔孔径不超过 8cm。

每个钻孔内布 4 个传感器，为了方便安装所有的传输导线在一根硬质绝缘套管内，安装时仅需要将该套管插入钻孔；传感器和套管间用柔性电缆连接，以保证安装后在重力的作用下传感器紧贴钻孔内壁；钻孔外电缆采用柔性屏蔽护套电缆。这些电缆均采用高温电缆。为了防水防潮，在电缆接头处做防水处理。

试验洞从 7 月开始开挖到 8 月结束开挖，1#试验洞的温度监测从 8 月 15 日开始，在过水后两周时间，即 12 月中旬基本结束。在近三个月的监测时间里，1# 试验洞经历了施工期通风、施做喷层、封堵期及运行期过水及检修期放空水五种工况。

2.4.2 高岩温隧洞温度测试

1. 1#测温点

（1）1#测温点开挖通风及施做喷层。如表 2.1 和图 2.32 所示，试验洞施工期监测从 8 月 19 日持续到 10 月 14 日，期间经历了开挖通风及施做喷层两种不同情况，该阶段温度最高达到 85℃ 左右。

表 2.1   1#测温点施工期围岩测温记录   （单位：℃）

时间	1#测温点				环境				风温	备注
	1	2	3	4	主洞	洞口	洞中	洞内		
2011-8-19	76	69	55	51	—	—	—	—	—	
2011-8-20	76	67	52	45	—	—	—	—	—	
2011-8-25	65	55	44	36	—	—	—	—	—	
2011-8-27	76	69	48	42	—	—	—	—	—	施做喷层
2011-8-28	72	69	62	60	—	—	—	—	—	
2011-8-30	65	60	53	50	—	—	—	—	—	
2011-9-2	66	59	53	54	—	—	—	—	—	
2011-9-7	73	66	62	60	—	—	—	—	—	
2011-9-9	74	70	65	64	—	—	—	—	—	
2011-9-13	68	65	59	57	—	—	—	—	—	补喷
2011-9-15	80	75	67	63	—	—	—	—	—	局部找平
2011-9-17	72	64	56	51	—	—	—	—	—	
2011-9-18	86	80	64	62	—	—	—	—	—	
2011-9-20	82	75	68	62	—	—	—	—	—	
2011-9-22	77	62	61	56	—	37	—	—	24	小孔通风、边墙 2 次钢纤维喷层已做
2011-9-24	75	58	57	52	—	39	—	—	29	通风口约 30cm²、聚酯纤维前 5cm 施做
2011-9-26	78	70	65	59	—	34	—	—	23	小孔通风约 30cm²，25 号聚酯纤维后 10cm 施做
2011-9-29	74	65	58	45	—	—	—	—	—	
2011-9-30	81	74	64	55	—	34	—	36	26	
2011-10-5	80	73	63	52	38	36.6	37.8	39.5	28.5	通风 1d
2011-10-7	73	65	51	37	38	37.8	38.2	38.7	19.8	通风 4h
2011-10-9	78	71	56	43	42.4	35.6	40	39.4	24.8	通风 4h，风口 10cm×20cm

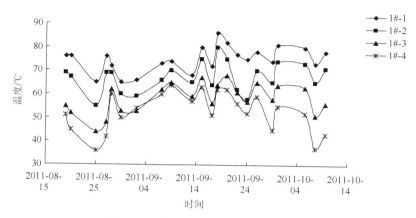

图 2.32　1#测温点施工期围岩测温记录

（2）温度详细观测。通风过程中，洞深部岩体温度有小幅降低，通风关闭后，温度有所回升，再次通风后温度有一定程度降低，通风对岩体温度有明显影响（表 2.2 和图 2.33）。

表 2.2　1#测温点详细围岩测温记录　　　　　　　　　　（单位：℃）

时间	1#测温点				环境				备注
	1	2	3	4	主洞	洞口	洞中	洞内	
2011-10-11	69	63	52	43	46.8	46.8	46.8	47.2	通风
2011-10-11	66	60	49	40	44.8	40	42	44	通风
2011-10-12	67	62	50	43	47	43.6	46.3	46.4	通风
2011-10-12	64	58	49	39	44.5	42.6	44	45	未通风
2011-10-12	74	68	57	56	44.5	44.4	44.9	45.3	未通风
2011-10-13	70	64	53	45	45.5	47.3	47.5	48	通风
2011-10-13	65	59	48	38	45.5	44.8	46.3	46.7	通风
2011-10-14	64	58	47	38	40.5	41.7	44	45	通风

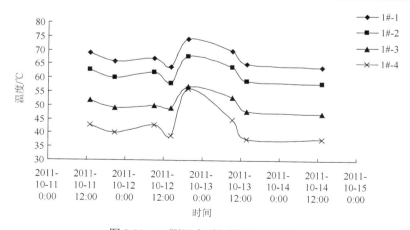

图 2.33　1#测温点详细围岩测温记录

（3）施做堵头。施做堵头后受到洞壁放热的影响，洞内温度提升，监测时间范围内温度提高到 54℃左右（表 2.3 和图 2.34）。

表 2.3　　1#测温点围岩测温记录　　　　　　　　　（单位：℃）

时间	1#测温点				环境				风温	备注
	1	2	3	4	主洞	洞口	洞中	洞内		
2011-10-16	63	57	43	36	—	—	—	—	—	开始做堵头
2011-10-18	60	54	43	33	—	40	52	54	19	洞口已封，通风 3.5h
2011-10-20	60	54	44	36	37.5	—	52	54	19.7	通风 3h
2011-10-22	60	54	46	39	40	—	—	—	29.4	通风 20h，后 3h 小功率通风，洞口已做门
2011-10-25	57	51	46	39	38.8	—	—	—	—	通风 8h
2011-10-27	56	51	46	40	41.3	—	—	—	—	通风 6h

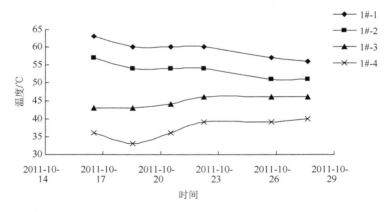

图 2.34　　1#测温点围岩测温记录

2.　2#、3#测温点

（1）开挖通风及施做喷层。2#、3#测温仪分别布设在钢纤维喷层段及聚酯纤维喷层段。施工期在经历开挖通风及施做喷层两种工况下，洞深部岩体温度先出现一定程度降低，在施做喷层后，温度又出现回升，回升至与通风前较为接近。洞深部岩体最高温度在 70℃左右（表 2.4、图 2.35 和图 2.36）。

表 2.4　2#、3#测温点施工期围岩测温记录　　　　（单位：℃）

时间	2#测温点				3#测温点			
	1	2	3	4	1	2	3	4
2011-08-19	69	58	45	38	69	62	48	47
2011-08-20	70	60	50	41	63	59	43	40
2011-08-25	58	50	37	35	51	47	37	35
2011-08-27	73	69	62	42	61	57	51	36
2011-08-28	55	50	39	31	50	46	38	30
2011-08-30	56	51	42	36	50	44	38	33
2011-09-02	54	48	40	36	49	44	38	33
2011-09-07	60	54	48	41	54	48	42	38
2011-09-09	63	59	52	42	60	56	50	44
2011-09-13	57	52	42	35	54	49	43	39
2011-09-15	68	62	51	39	63	58	49	37
2011-09-17	61	55	43	36	55	49	39	32
2011-09-18	70	64	53	45	63	56	47	41
2011-09-20	72	66	55	45	68	62	54	39
2011-09-22	69	63	52	47	62	56	47	41
2011-09-24	68	60	51	46	61	55	47	40
2011-09-26	68	62	53	48	65	59	51	44
2011-09-29	66	60	51	44	62	56	48	41
2011-09-30	70	65	56	51	65	59	52	45
2011-10-5	70	65	59	54	64	59	53	49
2011-10-7	69	63	57	51	56	51	45	42
2011-10-9	72	68	61	53	59	54	49	46

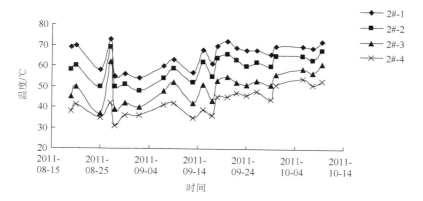

图 2.35　2#测温点施工期围岩测温记录

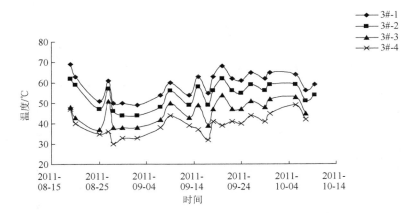

图 2.36   3#测温点施工期围岩测温记录

（2）温度详细观测。根据通风情况不同，围岩温度相继出现回升及下降，与
1#监测成果接近（表 2.5、图 2.37 和图 2.38）。

表 2.5   2#、3#测温点详细围岩测温记录   （单位：℃）

时间	2#测温点				3#测温点			
	1	2	3	4	1	2	3	4
2011-10-11 13:00	65	60	52	47	58	54	50	47
2011-10-11 20:40	63	57	52	49	55	51	46	44
2011-10-12 8:55	64	59	52	47	57	54	50	47
2011-10-12 14:20	59	54	42	46	52	49	44	42
2011-10-12 19:30	69	64	59	56	62	58	53	51
2011-10-13 9:10	65	61	56	53	60	56	52	50
2011-10-13 13:50	60	55	51	48	54	51	45	43
2011-10-14 13:20	60	55	51	49	54	50	46	44

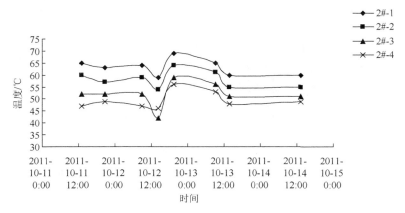

图 2.37   2#测温点详细围岩测温记录

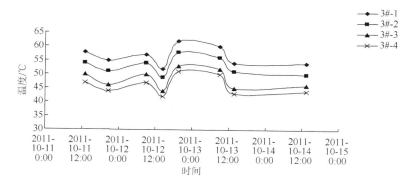

图 2.38　3#测温点详细围岩测温记录

（3）施做堵头。施做堵头后，2#测温仪测温值均有一定程度下降，这主要是由于洞壁向空气散热所致；3#测温仪测温值有所上升，这是由于堵头较为靠近 3#测温仪，从而阻隔了该处洞壁向围岩的散热，温度上升（表 2.6、图 2.39 和图 2.40）。

表 2.6　2#、3#测温点围岩测温记录　　　　　　　　（单位：℃）

时间	2#测温点				3#测温点			
	1	2	3	4	1	2	3	4
2011-10-16 12:40	61	57	52	48	62	58	54	52
2011-10-18 13:15	57	52	43	44	63	59	55	53
2011-10-20 12:30	56	51	47	44	65	61	56	54
2011-10-22 5:30	54	51	46	45	65	61	58	56
2011-10-25 17:40	49	46	43	41	69	68	63	62
2011-10-27 15:25	50	47	40	43	63	62	59	59

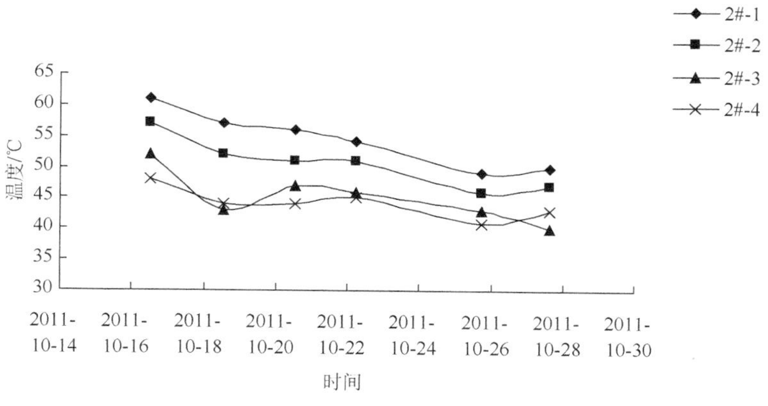

图 2.39　2#测温点围岩测温记录

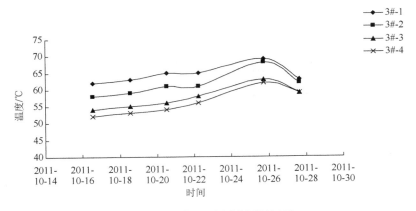

图 2.40　3#测温点围岩测温记录

2.4.3　隧洞施工期温度场变化规律分析

考虑到封堵期仅为试验洞特有的工况，因此在温度分析时对其影响不予考虑，仅分析施工期通风、施做喷层以及运行期过水三种工况下的对洞周岩体的温度变化影响。

将温度曲线段划分为施工期（施做喷层前后）和过水期，#-1、#-2、#-3、#-4分别指距离洞壁 3.5m、2.5m、1.5m、0.5m 的测点。

1.　不同支护材料温度场变化分析

1）施工期挂网喷层段温度场分析

阶段一：温度降低阶段，受通风影响，从开始监测到施做喷层前，洞周岩体最高温度由初始的 76℃降低到 65℃，温度降低幅度在 15%左右。阶段二：温度升高阶段，喷层初喷及补喷施做完毕，受到喷层施做的影响，岩体向洞内散热被喷层阻挡，洞周岩体受内部高温热源影响有所回升，温度从 65℃回升至 86℃。阶段三：温度总体趋势为持续缓慢降低，洞周最高温度由 86℃降至 64℃（图 2.41）。

2）钢纤维喷层洞段

阶段一：温度降低阶段，受通风影响，从开始监测到施做钢纤维喷层前，洞周岩体最高温度由初始的 70℃降低到 54℃，由于没有施做喷层，该阶段温度降低幅度较快，12 天时间，温度降低 20%左右。阶段二：温升期，从 9 月 2 日到 9 月 20 日，钢纤维喷层完毕，受喷层的"隔热"影响，洞周岩体温度由 54℃回升至 72℃。阶段三：温平期，从 9 月 20 日至 10 月 9 日，深部岩体温度变化基本平稳，这主要是由于内部供热与洞壁散热达成相对热平衡所致，低温 66℃，高温 72℃。阶段四：温降期，从 10 月 9 日至 10 月 14 日，该阶段由于持续通风，准备施做堵头，温降幅度较为明显，从 72℃降到 60℃（图 2.42）。

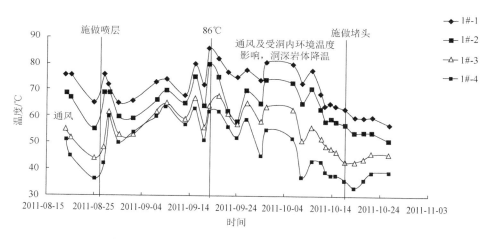

图 2.41 挂网喷层混凝土施工期洞周岩体温度变化

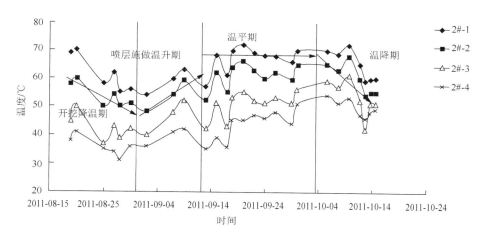

图 2.42 钢纤维混凝土施工期洞周岩体温度变化

3）聚酯纤维喷层洞段

阶段一：温度降低阶段，从 8 月 19 日至 9 月 2 日，开始监测到施做喷层前，温度由 69℃降低到 49℃，由于靠近通风口，降温幅度较大，达到 30%左右。阶段二：温升期，从 9 月 2 日至 9 月 20 日，受到喷层的隔热影响，温度总体上升，最高温度从 49℃回升至 68℃。阶段三：温平期，从 9 月 20 日至 10 月 5 日，温度变化较为平稳期，深部岩体传热与岩体向洞壁散热基本达到热平衡状态，该阶段最低温 61℃，高温度 68℃。阶段四：温降期，从 10 月 5 日至 10 月 14 日，该段时间温度由 64℃降为 54℃，施做堵头后，该洞段温度大幅回升，这主要是堵头离该测点较近，从而影响岩体散热，使得围岩温度有所升高（图 2.43）。

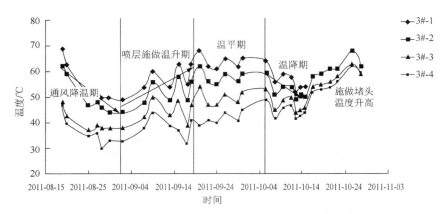

图 2.43　聚酯纤维混凝土施工期洞周岩体温度变化

4）毛洞段

阶段一：温降期，从 8 月 19 日至 8 月 30 日，由于靠近主洞且离通风口较近，温度下降较快，从 60℃降低到 40℃，下降幅度在 30%左右。阶段二：温升期，由于毛洞段表面也喷射了少量混凝土进行找平，从 8 月 30 日至 9 月 20 日，洞周岩体温度有一定程度的回升，从 40℃回升至 58℃。阶段三：温度稳定段，通风效果弱，且风温与岩体间温差较小，围岩导热与岩壁换热达到平衡状态，温度基本稳定在 55℃左右；阶段四：施做堵头前，由于洞内各测点温差较小，其降温幅度较小；施做堵头后，受堵头封闭影响，岩体温度有所抬升（图 2.44）。

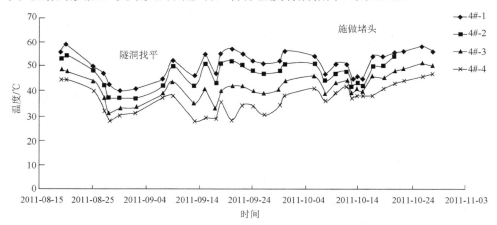

图 2.44　毛洞段施工期洞周岩体温度变化

2. 不同支护措施下温度场整体规律分析

施工期洞周围岩温度变化整体有以下特点。

（1）在施做喷层前，洞周岩体温度均有大幅下降，温度降低幅度在 30%左右。

（2）在施做喷层后的 15～20 天时间里，由于试验洞通风效果较差，洞周岩体温度均有所回升，基本回升到初始岩温监测值。

（3）施做喷层后 15～20 天，深部岩体温度趋于稳定，岩体内部导热与洞壁散热基本达到热平衡状态，持续时间不超过 20 天。

（4）距洞壁不同距离测点的温度变化趋势基本相同，即同时降温或升温。

（5）距离洞壁越近的围岩温度受通风影响较为显著，越向深处围岩温度越高（图 2.45～图 2.48）。

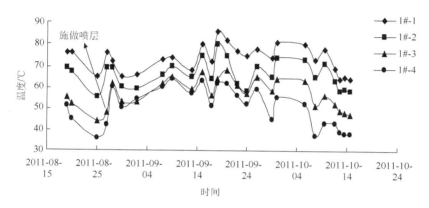

图 2.45　挂网喷层段温度分布（1#测温仪）

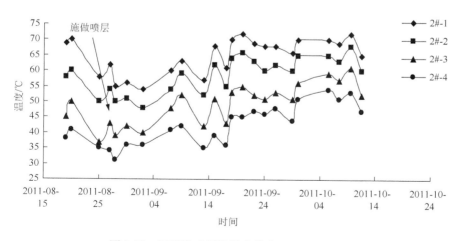

图 2.46　钢纤维喷层段温度分布（2#测温仪）

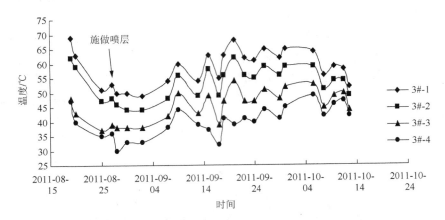

图 2.47　聚酯纤维喷层段温度分布（3#测温仪）

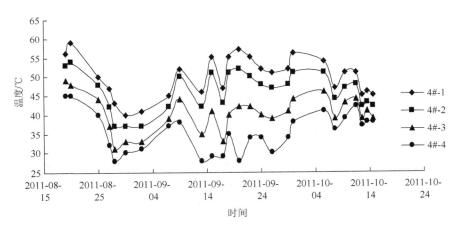

图 2.48　毛洞段温度分布（4#测温仪）

2.4.4　运行期温度场变化规律

1. 1#测温点运行期监测温度汇总

（1）短期过水情况下温度监测值。由于在前期过水过程中出现了堵头大范围漏水、堵头门封闭不严、进水管道漏水以及中间停电等，前 5 次过水时间均较短。从规律上看，过水后洞周岩体温度均发生一定的突降，但由于过水时间较短，温度降低幅度较小；放空水后温度有一定的回升（表 2.7、图 2.49）。

表 2.7　1#测温点运行期短期多次过水围岩测温记录　（单位：℃）

时间	1#测温点				主洞	备注
	1	2	3	4		
2011-10-29 15:05	59	53	47	42	43	一次放水前 5min
2011-10-29 16:45	103	99	88	40	39.5	进水 1.5h，通风时间 8h
2011-10-29 19:08	99	96	77	39	40	进水 4h，通风时间 10h
2011-10-29 23:35	81	77	39	38	40	排空水 4h，通风时间 30min
2011-10-30 12:15	72	66	42	42	38	准备喷混凝土封堵漏水处 通风时间 3h
2011-10-31 12:30	66	59	52	38	36.5	二次过水前
2011-10-31 20:50	79	89	89	30	36	放水后
2011-11-1 11:50	74	65	36	31	36	放空水 12h
2011-11-2 12:20	70	60	40	35	37.5	三次试水前
2011-11-2 20:00	70	78	74	31	35	水已满，开始循环
2011-11-3 0:15	63	74	73	18	33	循环 4h
2011-11-3 10:15	24	31	23	31	31.8	循环 13h
2011-11-3 16:00	47	69	33	29	34.5	放空水
2011-11-3 21:00	82	70	33	26	33	放空水 5h
2011-11-4 11:45	79	67	41	32	36.2	放空水 20h
2011-11-5 13:05	81	61	43	34	36.6	五次过水前
2011-11-5 19:20	27	32	27	32	34	

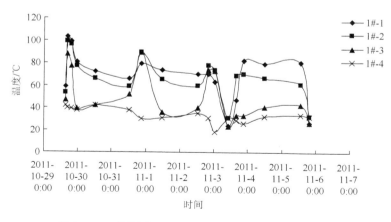

图 2.49　1#测温点运行期短期多次过水围岩测温记录

（2）过水一周条件下温度监测值。长期过水条件下，洞周岩体温度变化较为明显，过水一天时间温度发生突降，温度变化范围在 40℃左右（表 2.8、图 2.50）。

表 2.8　　1#测温点运行期长期过水围岩测温记录　　　　（单位：℃）

时间	1#测温点				主洞	备注
	1	2	3	4		
2011-11-6 10:50	76	66	39	29	34.7	进水
2011-11-6 14:30	33	39	33	34	—	刚过水
2011-11-6 20:50	29	31	25	24	—	过水 6h
2011-11-7 11:00	37	30	26	29	—	过水 20h
2011-11-7 21:30	25	25	24	24	31.7	过水 30.5h
2011-11-8 11:20	27	26	21	26	32	过水两天
2011-11-8 21:40	25	27	25	25	32	过水两天
2011-11-9 11:30	28	31	25	30	35.8	过水三天
2011-11-10 13:20	32	34	33	29	33	过水四天
2011-11-11 12:00	28	34	30	28	31	过水五天
2011-11-12 19:10	38	31	31	36	32	过水六天
2011-11-13 12:00	41	31	27	23	32.3	过水七天

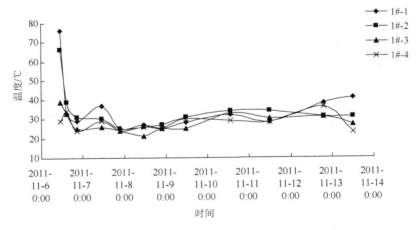

图 2.50　1#测温点运行期长期过水围岩测温记录

2.　2#及 3#测温仪测温值汇总

（1）短期过水后洞周岩体温度监测值汇总。短期过水下，2#、3#测温点温度变化规律并不明显，过水后温度有小幅降低，放空水后温度有所回升（表 2.9、图 2.51 和图 2.52）。

表 2.9　2#、3#测温点运行期短期过水围岩测温记录　（单位：℃）

时间	2#测温点				3#测温点				主洞
	1	2	3	4	1	2	3	4	
2011-10-29 15:05	52	48	46	45	62	61	59	59	43
2011-10-29 16:45	92	86	76	69	88	70	62	66	39.5
2011-10-29 19:08	60	75	62	64	45	52	48	16	40
2011-10-29 23:35	74	69	69	66	66	65	60	52	40
2011-10-30 12:15	70	64	62	54	64	66	59	50	38
2011-10-31 12:30	59	55	45	45	62	65	50	51	36.5
2011-10-31 20:50	59	67	34	48	51	60	57	58	36
2011-11-1 11:50	71	66	56	51	68	63	56	47	36
2011-11-2 12:20	71	59	49	45	66	64	53	49	37.5
2011-11-2 20:00	41	48	41	48	42	44	50	41	35
2011-11-3 0:15	31	43	29	39	28	29	40	28	33
2011-11-3 10:15	32	38	30	32	35	35	40	31	31.8
2011-11-3 16:00	62	53	30	49	54	55	34	21	34.5
2011-11-3 21:00	70	57	48	49	58	57	33	20	33
2011-11-4 11:45	66	55	34	43	59	53	35	25	36.2
2011-11-5 13:05	64	53	37	38	61	55	40	34	36.6
2011-11-5 19:20	38	46	24	35	41	36	46	48	34

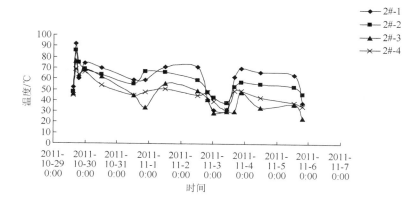

图 2.51　2#测温点运行期短期过水围岩测温记录

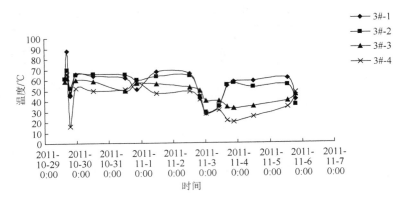

图 2.52　3#测温点运行期短期过水围岩测温记录

（2）长期过水下温度监测值汇总。长期过水下，洞周岩体温度均有明显降低，且最终趋于平稳（表 2.10、图 2.53 和图 2.54）。

表 2.10　2#、3#测温点运行期长期过水围岩测温记录　　（单位：℃）

时间	2#测温点				3#测温点				主洞
	1	2	3	4	1	2	3	4	
2011-11-6 10:50	66	53	31	40	59	52	41	25	34.7
2011-11-6 14:30	40	27	29	31	35	37	44	42	—
2011-11-6 20:50	33	31	25	28	34	36	40	34	—
2011-11-7 11:00	30	29	32	33	36	32	33	29	—
2011-11-7 21:30	25	27	33	32	30	35	29	27	31.7
2011-11-8 11:20	25	29	28	30	30	29	27	28	32
2011-11-8 21:40	26	29	36	30	34	33	27	26	32
2011-11-9 11:30	26	28	29	30	28	27	23	21	35.8
2011-11-10 13:20	34	32	40	36	35	33	25	23	33
2011-11-11 12:00	30	33	34	32	32	30	24	19	31
2011-11-12 19:10	31	33	34	32	30	28	22	19	32
2011-11-13 12:00	32	31	31	33	29	30	22	19	32.3

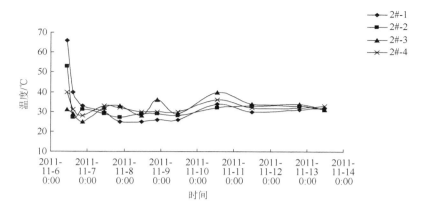

图 2.53　2#测温点运行期长期过水围岩测温记录

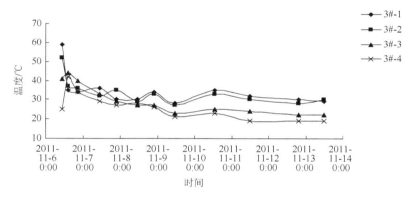

图 2.54　3#测温点运行期长期过水围岩测温记录

3. 4#测温仪测温值汇总

（1）短期过水条件下洞周岩体温度监测值。由于 4#测温点位于毛洞段，受堵头和渗透水的影响较大，短期过水下温度随过水、放空水变化较为明显（表 2.11、图 2.55）。

表 2.11　4#测温点运行期短期过水围岩测温记录　　　　（单位：℃）

时间	4#测温点				主洞	备注
	1	2	3	4		
2011-10-29 15:05	54	—	50	48	43	一次放水前 5min
2011-10-29 16:45	55	—	50	44	39.5	进水 1.5h，通风时间 8h
2011-10-29 19:08	44	—	34	20	40	进水 4h，通风时间 10h

时间	4#测温点				主洞	备注
	1	2	3	4		
2011-10-29 23:35	57	—	46	30	40	排空水 4h，通风时间 30min
2011-10-30 12:15	58	—	46	39	38	准备喷混凝土封堵漏水处 通风时间 3h
2011-10-31 12:30	54	—	45	40	36.5	二次过水前
2011-10-31 20:50	33	—	29	23	36	放水后
2011-11-1 11:50	55	—	38	29	36	放空水 12h
2011-11-2 12:20	56	—	40	37	37.5	三次试水前
2011-11-2 20:00	25	—	20	19	35	水已满，开始循环
2011-11-3 0:15	9	—	10	1	33	循环 4h
2011-11-3 10:15	10	—	4	2	31.8	循环 13h
2011-11-3 16:00	24	19	9	4	34.5	放空水
2011-11-3 21:00	31	—	15	10	33	放空水 5h
2011-11-4 11:45	37	—	18	16	36.2	放空水 20h
2011-11-5 13:05	44	—	27	25	36.6	五次过水前
2011-11-5 19:20	11	—	17	18	34	

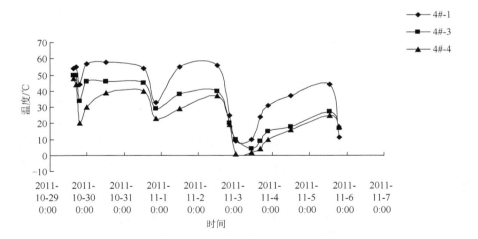

图 2.55　4#测温点运行期短期过水围岩测温记录

（2）长期过水条件下温度监测值分析。长期过水条件下，洞周岩体温度监测值随着过水时间增加，温度回落至 15℃以下，见表 2.12 及图 2.56。

表2.12　4#测温点运行期长期过水围岩测温记录　　　　（单位：℃）

时间	4#测温点				主洞	备注
	1	2	3	4		
2011-11-6 10:50	36	27	17	15	34.7	进水
2011-11-6 14:30	18	—	17	14	—	刚过水
2011-11-6 20:50	13	—	6	9	—	过水6h
2011-11-7 11:00	17	—	5	6	—	过水20h
2011-11-7 21:30	13	—	10	10	31.7	过水30.5h
2011-11-8 11:20	13	—	8	7	32	过水两天
2011-11-8 21:40	13	—	8	8	32	过水两天
2011-11-9 11:30	12	—	5	7	35.8	过水三天
2011-11-10 13:20	10	—	7	10	33	过水四天
2011-11-11 12:00	11	—	9	14	31	过水五天
2011-11-12 19:10	13	—	8	14	32	过水六天
2011-11-13 12:00	14	12	8	13	32.3	过水七天

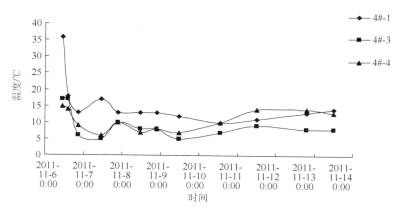

图2.56　4#测温点运行期长期过水围岩测温记录

　　前几次过水时间较短，对洞周温度场变化影响不明显，因此选取最后一次过水七天时洞周温度变化进行分析。过水一周时间岩体内部温度变化监测成果如下。

　　（1）11月6日至11月13日一周的过水时间内，整个试验洞段温度变化趋势基本相同，在过水 1～2d 时间内洞周 4m 范围内岩体温度均发生突降，3d 后洞周岩体温度逐渐趋于平稳。

（2）除毛洞段受堵头渗水影响外，其余监测段 4m 范围内围岩温度值不论初始温度值为多少，最终值基本相同，为 25～35℃（图 2.57）。

（3）对试验洞过水后水温进行监测，温度变化如图 2.58 所示。由于水压较小，无法保证水完全没入洞顶，洞顶温度值为空气温度；进水水温基本为 1～3℃，进水后，受洞壁围岩放热影响，水温均有所上升，上升幅度为 5～10℃，最终水温基本稳定在 10～15℃；洞顶空气温度值为 25～30℃。

（4）三天时间内，洞内水温与围岩温度间热交换达到平衡，温差 20℃左右。

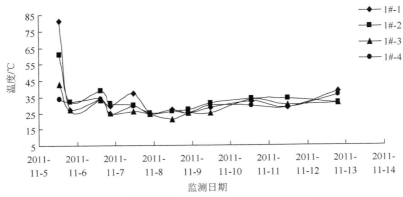

（a）挂网喷层段过水后各测点温度变化（1#测温仪）

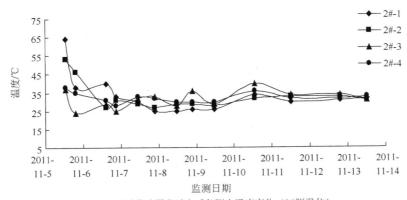

（b）钢纤维喷层段过水后各测点温度变化（2#测温仪）

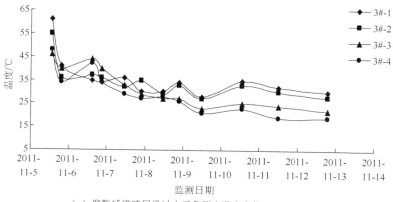

（c）聚酯纤维喷层段过水后各测点温度变化（3#测温仪）

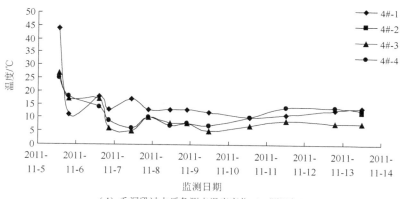

（d）毛洞段过水后各测点温度变化（4#测温仪）

图 2.57　运行期过水后洞周岩体温度变化

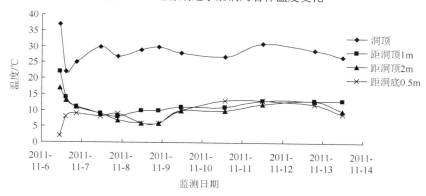

图 2.58　过水后洞内水温随时间变化

2.4.5　检修期温度场变化规律

1. 1#测温点测温值

1#测温点距离洞口较远，放空水后温度有所回升，受空气温度变化影响较小，洞周岩体温度很快趋于平稳（表 2.13、图 2.59）。

表 2.13　1#测温点检修期围岩测温记录　　　　　　（单位：℃）

时间	1#测温点				环境		备注
	1	2	3	4	洞壁	主洞	
2011-11-13 21:50	48	34	31	30	—	31	放空水 6h
2011-11-14 14:30	59	51	34	29	—	32.7	放空水第二天
2011-11-16 13:00	55	48	36	33	—	35.8	放空水第四天
2011-11-18 16:15	56	50	43	—	—	35.7	放空水第六天
2011-11-19 16:05	57	53	44	—	—	35.5	放空水第七天（开门）
2011-11-20 16:00	56	46	39	38	36	34	门打开，进洞测
2011-11-22 13:20	57	52	43	37	—	35.4	洞门打开
2011-11-24 13:20	58	53	44	37	—	36	洞门打开
2011-11-26 16:15	58	54	45	37	—	33	通风中断 20min
2011-11-28 13:00	55	49	42	30	—	32.9	持续通风，洞门打开
2011-11-30 12:28	55	50	38	35	—	33.2	持续通风，主洞下游钻眼，洞门打开
2011-12-3 13:10	57	52	45	38	—	34.7	洞门打开，风口封堵
2011-12-5 16:15	44	43	37	26	—	31	洞门打开，风口封堵
2011-12-8 15:30	49	44	37	31	—	27.5	洞门打开，风口封堵
2011-12-10 12:50	50	45	—	31	—	29.4	洞门打开，风口封堵，主洞内正准备出渣
2011-12-12 13:40	52	47	—	31	40	—	洞门打开，风口封堵，主洞内出渣完毕
2011-12-14 13:50	48	44	—	31	40	—	洞门打开，风口封堵，主洞内出渣
2011-12-15 13:20	51	47	—	31	40	—	洞门打开，风口封堵，主洞内出渣
2011-12-17 13:20	56	48	46	32	41	—	洞门打开，风口封堵，主洞内进行钻孔

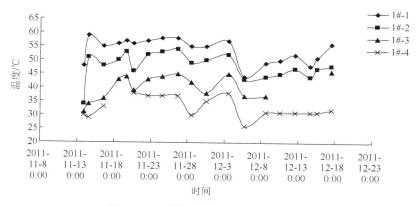

图 2.59　1#测温点检修期围岩测温记录

2. 2#、3#测温点监测温度值汇总

放空水后，围岩温度有所回升，3#测点过水时受水温影响较大，放空水后温度回升幅度较大（表 2.14、图 2.60 和图 2.61）。

表 2.14　2#、3#测温点检修期围岩测温记录　　　　　　　（单位：℃）

时间	2#测温点				3#测温点			
	1	2	3	4	1	2	3	4
2011-11-13 21:50	43	43	37	33	34	30	17	13
2011-11-14 14:30	48	39	30	29	36	29	18	11
2011-11-16 13:00	52	36	33	28	35	25	24	19
2011-11-18 16:15	59	42	30	33	35	28	26	21
2011-11-19 16:05	48	39	30	35	39	31	30	24
2011-11-20 16:00	58	37	26	33	36	28	—	25
2011-11-22 13:20	48	38	39	33	38	32	29	28
2011-11-24 13:20	48	41	35	34	38	32	30	29
2011-11-26 16:15	47	40	34	35	41	35	36	32
2011-11-28 13:00	43	36	29	30	41	38	36	34
2011-11-30 12:28	44	38	—	32	41	38	35	34
2011-12-3 13:10	46	41	—	35	34	30	17	13
2011-12-5 16:15	38	32	—	28	36	29	18	11
2011-12-8 15:30	38	33	—	28	35	25	24	19
2011-12-10 12:50	38	34	—	27	35	28	26	21
2011-12-12 13:40	41	36	27	30	39	31	30	24
2011-12-14 13:50	39	34	27	—	36	28	—	25
2011-12-15 13:20	42	—	29	—	38	32	29	28
2011-12-17 13:20	44	—	31	—	38	32	30	29

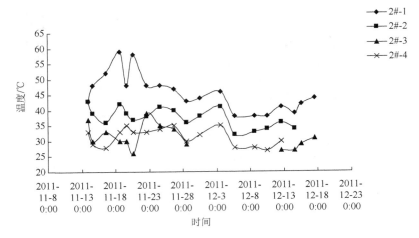

图 2.60　2#测温点检修期围岩测温记录

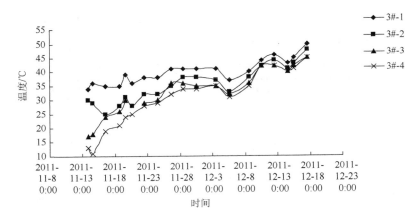

图 2.61　3#测温点检修期围岩测温记录

3. 4#测温点测温值汇总

放空水后，围岩温度有所回升，4#测点过水时受水温影响较大，放空水后温度回升幅度较大。由最初的 10℃～15℃，回升至 40℃左右（表 2.15、图 2.62）。

表 2.15　4#测温点检修期围岩测温记录　　　　　（单位：℃）

时间	4#测温点			环境		备注
	1	3	4	主洞	洞口	
2011-11-13 21:50	15	10	11	31	—	放空水 6h
2011-11-14 14:30	20	6	10	32.7	—	放空水第二天
2011-11-16 13:00	24	16	20	35.8	—	放空水第四天

续表

时间	4#测温点			环境		备注
	1	3	4	主洞	洞口	
2011-11-18 16:15	29	24	23	35.7	—	放空水第六天
2011-11-19 16:05	32	27	27	35.5	—	放空水第七天（开门）
2011-11-20 16:00	31	25	27	34		门打开，进洞测
2011-11-22 13:20	34	29	30	35.4	—	洞门打开
2011-11-24 13:20	34	32	30	36		洞门打开
2011-11-26 16:15	38	33	32	33		通风中断 20min
2011-11-28 13:00	38	33	31	32.9		持续通风，洞门打开
2011-11-30 12:28	36	34	32	33.2		持续通风，
2011-12-3 13:10	37	34	34	34.7	—	风口封堵
2011-12-5 16:15	32	30	28	31		同上
2011-12-8 15:30	37	35	35	27.5	—	同上
2011-12-10 12:50	42	37	38	29.4	—	主洞内准备出渣
2011-12-12 13:40	42	38	38		28.8	主洞出渣完毕
2011-12-14 13:50	39	36	35		30.1	主洞出渣
2011-12-15 13:20	40	37	36		30.5	主洞出渣
2011-12-17 13:20	43	40	40		28.4	主洞内进行钻孔

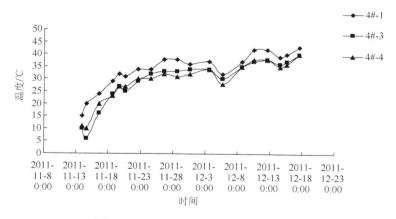

图 2.62　4#测温点检修期围岩测温记录

4. 检修期温度场变化规律分析

过水一周后，将试验洞内水放空，模拟实际运行中的检修期工况。

（1）放空水后，洞周 4m 范围内岩体温度均有明显的回升。岩体深部测点受渗水等因素影响，综合图 2.63 可知，放空水后洞内 4m 范围内岩体温度从深部到洞口为 55～50℃，4#测温仪受主洞温度影响，最高温度基本为 40℃左右。

（2）图 2.64 为放空水后洞内空气温度，可以看出放空水后，洞内冷源消失，洞壁向空气散热，使得空气温度稳步回升，基本稳定在 45℃。

（3）放空水后岩体温度回升至 50℃左右，洞内空气温度与围岩温度相差 5～10℃。

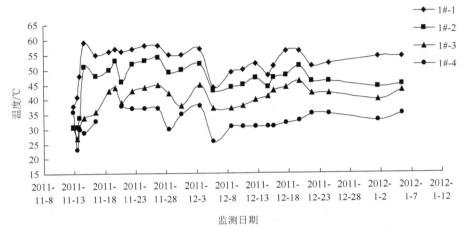

（a）挂网喷层段放空水后各测点温度变化（1#测温仪）

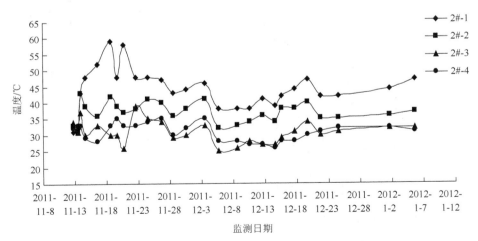

（b）钢纤维喷层段放空水后各测点温度变化（2#测温仪）

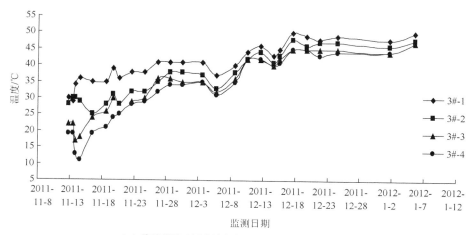

（c）聚酯纤维喷层段放空水后各测点温度变化（3#测温仪）

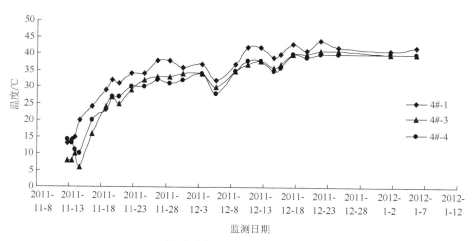

（d）毛洞段放空水后各测点温度变化（4#测温仪）

图 2.63   放空水后洞周岩体温度变化

隧道岩体在开挖之前，整体上处于一种热平衡状态，即岩体内各点的温度为原始岩温。隧洞开挖后，受到通风等因素影响，洞周岩体必然向洞内散热，围岩与空气（风流）间存在着不稳定的对流换热，岩体内部热平衡状态遭到破坏，洞周一定范围内岩体温度持续降低，如监测到的第一阶段。在此过程中，包括岩体内部的热传导以及围岩与风流间的对流换热，由于风流影响，岩壁与空气间的温差较大，对流换热的效果要高于热传导，从而使得岩体温度降低，该过程是一个不稳定的传热过程。

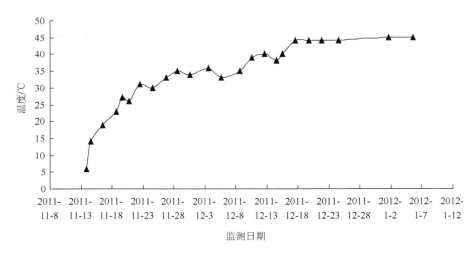

图 2.64　放空水后洞内气温随时间变化（距堵头 5m 处）

在施做喷层后，由于混凝土的导热系数较小，相当于在洞壁与空气间增加了一层"隔热材料"，围岩与空气间的对流换热被阻隔，从而使得洞壁放热量小于内部传递的热量。热量在岩体内部及喷层内部积聚，使得温度有一定程度的回升，如果此时通风量较小，温度回升幅度较大，如监测的第二阶段。该阶段对喷层影响较大，如果通风不利，喷层内部温度将快速升高，从而对喷层力学性能产生较大影响，因此在施做喷层中及施做喷层后，应加强通风，从而使得喷层内部热量快速向空气内传递，降低喷层温度。

随着时间的增加，岩体内部供热及向岩壁传热达到热平衡，岩体内部温度处于平衡状态，该过程与喷层、通风风速、风温均有关。

运行期过水后，水温与洞壁温差较大，使得围岩向水体快速放热，而岩体内部导热相对较缓慢，从而在岩体内部一定范围内形成一个低温调热圈，同时水温也会出现一定程度的上升。当水放空后，在无冷源的情况下，内部岩体导热效果增强，从而使得温度有所回升。

通过高温隧洞不同热学参数下的温度场变化规律，可得到高温隧洞温度场变化分为三大阶段。

（1）开挖未施做喷层阶段。岩体在开挖之前，整体上处于一种热平衡状态，即岩体内各点的温度为原始岩温。隧洞开挖后，受到通风等因素影响，洞周岩体必然向洞内散热，围岩与空气（风流）间存在着不稳定的对流换热，岩体内部热平衡状态遭到破坏，洞周一定范围内岩体温度持续降低。在此过程中，包括了岩体内部的热传导以及围岩与风流间的对流换热。由于风流影响，岩壁与空气间的温差较大，对流换热的效果要高于热传导，从而使得岩体温度降低，该过程是一个不稳定的传热过程。

（2）施工期施做喷层后阶段。在施做喷层后，由于混凝土的导热系数较小，相当于在洞壁与空气间增加了一层"隔热材料"，围岩与空气间的对流换热被阻隔，从而使得洞壁放热量要小于内部传递的热量。热量在岩体内部及喷层内部积聚，使得温度有一定程度的回升，如果此时通风量较小，温度回升幅度较大，对导热系数的解析解分析可得到该成果。该阶段对喷层影响较大，如果通风不利，喷层内部温度将快速升高，从而对喷层力学性能产生较大影响。因此在施做喷层中及施做喷层后，应加强通风，从而使得喷层内部热量快速向空气内传递，降低喷层温度。随着时间的增加，岩体内部供热及向岩壁传热达到热平衡，岩体内部温度处于平衡状态，该过程与喷层、通风风速、风温均有关。

（3）运行期阶段。对于水工隧洞，由于运行期过水，过水后水温与洞壁温差较大，围岩向水体快速放热。而岩体内部导热相对较缓慢，从而在岩体内部一定范围内形成一个低温调热圈，同时水温也会出现一定程度的上升。该阶段洞壁岩体或支护结构表面会发生快速的温度突变，主要集中在 24h 以内，该阶段对于支护结构的安全性提出了较高的要求。

2.5 高岩温引水隧洞温度场解析分析

2.5.1 隧洞围岩与支护结构温度场解析

1. 毛洞条件下围岩温度解析

通过对高岩温隧洞温度实测值分析，可做出这样的推断，离隧洞中心（也可以是最外边界）R 处，温度趋于恒定，温度为 T，这样就可以认为 R 为高温隧道的温度影响半径。同时对于开挖半径为 r 的隧道，确定由于开挖引起的开挖松动区半径为 $1.5r \sim 2.5r$。根据实测温度值，对两者取其最大值，就可以共同考虑由于开挖、温度二者作用对于隧道围岩应力变形的影响。

从工程应力应变分析的角度，只要掌握隧洞围岩开挖松动区范围之外温度场变化引起的应力应变与围岩开挖松动区范围之内温度场变化引起的应力应变和开挖卸荷引起的应力应变的耦合，就可以满足工程设计对于围岩应力变形的分析的需要。因此通过实测数据，只要确定出围岩松动影响区边界处的温度值（外边界），在已知洞内壁在不同工况下的温度值（内边界）的情况下，就可以把隧道温度影响范围简化为一个内外半径分别为 r，R 的圆柱体，内半径 r 为隧道半径，外半径 R 为隧道围岩松动区与温度影响半径二者的最大值。模型示意图如图 2.65 所示。

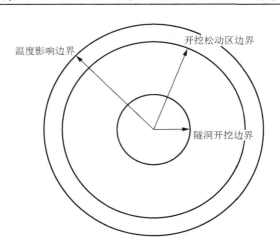

图 2.65　围岩温度场计算示意图

隧洞开挖半径为 r，取开挖影响半径为 $2.5r$，开挖松动区半径温度影响半径 R，且 $R > 2.5r$，围岩体导热系数为 λ，在这样的情况下，求解围岩温度场的分布。

建立坐标系，在温度影响区域选择一微元体，如图 2.66 所示。对该微元体进行能量收支平衡的分析（暂不考虑开挖引起的弹性应变能释放）。设在温度影响范围外存在一热源，其值为 Φ，代表单位时间内单位体积（对于简化为二维的隧道而言，表示单位厚度的单位面积）中产生或消耗的热能（产生为正，消耗为负），单位为 W/m^3。对于任意方向的热流量，其可以分解为 X、Y 坐标轴方向的热流量。

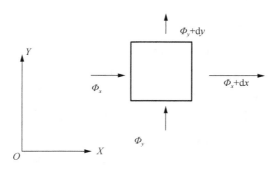

图 2.66　微元体热量平衡分析示意图

根据傅里叶定律，微元体左侧、下侧表面导入微元体的热流量分别为

$$(\Phi_x)_x = -\lambda \left(\frac{\partial t}{\partial x} \right)_x \mathrm{d}y \tag{2.95}$$

$$(\Phi_y)_y = -\lambda \left(\frac{\partial t}{\partial y} \right)_y \mathrm{d}x \tag{2.96}$$

式中，$(\varPhi_x)_x$ 表示热流量在 X 方向的分量 $\varPhi_x$ 在 x 点的值；$(\varPhi_y)_y$ 表示热流量在 Y 方向的分量 $\varPhi_y$ 在 y 点的值。通过 $x=x+\mathrm{d}y$、$y=y+\mathrm{d}y$ 两个表面导出微元体的热流量，按照傅里叶定律可表示为

$$(\varPhi_x)_{x+\mathrm{d}x} = (\varPhi_x)_x + \frac{\partial \varPhi_x}{\partial x}\mathrm{d}x = (\varPhi_x)_x + \frac{\partial}{\partial x}\left[-\lambda(\frac{\partial t}{\partial x})_x \mathrm{d}y\right]\mathrm{d}x \tag{2.97}$$

$$(\varPhi_y)_{y+\mathrm{d}y} = (\varPhi_y)_y + \frac{\partial \varPhi_y}{\partial y}\mathrm{d}y = (\varPhi_y)_y + \frac{\partial}{\partial y}\left[-\lambda(\frac{\partial t}{\partial y})_y \mathrm{d}x\right]\mathrm{d}y \tag{2.98}$$

对于微元体，按照能量守恒定律，在任意时间间隔内，有以下热平衡关系。

导入微元体的总热量＋微元体内热源的生成热
＝导出微元体的总热量＋微元体的热力学能（即内能） $\qquad$ (2.99)

式中，微元体热源的热力学能的增量为 $\rho c \frac{\partial t}{\partial \tau}\mathrm{d}x\mathrm{d}y$。其 ρ、c、τ 分别是微元体的密度、比热容、导热时间。由于热源在温度影响区域之外，故微元体无内热源的存在，即微元体内热源的热源生成热=0。

将式（2.95）～式（2.98）代入式（2.99），经整理得

$$\rho c \frac{\partial t}{\partial \tau} = \frac{\partial}{\partial x}\left(\lambda \frac{\partial t}{\partial x}\right) + \frac{\partial}{\partial y}\left(\lambda \frac{\partial t}{\partial y}\right) \tag{2.100}$$

当导热系数为常数时，式（2.100）可写为

$$\frac{\partial t}{\partial \tau} = \frac{\lambda}{\rho c}\left(\frac{\partial^2 t}{\partial x^2} + \frac{\partial^2 t}{\partial y^2}\right) \tag{2.101}$$

若是极坐标，则式（2.101）可写为

$$\rho c \frac{\partial t}{\partial \tau} = \frac{1}{r}\frac{\partial}{\partial r}\left(\lambda r \frac{\partial t}{\partial r}\right) + \frac{1}{r^2}\frac{\partial}{\partial \varphi}\left(\lambda \frac{\partial t}{\partial \varphi}\right) \tag{2.102}$$

对于圆形隧道而言，其传热可以认为是只沿径向传热，故导热微分方程为

$$\rho c \frac{\partial t}{\partial \tau} = \lambda \frac{1}{r}\frac{\mathrm{d}}{\mathrm{d}r}\left(r \frac{\mathrm{d}t}{\mathrm{d}r}\right) \tag{2.103}$$

若是稳态导热，温度不随时间而变化，式（2.103）左边为零，则有

$$\frac{\mathrm{d}}{\mathrm{d}r}\left(r \frac{\mathrm{d}t}{\mathrm{d}r}\right) = 0 \tag{2.104}$$

这样，依据式（2.104），利用边界条件：

$\qquad$ 圆形隧洞内壁 r_1 处温度边界：$r=r_1$，$t=t_1$ $\qquad$ (2.105)

$\qquad$ 圆形隧洞温度影响 r_2 处温度边界：$r=r_2$，$t=t$ $\qquad$ (2.106)

对式（2.104）连续积分，得其通解为

$$t = c_1 \ln r + c_2 \tag{2.107}$$

代入边界条件式（2.105）、式（2.106），联立求解得

$$c_1 = \frac{t_2 - t_1}{\ln(r_2 / r_1)} l \qquad (2.108)$$

$$c_2 = t_1 - \ln r_1 \frac{t_2 - t_1}{\ln(r_2 / r_1)} \qquad (2.109)$$

把式（2.108）和式（2.109）代入通解（2.107），得到温度的分布为

$$t = t_1 + \ln(r / r_1) \frac{t_2 - t_1}{\ln(r_2 / r_1)} \qquad (2.110)$$

式中，r_1 为隧洞半径；t_1 为隧洞洞壁温度；r_2 为圆形隧洞温度影响边界半径；t_2 为温度影响边界温度。

式（2.110）为圆形隧洞在无任何支护隔热措施下温度影响范围内的温度分布公式。

基于现场试验所测的温度数据，对于试验洞，通过对其实测温度数据的分析，其温度影响范围半径为 9m，在温度影响边界处温度恒值为 110℃，即圆形隧洞温度影响 r_2 处温度边界：$r_2=9$，$t_2=110$℃。

在隧道洞壁处，在施工期，通过控制进风温度达到环境温度与洞壁围岩温度的目的，洞壁温度在施工期可达 27℃。在不通风的情况下，洞壁温度上升到 36℃，即洞圆形隧洞内壁 r_1 处温度边界在施工通风时，$r_1=1.5$，$t_1=28$℃；施工不通风时，$r_1=1.5$，$t_1=36$℃。

通过上述条件，利用得到的温度分布公式，可求解得出施工期通风与不通风情况下的隧洞围岩温度分布，如图 2.67 所示。

由图 2.67 可以看出，在毛洞条件下，通风与不通风的情况下，隧洞洞壁中的温度分布呈对数曲线。在施工通风时，由于通风作用，洞壁内温度从动深稳定区到洞壁降温急速，如图 2.67（a）所示；而在施工不通风条件下，洞壁内围岩温度变化平缓，如图 2.67（b）所示。

图 2.68 为隧洞围岩温度分布计算曲线与实测值对比图，可以看出，在施工通风情况下，围岩温度分布值非常接近计算温度分布曲线。而在施工不通风情况下，1#温度测孔的围岩温度实测值非常接近计算温度曲线，可是 2#温度测孔的围岩温度实测值均在计算温度曲线下方分布。分析其原因，是因为 2#温度测孔离主洞较近（见 2#围岩温度测温孔分布图），其相对 1#温度测孔受主洞施工影响很大，尽管试验洞不通风，可是由于主洞始终通风，因而影响到试验洞 2#温度测孔，在其位置测得的围岩温度值均低于计算温度值。其余位置温度测温孔均有相同的情况，离主洞越近，温度值越低。

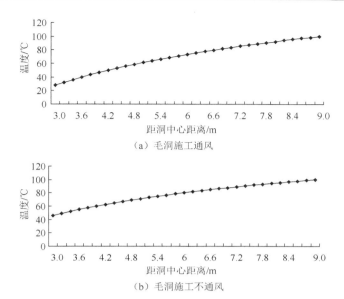

（a）毛洞施工通风

（b）毛洞施工不通风

图 2.67 隧洞围岩温度分布

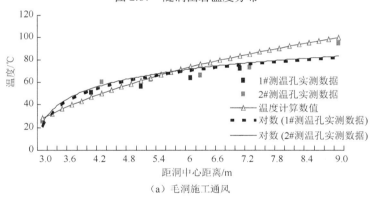

（a）毛洞施工通风

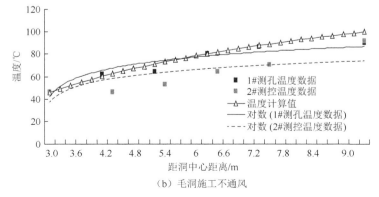

（b）毛洞施工不通风

图 2.68 隧洞围岩温度分布计算曲线与实测值对比

通过围岩温度实测值与围岩温度实测值计算曲线的对比，可以看出，排除主洞施工的其他干扰因素，围岩温度实测值与围岩温度实测值计算曲线有较好的一致性，因而可以用式（2.111）来表示施工时隧洞围岩的温度分布。

$$t = t_1 + \ln(r/r_1)\frac{t_2 - t_1}{\ln(r_2/r_1)} \tag{2.111}$$

在运行工况下，隧洞不进行任何衬砌支护措施。此时隧洞要过水，由于过水水温的变化，隧洞洞壁温度边界发生变化，从而引起隧洞围岩温度分布变化。对过水温度，考虑到库区来水主要是雪山融水，根据设计院提供的《水库水温预测》中采用三种方法（经验法、一维数学模型、三维数学模型）预测的水库逐月的水温分布，综合考虑最不利情况，采用过水温度为 5℃，这样隧道内壁 r_1 处温度边界在运行过水时，$r_1=3\text{m}$，$t_1=5℃$。

利用式（2.111），可以计算出运行工况下隧洞围岩的温度分布，如图 2.69 所示。可以看出，由于温度边界发生变化，围岩温度分布从洞内温度恒定处（离圆心 9m 处，即 $r=9\text{m}$）往洞壁方向，急剧降低。

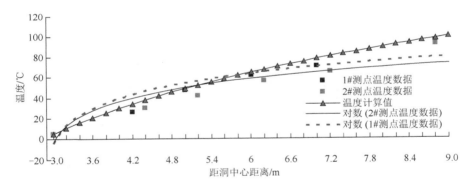

图 2.69　过水时隧洞围岩温度分布计算曲线与实测值对比

从运行过水时隧洞围岩温度分布计算曲线与实测值对比图可以看出，围岩温度分布实测值与计算温度分布曲线友好的相关性。1#温度测孔的围岩温度实测值（三角形）非常接近计算温度曲线，可是 2#温度测孔的围岩温度实测值（方形点）要低于 1#温度测孔测到的温度值，其实测温度值均在计算温度曲线的下方分布。分析其原因，是因为 2#温度测孔离主洞较近，其相对 1#温度测孔受主洞施工影响很大，由于主洞施工通风的影响，因而影响到试验员 2#温度测孔，在其位置测得围岩温度值均低于计算温度值。其余位置温度测温孔均有相同的情况，离主洞越近，温度值越低。

2. 复合衬砌下隧洞温度解析

对IV、V围岩，需要进行支护，同时还需要进行二次衬砌，为了减小洞壁围岩温度在施工时对衬砌混凝土的影响，需要在一次支护与二次衬砌之间铺设隔热材料。不同的隔热材料会影响温度的分度，本节针对不同的隔热材料，对隧洞围岩、一次支护（喷层）、衬砌温度进行解析求解，为后续进一步的应力变形求解奠定基础。

3. 复合衬砌温度场求解模型

通过 2.2 节对隧道温度实测值的分析，离隧洞中心 R 处，温度趋于恒定，温度为 T，这样就可以认为是 R 为高温隧道的温度影响半径。同时对于开挖半径为 r 的隧道，确定由于开挖引起的开挖松动区半径为 $1.5r\sim3.0r$。根据实测温度值，确定出两边界的温度值，就可以共同考虑由于开挖、温度二者作用对于隧道围岩应力变形的影响。

对于复合衬砌，温度对于一次支护的喷层、二次衬砌的力学形态有怎样的影响，最基础的工作首先是确定复合衬砌下温度场的分布。在施工期，由于温度的影响，其对于混凝土的初期凝结强度有所影响（查资料充实论证）。同时由于高温差的影响，整个运行期，在洞内低温水流的作用下，其对衬砌内壁的降温与衬砌外壁围岩的升温在衬砌厚度范围内形成很大的温度差，在此温差影响下，会对衬砌结构的力学性能带来极为不利的影响。因此，分析复合衬砌的温度场分布显得尤为重要。

与 2.4 节分析一样，通过实测数据，只要确定出复合衬砌隧洞围岩松动影响区边界处的温度值（外边界），在已知洞内壁在不同工况下的温度值（内边界）的情况下，就可以把复合衬砌隧道温度影响范围简化为一个内外半径分别为 r_0，R 的圆柱体，内半径 r_0 为隧道半径，外半径 R 为隧道围岩松动区与温度影响半径二者的最大值。喷层、隔热材料、衬砌厚度在这个圆柱体厚度之内。

模型如图 2.70 所示，r_0 表示隧洞完工后的净半径，即也就是二次衬砌内半径；r_1 为隧道二次衬砌外半径，同时也为隔热材料内半径；$r_1-r_0=\delta_3$ 为衬砌厚度；r_2 为隧洞保温材料外半径，同时也为喷层内半径；$r_2-r_1=\delta_2$ 为隔热材料厚度；r_3 为喷层外半径；$r_3-r_2=\delta_1$ 为喷层厚度。在隧洞温度外边界 R 处，温度值为 T；在隧洞温度外边界 r_0 处，温度值为 t_0。

4. 复合衬砌隧洞温度解析

假设图 2.73 复合衬砌温度场模型中，围岩壁、喷层、保温材料、二次衬砌之间接触良好，即二者之间不存在接触热阻。基于 2.1 节的分析，可知圆形隧洞在

无任何支护隔热措施下温度影响范围内的温度分布公式为

$$t = t_1 + \ln(r / r_1)\frac{t_2 - t_1}{\ln(r_2 / r_1)} \tag{2.112}$$

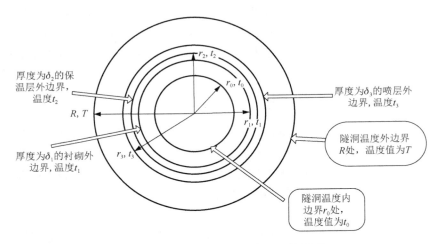

图 2.70　复合衬砌隧洞温度场计算模型

对式（2.112）求导，得

$$\frac{\mathrm{d}t}{\mathrm{d}r} = \frac{1}{r}\frac{t_2 - t_1}{\ln(r_2 / r_1)} \tag{2.113}$$

依据傅里叶传热定律得

$$q = -\lambda\frac{\mathrm{d}t}{\mathrm{d}r} = \frac{\lambda}{r}\frac{t_1 - t_2}{\ln(r_2 / r_1)} \tag{2.114}$$

通过整个隧道圆柱壁面的热流量 ϕ 为

$$\phi = 2\pi r l q = 2\pi r l\left(-\lambda\frac{\mathrm{d}t}{\mathrm{d}r}\right) = 2\pi r l\frac{\lambda}{r}\frac{t_1 - t_2}{\ln(r_2 / r_1)} = \frac{2\pi\lambda l(t_1 - t_2)}{\ln(r_2 - r_1)} \tag{2.115}$$

式中，$2\pi r l$ 表示半径 r 处垂直于热流密度的面积。隧道圆柱模型的热阻为

$$R_0 = \frac{\Delta t}{\phi} = \frac{\ln(r_2 / r_1)}{2\pi\lambda l} \tag{2.116}$$

同样的道理，在复合衬砌隧道中，可以分别计算各个分层（围岩、喷层、隔热材料、衬砌）的热阻如下。

衬砌热阻（导热系数为 λ_1）：

$$R_1 = \frac{\Delta t_1}{\phi} = \frac{\ln(r_1 / r_0)}{2\pi\lambda_1 l} \tag{2.117}$$

隔热材料热阻（导热系数为 λ_2）：

$$R_2 = \frac{\Delta t_2}{\phi} = \frac{\ln(r_2 / r_1)}{2\pi\lambda_2 l} \tag{2.118}$$

喷层热阻（导热系数为 λ_3）：

$$R_3 = \frac{\Delta t_3}{\phi} = \frac{\ln(r_3 / r_2)}{2\pi\lambda_3 l} \tag{2.119}$$

围岩热阻（导热系数为 λ_4）：

$$R_4 = \frac{\Delta t_4}{\phi} = \frac{\ln(R / r_3)}{2\pi\lambda_4 l} \tag{2.120}$$

利用串联热阻叠加原则，可以得到复合衬砌隧道总热阻为

$$
\begin{aligned}
R_0 &= R_1 + R_2 + R_3 + R_4 = \frac{\ln(r_1 / r_0)}{2\pi\lambda_1 l} + \frac{\ln(r_2 / r_1)}{2\pi\lambda_2 l} + \frac{\ln(r_3 / r_2)}{2\pi\lambda_3 l} + \frac{\ln(R / r_3)}{2\pi\lambda_4 l} \\
&= \frac{1}{2\pi l}\left\{ \frac{\ln(r_1 / r_0)}{\lambda_1} + \frac{\ln(r_2 / r_1)}{\lambda_2} + \frac{\ln(r_3 / r_2)}{\lambda_3} + \frac{\ln(R / r_3)}{\lambda_4} \right\}
\end{aligned} \tag{2.121}
$$

这样，导热热流量 ϕ 可以表示为

$$\phi = \frac{\Delta t}{R_0} = \frac{2\pi l(T - t_0)}{\dfrac{\ln(r_1 / r_0)}{\lambda_1} + \dfrac{\ln(r_2 / r_1)}{\lambda_2} + \dfrac{\ln(r_3 / r_2)}{\lambda_3} + \dfrac{\ln(R / r_3)}{\lambda_4}} \tag{2.122}$$

取隧道长度为单位长度，则式（2.122）变为

$$\phi = \frac{\Delta t}{R_0} = \frac{2\pi(T - t_0)}{\dfrac{\ln(r_1 / r_0)}{\lambda_1} + \dfrac{\ln(r_2 / r_1)}{\lambda_2} + \dfrac{\ln(r_3 / r_2)}{\lambda_3} + \dfrac{\ln(R / r_3)}{\lambda_4}} \tag{2.123}$$

式中，T、t_0 为已知边界温度；r_0 表示隧洞完工后的净半径，即二次衬砌内半径；r_1 为隧道二次衬砌外半径，同时也为隔热材料内半径；$r_1-r_0=\delta_1$ 为衬砌厚度；r_2 为隧洞保温材料外半径，同时也为喷层内半径；$r_2-r_1=\delta_2$ 为隔热材料厚度；r_3 为喷层外半径；$r_3-r_2=\delta_3$ 为喷层厚度，均为已知。这样就可以得到复合衬砌隧道单位长度导热热流量 ϕ。

在得到导热热流量 ϕ 的情况下，就可以得到各交界面处的温度值，在衬砌与隔热材料的交界面 r_1 处的温度 t_1。

由式（2.114）、式（2.122）可得

$$t_1 = \frac{\phi\ln(r_1 / r_0)}{2\pi\lambda_1} + t_0 = \frac{\ln(r_1 / r_0)(T - t_0) / \lambda_1}{\dfrac{\ln(r_1 / r_0)}{\lambda_1} + \dfrac{\ln(r_2 / r_1)}{\lambda_2} + \dfrac{\ln(r_3 / r_2)}{\lambda_3} + \dfrac{\ln(R / r_3)}{\lambda_4}} + t_0 \tag{2.124}$$

同理可得

$$t_2 == \frac{\phi \ln(r_2/r_1)}{2\pi\lambda_2} + t_1 = \frac{\ln(r_2/r_1)(T-t_0)/\lambda_2}{\dfrac{\ln(r_1/r_0)}{\lambda_1} + \dfrac{\ln(r_2/r_1)}{\lambda_2} + \dfrac{\ln(r_3/r_2)}{\lambda_3} + \dfrac{\ln(R/r_3)}{\lambda_4}} + t_1 \qquad (2.125)$$

$$t_3 == \frac{\phi \ln(r_3/r_2)}{2\pi\lambda_3} + t_1 = \frac{\ln(r_3/r_2)(T-t_0)/\lambda_3}{\dfrac{\ln(r_1/r_0)}{\lambda_1} + \dfrac{\ln(r_2/r_1)}{\lambda_2} + \dfrac{\ln(r_3/r_2)}{\lambda_3} + \dfrac{\ln(R/r_3)}{\lambda_4}} + t_2 \qquad (2.126)$$

在得知复合衬砌隧洞不同介质材料（衬砌、隔热材料、喷层、围岩）处交界面处的温度后，就可得到隧道不同范围内的温度场分布。

（1）当 $r_1 > r > r_0$ 时，即衬砌结构的温度场分布为

$$t = t_0 + \ln(r/r_0)\frac{t_1 - t_0}{\ln(r_1/r_0)} \qquad (2.127)$$

（2）当 $r_2 > r > r_1$ 时，即保温材料的温度场分布为

$$t = t_1 + \ln(r/r_1)\frac{t_2 - t_1}{\ln(r_2/r_1)} \qquad (2.128)$$

（3）当 $r_3 > r > r_2$ 时，即喷层的温度场分布为

$$t = t_2 + \ln(r/r_2)\frac{t_3 - t_2}{\ln(r_3/r_2)} \qquad (2.129)$$

（4）当 $R > r > r_3$ 时，即围岩的温度场分布为

$$t = t_3 + \ln(r/r_3)\frac{T - t_3}{\ln(R/r_3)} \qquad (2.130)$$

这样就求解出了复合衬砌隧洞的温度场分布。

2.5.2　复合衬砌模型温度解析与实测对比

（1）施工期。自 2011 年 11 月试验洞衬砌浇筑开始，12 月 3 日浇筑完成。2011 年 11 月 11 日 23:20 衬砌温度对比如图 2.71 所示。

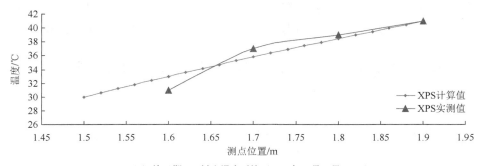

（a）施工期XPS衬砌温度对比（2011年11月13日23:20）

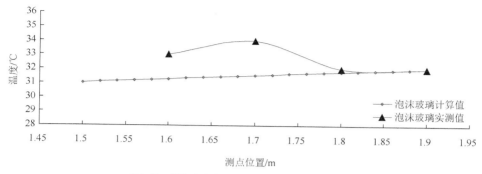

（b）施工期泡沫玻璃衬砌温度对比（2011年11月13日23:20）

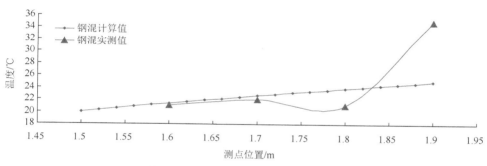

（c）施工期钢混衬砌温度对比（2011年11月13日23:20）

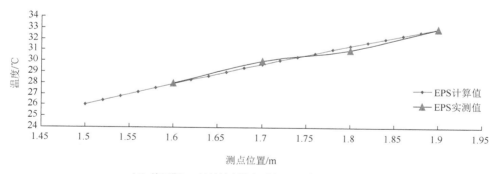

（d）施工期EPS材料衬砌温度对比（2011年11月13日23:20）

图2.71　施工期不同隔热材料下衬砌温度实测与计算温度对比

　　对比四种不同形式下的衬砌温度实测值与计算值，可以看出，计算值与实测值具有较好的一致性。而对于泡沫玻璃与无保温材料（钢混）衬砌，出现了较大的离散性。分析这个原因，是在进行这两类衬砌施工时，由于通风管路的问题，出现了较长的停止通风时间，从而在这两类衬砌在2011年11月13日23:20引起了较大的温度回升。总体而言，解析温度值能较好地反映实际的衬砌温度分布状况。

图 2.72 为四种不同衬砌形式下的温度分布对比图。可以看出，在施工期，由泡沫玻璃做隔热材料的复合衬砌温度差（内外侧温差）最小，而其余隔热材料引起的温差较大。

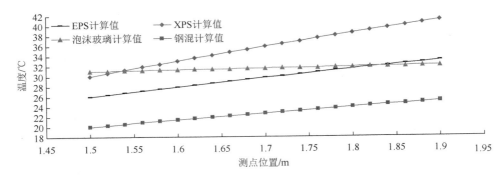

图 2.72 施工期四种不同衬砌形式下的温度计算值分布对比

（2）运行期。在衬砌施工完成后，强度达到设计值之后开始注水（2012 年 4 月 11 日开始），利用水泵采用河道抽水的方式，从山下河道抽水。同时，为了模拟洞内水体流动循环，采用另一台水泵，在洞满之后，在保持试验洞满洞的情况下，从洞内抽水循环，运行十天。不同保温材料衬砌温度对比（2012 年 4 月 17 日 16:00），如图 2.73 所示。

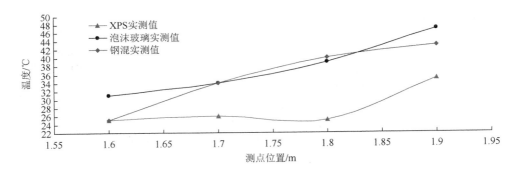

图 2.73 运行期三种不同衬砌形式下的实测温度分布对比（2012 年 4 月 17 日 16:00）

从图 2.73 中可以看出，在运行期，由于洞内水体循环，温度较低的循环水（2～5℃）带走热量，使得衬砌内壁温度降低，导致衬砌内外侧有较大的温度差。在无隔热材料下，衬砌内外温差达到近 30℃。

通过不同保温材料衬砌温度分布实测与计算值对比（图 2.74）。可以看出，在运行期，除过挤塑聚苯乙烯薄膜板（extruded polystyrene，XPS）隔热材料有个异常点之外（分析原因，该温度测点可能是由于过水引起的较大应力而被破坏），其余衬砌温度分布实测值与计算值有较好的一致性。

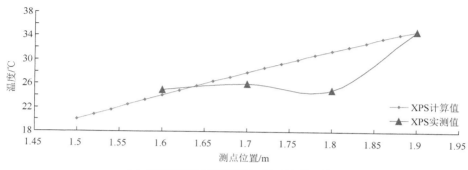

（a）运行期XPS衬砌温度对比（2012年4月17日16:00）

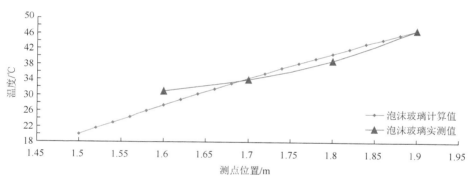

（b）运行期泡沫玻璃衬砌温度对比（2012年4月17日16:00）

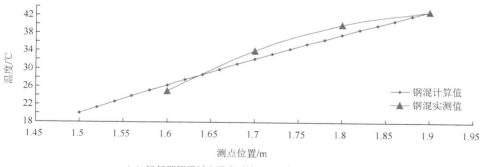

（c）运行期钢混衬砌温度对比（2012年4月17日16:00）

图 2.74 运行期不同保温材料衬砌温度分布实测与计算值对比

（3）检修期。在试验洞运行一周之后，排空洞内循环水，模拟检修期（2012年4月18日12:30测定之后开始放水），不同保温材料衬砌温度对比（2012年4月25日13:10）如图2.75所示。对于发泡聚苯乙烯（expandable polystyrene，EPS）与XPS隔热材料衬砌而言，其内外侧温度值接近一致，几乎不存在温度差。这是因为二者较低的力学性能，在衬砌过水时，产生的温度拉应力使得该部位的衬砌产生了拉裂缝（这在后期的检查中发现），由于水体的渗入，使得衬砌内外侧温度接近一致。而对于泡沫玻璃与无隔热材料的普通钢筋混凝土衬砌而言，由于较好的力学性能，衬砌完整性较好，其内外侧存在明显的温度差异，其差值达到近20℃，随着时间的推移，试验洞空置时间增加，其内外测温度差达到近40℃。图2.76为检修期不同保温材料衬砌温度分布实测与计算值对比图，可以看出，在检修期不同衬砌温度计算值与实测值分布表现了较好的一致性。

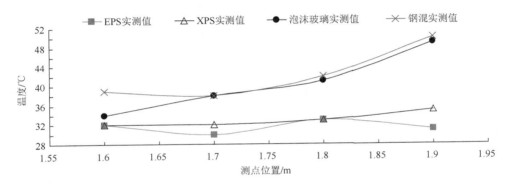

图2.75　检修期不同衬砌形式下的实测温度分布对比（2012年4月25日13:10）

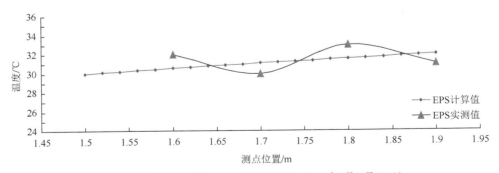

（a）检修期EPS材料衬砌温度对比（2012年4月25日13:10）

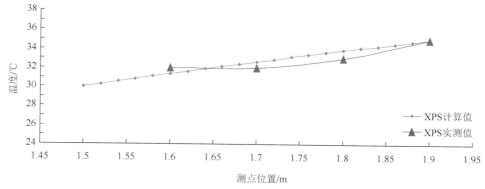

（b）运行期XPS衬砌温度对比（2012年4月25日13:10）

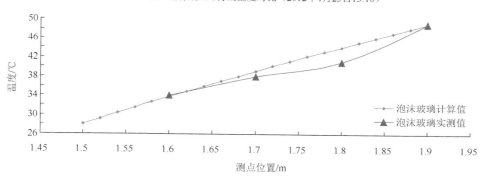

（c）检修期泡沫玻璃衬砌温度对比（2012年4月25日13:10）

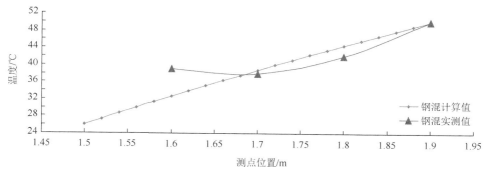

（d）检修期钢混衬砌温度对比（2012年4月25日13:10）

图 2.76　检修期不同保温材料衬砌温度分布实测与计算值对比

2.6　小　　结

　　本章首先采用分离变量法得到了高温隧洞未支护条件及采取支护措施后的非稳态温度场变化解析公式，应用 Matlab 数学软件对不同热学参数变化下的高温隧洞温度场变化规律进行分析。在新疆布仑口—公格尔高岩温引水隧洞高温段建立试验洞，模拟了施工通风、喷层支护以及运行期过水多种实际工况，得到了较为全面、系统的实际高温隧洞条件下的温度场变化规律。通过监测值与解析值的对比验证了公式应用的可行性。通过对解析解与实测值的对比分析，得到了高温隧洞围岩温度场的变化规律。主要结论如下。

（1）未支护条件下的围岩瞬态温度公式为

$$t(r,\tau) = T + t_w = T_1 + T_2 + t_w$$

$$= t_w + (t_0 - t_w)\frac{\ln\dfrac{r}{r_0} + \dfrac{\lambda}{hr_0}}{\ln\dfrac{R}{r_0} + \dfrac{\lambda}{hr_0}} + \frac{\pi^2}{2}\frac{t_0 - t_w}{\ln\dfrac{R}{r_0} + \dfrac{\lambda}{hr_0}}\sum_{m=1}^{\infty}\frac{e^{-\alpha\beta_m^2\tau})}{1 - \dfrac{B_1}{U_0^2}J_0^2(\beta_m, R)}$$

$$\times\left[J_0(\beta_m r)Y_0(\beta_m R) - J_0(\beta_m R)Y_0(\beta_m r)\right]$$

$$\times\left\{\beta_m r_0\ln\frac{r_0}{R}\left[J_1(\beta_m r_0)Y_0(\beta_m R) - J_0(\beta_m R)Y_1(\beta_m r_0)\right]\right.$$

$$\left. + \left[J_0(\beta_m R)Y_0(\beta_m r_0) - Y_0(\beta_m R)J_0(\beta_m R)\right]\right\} \tag{2.131}$$

采取支护措施下的双层介质瞬态温度公式，该公式计算时围岩温度场由未支护条件计算所得，即

$$t_i(r,\tau) = t_w\phi_i(r) + t_0\psi_i(r) + \theta_i(r,\tau) \tag{2.132}$$

式中，
$$\phi_i(r) = A_i + B_i\ln r$$
$$\psi_i(r) = C_i + D_i\ln r$$

$$\theta_i(r,\tau) = \sum_{n=1}^{\infty}e^{-\beta_n^2\tau}\cdot\frac{1}{N(\beta_n)}\cdot R_{in}(r)\cdot\sum_{j=1}^{2}\frac{k_j}{\alpha_j}\int_{r_j}^{r_{j+1}}r'R_{jn}(r')F_j(r')dr'$$

（2）分析了围岩导热系数、支护结构导热系数、围岩与空气间以及支护结构与空气间的对流换热系数、初始岩温、风温以及热源深度对温度场的影响。①在存在内部热源条件下，可采取隔绝热源、降低壁面粗糙度、缩短通风管距掌子面距离、加大通风能力（提高风速、降低风温）的措施，从而达到快速降低壁面温度、改善施工环境的目的。②洞壁温度主要受到初始岩温的影响，而热源深度对其影响较小。③对流换热系数对喷层内侧温度变化影响较为显著，而喷层外壁直接受到内部高温岩体热源影响，对流换热系数较小时，会出现温度上升的情况。④支护结构导热系数越小，温差越大；增加支护结构的导热系数，有利于减小支护结构内部温差，降低自身温度应力。通风前期，内侧温度变化幅度大于外侧，喷层内侧温差增大，后期逐渐趋于平稳。

（3）通过对不同参数下的解析值影响分析以及实测值分析，得出高温隧洞温度场变化可分为三大阶段。①施做喷层前阶段：环境温度及洞壁温度主要受初始岩温影响，通风后温度降低幅度较大，可较快形成调热圈，是改善施工环境的重要阶段。②施工期施做喷层后阶段：围岩会出现一定程度的温升，喷层与围岩交界面出现热量聚集，降低支护结构的降温路径、提高支护结构导热系数以及加大通风对于提高该阶段支护结构稳定性至关重要。③运行期过水阶段：过水使得支护结构表面温度发生突降，时间主要集中在 24 小时内，围岩体内部也将形成一定范围的低温圈，该阶段支护结构受力特性是后续研究的重点内容，也是保证高温隧洞能否顺利运行的关键。

（4）现场监测主要对施工期、运行期及检修期的围岩温度进行监测，喷锚支护下监测成果结论如下。①施工期围岩温度变化规律：施做喷层前，洞周岩体受洞内通风影响较为明显，洞周岩体温度在 10～15 天时间平均从 70℃降为 50℃，降低幅度在 30%左右；岩体内部温度梯度在 30℃左右；施做喷层后，喷层导热系数较低，从而"隔绝"了岩体向洞内的散热，在试验洞小孔间断通风情况下，洞周岩体温度在 20 天时间内基本回升至初始观测岩温值；在该通风条件下，深部岩体温度逐渐趋于稳定，在 15～20 天岩体内部导热与洞壁向空气散热基本达到热平衡状态；后续准备施做堵头，加强了通风，从而使得洞周岩体温度均有一定程度的降低，温度从 60℃降低到 50℃左右，降低幅度在 15%左右。②运行期围岩温度变化规律。过水后，在 5℃低温水的影响下，洞周 3m 范围内岩体温度发生突降，1～3 天时间里从岩温初始值 60～80℃突降到 25～35℃；过水 3～5 天后洞周岩体温度基本稳定在 30℃左右；水放空后洞周岩体温度有所回升，最高温度回升到 50～55℃；受过水影响，3m 范围内岩体温度梯度在 20℃以内。③在相同时间范围内，施工期、运行期条件下解析值与实测值吻合较为良好，解析解能够很好地反映出岩体温度变化的特点及规律。本书解析解求解方便、参数意义明确，能够满足工程中对温度预测、分析的要求。

（5）衬砌+保温层支护措施下监测成果结论如下。在施工初期，围岩温度80℃，自围岩深部开始，靠近洞壁，温度依次递减，在深度 4.5m 范围内，围岩洞壁与围岩深部温度相差近 30℃。在进行衬砌施工初期，由于通风作用，围岩温度下降 10～20℃，在进行隔热材料布设后，温度升高 15℃左右，在后期由于围岩洞壁受通风影响较大，洞壁附近温度减低，使得该位置围岩最深处（探头 1，离洞壁 3.0m）与围岩最浅处（探头 4，0.2m）温差达到近 40℃。在试验洞进水之后，温度瞬间升高，围岩最深处最高温度达到近 85℃（测点 3），围岩深部与围岩面处温度差近 15℃。随着进水时间的持续，热量交换的进一步进行，对于围岩浅部测点（探头 4）温度有回落的趋势。在进水停止后，排空洞内水，短时间洞内温度升高，增大幅度达到约 10℃，随着洞内注水的排空，温度逐渐降低至恒定值。基于试验数据分析，对于进水前后，围岩深浅部温度差可按 30～40℃计，在排水后，即检修期，围岩深浅部温度差可按 40～60℃计。对于衬砌支护的温度，在施工初期，对于使用了隔热材料的复合衬砌其内外侧温度差相对于没有使用隔热材料的普通衬砌，其衬砌内外层温度差值要小于普通衬砌内外层温度差值。普通衬砌内外侧温差最大近 30℃，其余三种隔热层复合衬砌内外温度差为 5～15℃。对比三种隔热材料，在施工初期，泡沫玻璃隔热性优于其他两种隔热材料，在其隔热作用下，衬砌内外侧温度接近零值，几乎没有差异；在 EPS 作用下，隔热效果次之，衬砌内外壁温度差异在 5℃；在 XPS 作用下，隔热效果最差，衬砌内外壁温度差异在 10℃。在衬砌施工完成后，在洞内通风情况下，三种隔热复合衬砌内外在衬砌施工完成后，在洞内通风情况下，三种隔热复合衬砌内外侧温度差不大于 10℃，而对于普通衬砌（无隔热层）的内外侧温度差均大于 10℃，最大值超过 15℃。

在施工期，对于降低衬砌内外侧温差，从而减小温度应力，保温隔热材料有较好的作用。对于三种保温隔热材料，泡沫玻璃的隔热性最好。在施工完成后，由于热量传递的进一步平衡，隔热材料与围岩温度接近，衬砌靠近围岩一侧（外侧）温度较高，从而使得在洞内过水的时候，衬砌内外侧温差较大。因此，保温隔热材料仅在施工期起到良好作用，此后，在运行期，由于隔热材料相对于围岩有较高的压缩性，对于衬砌支护结构而言，起不到积极作用，在实际采用的时候，应考虑所选用的隔热材料强度是否符合运行期的要求。

（6）通过现场实测并结合解析分析，得到隧洞围岩支护结构在不同工况下温度场分布变化规律。施工期，对于围岩为导热系数中等的板岩、石英砂岩的隧洞，在其通风长度为 L，直径为 D 的情况下，在一般正常施工通风条件下，其温度影响范围半径为 $2.5D$～$3D$，也就是说由于隧洞的开挖通风，在离隧洞中心 $2.5D$～$3D$ 半径范围内围岩温度发生变化，而在其范围之外，温度将保持恒温，随着通风长度 L 的增大，影响范围半径减小；不通风条件时，在自然对流作用下，其温度影响范围半径为 $1.5D$～$2D$。施工期毛洞条件下，通风与不通风的情况下，隧洞围岩中的温度分布均呈对数曲线，在施工通风时，从温度影响范围半径温度稳定区到洞壁降温急速；而在施工不通风条件下，洞壁内围岩温度变化平缓。若围岩原始地温为 T，则在通风条件下，在离隧洞轴线中心径向 $2.5D$～$3D$ 位置，围岩温度与地温相同；在离隧洞轴线中心径向 $1.5D$～$2D$ 位置，温度下降为原始地温 T 的 50%左右；在离隧洞轴线中心径向 $1D$ 左右位置，温度下降为原始地温 T 的 80%左右。在衬砌施工期，通风作用下，自洞壁开始，围岩温度以 $T/5$～$T/10$ 的温度梯度向围岩深部递减。在进行隔热材料布设后，围岩温度升高 $T/10$～$T/8$；在隧洞进水之后，由于水（气）密性，围岩温度瞬间升高，在离隧洞轴线中心径向 $1D$ 位置处，围岩温度达到近 $0.8T$ 左右。随着进水时间的持续，热量交换的进一步进行，围岩浅部温度回落至 $0.3T$ 左右。在进水停止后，排空洞内水，短时间洞内温度升高,增大幅度 $0.1T$ 左右。对于衬砌支护的温度,在施工初期,使用厚度为 5cm 导热系数为 0.058W/(m·℃) 的隔热材料的复合衬砌内外侧温度差是没有使用隔热材料的普通衬砌内外侧温差的 1/2 左右。在过水运行期,衬砌内外侧产生的温度差 $\Delta t = (0.1 \sim 0.2)T/h$。其次,以围岩实测分析为基础,确定了隧道围岩温度场计算模型与复合衬砌温度场模型,利用傅里叶定律推导出圆形隧洞在无任何支护隔热措施下温度影响范围内的温度分布公式与复合衬砌隧洞的温度场分布公式。基于现场试验所测的温度数据,各自确定了对应的温度边界条件。利用解析公式与实测数据进行对比,在不同条件下,计算值与实测值具有较好的一致性,解析温度值能较好地反映实际的围岩、衬砌温度分布状况。在分析试验结果的基础上,对不同条件下的隧道围岩与衬砌结构的温度分步进行了解析,并与实测结果进行了对比分析,解析公式较真实地反映了隧道围岩温度的变化,该解析公式为进一步进行高温下隧洞围岩支护结构力学特性的耦合机制研究奠定基础。

通过高温隧洞不同热学参数下的温度场变化规律,可得到高温隧洞温度场变化分为三大阶段。①开挖未施做喷层阶段:岩体在开挖之前,整体上处于一种热平衡状态,即岩体内各点的温度为原始岩温,隧洞开挖后,受到通风等因素影响,洞周岩体必然向洞内散热,围岩与空气(风流)间存在着不稳定的对流换热,岩体内部热平衡状态遭到破坏,洞周一定范围内岩体温度持续降低;在此过程中,包括了岩体内部的热传导以及围岩与风流间的对流换热,由于风流影响,岩壁与空气间的温差较大,对流换热的效果要高于热传导,从而使得岩体温度降低,该过程是一个不稳定的传热过程。②施工期施做喷层后阶段:在施做喷层后,由于混凝土的导热系数较小,相当于在洞壁与空气间增加了一层"隔热材料",使得围岩与空气间的对流换热被阻隔,从而使得洞壁放热量要小于内部传递的热量,热量在岩体内部及喷层内部积聚,使得温度有一定程度的回升,如果此时通风量较小的话,温度回升幅度较大,对导热系数的解析解分析可得到该成果。该阶段对喷层影响较大,如果通风不利的话,喷层内部温度将快速升高,从而对喷层力学性能产生较大影响,因此,在施做喷层中及后,应加强通风,从而使得喷层内部热量快速向空气内传递,降低喷层温度。随着时间的增加,岩体内部供热及向岩壁传热达到热平衡,岩体内部温度处于平衡状态,该过程与喷层、通风风速、风温均有关。③运行期阶段:对于水工隧洞,由于运行期过水,过水后由于水温与洞壁温差较大,使得围岩向水体快速放热,而岩体内部导热相对较缓慢,从而在岩体内部一定范围内形成一个低温调热圈,同时水温也会出现一定程度的上升;该阶段洞壁岩体或支护结构表面会发生快速的温度突变,主要集中在 24 小时以内,该阶段对于支护结构的安全性提出了较高的要求。

3 高岩温引水隧洞与支护结构热力学参数 与边界条件

高岩温时隧洞围岩与支护结构会产生怎样的应力变化？通风、过水后的高温差又会如何影响隧洞围岩与支护结构的应力分布？这些突出的工程问题至今未见系统的研究成果。本章针对实际工程遇到的问题，重点对参数随温度变化对支护结构受力影响、支护结构与围岩间的接触程度对支护结构受力的影响以及短暂时间内温度突降对支护结构的影响三大方面进行系统的数值仿真试验研究，确定高岩温引水隧洞支护结构受力特性数值试验的合理参数与边界条件，为后续的数值仿真分析提供科学依据与技术支撑。

3.1 数值仿真试验研究思路与方法

隧洞在开挖临时支护、永久衬砌等不同时期、不同边界下各部位不同温度下的热胀冷缩变形产生的复杂应力的分布特征是一个难以解析求解的复杂过程。数值仿真分析研究成为一种可行的有效的研究途径，而数值试验的边界条件、参数变化范围与影响程度均需要事先做出分析与标定。

ANSYS 等分析软件在温度-应力耦合分析中已经得到广泛的认可。图 3.1 为一般隧洞的温度场、应力场分析有限元模型，其数值分析的主要思路与方法要点如下。

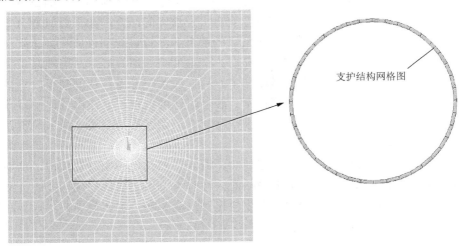

图 3.1 有限元分析模型

（1）分析方法。热应力问题实际上是热和应力两个物理场之间的相互作用，故属于耦合场分析问题，因此可利用 ANSYS 的多场耦合分析功能，进行热-结构耦合分析，在进行热力耦合分析时可以采用间接法或直接法。

直接耦合法，只有一个分析，它使用具有热分析功能又具有结构应力分析功能的耦合单元，该单元主要通过所需物理量的阵或载荷向量矩阵的方式进行直接耦合计算。ANSYS 中采用直接耦合法进行热力学分析的基本步骤包括建立有限元模型、施加热力学边界与载荷、耦合求解与结果后处理。直接耦合解法在解决耦合场相互作用具有高度非线性时更具优势，并且可以利用耦合公式一次性得到最直接的计算结果。

间接耦合法即先采用常规热单元进行热分析求得温度场，然后再将热单元转换为对应的结构单元，进行结构应力分析时再通过读取前热分析结果文件将求得的节点温度作为体荷载施加到模型上。在用间接法进行热应力分析时，需要使用包含合适的实体模型、单元、载荷等不同的数据库和结果文件。在把前结果文件读入作为分析荷载条件时，各元素和节点的编号在数据库和结果文件中都严格一一对应。间接法可以独立地对两种场进行分析，因而对于不存在高度非线性相互作用的情形更为有效和方便。对于间接热-应力耦合分析，首先进行非线性的瞬态热分析，再进行线性的静态应力分析。分析过程中可以将热分析结果中任意时间点或荷载步的节点温度场作为荷载加入到应力分析条件里边，在间接法里耦合是一个不断循环的过程，两个物理场之间进行迭代计算直到结果达到收敛所需要的精度为止。

本章根据分析问题的特性及需要，采用间接法对所建立的数值模型进行温度场和应力场分析。

（2）边界施加。直接法分析中的边界条件分别有热分析边界和静力分析边界，其中，热分析中对于没有施加荷载的边界一般做绝热处理，根据相关研究成果，本章在距 3D 洞径施加温度荷载；应力边界按常规方式进行处理，左右边界采用水平向约束，下部边界采用竖直向约束。

（3）荷载条件。隧洞开挖前考虑自重应力场，温度场采用均匀初始温度施加；施工期，应力场为开挖释放荷载，温度边界按照对流边界进行考虑；运行期，内水荷载作为线荷载作用在支护结构上，考虑到具有水流速度较快，温度按照对流边界进行施加。

（4）模拟过程。在模拟过程中充分考虑高温隧洞开挖的实际工况，考虑初始应力场、初始稳态温度场、开挖应力场，开挖通风后温度场；喷层施做后的二次应力场，喷层受温度影响的耦合场；运行期温度场，运行期内水荷载与温度作为永久荷载叠加的耦合场；仅在计算温度应力时，考虑上述条件下的温度荷载。

3.2　高岩温隧洞与支护结构受力的参数影响

从目前的研究成果可知，当岩体及混凝土的温度条件发生变化后，其相应的热力学参数也会发生一定幅度的变化，该变化将会对支护结构的受力产生一定影响，在高岩温隧洞的数值模拟中是否应考虑该影响，相关的研究成果较少。

根据第 2 章的研究结果可知，结构体（岩体或混凝土支护）本身的导热系数对温度场分布影响较为显著，而线膨胀系数、弹性模量对结构体的温度荷载影响下的受力有一定影响。根据混凝土结构设计规范，当混凝土温度在一定范围内（100℃内）变化时，为了简化，往往不考虑参数随温度的变化。因此，以往的数值模拟分析中，高温影响下支护结构受力分析时参数往往为定值，这对于围岩初始温度小、温差变化幅度不大的工程可以满足支护结构设计的要求，但对于温差较大的工程未必满足。例如，布仑口—公格尔水电站的初始岩体温度高达 100℃，即使采取有效的通风措施，其壁面温度也仅能降至 50℃左右，支护结构施做后其温度变化范围较大，不考虑参数随温度的变化将可能对支护结构的安全性评价产生负面影响。本节主要分析热力学参数随温度变化时支护结构的受力特点，确定在温度变化条件下支护结构受力的参数影响程度，从而确定合理的参数条件。

3.2.1　岩石相关参数随温度变化对支护结构受力的影响

1. 围岩参数随温度变化分析

（1）高温对岩石弹模的影响。国内外学者对不同岩石在 20～1000℃的变形模量、泊松比、抗拉强度以及内聚力、热膨胀系数等基本物理力学参数均有较多的研究，并取得了一定的研究成果。从已有研究成果可知，由于不同岩石间的矿物成分、裂隙发育程度、裂隙分布形式等的差异，岩石力学参数性能受温度响应极其复杂。一般认为，对于高强度的结晶石，温度升高后其力学性能会出现下降。

表 3.1 所示的是几种岩石模量随温度升高而变化的数值，在工程研究温度范围（100℃）内，岩石弹性模量随温度升高而降低。

表 3.1　不同岩石弹性模量随温度变化[152]

岩石名称	$E/(9.8\times10^3\text{MPa})$				
	20℃	100℃	200℃	300℃	400℃
石英岩	7.1	6.5	6.15	5.2	4.3
菱铁矿	11.8	10.8	9.7	8.5	7.4
白云岩	4.15	3.65	2.9	2.3	1.19

（2）高温对岩石导热系数影响。岩石的热传导受外界温度、岩石组分、孔隙率及含水饱和度的影响较大。根据苏联学者 Kenji 等的研究，在温度为 20～300℃时，黏土岩、砂岩、石灰岩等沉积岩的导热系数与温度之间存在经验公式[154]：

$$\lambda = \lambda_{20} - (\lambda_{20} - 1.38)\left[\exp\left(0.725 \times \frac{T-20}{T+130}\right) - 1\right] \tag{3.1}$$

式中，λ 为 T 时岩石的导热系数，W/（m·℃）；λ_{20} 为 20℃时岩石的导热系数，W/（m·℃）；T 为岩石的温度，℃。

（3）线膨胀系数的影响。根据前人的研究成果可知，线膨胀系数受岩石类型及温度的影响较为显著，随着温度的升高呈线性增加趋势[154-156]。本章选取线膨胀系数随温度升高按照斜率为 0.0448 线性增加，线膨胀系数随温度变化的曲线用 LETC=0.0448T+4 来表示，常温（15℃）时线膨胀系数为 4.896。其他岩石热力学参数，如岩石容重、泊松比等均受温度变化影响较小，本章在所有分析过程中认为除上述参数外，其余参数保持不变。表 3.2 为围岩温度变化时各个参数按上述计算方法得出的变化值。

本书岩体参数及不同温度下取值见表 3.2，采用 ANSYS 参数化语言调用参数随温度变化曲线。

表 3.2   围岩参数随温度变化值

参数	参数随温度变化公式	不同温度下参数值			参数变化百分比/%
		20℃	50℃	80℃	
弹性模量/GPa	$E=E_0(0.92-0.0011T)$	7.5	7.22	6.95	-7.3
导热系数/［W/（m·℃）］	$\lambda=\lambda_0-(\lambda_0-1.38)\{\exp[0.725(T-20)/(T+130)]-1\}$	2.50	2.36	2.24	-10.4
线膨胀系数/（×10⁻⁶）	$k=(0.0448T+4)\times10^{-6}$	4.90	6.24	7.58	54.7

2. 支护结构受力分析

（1）围岩弹性模量随温度变化条件下支护结构温度及应力变化特征。从图 3.2 可知，①围岩弹性模量随温度变化对于支护结构内部温度场分布无影响。②施工期喷层均受压，弹模随温度变化时喷层环向应力比弹模不变化时应力值略大，变化幅值受弹性变化幅值的影响。弹模随温度降低而逐渐增大，围岩对喷层的约束力随之增大，从而影响了喷层的受力。③在本节分析温度变化范围内，围岩弹性模量变化幅度在 7%左右，对支护结构受力影响不超过 10%。

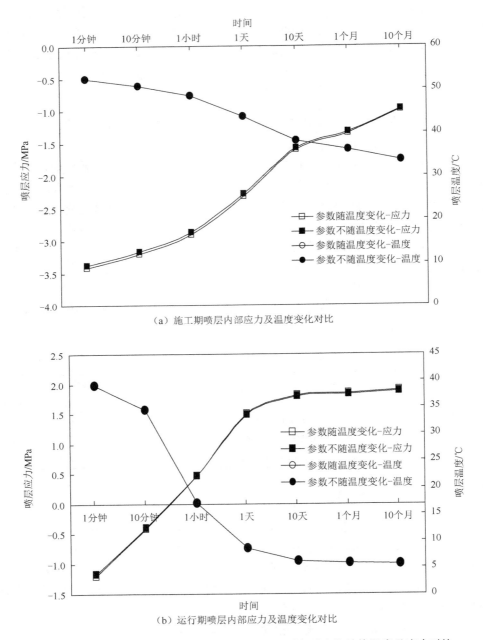

（a）施工期喷层内部应力及温度变化对比

（b）运行期喷层内部应力及温度变化对比

图 3.2　施工期及运行期围岩弹模随温度变化及不变时支护结构温度及应力对比

（2）围岩导热系数随温度变化条件下支护结构温度及应力变化特征。由图 3.3 可以看出，①围岩导热系数与温度变化负相关，施工期温度逐渐降低，围岩导热系数逐渐增大，但始终低于定参数时的围岩导热系数，因此，变参数时喷层内部温度略低于定参数温度，温度影响幅度不超过 5%。②施工期喷层均受压，定参数条件下喷层压应力略大于变参数喷层应力值，幅度不超过 5%。③运行期过水前期温度出现较大幅度变化，主要是由于变参数时围岩导热系数要低于喷层导热系数，使得一过水，喷层内外侧温度即出现降低，而定参数时围岩导热系数与喷层相同，

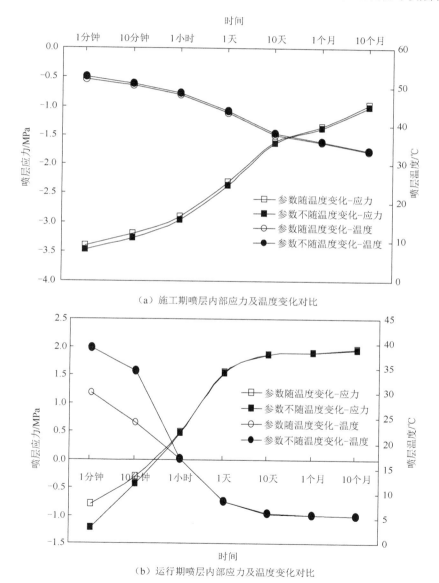

（a）施工期喷层内部应力及温度变化对比

（b）运行期喷层内部应力及温度变化对比

图 3.3 施工期及运行期围岩导热系数随温度变化及不变时支护结构温度及应力对比

过水前期喷层外侧（靠近围岩侧）温度有一定程度提高，从而造成运行期过水后变参数与定参数条件下喷层温度相差较大的问题。④温度变化的差异对支护结构受力产生一定影响，定参数下由于温度上升，使得喷层压应力增大，而变参数下压应力降低，随着温度的变化，两者导热系数逐渐接近，温度及应力值也基本趋同。⑤在本节分析温度变化范围内，围岩导热系数变化幅度在10%左右，对支护结构受力影响不超过5%，影响较小。虽然围岩导热系数变化会对运行期过水前期喷层温度及受力性态产生一定影响，但影响程度较小，且出现在围岩与喷层导热系数相同的情况下，如果围岩与喷层导热系数相差较大，其影响可不予考虑。

（3）围岩线膨胀系数随温度变化条件下支护结构温度及应力变化特征。从图3.4可以看出，①围岩线膨胀系数与温度变化正相关，随着温度升高线膨胀系数逐渐增大，其变化对喷层内部温度场无影响。②施工期喷层均受压，变参数下喷层压应力略低于定参数压应力，这是由于变参数下线膨胀系数随着温度的降低而减小，使得围岩对支护结构的约束能力降低，影响程度在10%左右。③运行期温度降低使得围岩线膨胀系数值也有较大幅度降低，变参数与定参数条件下喷层拉应力值明显不同，变参数下喷层拉应力量值较大，增大幅度在10%左右。④在本节分析温度变化范围内，围岩线膨胀系数变化幅度在50%左右，对支护结构受力影响不超过10%，影响较小。

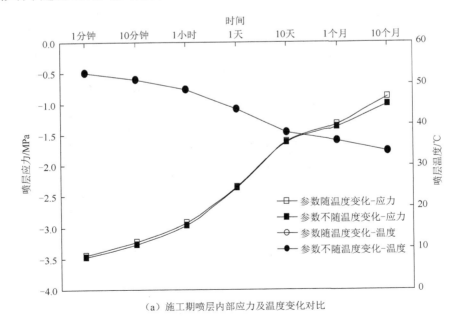

（a）施工期喷层内部应力及温度变化对比

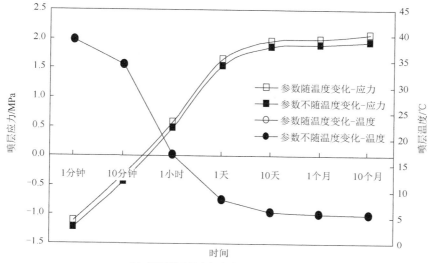

（b）运行期喷层内部应力及温度变化对比

图 3.4　施工期及运行期围岩线膨胀系数随温度变化及不变时支护结构温度及应力对比

综上所述，围岩弹模、导热系数和线膨胀系数各参数随温度变化时对喷层受力影响基本不超过 10%，在数值模拟分析中可不考虑其随温度的变化。

3.2.2　支护材料特性随温度变化对支护结构受力的影响

1. 支护结构参数随温度变化分析

支护结构的主要材料为混凝土，在热分析条件下对其结果影响较大的参数主要包括热膨胀系数、导热系数以及弹性模量。

（1）温度对混凝土弹性模量影响。高温环境使得混凝土内部出现不均匀裂缝、近洞壁混凝土内部强度降低以及内部孔隙由于失水而造成吸附力消失等问题，使得混凝土的变形增大，弹性模量降低。骨料配置不同也会对混凝土的弹性模量产生较大影响，其中，硅质骨料混凝土的弹性模量随温度升高下降最快，而轻质骨料混凝土的弹性模量随温度升高下降较慢[157]。当混凝土温度变化不超过 100℃时，根据清华大学过镇海[158]教授的研究成果可知，混凝土弹性模量的变化表达式为

$$E_{cT} = (0.83 - 0.0011T)E_c \qquad 20℃ \leqslant T \leqslant 200℃ \qquad (3.2)$$

（2）温度对混凝土导热系数影响。诸多学者对高温下混凝土的导热系数变化进行了研究，得出的结论较为一致：随着混凝土温度的提高，混凝土的热传导系数逐渐减小；混凝土骨料类型不同，其导热系数变化程度不同。清华大学过镇海[158]教授提出的一般混凝土的热传导系数计算公式为

$$\lambda_c = 1.72 - 1.72 \times 10^{-3}T + 0.716 \times 10^{-6}T^2 \qquad (3.3)$$

总体而言，混凝土的导热系数随温度的升高而减小，大致在 0.5～2.0W/(m·K) 范围内变化。

（3）温度混凝土线膨胀系数影响。混凝土属于热惰性材料，传热性能差，在短时间内很难使整个截面的温度稳定，截面上和沿衬砌厚度上存在不均匀温度场，使各点受内部约束而不能自由膨胀变形，混凝土的局部膨胀实际代表了平均膨胀变形，因此混凝土的热膨胀系数不仅和混凝本身材料性能有关，而且与骨料类型、温度变化时混凝土湿度状态、试件尺寸小、加热速度等外部条件有关，试验具有较大的离散性。

由于影响混凝土热膨胀系数的因素众多，为了简化计算，Lie[159]不考虑骨料类型的影响，得到了该条件下混凝土的热膨胀系数随温度变化关系：

$$k = (0.008T + 6.0) \times 10^{-3} \qquad 20℃ \leqslant T \leqslant 1200℃ \qquad (3.4)$$

混凝土容重、泊松比受温度升高的影响很小，本书在所有分析过程中认为混凝土容重和泊松比保持不变。表 3.3 为混凝土温度变化时各个参数按上述计算对应的变化值表。

表 3.3　混凝土热力学参数随温度变化值

参数	参数随温度变化公式	不同温度下参数值			参数变化百分比/%
		20℃	50℃	80℃	
喷层弹性模量/GPa	$E=E_0(0.83-0.0011T)$	23.00	22.06	21.12	-8.2
喷层导热系数/［W/(m·℃)］	$\lambda=\lambda_0-\lambda_0 \times 10^{-3}T+0.716 \times 10^{-6}T^2$	2.50	1.75	1.00	-60.0
喷层线膨胀系数/（×10⁻⁶）	$k=(0.008T+6.0) \times 10^{-3}$	1.33	2.48	3.97	198.5

2. 支护结构受力分析

（1）喷层弹性模量随温度变化后温度及应力变化。由图 3.5 可知，①喷层弹模随温度升高而逐渐降低，弹模变化对其温度场分布无影响。②施工期喷层均受压，变参数下喷层压应力低于定参数喷层压应力，这是由于温度变化使得喷层弹模低于正常条件下喷层弹模，应力值降低，压应力量值相差 20%左右，对支护结构安全性影响不大。③运行期前期喷层仍受压，随着后期温度的逐渐降低，定参数与变参数下的弹性模量基本相同，喷层内部应力值也逐渐趋于相同，在对于危险的高温差工况参数变化影响不明显。④在本节分析温度变化范围内，喷层弹性模量变化幅度在 8%左右，对支护结构受力影响在 20%左右，主要集中在施工期喷层压应力上，运行期过水后由于弹模量值逐渐接近，参数是否随温度变化喷层最终拉应力值基本相同，对喷层整体安全性影响不大。

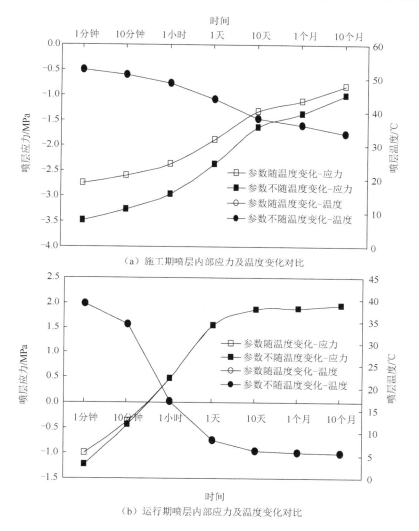

（a）施工期喷层内部应力及温度变化对比

（b）运行期喷层内部应力及温度变化对比

图 3.5 施工期及运行期喷层弹模随温度变化时支护结构温度及应力对比图

（2）喷层导热系数随温度变化后温度及应力变化。由图 3.6 可知，①喷层导热系数随温度升高而降低，对喷层内部温度场会产生一定影响。②变参数下喷层内部温度要低于定参数喷层温度，随着温度的降低，两者逐渐趋于相同，温度相差幅度不超过 5%；变参数下喷层压应力也低于定参数下压应力值。③运行期过水前期，两者温度相差较大，这与围岩导热系数变化时情况相仿，主要由于喷层导热系数随温度变化时喷层导热系数低于围岩导热系数，使得过水后喷层内部温度均出现大幅降低，而定参数下喷层内部温度有所回升，随着过水时间的增大，两者温度逐渐趋于一样。④在本节分析温度变化范围内，喷层导热系数变化幅度在

60%左右，导热系数变化将会对运行期过水前期的温度场产生一定影响，从而使得喷层受力发生一定变化，但影响不超过 5%，影响较小。

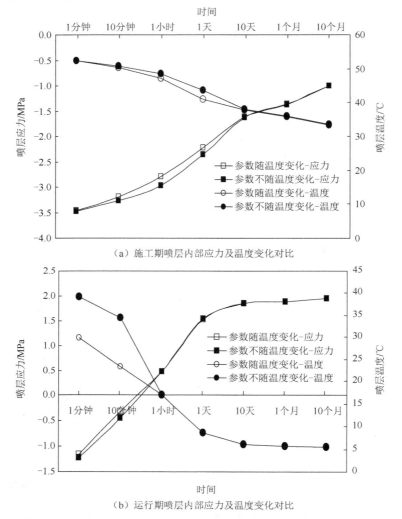

（a）施工期喷层内部应力及温度变化对比

（b）运行期喷层内部应力及温度变化对比

图 3.6　施工期及运行期喷层导热系数随温度变化及不变时支护结构温度及应力对比

（3）喷层线膨胀系数随温度变化条件下温度及应力变化特征。由图 3.7 可见，①喷层线膨胀系数随温度的增大而增大，线膨胀系数变化对温度场无影响。②线膨胀系数对喷层受力影响较大，施工期喷层压应力差距较大，变参数条件下喷层压应力值是定参数的 2 倍左右，随着温度的逐渐降低，应力值逐渐相同。③运行期由于喷层内部温度较低，使得线膨胀系数变化较小，变参数与定参数条件下喷层拉应力值接近，不会影响支护结构安全性。④在本节分析温度变化范围内，喷层线膨胀系数变化幅度在 200%左右，对施工期支护结构受力影响较大，运行期过水后由于线膨胀系数逐渐减小，参数是否随温度变化喷层最终拉应力值基本相同，因此对喷层整体安全性影响不大。

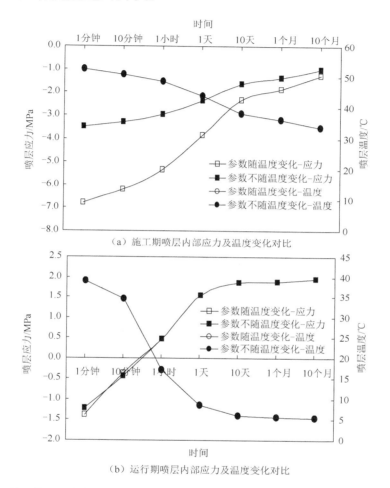

（a）施工期喷层内部应力及温度变化对比

（b）运行期喷层内部应力及温度变化对比

图 3.7 施工期及运行期喷层线膨胀系数随温度变化及不变时支护结构温度及应力对比

3.2.3 围岩及支护结构参数均随温度变化时支护结构受力分析

前述分析主要是单一参数随温度变化对支护结构受力影响，在实际工程中，多参数同时变化，有必要分析其对支护结构温度及应力的影响。由图 3.8 可知，①施工期变参数下喷层温度较定参数略低，如前述分析主要受围岩及喷层导热系数影响，相差幅度较小。②施工期喷层应力受参数变化影响较为显著，从前述分析可知，主要受到喷层线膨胀的影响，变参数喷层压应力是定参数的近 2 倍，随着温度的逐渐降低，两者差值逐渐减小。③运行期过水前期两者温度出现较大差值，如前述，受围岩与喷层导热系数影响，使得变参数时过水后喷层内部温度出现下降，而定参数喷层外侧温度上升，两者温度相差 10℃左右；运行期拉应力量值差距较小，不会对支护结构安全性造成影响。④在本文分析的温度变化范围内，各种参数的变化根据相关研究成果选取，在此条件下，参数随温度变化主要对施工期喷层受力影响较大，且喷层主要受压应力，对温度及运行期受力影响较小。综合分析可知，在对高温隧洞条件下的支护结构受力分析时，可不考虑参数随温度变化的情况，但应注意对支护结构线膨胀系数的确定，保证结果的可靠性。

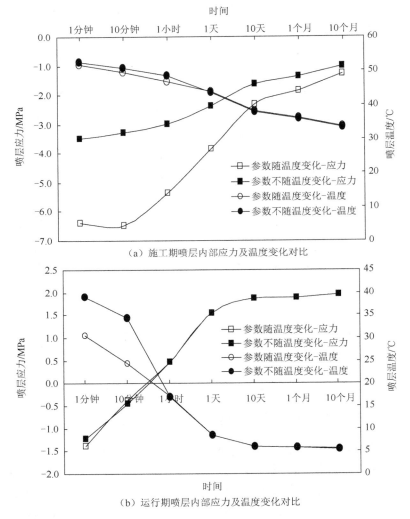

（a）施工期喷层内部应力及温度变化对比

（b）运行期喷层内部应力及温度变化对比

图 3.8　施工期及运行期相关参数随温度变化及不变时支护结构温度及应力对比

3.3　支护结构与围岩黏结条件对支护结构受力影响分析

根据作者的室内试验研究,分析高温条件对混凝土与岩体间的黏结强度影响,采用有限元数值模拟手段进一步分析不同接触面状态下支护结构的受力特点,其中,黏结条件主要通过接触热导率及黏结强度进行考虑,从而确定高温条件下的支护结构与围岩间的界面边界条件。

3.3.1　高温条件下支护结构与围岩间接触条件的影响

一方面由于喷层与围岩间的热量传递受接触面的影响,从而影响到支护结构内部的温度分布;另一方面高温对围岩与支护结构间的黏结强度也会产生一定影响。

（1）由于喷层与围岩为两种不同的材料,在喷层施做后,无法保证围岩与喷层间的充分接触,实际上两者之间的温度传递仅发生在一些离散的面积元上,而其余大部分热量传递通过空气或其他介质进行（图3.9）。当热流经过这些接触面时,主要传导方式包括接触固体间的热传导和通过间隙介质的热传导,由于间隙介质（主要为空气）的导热系数与固体导热系数一般相差很大。在接触面附近会发生热流改变,增加了附加的传递阻力,对支护结构的温度分布产生一定影响,从而直接影响支护结构受力分析的准确性。

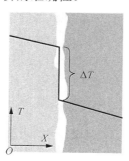

图3.9　接触面不良时温度传递示意图

（2）高温条件下对混凝土黏结强度影响主要有三个方面:①高温作用下混凝土强度会出现一定程度的降低;②混凝土本身与岩块存在一定的热性能差异;③高温条件下混凝土内部与岩块接触面间的差异。由于这些差异的存在,使得高温条件下混凝土与岩块间的黏结强度与正常情况下的黏结强度不同,通过室内试验初步确定高温对黏结强度的影响。

通过有限元的分析,研究不同接触热阻条件及不同黏结强度下支护结构的受力情况,可以为支护结构受力的准确分析提供依据。

3.3.2　高温环境中混凝土与围岩黏结强度室内试验

根据高温隧洞课题组张岩博士所做的针对高温环境下混凝土与围岩黏结强的室内试验研究成果可知：

（1）在相同养护条件下，不论高温养护还是标准养护，粗糙结构面黏结强度均大于光滑结构面黏结强度；在相同接触面条件下，标准养护下的黏结强度要高于高温养护条件下的黏结强度。

（2）养护初期，黏结强度均较大，这主要受前期水化热反映较强所致；随着养护时间的增加，高温养护条件下的黏结强度更快趋于稳定。

（3）养护 8d 后，高温条件下混凝土与岩块间的黏结强度要低于标准养护下的黏结强度，接触面光滑与粗糙时的黏结强度分别约为 1.2MPa、2.0MPa，与标准养护相比分别降低 20%～25%、15%～20%。

（4）室内试验与现场有一定差别，一方面岩石表面相对于实际开挖的表面更加光滑；另一方面混凝土与岩块难以达到喷射方式的紧密黏结，因此，试验得到的黏结强度比实际高温隧洞条件下的偏低。

3.3.3　接触面不同状态对支护结构受力影响分析

1.　接触分析的有限元模型

ANSYS 数值分析软件能够较好的模拟不同材料属性下的实体接触情况，本书采用 ANSYS 中热-结构耦合非线性接触单元 CONTAC172 与目标单元 TARGET169 所组成的接触对模拟支护结构与岩体间的接触面。接触面单元模型如图 3.10 所示。

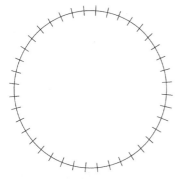

图 3.10　数值模型中的接触面单元

2.　考虑接触影响下的温度场、应力场分析

热接触传导率反映接触状态对温度传递的影响。热导率值越大，说明接触面接触越紧密。

1）热接触传导率对温度场及支护结构受力的影响

（1）对温度影响分析。图 3.11～图 3.13 为不同热接触率条件下接触面两侧喷层与围岩相同位置处的温度值。从图可知，①喷层与岩体间的接触条件对温度的传递具有明显的影响，接触热导率越大，温度传递越好；反之，温度传递效果越差，接触面两侧出现明显温差。②热接触传导率为 0.01W/（m·℃）时，由于岩体无法难以通过支护结构向外界散热，使得其温度升高至 80℃，而喷层内侧温度降低至 30℃左右，接近风温，运行期也明显具有此现象，两者温差显著。③接触热导率为 1000W/（m·℃）时，两者温度几乎相同，说明两种材料接触紧密，传热良好。④从图 3.13 中可知，热导率较小时，支护结构温度降低较快，这主要由于岩体温度难以对其进行热量补充的缘故；热导率不同时，主要对温度降低路径有一定程度影响，长期运行后支护结构内部最终温度较为接近。⑤接触热导率一般取值介于两种接触介质之间，高温隧洞中，介于混凝土传热系数与围岩传热系数之间，数值为 10～100W/（m·℃），其对温度影响在 1%～10%。

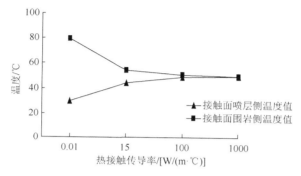

图 3.11　施工期接触热阻对温度场的影响

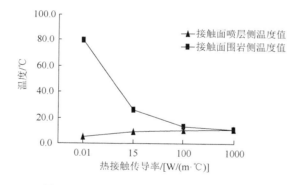

图 3.12　运行期接触热阻对温度场的影响

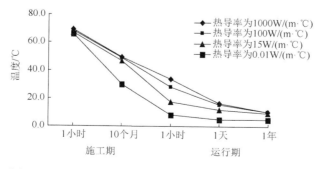

图 3.13　不同时间、不同热导率影响下支护结构温度变化

（2）对支护结构应力影响分析。热导率对支护结构温度场产生一定影响，最终将影响支护结构的受力。由图 3.14 可知，①支护结构受力受热导率影响明显，受力特点具有显著不同。②不同热导率条件下，支护结构进入受拉区的时间不同，热导率越大，其拉应力出现时间越晚，这主要由于低热阻使得岩体高温难以影响支护结构，造成过水低温时温度快速下降，从而造成拉应力值出现较早。③温度传递的不同，也影响到应力值的大小分布，导热率较小时支护结构拉应力量值较大，尤其在刚刚过水时，由于岩体高温难以传递到支护结构，使得其"冷缩效应"明显，对支护结构受力产生不利影响。

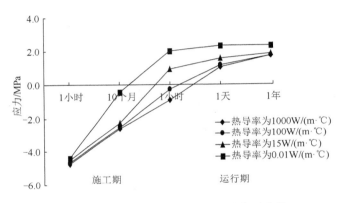

图 3.14　不同热阻值影响下支护结构受力值

2）黏结强度对支护结构受力的影响

数值模拟中，两种材料间的黏结强度影响通过接触面上的摩擦系数和黏聚力反映，本节通过对摩擦系数和黏聚力进行折减，分别模拟支护结构与围岩间的良好、中等或较差等接触状态，得出支护结构与围岩的黏结作用受高温影响而可能接触不良时支护结构的受力情况。

不同折减系数下施工期、运行期支护结构拱顶及侧墙内外侧的环向应力值如表 3.4 所示，拱顶及侧墙施工期、运行期受力值对比如图 3.15 所示。

表 3.4　不同折减系数下支护结构受力结果　　　　　　（单位：MPa）

位置		0		0.2		0.4		0.5		0.6		0.8		1	
		施工	过水	施工	过水	施工	过水	施工	过水	施工	过水	施工	过水	施工	过水
拱顶	内侧	-3.31	2.19	-3.21	2.26	-3.18	2.30	-3.15	2.31	-3.11	2.34	-3.04	2.38	-2.97	2.42
	外侧	-0.50	-0.04	-0.40	-0.08	-4.71	2.33	-4.51	2.25	-4.32	2.20	-4.09	2.17	-3.97	2.18

注：外侧为靠近洞壁侧；内侧为临空侧。

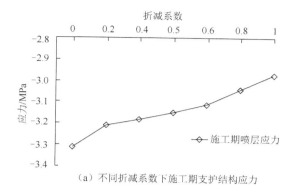

（a）不同折减系数下施工期支护结构应力

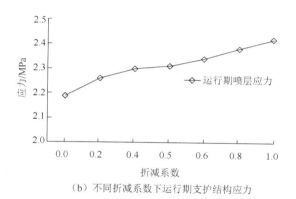

（b）不同折减系数下运行期支护结构应力

图 3.15   不同折减系数对支护结构受力影响

从表 3.4 和图 3.14 中可知，黏结强度的改变会对支护结构受力产生一定影响。①黏结强度不同体现了不同温度条件下围岩对支护结构的约束能力，当折减系数较大时，围岩对支护结构的约束能力变弱，造成施工期压应力越大，从而运行期拉应力值越小的受力特点。②折减系数由 1 到 0 时，施工期压应力值由 3.0MPa 增加至 3.3MPa，增大幅度为 10%；运行期拉应力由 2.4MPa 减小至 2.2MPa，降低约 8%。

高温使得黏结强度降低、围岩传热效果变差，从而造成支护结构的受力特点与普通情况有一定区别，在高温隧洞的支护结构受力分析中应考虑这一影响。同时应注意的是，在选取支护措施时，必须保证围岩与支护结构间有足够的黏结强度，从而不会造成低温条件下支护结构与围岩发生脱落，影响隧洞安全运行。

4 高岩温引水隧洞的温度应力特性

高岩温是围岩发生热胀，而温度非均匀分布特性与围岩的不同支护时机、不同支护刚度的约束又使围岩与支护结构受到不同的温度应力，该应力叠加围岩与支护在正常工况下的应力可能使围岩处于不安全状态，而理论上分析这种复杂温度边界条件与复杂约束条件下的围岩应力场与支护结构内力困难重重。最有效最可靠的工程研究方法是在现场进行原型试验研究。

在原位试验基础上可确定该段围岩的温度分布特征与变化规律，确定不同支护约束下的围岩支护结构温度分布。这些珍贵的现场试验成果可作为进一步数值仿真试验或室内模型试验的基础与标尺，而进一步室内模型试验则可提供不同温度场不同约束条件下的围岩衬砌内力分布规律。

4.1 高温差下隧洞围岩与支护系统温度应力现场试验

4.1.1 现场试验布置

本节借鉴作者团队在新疆布仑口—公格尔水电站引水隧洞进行的现场试验资料，2#试验洞选择布置在 3#支洞下游侧 120m 处，垂直于已开挖主洞向山内，圆形洞，开挖洞径为 3m。2#试验洞洞长 17m，自洞口开始，前 5m 为毛洞段（后期为了隧洞的圆形，实际进行了喷射混凝土处理），后 12m 为衬砌洞段。其中，6～8m 采用 5cm 厚 EPS 与 50cm C25 混凝土复合衬砌；9～11m 采用 5cm 厚 XPS 与 50cm 厚 C25 混凝土复合衬砌；12～14m 采用 5cm 厚泡沫玻璃 50cm 厚 C25 混凝土复合衬砌；15～17m 采用仅作 50cm 厚 C25 混凝土普通衬砌，具体试验洞结构及仪器布置设计见图 4.1～图 4.3。

4.1.2 试验内容

为了全面了解高温隧洞在不同围岩类别条件下洞周及洞内温度分布规律，进一步观测在高温差影响下围岩内部及支护结构的受力性态，运行期隧洞过水条件下围岩内部及支护结构的受力性态，为高温隧洞的施工、设计提供科学依据；同时为后续数值试验的模型验证，以及对后续理论、数值分析成果进行对照验证，也为工程扩展积累相关数据及经验，针对现有已开挖高温洞段及试验洞制订以下几方面现场试验内容。

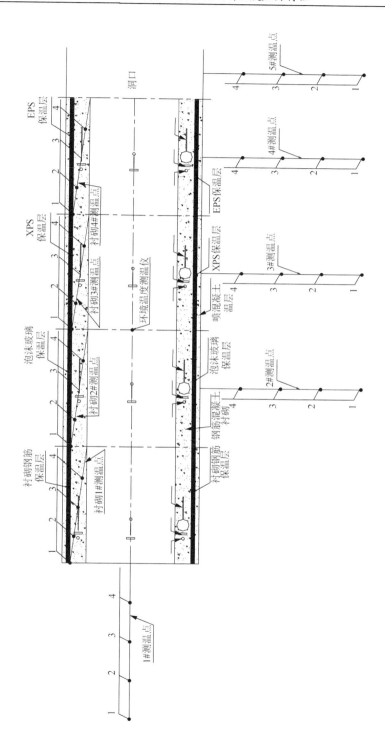

图 4.1 2#试验洞测温仪布置平面图

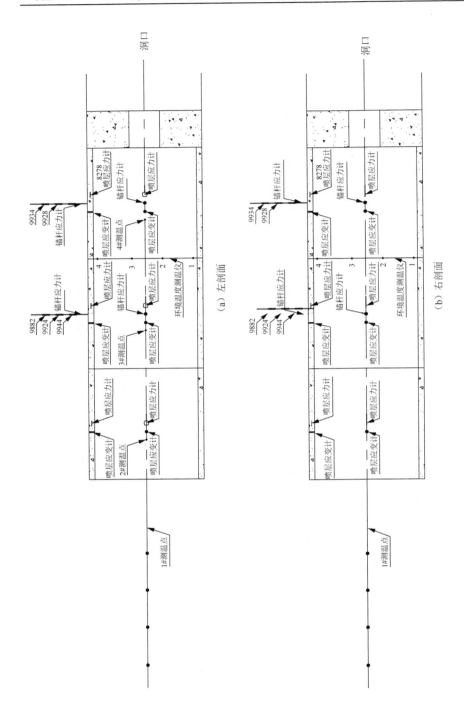

图 4.2 2#试验洞应力计及应变计布置平面图

布置仪器分别为 GPL-2 型喷层应力计和 CHB-3 型喷层应变计，应力计及应变计标注上方数字为仪器编号

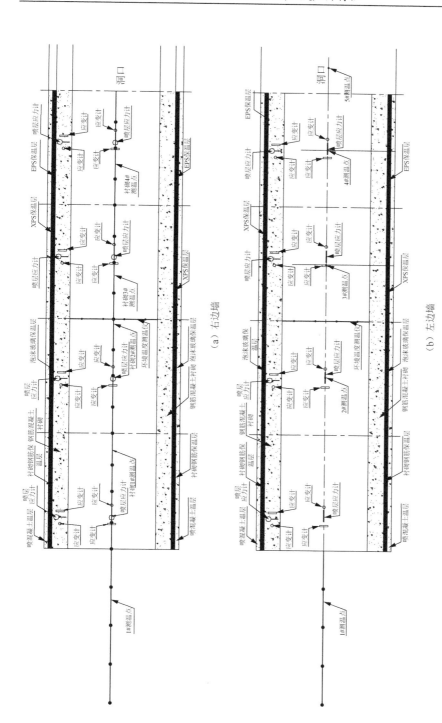

图 4.3 2#试验洞右边墙及左边洞仪器侧面布置图

布置仪器分别为 GPL-2 型喷层应力计和 CHB-3 型应变计

1. 洞室围岩内部温度分布观测试验

对于桩号为发 2+688m～6+799m 的高地温洞段及试验洞,主要为 2#、3#及 4#支洞上下游洞段,进行全面、系统地温度观测。

围岩内部温度监测主要采用温度探头进行测量,由于温度较高,其传热线在高温影响下可能发生软化失灵,自行设计了特殊的温度监测仪器。围岩内部温度监测深度范围为 3.2～3.5m。

对于试验洞,在拱腰位置,沿纵向每 3m 布置一组温度测点,共布设 8 个观测组,40 个测温探头,钻孔深度为 3.0m,根据测温仪器的尺寸,钻孔孔径不超过 8cm。测温原件和温度探头分布示意图如图 4.4 所示。

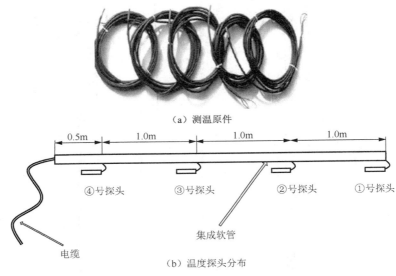

（a）测温原件

（b）温度探头分布

图 4.4 测温原件和温度探头示意图

2. 洞内环境温度观测试验

为了系统掌握洞内环境的温度分布状况,为围岩内部温度提供参考,每隔 20～30m 对洞内环境温度进行定期监测。可采用温度计或手持式温度仪进行监测,监测范围包括 2#、3#及 4#支洞段上下游已开挖洞段。

3. 支护结构内部温度观测试验

支护结构内部温度监测主要监测衬砌内部温度分布。衬砌温度监测采取同样的方式,考虑到衬砌较厚,在衬砌浇筑时,在衬砌中间也布设一个温度观测探头计。根据不同的衬砌厚度以及是否设置保温层,温度仪器布设数量不同。

对于无保温层的 40cm 厚度的混凝土衬砌,在喷层与衬砌间及衬砌中间预制温度探头，同时在衬砌表层设置温度探头，配合之前设置在围岩内部的温度探头，共计温度探头 3 个；对于有保温层的衬砌，由于在保温层前后设置温度探头，需要温度探头 4 个。在混凝土刚浇筑完毕后，中间的测温计可测得由水泥水化热所产生的温度，从而将围岩导热的温度分开。

4. 高温对衬砌内力、变形影响观测试验

为了研究在高温条件下支护结构衬砌的受力与变形情况，在试验洞选取典型断面，主要针对不同围岩类别洞段及高温洞段，布设应力应变观测仪器，对混凝土喷层应力应变、衬砌应力应变等进行监测，研究高温条件下混凝土受力破坏形态等，对支护结构受力进行系统、全面观测。

（1）应力观测。衬砌应力计预制在衬砌内部，主要测试衬砌内部的受力性态，试验洞段布设六组共计 18 个混凝土应力计。

（2）应变观测。为了更加全面、细致地了解温差对衬砌混凝土的变形影响情况，在衬砌内部布设应变片，应变计采用两向式。

5. 施工期不同隔热材料的隔热效果及适应性观测试验

由于个别洞段温度较高，后期过水时内外温差较大，会对支护结构受力产生较大影响，考虑到内外温差过大而导致的混凝土衬砌出现拉应力发生破坏的情况，分别采用不同的衬砌隔热材料，如 XPS、EPS、泡沫玻璃等。用复合衬砌的方式，在衬砌后分别布设 5cm 厚隔热材料。衬砌完工后，测试衬砌温度分布与其内力，与常规衬砌测试结果比较，从而判断不同隔热材料的隔热效果与适应性。

6. 运行期对洞周围岩、一次支护及二次支护的影响试验

在试验洞进行注水，考虑运行期过水对高温隧洞洞周围岩、一次支护及二次支护的影响，测试分析在毛洞条件下水温对围岩内温度场的影响，过水条件下有支护结构作用时围岩的温度场变化及对衬砌结构的内力影响。

洞内环境温度监测、支护结构内部温度分布监测及应力监测可参照本小节前三点内容进行。

7. 检修期围岩、二次支护的力学性态试验

在试验洞注水一段时期后，隧道排空水，模拟其检修期对高温隧洞洞周围岩、一次支护及二次支护的影响，测试分析过水条件下有支护结构作用时围岩的温度场变化及对衬砌结构的内力影响。

洞内环境温度监测、支护结构内部温度分布监测及应力监测可参照本小节前三点内容进行。

衬砌应力计预制 2#试验洞衬砌内部,主要测试衬砌内部的受力性态,试验洞段布设六组共计 18 个混凝土应力计。为了更加全面、细致地了解温差对衬砌混凝土的变形影响情况,在衬砌内部分别布设了应变计,应变计采用两向式。

衬砌内部应变计布设在衬砌靠近喷层或隔热层部位,根据部位不同共计 5 个,由于衬砌厚度较大,在外侧布设 5 个应变计,每个断面共计 10 个应变计,因此总共需要应变计 40 个。

个别洞段温度较高,考虑到后期过水时内外温差较大,会对支护结构受力产生较大影响。因此,在高温洞段设置保温材料,防止内外温差过大而导致的混凝土衬砌出现拉应力发生破坏的情况。

运行期洞内过水下对洞周围岩、一次支护及二次衬砌支护的影响试验,在试验洞进行注水,考虑运行期过水对高温隧洞洞周围岩、一次支护及二次支护的影响,测试分析在毛洞条件下水温对围岩内温度场的影响。测试分析过水条件下有支护结构作用时围岩的温度场变化及对衬砌结构的内力影响(具体方案设计见第二章)。

4.1.3　不同隔热材料对衬砌应力影响分析

在不同隔热材料、不同工况下,不同部位环向应力分布如图 4.5 所示。

从图 4.5 可以看出,在三种保温材料下,XPS、EPS、泡沫玻璃,其在隧道围岩温度发生变化时,表现出不同的隔热效果,从而对于衬砌受力表现出不同的影响。总体而言,由于自身强度较低,EPS 在衬砌施工完成后,在进行第一次过水后,左边墙环向拉应力达到 4.3MPa。此后,该部位的应变仪均失效,说明 EPS 复合衬砌部位遭受环向拉应力较大,这与进水完成后现场观测到的该部位存在分布较广、裂缝较宽的情况相吻合。

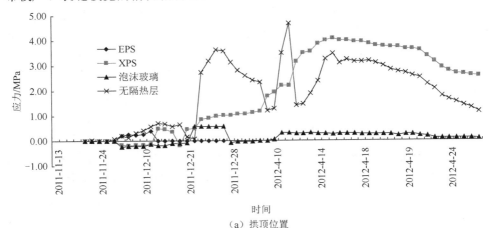

(a) 拱顶位置

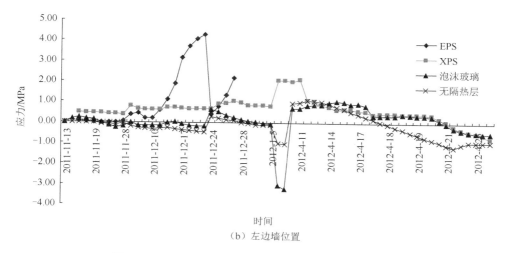

（b）左边墙位置

图 4.5 不同隔热层下衬砌不同部位环向应力变化曲线

对于拱顶，在一次过水时（2011 年 12 月 23 日～2011 年 12 月 24 日），XPS 复合衬砌环向拉应力值达到 1.2MPa，此后基本保持稳定。在第二次过水时（2012 年 4 月 11 日～2012 年 4 月 17 日），边墙部位环向拉应力值逐渐升高至 2.0MPa 左右，拱顶部位达到 4MPa，此时产生拉裂缝。此后随着水循环的不断进行，温差减小，衬砌拉应力值逐渐降低。

在无隔热材料的情况下，在一次过水时，普通衬砌环向拉应力较大，最大值达到 3.6MPa，此后逐渐降低至 1.2MPa，说明此时产生拉裂缝（由于第一次过水持续时间短，洞口封闭，没有进行实际拉裂缝的观测）；在二次过水时，拱顶环向拉应力值达到 4.8MPa，随着水循环的不断进行，温差减小，衬砌拉应力值降低，这与该部位短期观测到的衬砌内外侧温差变化相一致。

对于两种隔热材料 XPS 与泡沫玻璃，在进行过水时，洞壁温度发生改变，表现出良好的隔热效果，有效地阻滞了衬砌环向应力的进一步增大，并且使得衬砌应力变化相对平缓。对 XPS 与泡沫玻璃而言，泡沫玻璃隔热效果要优于 XPS。

4.1.4 不同工况下不同隔热层衬砌环向应力分析

1. 普通混凝土衬砌（无隔热层）

对于普通混凝凝土衬砌（无隔热层），从图 4.6 可以看出，在没有过水前，环向应力均为压应力（负值），在过水后，出现拉应力。在第一次过水时，由于过水时间持续较短（持续时间约 10 个小时），拉应力值增加较小，左边墙约为 0.5MPa；在第二次过水后，由于过水持续时间较长（7 天），拉应力增加较大，增大至 1.1MPa。

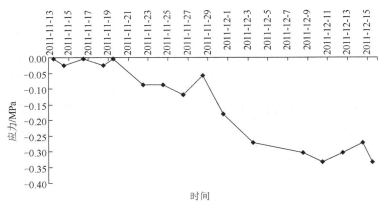

（a）第一次过水前普通衬砌左边墙环向应力变化

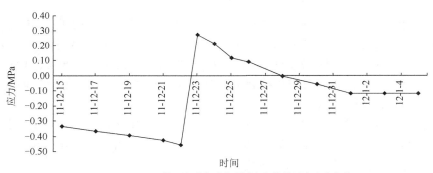

（b）第一次过水时普通衬砌左边墙环向应力变化

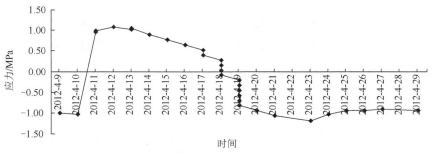

（c）第二次过水前后普通衬砌左边墙环向应力变化

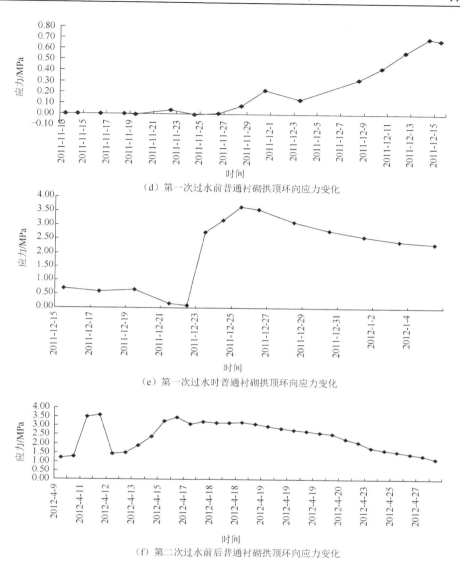

（d）第一次过水前普通衬砌拱顶环向应力变化

（e）第一次过水时普通衬砌拱顶环向应力变化

（f）第二次过水前后普通衬砌拱顶环向应力变化

图 4.6　普通混凝土衬砌（无隔热层）不同工况下环向应力分布

对于拱顶部位，存在相同的规律，只是拉应力变化加大。在第一次过水时，拉应力值增加至 3.6MPa，此后由于没有水的降温，拉应力逐渐降低至 1.0MPa 左右；在第二次过水后，拉应力增加较大，拉应力值增大至 3.5MPa。由于过水温度差引起的应力升高达到 2.5 倍。

2. 泡沫玻璃混凝土复合衬砌

对于泡沫玻璃复合式衬砌，在没有过水前，环向应力基本为受压状态（负值），在过水后，出现拉应力。在第一次过水时，由于过水时间持续较短（持续时间约 10 个小时），拉应力值增加较小，左边墙约为 0.6MPa；在第二次过水后，由于过水持续时间较长（7 天），拉应力增加较大，增大至 1.0MPa，具体变化见图 4.7。

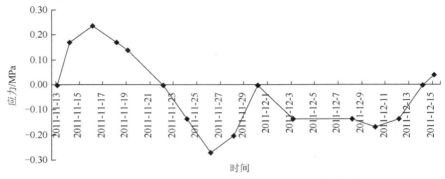

（a）第一次过水前泡沫玻璃衬砌左边墙环向应力变化

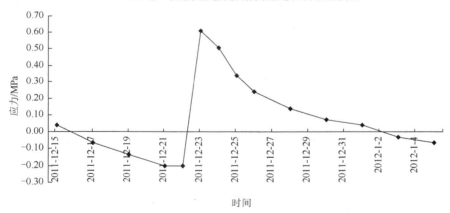

（b）第一次过水时泡沫玻璃衬砌左边墙环向应力变化

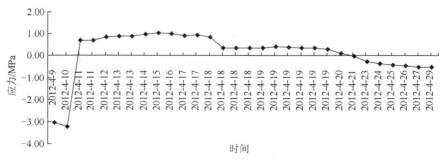

（c）第二次过水前后泡沫玻璃衬砌左边墙环向应力变化

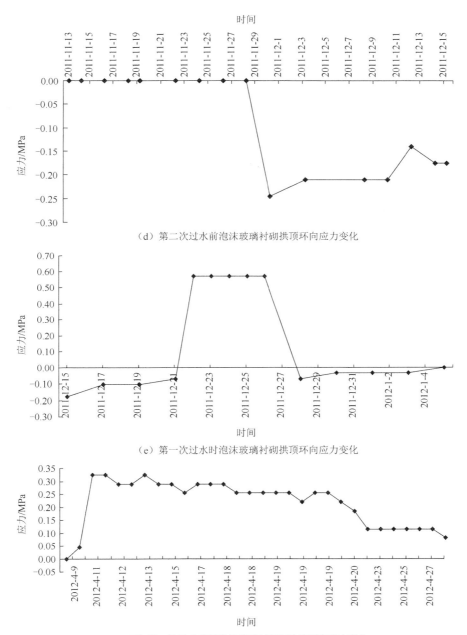

（d）第二次过水前泡沫玻璃衬砌拱顶环向应力变化

（e）第一次过水时泡沫玻璃衬砌拱顶环向应力变化

（f）第二次过水前后泡沫玻璃衬砌左边墙环向应力变化

图 4.7　泡沫玻璃复合式衬砌不同工况下环向应力分布

对于泡沫玻璃拱顶部位，只是拉应力变化加大，在第一次过水时，拉应力值约为 0.6MPa，此后由于泡沫玻璃较好的隔热效果，拉应力值稳定在 0.6MPa，此后，拉应力逐渐降低直至出现压应力，在二次过水后，拉应力又增加，增大至 0.3MPa 左右。

3. XPS 混凝土复合衬砌

在衬砌施工完成后，由于隔热层的作用，衬砌应力变化较小，受温度变化的影响，环向受拉，应力值在 0.45～0.80MPa 波动。2011 年 11 月 28 日由于施工单位认为洞顶采用泵送混凝土困难，在该部位拱顶范围采用喷射混凝土代替泵送混凝土，导致围岩温度升高，使得在该部位已经完成的衬砌混凝土边墙环向应力值增大到 0.80MPa，此后由于要求施工单位必须采用泵送混凝土施工，温度降低，衬砌拉应力值降低至 0.80MPa 以下（图 4.8）。

第一次过水时（2011 年 12 月 23 日～12 月 24 日），随着水的冷却作用，衬砌温差较大，左边墙环向拉应力增大至 1.1MPa，此后逐渐回落至 0.8MPa 附近。

第二次过水时（2012 年 4 月 11 日～4 月 17 日），在进水开始的前两天，左边墙环向应力增大至 2.1MPa，此时拉裂缝产生。此后，随着流水的不断循环，衬砌内外侧温度差减小，拉应力值逐渐减小，其值为 0.5～1.0MPa。

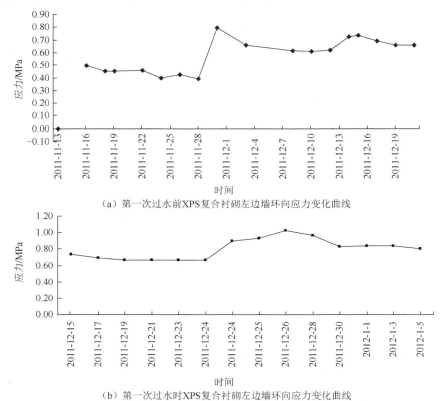

（a）第一次过水前XPS复合衬砌左边墙环向应力变化曲线

（b）第一次过水时XPS复合衬砌左边墙环向应力变化曲线

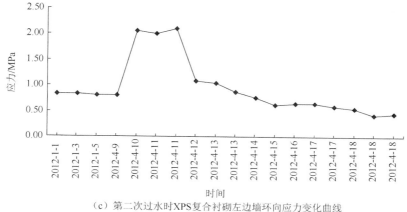

（c）第二次过水时XPS复合衬砌左边墙环向应力变化曲线

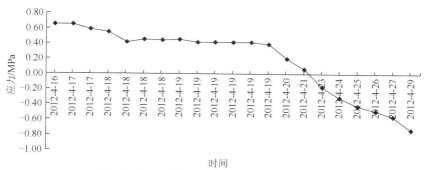

（d）第二次注水放空时XPS复合衬砌左边墙环向应力变化曲线

图4.8　XPS混凝土复合衬砌不同工况下环向应力分布

在隧洞开始排空水之后（2012 年 4 月 17 日），左边墙环向拉应力值降低至0.4MPa 附近。此后，随着隧洞水体的排空，封闭洞门的打开，环向应力值出现负值（受压状态），测得的最后压应力值为 0.75MPa。

4. EPS 混凝土复合衬砌

隧洞进水前，左边墙环向应力基本处于压应力状态，只是在个别时期由于温度的变化，出现不到 0.5MPa 的拉应力（图 4.9）。

第一次进水后，由原来的压应力转化为拉应力，且拉应力值瞬间增加很快，在过水后的第二天，拉应力值达到 1.1MPa，此后逐渐上升，在进水后达到最大值（2.2MPa）。此后，没有再进一步观测到数值，推测是该部位应变仪发生破坏，这与该部位观测到的裂缝开展相吻合。

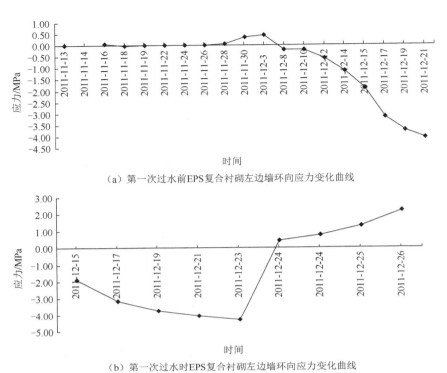

（a）第一次过水前EPS复合衬砌左边墙环向应力变化曲线

（b）第一次过水时EPS复合衬砌左边墙环向应力变化曲线

图 4.9　EPS 混凝土复合衬砌不同工况下环向应力分布

4.1.5　不同工况下不同衬砌径向应力分析

1. 普通混凝土衬砌（无隔热层）

对于普通混凝凝土衬砌（无隔热层）左边墙，在刚施工完成后，由于温度变化差异的影响，径向应力呈现拉应力状态，但其量值较小，最大不超过 0.2MPa。随着混凝土强度的增强，衬砌内外侧温度差的减小，拉应力值逐渐减小至 0，此后进一步成为压应力状态。

在第一次进水时，随着衬砌内外侧温差的增大，左边墙径向压应力值减小（即由于温差，衬砌出现拉应变，但由于衬砌原先承受的压应变较大，衬砌仍是压应力状态），减小幅度较小，量值约为 0.1MPa。

在第二次进水时，由于水体的冷却作用，温差增大，左边墙衬砌出现拉应变，径向压应力值减小，量值减小幅度约为 1.5MPa。这样，衬砌径向应力值最终为 -1.0MPa，仍为压应力状态。此后，随着洞内水体的进一步循环，应力值基本恒定在-1.0MPa，详见图 4.10。

对于普通混凝凝土衬砌（无隔热层）拱顶部位，在第一次过水后，与左边墙有类似的规律，只是在量值上有所差异。在刚施工完成后，由于温度变化差异的影响，径向应力呈现拉应力状态，最大值达到 0.65MPa，随着混凝土强度的增强，衬砌内外侧温度差的减小，拉应力值逐渐减小至 0.3MPa 左右。

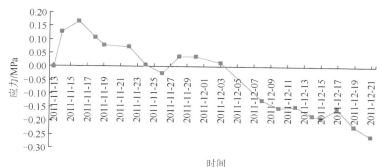

（a）过水前普通混凝土衬砌左边墙径向应力变化

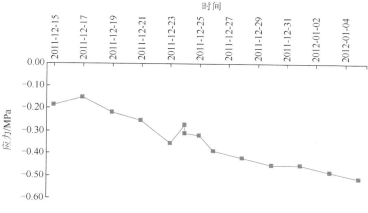

（b）第一次过水普通混凝土衬砌左边墙径向应力变化

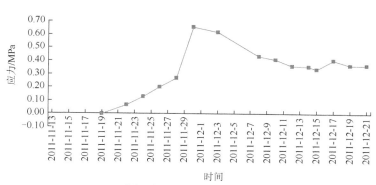

（c）过水前普通混凝土衬砌拱顶径向应力变化

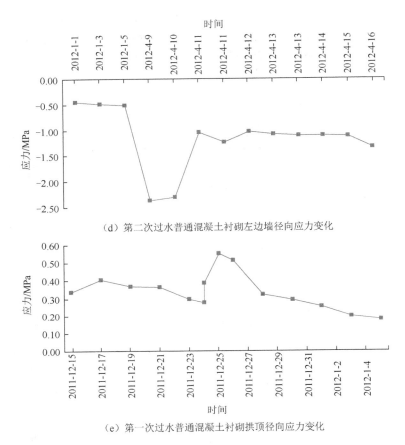

（d）第二次过水普通混凝土衬砌左边墙径向应力变化

（e）第一次过水普通混凝土衬砌拱顶径向应力变化

图 4.10　普通混凝土衬砌（无隔热层）不同工况下径向应力分布

　　在第一次进水时，随着衬砌内外侧温差的增大，径向压应力值减小（即由于温差，衬砌在原来拉应力状态的基础上，拉应力值进一步增加，量值增加幅度约为 0.3MPa。此后，衬砌所受拉应力值减小，最大值近 0.2MPa（在二次进水时，应变仪破坏）。

2. 泡沫玻璃混凝土复合衬砌

　　对于泡沫玻璃混凝土衬砌，在刚施工完成后，由于温度变化差异的影响，边墙径向应力呈现拉应力状态，但其量值较小，最大不超过 0.2MPa，随着混凝土强度的增强，衬砌内外侧温度差的减小，拉应力值逐渐减小至 0。此后进一步成为压应力状态，压应力值达到 0.6MPa。接下来，受"11 月 28 日喷射混凝土"的影响，衬砌内往外侧温差增大，由压应力状态转变为拉应力状态，最终拉应力值不到 0.4MPa。在第一次过水时，衬砌应力由原来的接近 0 上升为 1.2MPa，此后随着过水的结束，衬砌又体现为压应力状态，压应力值约为 2.5MPa。对于第二次过水前后，由于径向应变仪失效，没有测得应变变化值（图 4.11）。

对于拱顶部位，在第一次过水后，与左边墙有类似的规律，只是在量值上有所差异。过水后，出现拉应变趋势，转化为拉应力值不超过 0.3MPa。

总体而言，在不同工况下，该部位衬砌径向应力值变化差异较小，不会影响其稳定与强度要求。

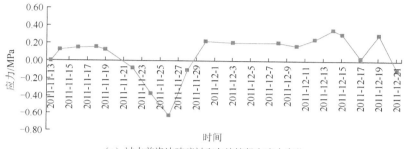

（a）过水前泡沫玻璃衬砌左边墙径向应力变化

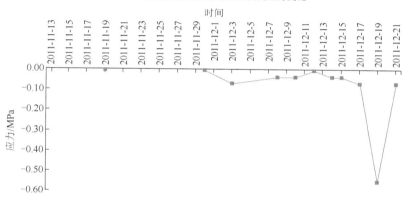

（b）过水前泡沫玻璃衬砌拱顶径向应力变化

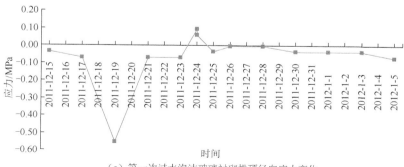

（c）第一次过水泡沫玻璃衬砌拱顶径向应力变化

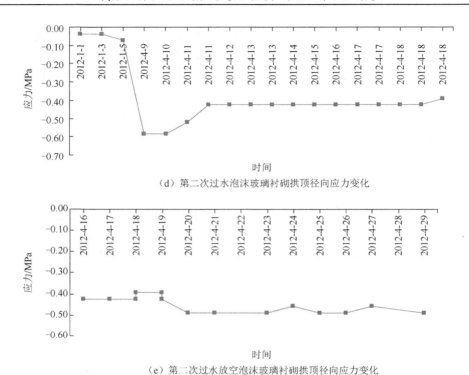

（d）第二次过水泡沫玻璃衬砌拱顶径向应力变化

（e）第二次过水放空泡沫玻璃衬砌拱顶径向应力变化

图 4.11　泡沫玻璃混凝土复合衬砌径向应力分布

3. XPS 混凝土复合衬砌

在衬砌施工完成后，由于隔热层的作用，衬砌应力较小，拱顶径向应力为 0～ -0.2MP。施工完成后，通风管封堵，试验洞温度升高，此时隔热有限，使得 XPS 洞段衬砌径向应力增大至 0.5MPa。此后，逐渐降低至 0 左右。

第一次过水时，拱顶径向应力增大至 0.85MPa，随着过水的结束，应力值逐渐增大至 1.2MPa，如图 4.12。

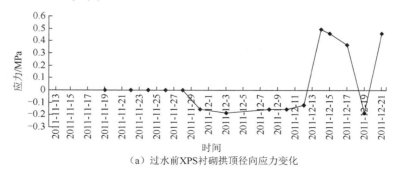

（a）过水前 XPS 衬砌拱顶径向应力变化

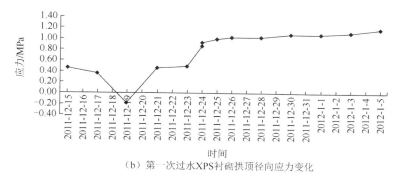

（b）第一次过水XPS衬砌拱顶径向应力变化

图 4.12 XPS 混凝土复合衬砌径向向应力分布

4. EPS 混凝土复合衬砌

同样，对于在 EPS 混凝土复合衬砌，施工刚完成后，由于隔热层的作用，衬砌应力较小，最大径向应力不到 0.5MPa。此后，由于施工完成后，通风管封堵，试验洞温度升高，衬砌内外层温差较小，径向应力值均较小，在-1.2～0.3MPa 变化（图 4.13）。

第一次过水时，左边墙径向向应力增大至 0.55MPa，然后逐渐降低，接近于 0，直至出现不超过-1.0MPa 压应力值。第二次过水时，受衬砌内外侧温差的影响，左边墙径向应力增大至 1.5MPa，此后，随着水体的循环，应力值降低至 1.0MPa。

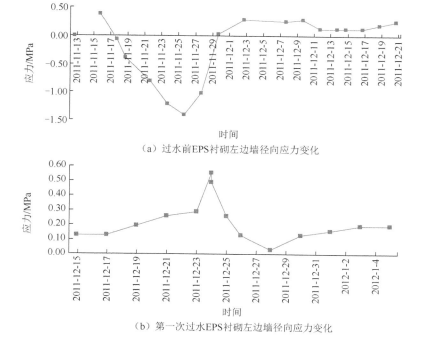

（a）过水前EPS衬砌左边墙径向应力变化

（b）第一次过水EPS衬砌左边墙径向应力变化

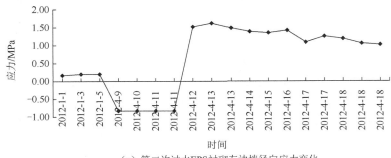

（c）第二次过水EPS衬砌左边墙径向应力变化

图 4.13　EPS 混凝土复合衬砌径向应力分布

4.1.6　衬砌裂缝成因分析

　　比较四种衬砌，比较明显的裂缝主要出现在 EPS 与 XPS 两种复合衬砌洞段。对于位置而言，衬砌裂缝主要分布在拱腰位置，在拱顶位置，通过现场观察，出现了张开—闭合的裂缝（相机难以分辨，现场可以看到渗水的痕迹）。衬砌出现裂缝的根本原因在于第一、二次过水时，由于衬砌内外侧温差变化较大，承受拉应力增大，超过了抗拉强度。

　　对于 EPS 复合衬砌段，在第一次过水时，EPS 复合衬砌环向拱顶拉应力值达到 1.2MPa，此后基本保持稳定；在第二次过水时，边墙部位逐渐升高至 2.0MPa 左右，此时产生拉裂缝。

　　对于普通衬砌而言，有隔热材料的情况下，一次过水时，普通衬砌环向拉应力较大，环向拉应力最大值达到 3.6MPa，此后逐渐降低至 1.2MPa，说明此时产生拉裂缝（由于第一次过水持续时间短，洞口封闭，没有进行实际拉裂缝的观测）；在二次过水时，拱顶环向拉应力值达到 4.8MPa，随着水循环的不断进行，温差减小，衬砌拉应力值降低。这与实际观察到的裂缝分布有出入，实际观察到该部位裂缝分布不明显。分析裂缝不明显的原因，在于该部位部分混凝土衬砌在施工时采用了喷射混凝土。

　　对于 XPS 混凝土复合衬砌，第一次过水时（2011 年 12 月 23 日～12 月 24 日），随着水的冷却作用，衬砌温差较大，左边墙环向拉应力增大至 1.1MPa。此后，逐渐回落至 0.8MPa 附近。第二次过水时（2012 年 4 月 11 日～4 月 17 日），在进水开始的前两天，左边墙环向应力增大至 2.1MPa，此时拉裂缝产生。此后，随着流水的不断循环，衬砌内外侧温度差减小，拉应力值逐渐减小，其值为 0.50～1.0MPa。对于泡沫玻璃复合式衬砌，在第一次过水时，拉应力值增加较小，左边墙约为 0.6MPa；在第二次过水后，由于过水持续时间较长，拉应力增加较大，增大至 1.0MPa。对于拱顶部位，只是拉应力变化加大，在第一次过水时，拉应力值约为

0.6MPa；在二次过水后，拉应力值增大至 0.3MPa。这与观察到该部位裂缝分布不明显相吻合。

4.1.7 无衬砌设计时喷层应力测试与分析

为了研究在高温条件下支护结构（包括喷层、衬砌）的受力与变形情况，在试验洞不同支护洞段布设混凝土应力测仪器，对不同工况下的混凝土喷层应力进行监测，为研究高温条件下喷射混凝土层受力提供依据。

1. 喷层应力计安装及埋设

复喷前安装喷层应力计，应力计主要安装在拱顶及侧墙部位。喷层应力计主要监测喷层与围岩间的接触压力，布设在左、右边墙中部及拱顶位置，试验洞段布设 3 组共计 9 个混凝土应力计。喷层应力计布置如图 4.14 所示。

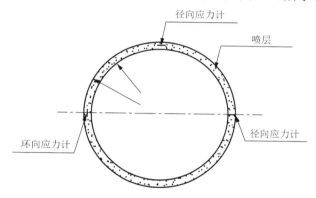

图 4.14　喷层应力计布置正面图

2. 喷层应力监测结果与分析

（1）挂网喷层段支护结构受力监测值汇总见表 4.1、图 4.15、表 4.2、表 4.3和图 4.16。

表 4.1　1#试验洞挂网喷层施工期左边墙环向应力（仪器编号：8298）

时间	测量值/Hz	温度/℃	修正值/Hz	左边墙环向应力/MPa	备注
2011-09-15	2232	29	2232.00	0.01	
2011-09-18	2221	35	2223.58	-0.02	
2011-09-20	2107	35	2109.58	-0.25	
2011-09-22	1848	37	1851.44	-0.74	
2011-09-24	1820	39	1824.30	-0.79	

续表

时间	测量值/Hz	温度/℃	修正值/Hz	左边墙环应力/MPa	备注
2011-09-26	1861	41	1866.16	-0.71	
2011-09-29	1992	44	1998.45	-0.47	
2011-10-05	1707	41.6	1712.42	-0.97	
2011-10-07	1675	50	1684.03	-1.02	
2011-10-09	1621	58.9	1633.86	-1.10	已通风 3h
2011-10-11	1465	62.4	1479.36	-1.33	两天未通风
2011-10-12	1397	57	1409.04	-1.42	夜晚停风机，未通风
2011-10-12	1464	57	1476.04	-1.33	主洞通风，试验洞未通风
2011-10-13	1395	65	1410.48	-1.42	夜晚停风机，未通风
2011-10-13	1427	62.2	1441.28	-1.38	
2011-10-14	1423	62.4	1437.36	-1.39	
2011-10-16	1775	42.0	1780.59	-0.86	洞已封堵
2011-10-18	1491	38.5	1495.09	-1.31	
2011-10-20	1317	40.0	1321.73	-1.54	
2011-10-22	1195	42.0	1200.59	-1.68	
2011-10-25	1006	40.0	1010.73	-1.88	
2011-10-27	990	41.5	995.38	-1.90	
2011-10-29	960	43.5	966.24	-1.92	

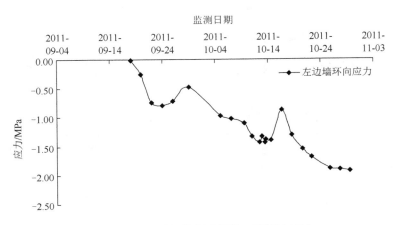

图 4.15　1#试验洞挂网喷层施工期环向应力

表 4.2 1#试验洞挂网喷层施工期拱顶径向应力（仪器编号：8296）

时间	测量值/Hz	温度/℃	修正值/Hz	拱顶径向应力/MPa	备注
2011-09-15	2196	29	2196.00	0.00	
2011-09-18	2195	35	2197.28	0.00	
2011-09-20	2193	35	2195.28	-0.01	
2011-09-22	2183	37	2186.04	-0.03	
2011-09-24	2181	39	2184.80	-0.03	
2011-09-26	2185	41	2189.56	-0.02	
2011-09-29	2186	44	2191.70	-0.01	
2011-10-05	2164	54	2173.50	-0.05	
2011-10-07	2159	50	2166.98	-0.07	
2011-10-09	2154	57.6	2164.87	-0.07	已通风 3h
2011-10-11	2141	62	2153.54	-0.10	两天未通风
2011-10-12	2135	57	2145.64	-0.12	夜晚停风机，未通风
2011-10-12	2137	57	2147.64	-0.11	主洞通风，实验洞未通风
2011-10-13	2133	65	2146.68	-0.11	夜晚停风机，未通风
2011-10-13	2134	62.2	2146.62	-0.11	
2011-10-14	2132	62.4	2144.69	-0.12	
2011-10-16	2155	42.0	2159.94	-0.08	洞已封堵
2011-10-18	2129	38.5	2132.61	-0.14	
2011-10-20	2116	40.0	2120.18	-0.17	
2011-10-22	2105	42.0	2109.94	-0.19	
2011-10-25	2089	40.0	2093.18	-0.23	
2011-10-27	2083	41.5	2087.75	-0.24	
2011-10-29	2078	43.5	2083.51	-0.25	

表 4.3 1#试验洞挂网喷层施工期右边墙径向应力（仪器编号：8300）

时间	测量值/Hz	温度/℃	修正值/Hz	右边墙径向应力/MPa	备注
2011-09-15	2278	29	2278.00	—	
2011-09-18	2276	35	2279.36	0.00	
2011-09-20	2277	35	2280.36	0.00	
2011-09-22	2269	37	2273.48	-0.01	
2011-09-24	2264	39	2269.60	-0.02	
2011-09-26	2256	41	2262.72	-0.04	

续表

时间	测量值/Hz	温度/℃	修正值/Hz	右边墙径向应力/MPa	备注
2011-09-29	2247	44	2255.40	-0.06	
2011-10-05	2226	54	2240.00	-0.09	
2011-10-07	2218	50	2229.76	-0.12	
2011-10-09	2211	56.3	2226.29	-0.13	已通风 3h
2011-10-11	2201	61.6	2219.26	-0.14	两天未通风
2011-10-12	2198	57	2213.68	-0.16	夜晚停风机，未通风
2011-10-12	2196	57	2211.68	-0.16	主洞通风，试验洞未通风
2011-10-13	2193	65	2213.16	-0.16	夜晚停风机，未通风
2011-10-13	2193	62.2	2211.59	-0.16	
2011-10-14	2188	62.4	2206.70	-0.17	
2011-10-16	2187	42.0	2194.28	-0.20	洞已封堵
2011-10-18	2175	38.5	2180.32	-0.23	
2011-10-20	2166	40.0	2172.16	-0.25	
2011-10-22	2159	42.0	2166.28	-0.26	
2011-10-25	2141	40.0	2147.16	-0.31	
2011-10-27	2128	41.5	2135.00	-0.34	
2011-10-29	2117	43.5	2125.12	-0.36	

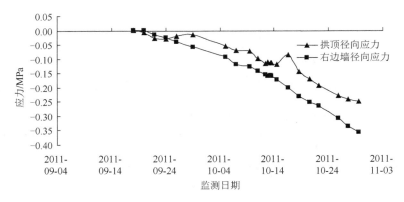

图 4.16　1#试验洞挂网喷层施工期径向应力

（2）钢纤维喷层段支护结构受力监测值汇总表 4.4、图 4.17、表 4.5、表 4.6 和图 4.18。

表 4.4 1#试验洞钢纤维喷层施工期左边墙环向应力（仪器编号：7047）

时间	测量值/Hz	温度/℃	修正值/Hz	左边墙环向应力/MPa	备注
2011-09-20	1945	35	1945.00	0.00	
2011-09-22	1677	37	1677.60	-0.51	
2011-09-24	1712	39	1713.20	-0.45	
2011-09-26	1610	41	1611.80	-0.63	
2011-09-29	1559	41	1560.80	-0.71	
2011-10-05	1400	47	1403.60	-0.96	
2011-10-07	1372	50	1376.50	-1.00	
2011-10-09	1381	55	1387.00	-0.98	已通风 3h
2011-10-11	1232	60	1239.50	-1.19	两天未通风
2011-10-12	1169	54.3	1174.79	-1.27	夜晚停风机，未通风
2011-10-12	1282	55.4	1288.12	-1.12	主洞通风，试验洞未通风
2011-10-13	1197	63	1205.40	-1.23	夜晚停风机，未通风
2011-10-13	1255	59.8	1262.44	-1.16	
2011-10-14	1274	60	1281.50	-1.13	
2011-10-16	1628	45.6	1631.18	-0.59	洞已封堵
2011-10-18	1298	41.8	1300.04	-1.11	
2011-10-20	1190	41.8	1192.04	-1.25	
2011-10-22	1091	42.8	1093.33	-1.37	
2011-10-25	894	39.0	895.19	-1.57	
2011-10-27	857	40.9	858.76	-1.61	
2011-10-29	816	42.8	818.33	-1.64	

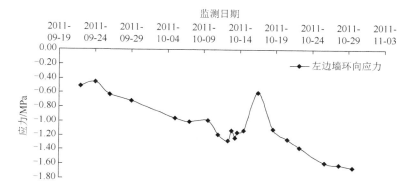

图 4.17 1#试验洞钢纤维喷层施工期环向应力

表 4.5　1#试验洞钢纤维喷层施工期拱顶径向应力（仪器编号：7049）

时间	测量值/Hz	温度/℃	修正值/Hz	拱顶径向应力/MPa	备注
2011-09-20	2024	35	2024.00	0.00	
2011-09-22	2019	37	2019.60	−0.01	
2011-09-24	2019	39	2020.20	−0.01	
2011-09-26	2018	41	2019.80	−0.01	
2011-09-29	2019	41	2020.80	−0.01	
2011-10-05	2016	47	2019.60	−0.01	
2011-10-07	1825	50	1829.50	−0.39	
2011-10-09	2014	56.4	2020.42	−0.01	已通风 3h
2011-10-11	2012	61.6	2019.98	−0.01	两天未通风
2011-10-12	2011	54.3	2016.79	−0.02	夜晚停风机，未通风
2011-10-12	2012	55.4	2018.12	−0.01	主洞通风，试验洞未通风
2011-10-13	2011	63	2019.40	−0.01	夜晚停风机，未通风
2011-10-13	2011	59.8	2018.44	−0.01	
2011-10-14	2011	60	2018.50	−0.01	
2011-10-16	2014	45.6	2017.18	−0.01	洞已封堵
2011-10-18	2011	41.8	2013.04	−0.02	
2011-10-20	2009	41.8	2011.04	−0.03	
2011-10-22	2006	42.8	2008.33	−0.03	
2011-10-25	2002	39.0	2003.19	−0.04	
2011-10-27	2001	40.9	2002.76	−0.04	
2011-10-29	1999	42.8	2001.33	−0.05	

表 4.6　1#试验洞钢纤维喷层施工期右边墙径向应力（仪器编号：7072）

时间	测量值/Hz	温度/℃	修正值/Hz	右边墙径向应力/MPa	备注
2011-09-18	—	22	—	—	
2011-09-20	1936	35	1936.00	0.00	
2011-09-22	1917	37	1917.60	−0.04	
2011-09-24	1921	39	1922.20	−0.03	
2011-09-26	1927	41	1928.80	−0.01	
2011-09-29	1921	41	1922.80	−0.03	
2011-10-05	1899	47	1902.60	−0.07	

续表

时间	测量值/Hz	温度/℃	修正值/Hz	右边墙径向应力/MPa	备注
2011-10-07	1892	50	1896.50	-0.08	
2011-10-09	1888	54	1893.70	-0.08	已通风 3h
2011-10-11	1879	60.5	1886.65	-0.10	两天未通风
2011-10-12	1875	54.3	1880.79	-0.11	夜晚停风机，未通风
2011-10-12	1877	55.4	1883.12	-0.11	主洞通风，实验洞未通风
2011-10-13	1873	63	1881.40	-0.11	夜晚停风机，未通风
2011-10-13	1873	59.8	1880.44	-0.11	
2011-10-14	1872	60	1879.50	-0.11	
2011-10-16	1897	45.6	1900.18	-0.07	洞已封堵
2011-10-18	1871	41.8	1873.04	-0.13	
2011-10-20	1864	41.8	1866.04	-0.14	
2011-10-22	1855	42.8	1857.33	-0.16	
2011-10-25	1841	39.0	1842.19	-0.19	
2011-10-27	1837	40.9	1838.76	-0.19	
2011-10-29	1833	42.8	1835.33	-0.20	

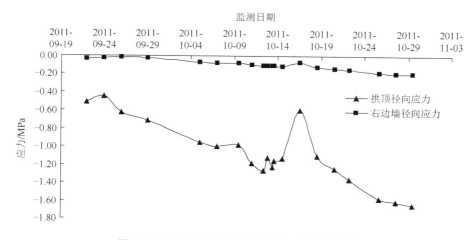

图 4.18　1#试验洞钢纤维喷层施工期径向应力

（3）纤维喷层段支护结构受力监测值汇总见表 4.7、图 4.19、表 4.8、表 4.9和图 4.20。

表 4.7　1#试验洞聚酯纤维喷层施工期左边墙环向应力（仪器编号：8276）

时间	测量值/Hz	温度/℃	修正值/Hz	左边墙环向应力/MPa	备注
2011-09-24	2216	39	2216.00	0.01	
2011-09-26	2158	41	2158.86	-0.12	
2011-09-29	2202	38	2201.57	-0.03	
2011-10-05	2173	45	2175.58	-0.09	
2011-10-07	2197	47	2200.44	-0.04	
2011-10-09	2195	52.8	2200.93	-0.04	已通风 3h
2011-10-11	2175	58.4	2183.34	-0.07	两天未通风
2011-10-12	2156	52.6	2161.85	-0.11	夜晚停风机，未通风
2011-10-12	2186	52.5	2191.81	-0.05	试验洞未通风
2011-10-13	2158	61.7	2167.76	-0.10	夜晚停风机，未通风
2011-10-13	2179	57.9	2187.13	-0.06	
2011-10-14	2181	56	2188.31	-0.06	
2011-10-16	2190	49.4	2194.47	-0.05	洞已封堵
2011-10-18	2149	50.4	2153.88	-0.13	
2011-10-20	2105	51.3	2110.29	-0.22	
2011-10-22	2070	53.2	2076.11	-0.28	
2011-10-25	1979	58.9	1987.56	-0.45	
2011-10-27	1952	56.1	1959.33	-0.50	
2011-10-29	1935	56.1	1942.33	-0.53	

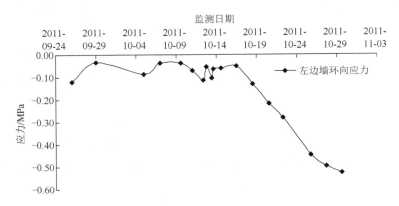

图 4.19　1#试验洞聚酯纤维喷层施工期环向应力

表 4.8 1#试验洞聚酯纤维喷层施工期拱顶径向应力（仪器编号：8279）

时间	测量值/Hz	温度/℃	修正值/Hz	拱顶径向应力/MPa	备注
2011-09-24	2175	39	2175.00	0.01	
2011-09-26	2156	41	2157.12	-0.04	
2011-09-29	2156	38	2155.44	-0.04	
2011-10-05	2138	45	2141.36	-0.07	
2011-10-07	2128	47	2132.48	-0.09	
2011-10-09	2120	54.5	2128.68	-0.10	已通风 3h
2011-10-11	2104	60	2115.76	-0.12	两天未通风
2011-10-12	2096	52.6	2103.62	-0.15	夜晚停风机，未通风
2011-10-12	2101	52.5	2108.56	-0.14	试验洞未通风
2011-10-13	2092	61.7	2104.71	-0.14	夜晚停风机，未通风
2011-10-13	2095	57.9	2105.58	-0.14	
2011-10-14	2092	56	2101.52	-0.15	
2011-10-16	2117	49.4	2122.82	-0.11	洞已封堵
2011-10-18	2085	50.4	2091.36	-0.17	
2011-10-20	2073	51.3	2079.89	-0.19	
2011-10-22	2063	53.2	2070.95	-0.21	
2011-10-25	2045	58.9	2056.14	-0.24	
2011-10-27	2038	56.1	2047.55	-0.25	
2011-10-29	2024	56.1	2033.55	-0.28	

表 4.9 1#试验洞聚酯纤维喷层施工期右边墙径向应力（仪器编号：8278）

时间	测量值/Hz	温度/℃	修正值/Hz	右边墙径向应力/MPa	备注
2011-09-24	2217	39	2217.00	0.01	
2011-09-26	2187	41	2187.86	-0.07	
2011-09-29	2189	38	2188.57	-0.07	
2011-10-05	2173	45	2175.58	-0.09	
2011-10-07	2164	47	2167.44	-0.11	
2011-10-09	2158	50	2162.73	-0.12	已通风 3h
2011-10-11	2140	58	2148.17	-0.15	两天未通风
2011-10-12	2133	52.6	2138.85	-0.17	夜晚停风机，未通风
2011-10-12	2141	52.5	2146.81	-0.15	主洞通风，试验洞未通风
2011-10-13	2131	61.7	2140.76	-0.16	夜晚停风机，未通风
2011-10-13	2132	57.9	2140.13	-0.17	
2011-10-14	2136	56	2143.31	-0.16	
2011-10-16	2171	49.4	2175.47	-0.09	洞已封堵
2011-10-18	2129	50.35	2133.88	-0.18	

续表

时间	测量值/Hz	温度/℃	修正值/Hz	右边墙径向应力/MPa	备注
2011-10-20	2117	51.3	2122.29	−0.20	
2011-10-22	2108	53.2	2114.11	−0.22	
2011-10-25	2093	58.9	2101.56	−0.24	
2011-10-27	2088	56.05	2095.33	−0.26	
2011-10-29	2082	56.05	2089.33	−0.27	

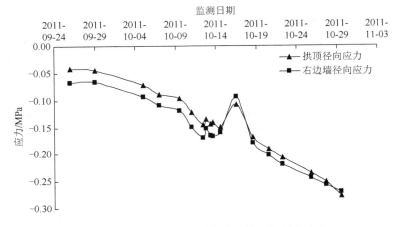

图 4.20　1#试验洞聚酯纤维喷层施工期径向应力

3. 施工期喷层应力变化规律分析

分别对侧墙及拱顶的喷层径向应力及切向应力进行监测，其中径向应力主要为围岩与喷层间的接触压力，结论如下。

（1）施工期喷层受到洞壁高温影响，处于温升状态，从而使得各支护结构在热涨状态下受力均为压应力。

（2）施工期挂网喷层段及钢纤维喷层段环向压应力接近 2.0MPa，聚酯纤维喷层段由于靠近洞口，其纵向一侧无约束，从而环向拉应力值较小，不超过 0.5MPa。

（3）由于径向一侧无约束，各支护段径向压应力值较小，应力值为 0.2～0.4MPa。

（4）施工期喷层温度提升对喷层应力值影响较为明显，环向应力值明显大于径向应力值（图 4.21～图 4.23）。

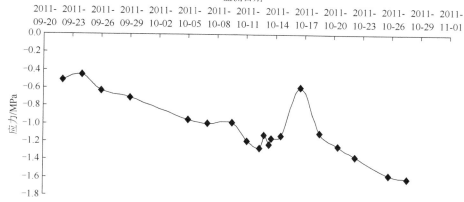

（a）钢纤维喷层环向应力

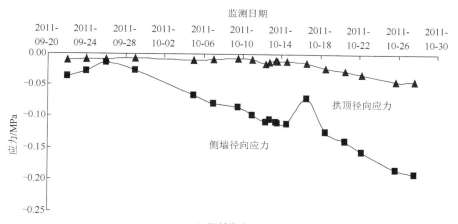

（b）钢纤维喷层径向应力

图 4.21 挂网喷层环向、径向应力监测值

（a）挂网喷层环向应力

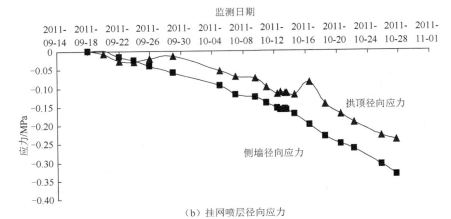

（b）挂网喷层径向应力

图 4.22 钢纤维喷层环向、径向应力监测值

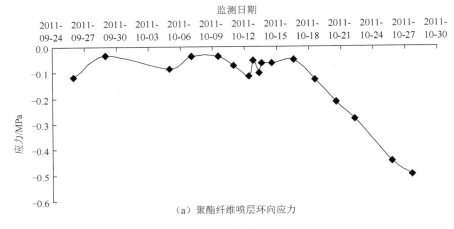

（a）聚酯纤维喷层环向应力

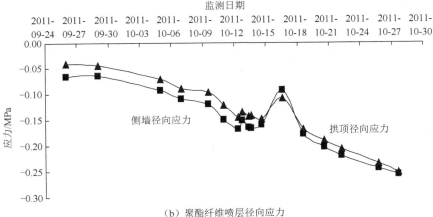

（b）聚酯纤维喷层径向应力

图 4.23 聚酯纤维喷层环向、径向应力监测值

4. 运行期喷层应力监测值分析

（1）挂网喷层段运行期支护结构受力值汇总见表 4.10、图 4.24、表 4.11、表 4.12 和图 4.25。

表 4.10 1#试验洞挂网喷层运行期右边墙环向应力（仪器编号：8298）

时间	测量值/Hz	温度/℃	修正值/Hz	左边墙环向应力/MPa	备注
2011-10-29	2109	51.5	2118.68	−0.23	全洞过水，过水 4h
2011-10-29	2095	52.0	2104.89	−0.26	预试水，放空水，短暂通风
2011-10-30	2028	48.0	2036.17	−0.40	放空水 13h
2011-10-31	1914	41.5	1919.38	−0.62	二次试水前
2011-10-31	2099	39.0	2103.30	−0.27	水大半洞，门漏水严重
2011-11-1	2075	41.0	2080.16	−0.31	二次试水放空水 12h
2011-11-2	2031	40.0	2035.73	−0.40	三次试水前
2011-11-2	2091	39.5	2095.52	−0.28	四次过水，已满洞，开始循环（管子中间漏水，维修了一下）
2011-11-3	2095	28.5	2094.79	−0.28	五次循环水 4h

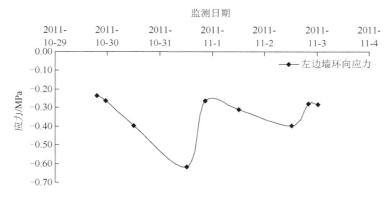

图 4.24 1#试验洞挂网喷层运行期环向应力

表 4.11 1#试验洞挂网喷层运行期拱顶径向应力（仪器编号：8296）

时间	测量值/Hz	温度/℃	修正值/Hz	拱顶径向应力/MPa	备注
2011-10-29	2145	51.5	2153.55	−0.10	全洞过水，过水 4h
2011-10-29	2157	52.0	2165.74	−0.07	预试水，放空水，短暂通风
2011-10-30	2155	48.0	2162.22	−0.08	放空水 13h
2011-10-31	2151	41.5	2155.75	−0.09	二次试水前
2011-10-31	2154	39.0	2157.80	−0.09	水以大半洞，门漏水严重
2011-11-1	2157	41.0	2161.56	−0.08	二次试水放空水 12h
2011-11-2	2155	40.0	2159.18	−0.09	三次试水前

时间	测量值/Hz	温度/℃	修正值/Hz	拱顶径向应力/MPa	备注
2011-11-2	2157	39.5	2160.99	-0.08	四次过水，已满洞，开始循环（管子中间漏水，维修了一下）
2011-11-3	2153	28.5	2152.81	-0.10	循环水 4h
2011-11-3	2155	31.5	2155.95	-0.09	循环 13h
2011-11-3	2163	39.0	2166.80	-0.07	刚刚放空水
2011-11-3	2158	37.5	2161.23	-0.08	放空水 5h

表 4.12　1#试验洞挂网喷层运行期右边墙径向应力（仪器编号：8300）

时间	测量值/Hz	温度/℃	修正值/Hz	右边墙径向应力/MPa	备注
2011-10-29	2169	51.5	2181.60	-0.23	全洞过水，过水 4h
2011-10-29	2171	52.0	2183.88	-0.22	预试水，放空水，短暂通风
2011-10-30	2152	48.0	2162.64	-0.27	放空水 13h
2011-10-31	2142	41.5	2149.00	-0.30	二次试水前
2011-10-31	2168	39.0	2173.60	-0.25	水以大半洞，门漏水严重
2011-11-1	2157	41.0	2163.72	-0.27	二次试水放空水 12h
2011-11-2	2145	40.0	2151.16	-0.30	三次试水前
2011-11-2	2164	39.5	2169.88	-0.26	四次过水，已满洞，开始循环（管子中间漏水，维修了一下）
2011-11-3	2174	28.5	2173.72	-0.25	循环水 4h
2011-11-3	2180	31.5	2181.40	-0.23	循环 13h
2011-11-3	2188	39.0	2193.60	-0.20	刚刚放空水
2011-11-3	2185	37.5	2189.76	-0.21	放空水 5h
2011-11-4	2178	37.5	2182.76	-0.23	放完水 20h
2011-11-5	2176	36.0	2179.92	-0.23	前一次放空水 46h，五次放水前
2011-11-5	2175	33.5	2177.52	-0.24	开始循环水

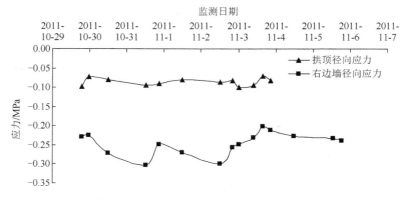

图 4.25　1#试验洞挂网喷层运行期径向应力

（2）钢纤维喷层段运行期支护结构应力值见表 4.13、图 4.26、表 4.14、表 4.15 和图 4.27。

表 4.13   1#试验洞钢纤维喷层运行期左边墙环向应力（仪器编号：7047）

时间	测量值/Hz	温度/℃	修正值/Hz	左边墙环向应力/MPa	备注
2011-10-29	1898	60.8	1905.74	-0.08	全洞过水，过水 4h
2011-10-29	1888	62.7	1896.31	-0.10	预试水，放空水，短暂通风
2011-10-30	1760	51.3	1764.89	-0.35	放空水 13h
2011-10-31	1488	42.8	1490.33	-0.83	二次试水前
2011-10-31	1890	45.6	1893.18	-0.11	水以大半洞，门漏水严重
2011-11-1	1776	48.5	1780.04	-0.32	二次试水放空水 12h
2011-11-2	1558	42.8	1560.33	-0.71	三次试水前
2011-11-2	1878	45.6	1881.18	-0.13	四次过水，已满洞，开始循环（管子中间漏水）
2011-11-3	1875	37.1	1875.62	-0.14	循环水 4h
2011-11-3	1870	30.4	1868.62	-0.15	循环 13h
2011-11-3	1886	46.6	1889.47	-0.11	刚刚放空水
2011-11-3	1884	46.6	1887.47	-0.12	放空水 5h
2011-11-4	1869	40.9	1870.76	-0.15	放完水 20h
2011-11-5	1798	36.1	1798.33	-0.29	放空水 46h，五次放水前
2011-11-5	1879	33.3	1878.48	-0.13	开始循环水
2011-11-6	1883	38.0	1883.90	-0.12	水放空，重新灌水前
2011-11-7	1872	31.4	1870.91	-0.15	循环水 20h
2011-11-7	1873	30.4	1871.62	-0.15	
2011-11-8	1873	28.5	1871.05	-0.15	
2011-11-8	1873	28.5	1871.05	-0.15	
2011-11-9	1872	28.5	1870.05	-0.15	
2011-11-10	1868	34.2	1867.76	-0.16	
2011-11-11	1868	30.4	1866.62	-0.16	
2011-11-12	1865	30.4	1863.62	-0.16	过水第六天
2011-11-13	1869	31.4	1867.91	-0.16	第七天，过水结束
2011-11-13	1879	31.4	1877.91	-0.14	放空水 6h
2011-11-14	1871	27.6	1868.77	-0.15	放空水第二天
2011-11-16	1832	26.6	1829.48	-0.23	放空水第四天
2011-11-18	1753	31.4	1751.91	-0.38	放空水第六天

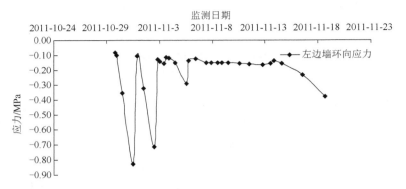

图 4.26　1#试验洞钢纤维喷层运行期环向应力

表 4.14　1#试验洞钢纤维喷层运行期拱顶径向应力（仪器编号：7049）

时间	测量值/Hz	温度/℃	修正值/Hz	拱顶径向应力/MPa	备注
2011-10-29	2006	60.8	2013.74	-0.02	全洞过水，过水 4h
2011-10-29	2009	62.7	2017.31	-0.01	预试水，放空水，短暂通风
2011-10-30	2009	51.3	2013.89	-0.02	放空水 13h
2011-10-31	2008	42.8	2010.33	-0.03	二次试水前
2011-10-31	2007	45.6	2010.18	-0.03	水以大半洞，门漏水严重
2011-11-1	2011	48.5	2015.04	-0.02	二次试水放空水 12h
2011-11-2	2010	42.8	2012.33	-0.02	三次试水前
2011-11-2	2002	45.6	2005.18	-0.04	四次过水，已满洞，开始循环（管子中间漏水，维修了一下）
2011-11-3	2007	37.1	2007.62	-0.03	循环水 4h
2011-11-3	2001	30.4	1999.62	-0.05	循环 13h
2011-11-3	2008	46.6	2011.47	-0.03	刚刚放空水
2011-11-3	2008	46.6	2011.47	-0.03	放空水 5h
2011-11-4	2008	40.9	2009.76	-0.03	放完水 20h
2011-11-5	2009	36.1	2009.33	-0.03	前一次放空水 46h，五次放水前
2011-11-5	2001	33.3	2000.48	-0.05	开始循环水
2011-11-6	2009	38.0	2009.90	-0.03	水放空，重新灌水前
2011-11-7	2000	31.4	1998.91	-0.05	循环水 20h
2011-11-7	2002	30.4	2000.62	-0.05	
2011-11-8	2003	28.5	2001.05	-0.05	
2011-11-8	2004	28.5	2002.05	-0.05	
2011-11-9	2004	28.5	2002.05	-0.05	

续表

时间	测量值/Hz	温度/℃	修正值/Hz	拱顶径向应力/MPa	备注
2011-11-10	2001	34.2	2000.76	-0.05	
2011-11-11	2001	30.4	1999.62	-0.05	
2011-11-12	1999	30.4	1997.62	-0.06	过水第六天
2011-11-13	1999	31.4	1997.91	-0.05	第七天, 过水结束
2011-11-13	2004	31.4	2002.91	-0.04	放空水 6h
2011-11-14	2006	27.6	2003.77	-0.04	放空水第二天
2011-11-16	2005	26.6	2002.48	-0.05	放空水第四天
2011-11-18	2005	31.4	2003.91	-0.04	放空水第六天
2011-11-19	2005	33.3	2004.48	-0.04	放空水第七天, 开门
2011-11-20	2004	31.4	2002.91	-0.04	放空水第七天, 开门第二天

表 4.15　1#试验洞钢纤维喷层运行期右边墙径向应力 (仪器编号: 7072)

时间	测量值/Hz	温度/℃	修正值/Hz	右边墙径向应力/MPa	备注
2011-10-29	1907	60.8	1914.74	-0.04	全洞过水, 过水 4h
2011-10-29	1926	62.7	1934.31	0.00	预试水, 放空水, 短暂通风
2011-10-30	1914	51.3	1918.89	-0.03	放空水 13h
2011-10-31	1898	42.8	1900.33	-0.07	二次试水前
2011-10-31	1915	45.6	1918.18	-0.04	水以大半洞, 门漏水严重
2011-11-1	1917	48.5	1921.04	-0.03	二次试水放空水 12h
2011-11-2	1906	42.8	1908.33	-0.06	三次试水前
2011-11-2	1915	45.6	1918.18	-0.04	四次过水, 已满洞, 开始循环 (管子中间漏水, 维修了一下)
2011-11-3	1912	37.1	1912.62	-0.05	循环水 4h
2011-11-3	1907	30.4	1905.62	-0.06	循环 13h
2011-11-3	1922	46.6	1925.47	-0.02	刚刚放空水
2011-11-3	1921	46.6	1924.47	-0.02	放空水 5h
2011-11-4	1919	40.9	1920.76	-0.03	放完水 20h
2011-11-5	1912	36.1	1912.33	-0.05	前一次放空水 46h, 五次放水前
2011-11-5	1916	33.3	1915.48	-0.04	开始循环水
2011-11-6	1920	38.0	1920.90	-0.03	水放空, 重新灌水前
2011-11-7	1910	31.4	1908.91	-0.05	循环水 20h
2011-11-7	1907	30.4	1905.62	-0.06	
2011-11-8	1908	28.5	1906.05	-0.05	
2011-11-8	1911	28.5	1909.05	-0.05	

续表

时间	测量值/Hz	温度/℃	修正值/Hz	右边墙径向应力/MPa	备注
2011-11-9	1910	28.5	1908.05	-0.06	
2011-11-10	1909	34.2	1908.76	-0.05	
2011-11-11	1910	30.4	1908.62	-0.05	
2011-11-12	1910	30.4	1908.62	-0.05	过水第六天
2011-11-13	1912	31.4	1910.91	-0.05	第七天，过水结束
2011-11-13	1921	31.4	1919.91	-0.03	放空水6h
2011-11-14	1920	27.6	1917.77	-0.04	放空水第二天
2011-11-16	1913	26.6	1910.48	-0.05	放空水第四天
2011-11-18	1904	31.4	1902.91	-0.07	放空水第六天
2011-11-19	1899	33.3	1898.48	-0.08	放空水第七天，开门
2011-11-20	1897	31.4	1895.91	-0.08	放空水第七天，开门第二天

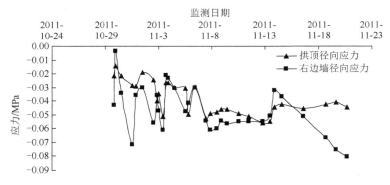

图 4.27 1#试验洞钢纤维喷层运行期径向应力

（3）聚酯纤维喷层段运行期支护结构受力分析见表 4.16、图 4.28、表 4.17、表 4.18 和图 4.29。

表 4.16 1#试验洞聚酯纤维喷层运行期左边墙环向应力（仪器编号：8276）

时间	测量值/Hz	温度/℃	修正值/Hz	左边墙环向应力/MPa	备注
2011-10-29	2212	15.2	2201.77	-0.03	全洞过水，过水4h
2011-10-29	2200	49.4	2204.47	-0.03	预试水，放空水，短暂通风
2011-10-30	2132	47.5	2135.66	-0.17	放空水13h
2011-10-31	2053	48.5	2057.06	-0.32	二次试水前
2011-10-31	2212	55.1	2218.92	0.00	水以大半洞，门漏水严重
2011-11-1	2180	44.7	2182.43	-0.07	二次试水放空水12h
2011-11-2	2107	46.6	2110.25	-0.22	三次试水前

时间	测量值/Hz	温度/℃	修正值/Hz	左边墙环向应力/MPa	备注
2011-11-2	2210	39.0	2209.98	-0.02	四次过水，已满洞，开始循环（管子中间漏水，维修了一下）
2011-11-3	2210	26.6	2204.67	-0.03	循环水 4h
2011-11-3	2210	29.5	2205.89	-0.03	循环 13h
2011-11-3	2211	20.0	2202.81	-0.03	刚刚放空水
2011-11-3	2207	19.0	2198.40	-0.04	放空水 5h
2011-11-4	2199	23.8	2192.44	-0.05	放完水 20h
2011-11-5	2185	32.3	2182.12	-0.07	前一次放空水 46h，五次放水前
2011-11-5	2209	45.6	2211.84	-0.01	开始循环水
2011-11-6	2202	23.8	2195.44	-0.05	水放空，重新灌水前
2011-11-7	2210	27.6	2205.08	-0.03	循环水 20h
2011-11-7	2208	25.7	2202.26	-0.03	
2011-11-8	2207	26.6	2201.67	-0.03	
2011-11-8	2206	24.7	2199.85	-0.04	
2011-11-9	2205	20.0	2196.81	-0.04	
2011-11-10	2204	21.9	2196.63	-0.04	
2011-11-11	2203	18.1	2193.99	-0.05	
2011-11-12	2200	18.1	2190.99	-0.06	过水第六天
2011-11-13	2201	18.1	2191.99	-0.05	第七天，过水结束
2011-11-13	2197	12.4	2185.54	-0.07	放空水 6h
2011-11-14	2189	10.5	2176.72	-0.08	放空水第二天
2011-11-16	2173	18.1	2163.99	-0.11	放空水第四天
2011-11-18	2153	20.0	2144.81	-0.15	放空水第六天
2011-11-19	2143	22.8	2136.03	-0.16	放空水第七天，开门
2011-11-20	2143	23.8	2136.44	-0.16	放空水第七天，开门第二天

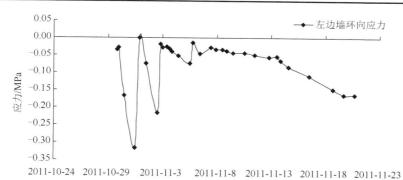

图 4.28　1#试验洞聚酯纤维喷层运行期环向应力

表 4.17　1#试验洞聚酯纤维喷层运行期拱顶径向应力（仪器编号：8279）

时间	测量值/Hz	温度/℃	修正值/Hz	拱顶径向应力/MPa	备注
2011-10-29	2063	15.2	2049.67	-0.25	全洞过水，过水 4h
2011-10-29	2079	49.4	2084.82	-0.18	预试水，放空水，短暂通风
2011-10-30	2072	47.5	2076.76	-0.20	放空水 13h
2011-10-31	2057	48.5	2062.29	-0.22	二次试水前
2011-10-31	2064	55.1	2073.02	-0.20	水以大半洞，门漏水严重
2011-11-1	2075	44.7	2078.16	-0.19	二次试水放空水 12h
2011-11-2	2012	46.6	2016.23	-0.31	三次试水前
2011-11-2	2078	39.0	2077.97	-0.19	四次过水，已满洞，开始循环（管子中间漏水，维修了一下）
2011-11-3	2099	26.6	2092.06	-0.17	循环水 4h
2011-11-3	2091	29.5	2085.65	-0.18	循环 13h
2011-11-3	2102	20.0	2091.33	-0.17	刚刚放空水
2011-11-3	2099	19.0	2087.80	-0.18	放空水 5h
2011-11-4	2093	23.8	2084.46	-0.18	放完水 20h
2011-11-5	2082	32.3	2078.25	-0.19	前一次放空水 46h，五次放水前
2011-11-5	2084	45.6	2087.70	-0.18	开始循环水
2011-11-6	2095	23.8	2086.46	-0.18	水放空，重新灌水前
2011-11-7	2098	27.6	2091.59	-0.17	循环水 20h
2011-11-7	2097	25.7	2089.52	-0.17	
2011-11-8	2096	26.6	2089.06	-0.17	
2011-11-8	2096	24.7	2087.99	-0.17	
2011-11-9	2096	20.0	2085.33	-0.18	
2011-11-10	2103	21.9	2093.40	-0.16	
2011-11-11	2101	18.1	2089.27	-0.17	
2011-11-12	2101	18.1	2089.27	-0.17	过水第六天
2011-11-13	2101	18.1	2089.27	-0.17	第七天，过水结束
2011-11-13	2102	12.4	2087.08	-0.18	放空水 6h
2011-11-14	2099	10.5	2083.01	-0.18	放空水第二天
2011-11-16	2089	18.1	2077.27	-0.20	放空水第四天
2011-11-18	2079	20.0	2068.33	-0.21	放空水第六天
2011-11-19	2076	22.8	2066.93	-0.21	放空水第七天，开门
2011-11-20	2071	23.8	2062.46	-0.22	放空水第七天，开门第二天

表 4.18　1#试验洞聚酯纤维喷层运行期右边墙径向应力（仪器编号：8278）

时间	测量值/Hz	温度/℃	修正值/Hz	右边墙径向应力/MPa	备注
2011-10-29	2183	15.2	2172.77	-0.10	全洞过水，过水 4h
2011-10-29	2181	49.4	2185.47	-0.07	预试水，放空水，短暂通风
2011-10-30	2159	47.5	2162.66	-0.12	放空水 13h
2011-10-31	2122	48.45	2126.06	-0.19	二次试水前
2011-10-31	2178	55.1	2184.92	-0.07	水大半洞，门漏水严重
2011-11-1	2143	44.65	2145.43	-0.16	二次试水放空水 12h
2011-11-2	2118	46.55	2121.25	-0.20	三次试水前
2011-11-2	2179	38.95	2178.98	-0.09	四次过水，已满洞，开始循环（管子中间漏水，维修了一下）
2011-11-3	2181	26.6	2175.67	-0.09	循环水 4h
2011-11-3	2185	29.45	2180.89	-0.08	循环 13h
2011-11-3	2192	19.95	2183.81	-0.08	刚刚放空水
2011-11-3	2188	19	2179.40	-0.08	放空水 5h
2011-11-4	2182	23.75	2175.44	-0.09	放完水 20h
2011-11-5	2165	32.3	2162.12	-0.12	前一次放空水 46h，五次放水前
2011-11-5	2181	45.6	2183.84	-0.08	开始循环水
2011-11-6	2181	23.75	2174.44	-0.10	水放空，重新灌水前
2011-11-7	2188	27.55	2183.08	-0.08	循环水 20h
2011-11-7	2187	25.65	2181.26	-0.08	过水第二天
2011-11-8	2150	26.6	2144.67	-0.16	过水第三天

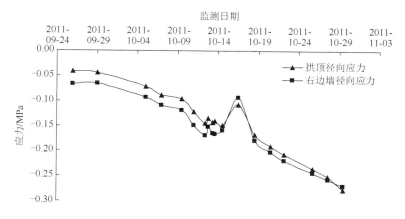

图 4.29　1#试验洞聚酯纤维喷层运行期径向应力

5. 运行期喷层应力变化规律分析

运行期过水（水温 2~5℃）条件下，通过应力计监测到的环向应力情况如

图 4.30 所示，为了更清楚地看出不同支护结构间的受力区别，将对喷层应力对比分析。

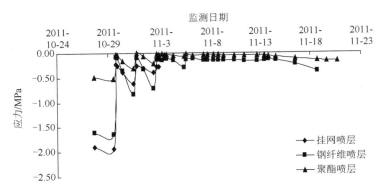

图 4.30　运行期环形应力

（1）环向应力值对比。过水前后喷层环形应力值发生突变，应力趋势由受压向受拉法向转化。由于聚酯纤维位于靠近洞口一侧，约束小，其相对环向拉应力量值 0.5MPa，钢纤维喷层与挂网喷层拉应力量接近 2.0MPa，过水 2～3 天后环向应力值趋于平稳。

（2）径向应力值对比。运行期过水后喷层冷缩，径向压应力值相应减少，由于径向一侧无约束，径向相对拉应力量值较环向拉应力要小；如图 4.31 所示，从相对量值上看，三种支护结构降低的压应力值基本相同，为 0.15～0.2MPa。

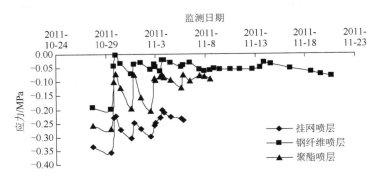

图 4.31　运行期径向应力

6. 喷层施工期受力机理分析

由温度产生的应力主要包括两个部分：①混凝土内部温度不一致导致的应力；②围岩对混凝土的变形约束而产生的应力。

施工期喷层内部热量积聚，温度上升，喷层外侧受通风影响，温升幅度小，而内侧靠近洞壁一侧，受洞壁高温影响，温升幅度大，从而在喷层内部产生不均匀的热变形，产生压应力值。

运行期过水后喷层表面温度发生突降，由于喷层较薄且可能有水渗入，从而使得喷层内部温度迅速达到一致，从而降低了喷层内部温度应力。而喷层与围岩间的柔性接触使得围岩对喷层的约束力较小，因此运行期支护结构越薄且导热系数越大，对喷层的受力越有利，喷层内部产生拉应力值。

4.1.8 无衬砌设计时喷层应变测试与分析

1. 喷层应变计安装与埋设

考虑到应力计无法测量出喷层内部的拉应力值，因此在喷层内部布设径向和环向应变计，更加全面掌握喷层在温度影响下的受力情况。

喷层内部应变计布设如图 4.32、图 4.33 所示，和喷层应力计埋设思路一致，在三种不同喷层形式支护段的三个部位均布设应变计，即一共三个断面，每个断面有三个应变计，一共九个应变计，应变计的布置都为径向布置。

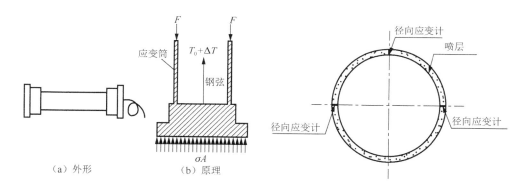

图 4.32　振弦式应变计　　　　图 4.33　喷层应变计布置正面图

应变计埋设：①当混凝土浇筑到高出单向应变计的埋设位置 10～20cm 时，挖应变计 2 倍以上大的凹槽；②按照垂直洞壁的方向将其安置入槽中，采取人工方法回填混凝土并捣实。

2. 喷层应变监测结果与分析

喷层挂网段施工期应变监测值汇总见表 4.19、图 4.34、表 4.20、表 4.21 和图 4.35。

表 4.19　1#试验洞挂网喷层施工期左边墙环向应变（仪器编号：8080）

时间	测量值/Hz	温度/℃	修正值/Hz	左边墙环向应变/μm	备注
2011-09-15	1892	33	1892	−0.03	
2011-09-18	1906	35	1906	16.99	
2011-09-20	1900	35	1900	9.78	
2011-09-22	1898	37	1898	7.38	
2011-09-24	1897	39	1897	6.18	
2011-09-26	1897	41	1897	6.18	
2011-09-29	1898	44	1898	7.38	
2011-10-05	1897	54	1897	6.18	
2011-10-07	1896	50	1896	4.99	
2011-10-09	1896	58.9	1896	4.99	已通风 3h
2011-10-11	1893	62.4	1893	1.40	两天未通风
2011-10-12	1892	57	1892	0.00	夜晚停风机，未通风
2011-10-12	1893	57	1893	1.40	主洞通风，试验洞未通风
2011-10-13	1892	65	1892	0.00	夜晚停风机，未通风
2011-10-13	1892	62.2	1892	0.00	
2011-10-14	1892	62.4	1892	0.00	
2011-10-16	1891	61	1891	−1.19	洞已封堵
2011-10-18	1891	61	1891	−1.19	
2011-10-20	1888	61	1888	−4.77	
2011-10-22	1887	61	1887	−5.96	
2011-10-25	1885	61	1885	−8.35	
2011-10-27	1882	61	1882	−11.91	
2011-10-29	1880	—	1880	−14.29	

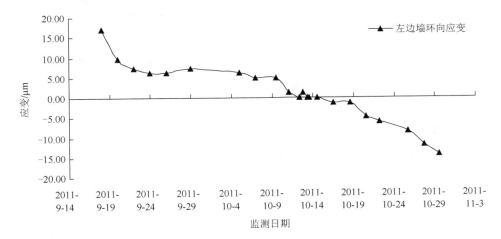

图 4.34　1#试验洞挂网喷层施工期左边墙环向应变

表 4.20　1#试验洞挂网喷层施工期拱顶径向应变

时间	测量值/Hz	温度/℃	修正值/Hz	拱顶径向应变/μm	备注
2011-09-15	1851	33	1851	0.04	
2011-09-18	1866	35	1866	17.22	
2011-09-20	1857	35	1857	6.87	
2011-09-22	1853	37	1853	2.29	
2011-09-24	1852	39	1852	1.14	
2011-09-26	1853	41	1853	2.29	
2011-09-29	1855	44	1855	4.58	
2011-10-05	1856	54	1856	5.72	
2011-10-07	1855	50	1855	4.58	
2011-10-09	1854	57.6	1854	3.43	已通风 3h
2011-10-11	1852	62	1852	1.14	两天未通风
2011-10-12	1852	57	1852	1.14	夜晚停风机，未通风
2011-10-12	1852	57	1852	1.14	主洞通风，试验洞未通风
2011-10-13	1852	65	1852	1.14	夜晚停风机，未通风
2011-10-13	1852	62.2	1852	1.14	
2011-10-14	1852	62.4	1852	1.14	
2011-10-16	1853	61	1853	2.29	洞已封堵
2011-10-18	1857	61	1857	6.87	
2011-10-20	1855	61	1855	4.58	
2011-10-22	1859	61	1859	9.17	
2011-10-25	1864	61	1864	14.92	
2011-10-27	1865	61	1865	16.07	
2011-10-29	1865	—	1865	16.07	

表 4.21　1#试验洞挂网喷层施工期右边墙径向应变

时间	测量值/Hz	温度/℃	修正值/Hz	右边墙径向应变/μm	备注
2011-09-15	1886	33	1886	-0.07	
2011-09-18	1898	35	1898	13.62	
2011-09-20	1894	35	1894	9.13	
2011-09-22	1892	37	1892	6.88	
2011-09-24	1891	39	1891	5.76	
2011-09-26	1889	41	1889	3.52	
2011-09-29	1888	44	1888	2.41	
2011-10-05	1888	54	1888	2.41	
2011-10-07	1885	50	1885	-1.12	
2011-10-09	1885	56.3	1885	-1.12	已通风 3h
2011-10-11	1881	61.6	1881	-5.59	两天未通风
2011-10-12	1879	57	1879	-7.83	夜晚停风机，未通风
2011-10-12	1881	57	1881	-5.59	试验洞未通风
2011-10-13	1879	65	1879	-7.83	夜晚停风机，未通风

续表

时间	测量值/Hz	温度/℃	修正值/Hz	右边墙径向应变/μm	备注
2011-10-13	1879	62.2	1879	−7.83	
2011-10-14	1880	62.4	1880	−6.71	
2011-10-16	1876	61	1876	−11.17	洞已封堵
2011-10-18	1882	61	1882	−4.48	
2011-10-20	1880	61	1880	−6.71	
2011-10-22	1879	61	1879	−7.83	
2011-10-25	1885	61	1885	−1.12	
2011-10-27	1885	61	1885	−1.12	
2011-10-29	1886	—	1886	0.00	

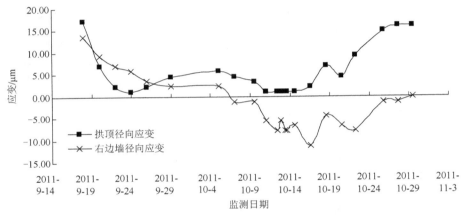

图 4.35　1#试验洞挂网喷层施工期左边墙径向应变

3. 运行期喷层应变变化规律分析

支护结构环向受力性态及变形特性对喷层的安全性影响较大，因此在运行期过水工况下，仅分析喷层的环向应变（图 4.36）。

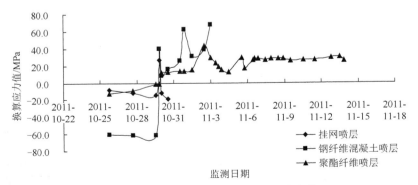

图 4.36　运行期不同支护材料环向应变值

运行期过水条件下，各支护环向应变均向拉应变转化且在过水期间应变发生突降，相对应变变化量值在 100μm 左右。

为了更直观地了解喷层的受力情况，将应变换算成应力值，考虑到高温条件对喷层混凝土的强度会产生一定影响，因此在将应变值进行换算时，混凝土弹模分别取值为 15GPa 和 20GPa，在此条件下运行期混凝土喷层应力值见图 4.37、图 4.38。

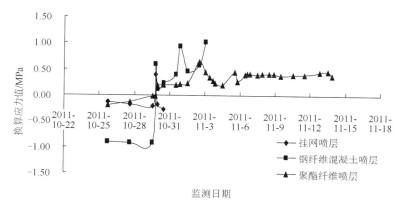

图 4.37　弹模为 15GPa 时换算环向应力值

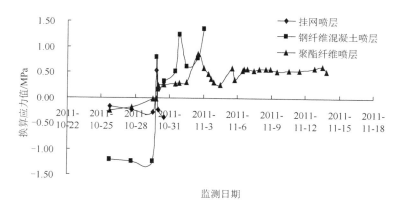

图 4.38　弹模为 20GPa 时换算环向应力值

从换算后的应力值可明显看出，运行期过水后，喷层环向均出现拉应力值，钢纤维喷层拉应力量值最大，接近 2.0MPa；聚酯纤维喷层环向拉应力不超过 1.0MPa；挂网喷层应变计失效，但从发展趋势看其拉应力量值不会超过 1.5MPa。

4.1.9 无衬砌方案隧洞温度–应力耦合规律研究

1. 施工期应力、应变随温度变化的现场监测成果分析

1）施工期应力监测成果

分别对侧墙及拱顶的喷层径向应力及切向应力进行监测，监测结果如图4.39～图4.41所示，其中径向应力主要为围岩与喷层间的接触压力，结论如下。

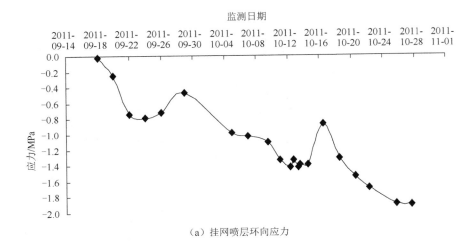

（a）挂网喷层环向应力

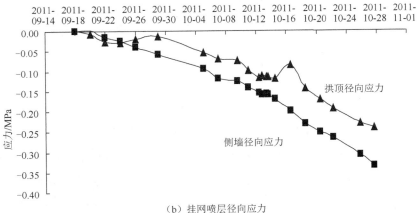

（b）挂网喷层径向应力

图4.39 挂网喷层环向、径向应力监测值

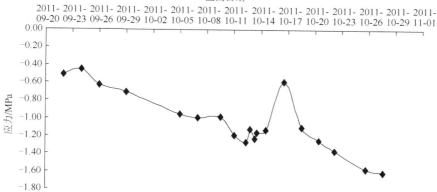

（a）钢纤维喷层环向应力

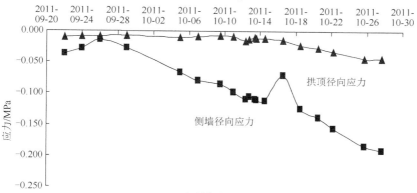

（b）钢纤维喷层径向应力

图4.40 钢纤维喷层环向、径向应力监测值

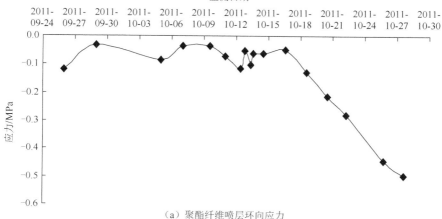

（a）聚酯纤维喷层环向应力

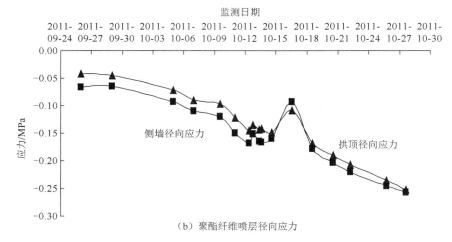

（b）聚酯纤维喷层径向应力

图 4.41　聚酯纤维喷层环向、径向应力监测值

（1）施工期喷层受到洞壁高温影响，处于温升状态，从而使得各支护结构在热涨状态下受力均为压应力。

（2）施工期挂网喷层段及钢纤维喷层段环向压应力接近 2.0MPa，聚酯纤维喷层段由于靠近洞口，其纵向一侧无约束，环向拉应力值较小，不超过 0.5MPa。

（3）由于径向一侧无约束，各支护段径向压应力值较小，为 0.2～0.4MPa。

（4）施工期喷层温度提升对喷层应力值影响较为明显，环向应力值明显大于径向应力值。

2）施工期应变监测成果

图 4.42～图 4.44 分别给出了挂网喷层、钢纤维喷层和聚酯纤维段喷层三个关键部位径向应变随时间的变化曲线。

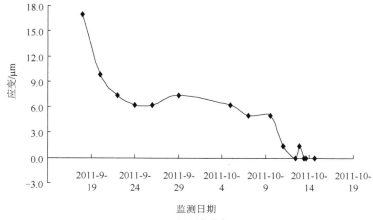

（a）环向应变

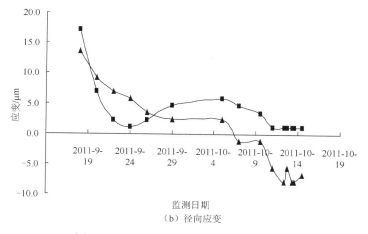

（b）径向应变

图 4.42 挂网喷层环向、径向应变监测值

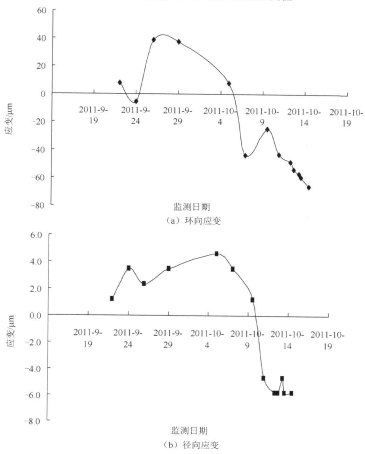

（a）环向应变

（b）径向应变

图 4.43 钢纤维喷层环向、径向应变监测值

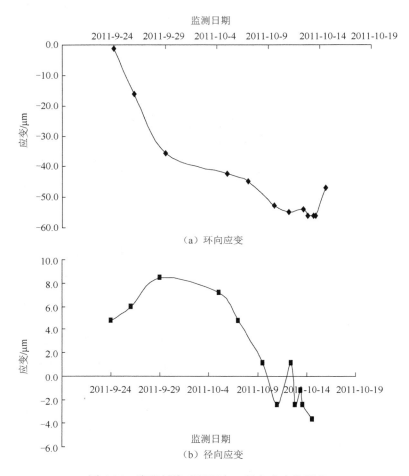

图 4.44　聚酯纤维喷层环向、径向应力监测值

从图 4.44 中的监测成果可知，施工期喷层径向应变及环向应变均向压应变方向转化，从量值上看，环向应变量值不超过 100μm，径向应变量值在 20μm 左右。

2. 运行期应力、应变随温度变化的现场监测成果分析

1）运行期应力监测成果

运行期过水（水温 2~5℃）条件下，喷层应力监测值如图 4.45、图 4.46 所示，为了更清楚地看出不同支护结构间的受力区别，对喷层应力对比分析。

（1）环向应力值对比。通过应力计监测到的环向应力情况如图 4.45 所示，过水前后喷层环向应力值发生突变，应力趋势由受压向受拉法向转化。由于聚酯纤维位于靠近洞口一侧，约束小，因此其相对环向拉应力量值为 0.5MPa，钢纤维喷层与挂网喷层拉应力量接近 2.0MPa，过水 2~3 天后环向应力值趋于平稳。

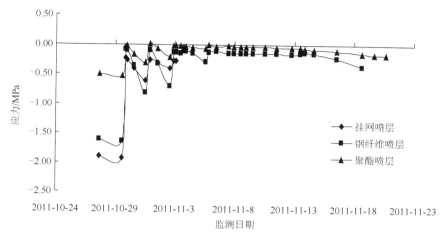

图 4.45　运行期环向应力

（2）径向应力值对比。运行期过水后喷层冷缩，径向压应力值相应减少，由于径向一侧无约束，径向相对拉应力量值较环向拉应力值要小；从相对量值上看，三种支护结构的降低的压应力值基本相同，为 0.15～0.2MPa（图 4.46）。

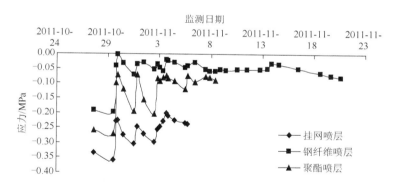

图 4.46　运行期径向应力

2）运行期应变监测成果

支护结构环向受力性态及变形特性对喷层的安全性影响较大，因此在运行期过水工况下，仅分析喷层的环向应变。运行期过水条件下，应变值如图 4.47 所示。各支护环向应变均向拉应变转化且在过水期间应变发生突降，相对应变变化量值在 100μm 左右。

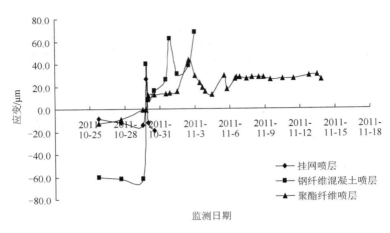

图 4.47　运行期不同支护材料环向应变

　　为了更直观地了解到喷层的受力情况，将应变换算成应力值，考虑到高温条件对喷层混凝土的强度会产生一定影响，在将应变值进行换算时，混凝土弹模分别取值为 15GPa 和 20GPa，在此条件下运行期混凝土喷层应力值如图 4.48 所示。

　　从图 4.48 可明显看出，运行期过水后，喷层环向均出现拉应力值，钢纤维喷层拉应力量值最大，接近 2.0MPa，聚酯纤维喷层环向拉应力不超过 1.0MPa，挂网喷层应变计失效。但从发展趋势看，其拉应力量值不超过 1.5MPa。

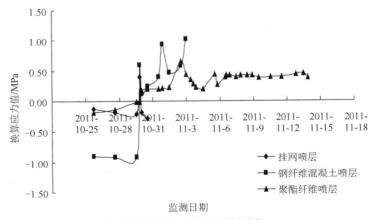

（a）弹模为 15GPa 时换算环向应力值

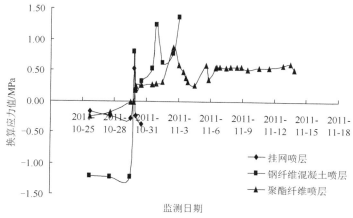

（b）弹模为20GPa时换算环向应力值

图4.48　不同弹性模量下环向应力值

从解析解、数值解以及现场实测应力结果可知，高岩温引水隧洞运行期温度荷载为主要控制荷载。温度荷载下，衬砌混凝土发生热涨或冷缩，在内部热源影响下，由于混凝土内部及围岩的约束，形成了衬砌内侧受拉、外侧受压的受力性态。衬砌厚度越大，该趋势越明显，内部受力不均匀程度越高，环向应力值远大于径向应力值。在内水荷载作用下，衬砌径向受压力增大，环向受拉增大，衬砌厚度越薄，内水荷载对径向受力影响越显著，对环向应力值影响不明显。温度应力耦合情况下，径向应力值受内水荷载影响由拉应力向压应力转化，衬砌内侧拉应力量值均增大，衬砌外侧受高温影响，基本仍处于受压状态。

4.2　高温差下衬砌结构热应力模型试验

4.2.1　模型试验方案设计

1. 试验目的

为了探讨高温隧洞在运行期过水条件下衬砌结构的受力特性，结合布仑口—公格尔水电站引水发电高温隧洞主洞段2#试验洞现场试验及监测资料，设计室内模型试验，模拟高温隧洞运行期衬砌在不同初始温度场下过水，以及不同过水水温工况，监测模型过水及放空时衬砌的温度应变、应力，考察高温隧洞运行期、检修期衬砌结构受力变化特点。

2．模型尺寸及制作

1）试验模型、试块尺寸

（1）衬砌模型。根据相关资料[137]，模型试验采用与 2#试验洞支护结构 1∶10 的几何尺寸相似比，设计制作衬砌模型进行室内试验，模型尺寸如图 4.49 所示。衬砌模型模具采用硬聚氯乙烯（PVC-U）管材制作，模具外环选用公称外径为 315mm 的管材制作，管壁厚度 5mm；内环选用公称外径为 200mm 的管材制作，管壁厚度 4mm。并在内环埋入砂浆块的相应高度和位置处钻孔，为应变片引出线做预留孔。

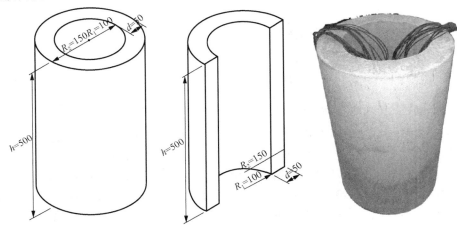

图 4.49　衬砌模型及尺寸（单位：mm）

（2）应变片载体砂浆块。电阻式应变片作为一种精密测量仪器，考虑到应变片对粘贴部位的平整度和光洁度以及工作环境有极高的要求，以及应变片本身材质的脆弱性，在进行内埋应变片时不能直接将应变片埋入正在浇筑成型的砂浆模型中，否则模型的浇筑和对砂浆的振捣会对应变片造成极大的破坏，并且无法保证应变片与砂浆紧密黏结，不利于数据的测量。因此采用文献[160]的方法，制作与衬砌模型相同配合比的小砂浆块作为应变片粘贴的载体，后将小砂浆块埋入衬砌模型中。考虑到小砂浆块与衬砌模型成型时间不一致，砂浆在养护过程中的自收缩会导致小砂浆块与衬砌模型之间出现黏结不良，因此在小砂浆块的侧面和底面制作凹槽，增加小砂浆块与衬砌模型砂浆之间的黏结力，保证小砂浆块与衬砌模型变形协调一致。小砂浆块的尺寸（70mm×30mm×20mm）及形式如图 4.50 所示。

（3）立方体砂浆试块。依据规范《水工混凝土试验规程》（SL 352—2006）[161] 制作尺寸为 70.7mm×70.7mm×70.7mm 的立方体砂浆试块，用于测定模型所用配比的砂浆在标准养护条件下（20±2℃）的抗压强度、抗拉强度值，3 块砂浆立方体试件用于测定养护至 28d 的混凝土抗压强度，3 块砂浆立方体试件用于进行劈裂法抗拉强度试验。试验所得抗压强度、抗拉强度将作为室内试验及数值试验中模型的容许应力条件，同时将测量值换算得到的弹性模量应用于数值试验中。

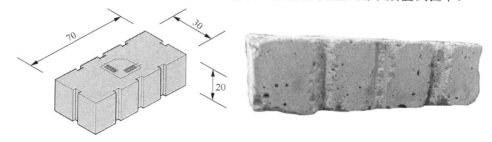

图 4.50　砂浆块样式尺寸（单位：mm）

2）模型、试块制作

综合考虑现场试验洞衬砌混凝土强度等级以及应变片的粘贴对模型表面平整度和光洁度的极高要求，不采用混凝土模型配制 M25 砂浆制作衬砌模型，结合现场喷射混凝土的实际情况，采用质量配比。原料的计量按质量计算，在计量过程中尽量减小偏差，以免对砂浆性能产生过大影响，根据流动度试验调整砂率保持一定的流动度 35～45mm。现将本试验各原材料的计量精度按相关标准规定如下：粗、细骨料：±1%；水泥、掺和料：±0.5%；水：±0.5%。砂浆配合比如表 4.22 所示。

表 4.22　M25 砂浆配合比设计

技术要求	强度等级：M25	抗渗等级：	坍落度：35～50mm
原材料	水泥：PO 32.5	河砂：中砂	碎石：5～16mm
每 1m² 材料用量/kg	550（水泥）	1650（河砂）	286（水）
配合比例	1（水泥）	3（河砂）	0.52（水）

试验原料：①水泥：陕西秦岭牌普通硅酸盐水泥（PO32.5），各项指标符合规范《通用硅酸盐水泥》（GB 175—2007）[162]。②砂子：原产西安灞河，中砂，细度模数 μ_f=2.9，级配良好。③水：自来水。

（1）砂浆块制作及应变片粘贴。①选取表面光滑且没有孔洞的砂浆块作为应变片载体，如图 4.51 所示。②应变片的粘贴工艺对测量结果有极大影响，粘贴过程需要极其认真仔细，对每一个步骤都应做到精细操作。本节按照应变片的粘贴方法和工艺进行应变片的粘贴，具体粘贴方法步骤参照德国 HBM 公司《电阻式应变片粘贴方法官方视频》、日本共和电业《应变片知识入门手册》执行。因贴有应变片的砂浆块将要埋入衬砌模型中，为避免在模型浇筑过程中的振捣对应变片产生损坏，以及避免新浇筑砂浆水化反应对应变片可能产生的腐蚀损害，对粘贴好的应变片检验粘贴合格、检查应变片无损、测试通路和测试电阻值稳定后，在应变片上覆盖一层环氧树脂电子封装胶，能够对应变片起到很好的绝缘和防护作用。所使用的电子封装胶固化后主要性能参数如表 4.23 所示。

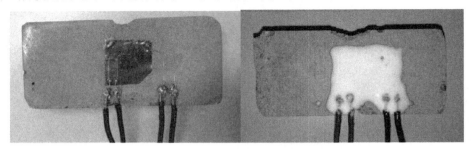

图 4.51　应变片粘贴及绝缘胶封装

表 4.23　电子封装胶固化后主要性能参数

产品型号	抗拉强度 /MPa	热膨胀系数 /℃	表面传热系数 /［W/（m²·℃）］	热变形温度 /℃	绝缘强度 /（kV/mm）
HASUNCAST985FR	97.9	2.6×10-4	0.0015	100	22

由表 4.23 可以看出，该胶具有良好的强度特性及绝缘性能，实验中可以有效地起到对应变片的保护作用；该胶的热膨胀系数远大于砂浆[163]，胶的受热变形不会限制砂浆的受热变形，对测量结果影响较小。

（2）衬砌模型制作。在衬砌模型制作过程中，若在某一区域内砂浆振捣不充分则会导致模型内部砂浆材料分布不均匀，从而极大地影响到模型的整体性和材料强度的均一性，将会给实验测量值带来极大的误差，而埋入贴有应变片的砂浆块也会对模型整体性产生较大影响。如何使应变片均匀布置于衬砌模型中的同时保证模型整体性不受影响，是本试验在浇筑模型过程中需要解决的一个重要问题。贴有应变片的砂浆块在埋入模型时应尽量保证试块在模型内对称布置、平整放置。衬砌模型的浇筑采用分层浇筑，过程如下：①将砂浆浇筑至底层预留孔位置，振捣密实；②将贴有应变片的砂浆块安放在预定位置，在砂浆块周围浇筑砂浆，使砂浆高度略高于砂浆块水平面，用较细的振捣棒振捣，使浇筑砂浆与砂浆块之间紧密黏结，同时注意应变片引出导线周围的砂浆是否填筑密实；③在安放好的底层砂浆块上浇筑砂浆至中层预留孔位置，振捣密实；④重复②的工作，在安放好的中层砂浆块上浇筑砂浆至上层预留孔位置，振捣密实；⑤重复②的工作，在安放好的上层砂浆块上浇筑砂浆至模具顶面位置，振捣密实后，抹平表面，浇筑完成后进入养护阶段。由于前期考虑欠妥，模具与模型之间的润滑效果较差，在养护第三天脱模时模具很难脱下，若强行进行模具拆除会对衬砌模型造成一定程度上的损伤，影响到后期试验中数据测量的准确性，因此决定在养护第七天模型强度达到一定水平后再进行脱模。养护期间为了保证砂浆水化反应所需的水分，每天在模型上浇水两次，并用短纤维土工布浸水后覆盖在模型上保持湿度。养护第七天时脱模，脱模后由于模型不便移动，仍采用每天在模型上浇水两次、并用短纤维土工布浸水覆盖在模型上的方法保持湿度和砂浆水化反应所需的水分（图4.52）。

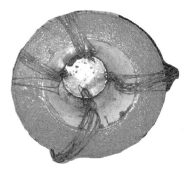

图 4.52　模型浇筑

3.　应变片形式及布置

电测设备多种多样，考虑到试验模型尺寸及试验条件，选用应变片作为测量仪器。

（1）本次试验选用中航电测仪器股份有限公司生产的 BA 系列通用应变片，该系列应变片基底材料为聚酰亚胺，敏感栅材料为康铜箔，应变片为全密封结构，可温度自补偿，具有延伸率高、耐湿热性好、电阻绝缘性能好、使用温度范围宽等优点，适用于 150℃ 以内的精密应力分析。试验选用型号为 BA120-6BA150（11）双轴箔式应变片，该应变片在同一片基底上有两个互成 90° 的敏感栅，用于测量被测物体同一测点上两个相互垂直方向上的应变情况。应变片样式及主要技术参数如图 4.53、图 4.54 及表 4.24 所示。

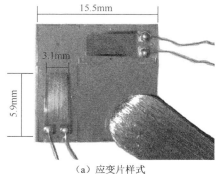

（a）应变片样式　　　　　　　　　　（b）应变片敏感栅细部图

图 4.53　应变片样式及敏感栅细部图

表 4.24　应变片主要技术参数

型号	电阻值/Ω	灵敏系数	敏感栅尺寸/mm	基底尺寸/mm	应变极限	疲劳寿命/次
BA120-6BA150（11）	120.2±0.3	2.13%±1%	5.9×3.1	15.5×15.5	2%	$1×10^7$

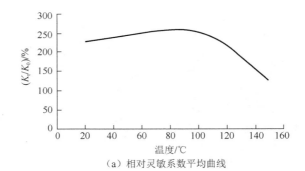

（a）相对灵敏系数平均曲线

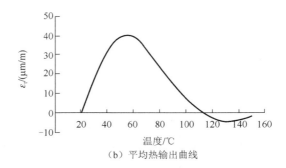

（b）平均热输出曲线

图 4.54　应变片相对灵敏系数平均曲线及平均热输出曲线

（2）应变片在衬砌模型中沿轴线方向分三层均匀布置，布置方式及布置位置如图 4.55 所示。

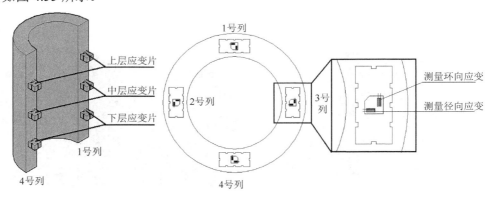

图 4.55　应变片布置方案

4.2.2 温度加载方法及方案

1. 温度加载及控制设备

1）加热设备

试验中衬砌模型外围加热设备采用定制的不锈钢云母电热圈，以云母为绝缘层，以镍铬合金发热丝为发热体组绕而成。外层采用不锈钢为传导发热层，尺寸较衬砌模型稍大，直径为 32cm，高度为 50cm，电热圈侧边接口处有四个固定螺丝，可根据实际需要调整电热圈直径，以适应模型尺寸，如图 4.56 所示。考虑实验室配电条件及安全因素，定制的电热圈表面负荷为 1.5W/cm²，小于规范《日用管状电热元件》（JB/T 4088—2012）及《金属管状电热元件》（JB/T 2379—1993）[164,165]，对于原件金属管常用材料在常用介质中允许的最高表面负荷推荐值，符合安全要求。电热圈整体功率为 7.6kW，根据制造厂商说明接好零线、火线，接线时在接头处用防水绝缘胶带做好绝缘，并接好地线防止电热圈外壳漏电。

图 4.56　电热圈及接线

试验中为了保证电热圈对衬砌模型加热温度的控制，设计如图 4.57 所示的控制及数据采集系统，该系统由一个 CJX2-5011 交流接触器、一个 DZ47LE-C60 剩余电流动作断路器（空气开关）、一个 TCD-8131 温度智能仪表和一根带有屏蔽功能的温度探测线组成。温度探测线探头置于衬砌模型内壁，并约定：当探头探测到温度达到设定加热温度时，即认为衬砌模型达到期望温度，此时衬砌模型温度场为设定加热温度值的均匀温度场。

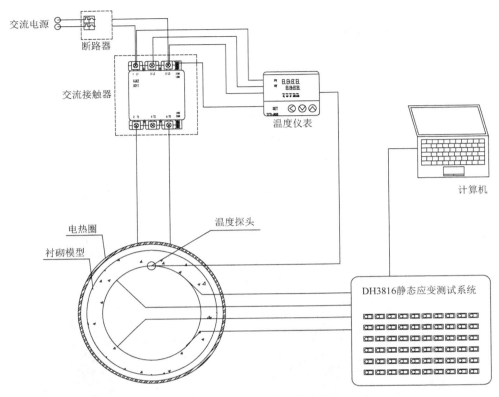

图 4.57　加热控制及数据采集系统

控制系统工作原理如图 4.58 所示。

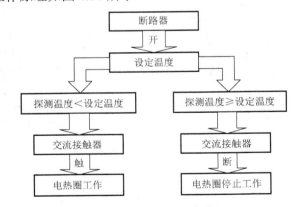

图 4.58　控制系统工作流程

2）低温冷水

根据现场实测资料可知，一年中水电站引水发电隧洞的出库水温为 0～10℃，因此试验选取低温冷水控制温度为 0℃ 和 10℃。0℃ 水为冰水混合物，用于模拟冬季过水水温及引水隧洞进口段水温；试验期间实测自来水管出水为 10℃左右，用于模拟夏季过水水温。考虑到冷水通过高温隧洞后水温会有一定提升，10℃ 的过水水温也可模拟冬季 0℃ 水温通过高温隧洞后在隧洞出口段的水温。

2. 温度加载方案

试验模拟三种初始衬砌温度条件下两种过水温度对衬砌受力的影响，具体方案如表 4.25 所示，表中"一"表示没有冷水，为空气自然对流边界。

表 4.25　温度加载方案 （单位：℃）

目标初始温度	升温阶段		过水阶段		放空阶段	
	高温侧	低温侧	高温侧	低温侧	高温侧	低温侧
30	30	—	30	0	30	—
				10		—
60	60	—	60	0	60	—
		—		10		—
90	90	—	90	0	90	—
		—		10		—

试验中，一次完整的试验过程表述为：①电热圈加热，衬砌模型升温→②电热圈维持设定温度，衬砌模型恒温→③电热圈维持设定温度，模型中注入冷水→④电热圈维持设定温度，冷水排出，如图 4.59 所示。

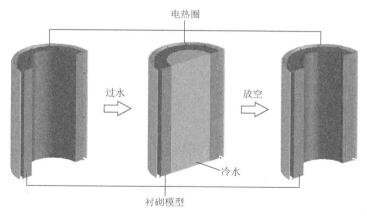

图 4.59　试验过程

4.2.3　数据测量及记录

1. 应变采集系统

试验采用江苏东华测试 DH3816 静态应变测试系统作为应变片应变数据的采

集仪器，该系统具有灵敏度高、漂移低、可多点巡回采样的优点，可用于全桥、半桥和 1/4 桥（公共补偿片）的多点应变测试以及多点压力、力、温度等静态物理量的测试。可自动、准确、可靠、快速测量大型结构、模型及材料应力试验中多点的静态应变应力值。广泛应用于机械制造、土木工程、桥梁建设、航空航天、国防工业、交通运输等领域。图 4.60 所示为静态测试仪器机箱及采集系统软件界面。

（a）机箱

（b）软件界面

图 4.60　应变采集机箱及采集系统软件界面

1）主要技术指标

应变测试机的主要技术指标如表 4.26 所示。

表4.26 应变测试机主要技术指标

测量点数	采样速度	适用应变计电阻值	应变计灵敏度系数	供桥电压（DC）	测量应变范围
60	60点/s	50～10000 Ω	1.0～3.0	2.0V±0.1%	±19999με
零漂	自动平衡范围	长导线电阻修正范围	最高分辨率	系统不确定度	使用环境
<1με/h	±15000με	0.0～100 Ω	1με	≤0.5%±3με	GB6587.1-86-Ⅱ

2）工作原理

基本测量原理：以1/4桥、120Ω桥臂电阻应变片为例对系统测量原理进行说明，如图4.61所示。

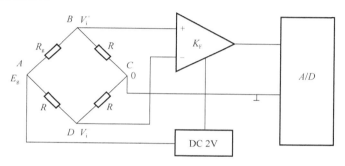

图4.61 测量原理

图4.61中R_g为应变片电阻；R为固定电阻；K_F为低漂移差动放大器增益。因$V_i=0.25E_gK_\varepsilon$，即$V_0=K_FV_i=0.25K_FE_gK_\varepsilon$，则有

$$\varepsilon = \frac{4V_0}{E_gKK_F} \tag{4.1}$$

式中，V_i为直流电桥的输出电压；E_g为桥压（V）；K为应变计灵敏度系数；ε为输入应变量（με）；V_0为低漂移仪表放大器的输出电压（μV）；K_F为放大器的增益。

当$E_g=2V$，$K=2$时，$\varepsilon=V_0/K_F(με)$。

对于1/2桥电路：

$$\varepsilon = \frac{2V_0}{E_gKK_F} \tag{4.2}$$

对于全桥电路：

$$\varepsilon = \frac{V_0}{E_gKK_F} \tag{4.3}$$

通过式（4.1）～式（4.3），系统将对测量结果进行修正。

2. 应变片桥路方式

应变片的连接采用 1/4 桥连接方式，每一个应变花上的两个敏感栅分别作为一个工作片来测量一个特定方向上的应变（表 4.27）。

表 4.27　1/4 路桥方式

用途	输入参数
1/4 桥（多通道共用补偿片） 适用于测量简单拉伸压缩或弯曲应变	灵敏度系数、导线电阻、应变计电阻

路桥方式	与采集箱的连接	现场实例

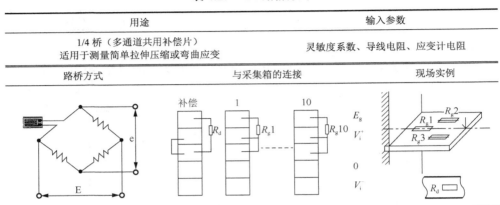

3. 试验过程

模型试验过程具体如图 4.62 和图 4.63 所示。在衬砌模型养护过程中，3 号中层应变片径向工作片在试验前进行平衡操作时发现不平衡，试验中该工作片读数溢出（超过最大量程），分析认为由于前期绝缘胶涂抹不均匀等问题，砂浆中水泥水化反应对该工作片造成了破坏，在分析试验结果时忽略该工作片记录的数据。

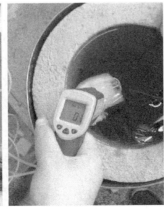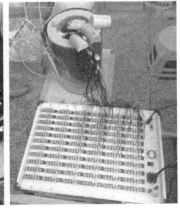

图 4.62　加热、过水以及试验记录

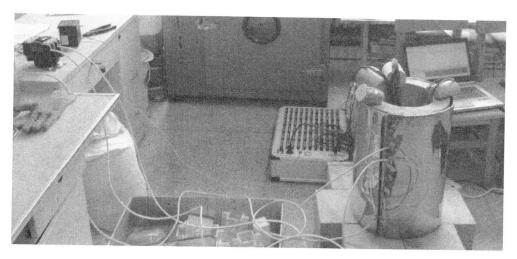

图 4.63　试验全景图

4.2.4　试验结果分析

1.　立方体砂浆试块强度试验

试验方法参照《水工混凝土试验规程》（SL 352—2006）进行，抗压强度试验荷载加载速度为 0.08MPa/s，劈裂试验荷载加载速度为 0.3MPa/s。由强度试验得出本次试验所用砂浆抗压强度值为 25.08MPa，抗拉强度值为 1.60MPa，弹性模量值为 5.2GPa。所得抗压、抗拉强度参数作为容许应力判断依据，弹性模量作为计算参数应用于数值计算中。

2.　试验应变过程曲线

衬砌模型浇筑成型第 54 天后进行室内试验，根据文献[166]，砂浆在成型 50 天后，其自收缩趋于稳定，后续收缩值很小，因此可以排除模型试验过程中砂浆自收缩对试验值的影响。

进行室内试验时室内温度为 15℃，衬砌模型在室内放置 3 天后具有与室温接近的温度，可认为此时模型内部为均匀的稳态温度场，内外壁之间温差为 0℃。

在电热圈开始加热之前，对 24 个应变花进行重新平衡，归零在养护过程中测量得到的砂浆收缩值，以电热圈通电开始加热时刻为测量记录数据起点，测量衬砌模型在整个试验过程中的温度应变值，换算成应力值，并绘制曲线，如图 4.64～图 4.69 所示。图中，"90-0 径向"表示热源温度为 90℃、过水水温为 0℃时关键点径向温度应变或应力，其余曲线名称以此类推。

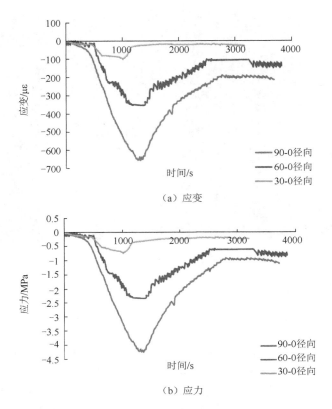

（a）应变

（b）应力

图 4.64　不同热源温度下层应变片径向温度应变、应力曲线

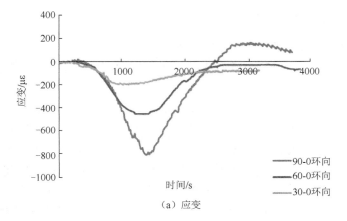

（a）应变

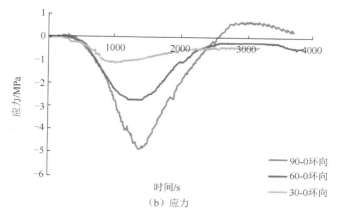

图 4.65 不同热源温度下层应变片环向温度应变、应力曲线

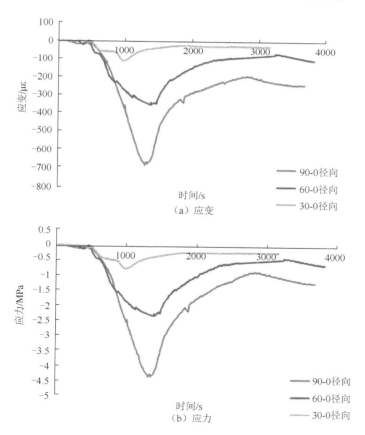

图 4.66 不同热源温度中层应变片径向温度应变、应力曲线

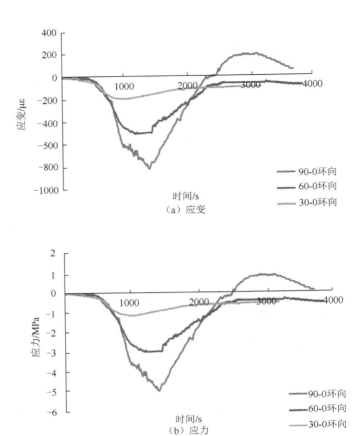

图 4.67　不同热源温度中层应变片环向温度应变、应力曲线

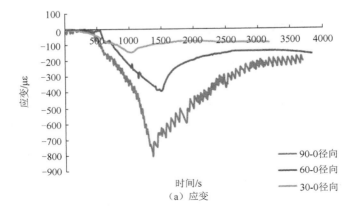

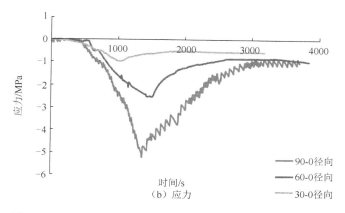

图 4.68　不同热源温度上层应变片径向温度应变、应力曲线

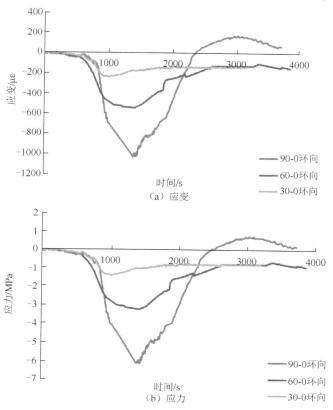

图 4.69　不同热源温度上层应变片环向温度应变、应力曲线

1）过水水温为 0℃

（1）升温阶段。由于热能在模型中的传导较慢，以及文献[167]认为混凝土

等水泥基材料的应变总是滞后于其温度的变化，二者的变化不同步，同时电热圈加热功率较小，通电后形成有效加热热源需要一定时间，故在打开加热开关后的前 300～500s，模型各个测点处测量得到的应变值增长很小。随着加热的进行，模型热温度应变开始逐渐增长，且电热圈设定加热温度越高，测量得到的应变增长曲线斜率越大，应变增长速率越快，在衬砌模型达到稳定的设定温度值时，测量得到的温度应变值越大。设定加热温度越高，模型加热至设定温度所需时间越长。

（2）过水阶段。过水阶段，模型外壁保持设定温度，模型内倒入冷水，由于冷水与内壁对流换热的作用，模型内壁温度发生突降。在大温降及高温差影响下，内壁压应变迅速减小，逐渐向拉应变转变，且温差越大，应变减小幅度越大，减小速率越快，在模型内壁 90℃温降下，过水后环向测量值出现拉应变。

（3）放空阶段。过水 1000s 以上后，模型外壁保持设定加热温度，模型内将冷水排出。在引起模型应力减小的低温撤除之后，受残留水分的影响，放空初期应变减小速率逐渐降低，应变曲线趋于平缓。后随着放空过程的持续进行，应变值重新开始向压应变变化并逐渐增大，增长速率仍较缓慢。90℃温差下，由于过水引起的环向拉应变逐渐减小，开始向压应变转变。由于放空阶段测量时间较短，未能测量到压应力值恢复至过水前水平的现象。

2）过水水温为 10℃

过水水温为 10℃时的应变应力过程曲线规律与过水水温为 0℃时的曲线类似，如图 4.70～图 4.75 所示，仅在过水后应变值的减小幅度和最终应变值上有所差别，过 10℃水后模型内壁温降较过 0℃水后温降略小，因而由于温降引起的温度应力变化值略小，变化速率略慢，在大温降影响下环向拉应变值较小。具体过程曲线规律这里不再赘述。

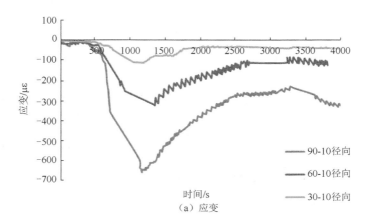

（a）应变

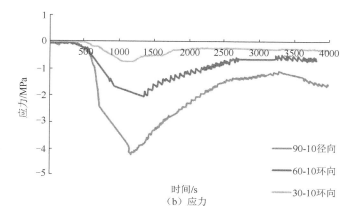

（b）应力

图 4.70 不同热源温度下层应变片径向温度应变、应力曲线

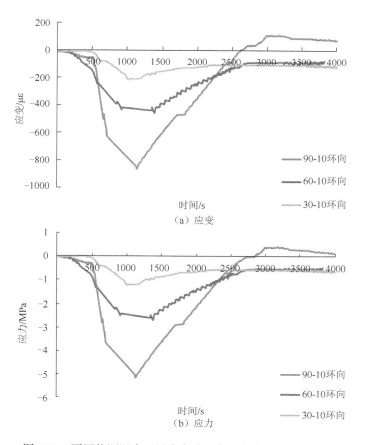

（a）应变

（b）应力

图 4.71 不同热源温度下层应变片环向温度应变、应力曲线

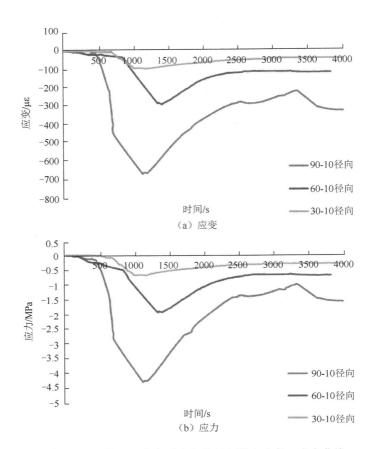

图 4.72　不同热源温度中层应变片径向温度应变、应力曲线

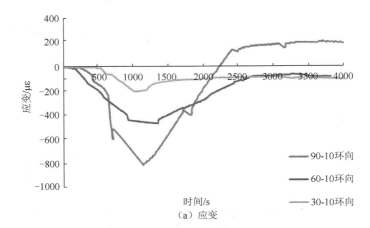

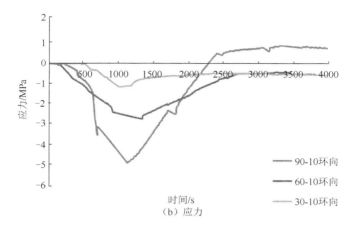

图 4.73　不同热源温度中层应变片环向温度应变、应力曲线

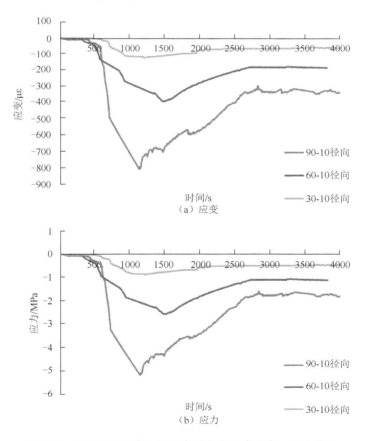

图 4.74　不同热源温度上层应变片径向温度应变、应力曲线

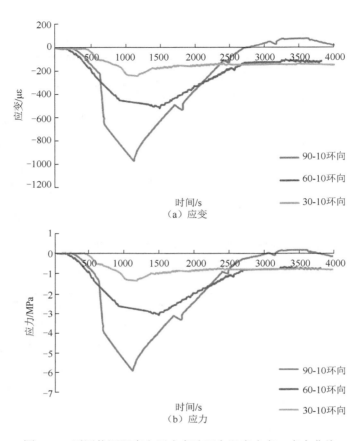

图4.75　不同热源温度上层应变片环向温度应变、应力曲线

3. 不同加热温度下衬砌模型应力应变关系

升温阶段不同加热温度对模型温度应力值的影响如图4.76所示。

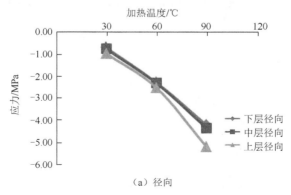

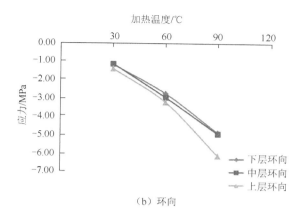

图 4.76　不同热源温度下最大温度应力

　　模型垂直放置在地面上，模型底面与地面接触，底面变形受到地面约束，并且为保证模型内壁过水时不漏水，模型底面用胶与底板黏合，一定程度上同样起到了约束作用。下层应变片位置由于靠近底面，变形受到该两种约束因素的影响，受力状态与中层应变片接近，因而测量值也与中层应变片测量值接近。上层应变片由于位置更靠近上层临空面，变形相对自由，其测量应变值较中层和下层略大。

　　从模型内下中上三层应变片测量值换算应力值关系可以看出，不同热源温度对模型温度应力值影响显著，如表 4.28 所示。

表 4.28　不同热源温度下最大温度应力值

热源温度/℃	下层温度应力/MPa		中层温度应力/MPa		上层温度应力/MPa	
	径向	环向	径向	环向	径向	环向
30	−0.71	−1.15	−0.77	−1.12	−0.98	−1.39
60	−2.29	−2.74	−2.33	−2.95	−2.54	−3.22
90	−4.21	−4.89	−4.34	−4.95	−5.18	−6.15

　　由表 4.28 可以看出，热源温度越高，模型各个测点位置处温度应力值均越大，热源温度与温度应力二者之间基本呈线性关系。当热源温度分别为 30℃、60℃、90℃时，模型最大温度压应力值之比为 1:（2.3~3.2）:（4.2~5.9）。最大径向温度压应力值为 5.18MPa，最大环向温度压应力值为 6.15MPa，均发生在热源温度 90℃时的上层测量位置处。

　　在各个热源温度下，径向温度应力略小于环向温度应力。热源温度分别为 30℃、60℃、90℃时，各位置处环向温度压应力值约比径向温度压应力值大 10%~60%。

4. 不同过水水温影响下衬砌模型温度应力关系

　　过水阶段，模型外壁保持热源温度，内壁接触冷水导致温度发生突降，在大温降及高温差作用影响下，模型内壁压应力迅速降低，过水水温对应力值的降低有明显影响。

1）过水水温为 0℃

过水水温为 0℃时模型各个位置测点温度应力值如图 4.77 及表 4.29 所示。

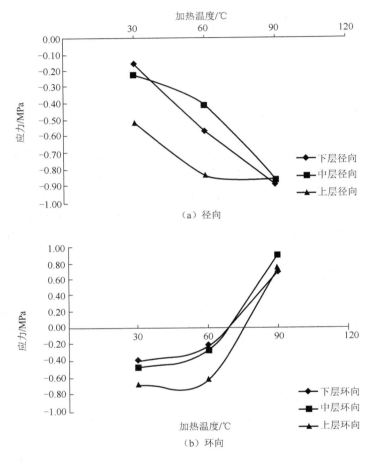

（a）径向

（b）环向

图 4.77　不同热源温度下过 0℃水后温度应力

表 4.29　不同热源温度下过水后温度应力

热源温度/℃	下层温度应力/MPa		中层温度应力/MPa		上层温度应力/MPa	
	径向	环向	径向	环向	径向	环向
30	−0.16	−0.41	−0.22	−0.49	−0.51	−0.71
60	−0.57	−0.24	−0.41	−0.29	−0.83	−0.65
90	−0.89	0.69	−0.86	0.89	−0.86	0.74

过水后模型各个位置测点温度应力变化值如图 4.78 所示。

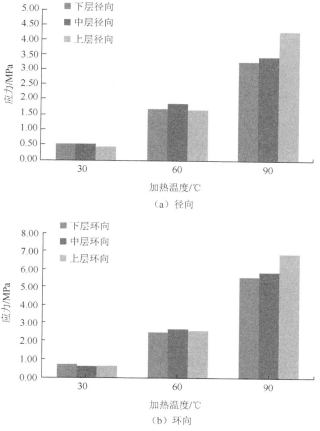

（a）径向

（b）环向

图 4.78 过 0℃水后各位置温度应力变化

由图 4.78 及表 4.29 可以看出,各加热温度下过水后各测点位置处压应力值均有较大幅度减小,且温降越大,变温引起的温度压应力值减小幅度越大。加热温度分别为 30℃、60℃、90℃时,过水后径向温度压应力分别降低了 48%～77%、67%～82%、79%～83%,环向温度压应力分别降低了 49%～64%、80%～91%、112%～118%;减小值之比为 1：（3.1～4.2）：（6.0～10.1）。

径向温度压应力值减小幅度均小于环向,径向温度应力变化值约为环向温度应力变化值的 60%～85%。径向温度压应力值降低至接近于零的水平,最小压应力值为 0.16MPa,并未出现应力状态变化;在最大温降条件下（即加热 90℃过 0℃冷水）,各个位置环向应力值均由压应力转变为拉应力,最大拉应力值为 0.89MPa,未达到模型砂浆材料的抗拉强度。最大径向、环向应力变化值出均现在上层位置处,差值分别达到 4.33MPa 和 6.89MPa。

2）过水水温为 10℃

过水水温为 10℃时模型各个位置测点温度应力值如图 4.79 及表 4.30 所示。

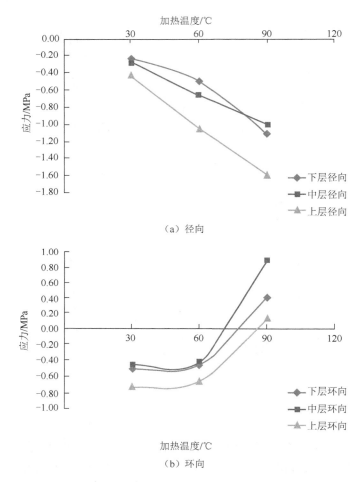

（a）径向

（b）环向

图 4.79　不同热源温度下过 10℃水后温度应力

表 4.30　不同热源温度下过水后温度应力

热源温度/℃	下层温度应力/MPa		中层温度应力/MPa		上层温度应力/MPa	
	径向	环向	径向	环向	径向	环向
30	−0.23	−0.53	−0.29	−0.46	−0.43	−0.75
60	−0.50	−0.47	−0.66	−0.42	−1.06	−0.68
90	−1.11	0.40	−1.01	0.89	−1.59	0.13

过水后模型各个位置测点温度应力变化如图 4.80 所示。

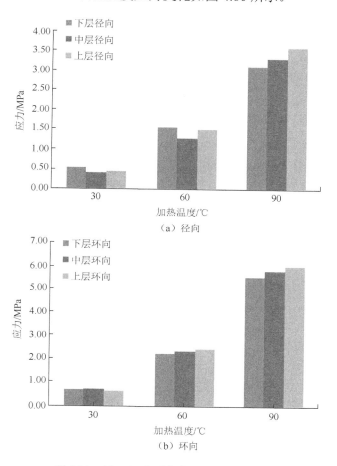

（a）径向

（b）环向

图 4.80　过 10℃水后各位置温度应力变化

由图 4.80 和表 4.30 可以看出，各热源温度下过 10℃水后各测点位置处温度应力变化规律与过 0℃水后规律类似，压应力值均有所减小，且温降越大，变温引起的温度应力值减小幅度越大，热源温度分别为 30℃、60℃、90℃时，过水后径向温度压应力分别降低了 50%～69%、59%～76%、69%～77%，环向温度压应力分别降低了 45%～60%、78%～85%、102%～118%；过水后温度应力减小值之比为 1∶（2.9～3.9）∶（5.9～9.7）。

径向温度压应力值减小幅度均小于环向，径向温度压应力值降低至接近于零，最小压应力值为 0.23MPa，未出现应力状态变化。在最大温降条件下（即加热 90℃，过 10℃冷水），各个位置环向应力值均由压应力转变为拉应力，最大拉应力值为 0.89MPa，未达到模型砂浆材料的抗拉强度。

最大径向、环向应力变化值分别达到 3.60MPa 和 6.01MPa。加热温度分别为 30℃、60℃、90℃时,各位置处环向温度应力变化值为径向温度应力变化值的 1.2～1.7 倍、1.4～1.8 倍、1.6～1.8 倍。

3)不同过水水温结果对比

模型内壁过水引起模型内壁发生较大温降,进而造成由加热引起的温度压应力发生极大降低,该规律与现场试验结果相吻合。两种过水水温(0℃和 10℃)均会产生这种现象,现就不同过水水温引起应力变化差值的区别进行简要分析(表 4.31、表 4.32)。

表 4.31 过 0℃水后温度应力变化值

热源温度/℃	下层应力变化值/MPa		中层应力变化值/MPa		上层应力变化值/MPa	
	径向	环向	径向	环向	径向	环向
30	0.55	0.74	0.55	0.63	0.46	0.68
60	1.72	2.49	1.92	2.66	1.70	2.57
90	3.32	5.58	3.48	5.84	4.33	6.89

表 4.32 过 10℃水后温度应力变化值

热源温度/℃	下层应力变化值/MPa		中层应力变化值/MPa		上层应力变化值/MPa	
	径向	环向	径向	径向	径向	环向
30	0.52	0.67	0.40	0.70	0.44	0.62
60	1.57	2.21	1.29	2.32	1.52	2.42
90	3.10	5.53	3.30	5.82	3.60	6.01

由表 4.31 和表 4.32 可以看出,过水水温对模型温度应力的影响表现为应力变化值大小的差别,过水水温越低,引起的温降越大,应力变化速率越快,应力变化值越大。

加热温度分别为 30℃、60℃、90℃时,过水水温由 10℃降低至 0℃,即模型内壁温降由 20℃、50℃、80℃变为 30℃、60℃、90℃,径向温度应力变化值分别增加 5%～37%、12%～50%、6%～20%,环向温度应力变化值分别增加 8%～10%、6%～14%、1%～20%。

4.2.5 小结

通过设计模型试验,制作砂浆衬砌模型,模拟高温隧洞衬砌支护结构的运行期过水工况及检修期放空工况,采用电测法测量模型在内壁不同温降和内外壁不同温差作用下的应变，分析模型受力特征，总结模型受力变化规律，并得出以下几点主要结论。

（1）热源温度越高，模型各个测点位置处温度应力值均越大，当热源温度分别为30℃、60℃、90℃时，模型最大温度应力值之比为1：（2.3～3.2）：（4.2～5.9）。

在各个热源温度下，径向温度应力略小于环向温度应力。各位置处环向温度应力值为径向温度应力值的1.1～1.6倍。

（2）模型过水后各测点位置处压应力值均有较大幅度减小，且温降越大，变温引起的温度应力值减小幅度越大。加热温度分别为30℃、60℃、90℃时，过0℃水后，径向温度压应力分别降低了48%～77%、67%～82%、79%～83%，环向温度压应力分别降低了49%～64%、80%～91%、112%～118%，温度应力减小值之比为1：（3.1～4.2）：（6.0～10.1）。过10℃水后，径向温度压应力分别降低了50%～69%、59%～76%、69%～77%，环向温度压应力分别降低了45%～60%、78%～85%、102%～118%，温度应力减小值之比为1：（2.9～3.9）：（5.9～9.7）。过水引起的温度降幅越大，温度压应力减小比例越大。

径向温度应力值减小幅度均小于环向，径向温度应力值降低至接近于零，但并未出现应力状态变化。大温降条件下，模型内壁发生90℃温降时，各个位置环向应力值均由压应力转变为拉应力，最大拉应力值为0.89MPa。

热源温度分别为30℃、60℃、90℃，过0℃水时，各位置处环向温度应力变化值为径向温度应力变化值的1.1～1.5倍、1.4～1.5倍、1.6～1.8倍；过10℃水时，各位置处环向温度应力变化值为径向温度应力变化值的1.2～1.7倍、1.4～1.8倍、1.6～1.8倍。

（3）过水水温对模型温度应力的影响表现为应力变化值大小的差别，过水水温越低，引起的温降越大，应力变化速率越快，应力变化值越大。过水水温由10℃降低至0℃，径向温度应力变化值增加5%～50%，环向温度应力变化值增加1%～20%。

4.3 高温差下隧洞与衬砌结构温度应力数值仿真试验

本章针对该工程实际遇到的温度边界条件，考虑热力学参数随温度变化时支护结构的受力特征、支护结构与围岩间的接触程度对的影响以及短暂时间内温度突降对支护结构的影响三大方面进行系统的数值仿真试验研究，从而确定高岩温引水隧洞与支护结构在不同温度场及不同支护约束方案下的内力分布特征及其变化规律，为此类引水隧洞高温差设计提供最优的支护与衬砌参数。

4.3.1 数值分析边界条件

1. 温度边界

根据设计院提供的相关地质条件可知，高地温主要由不均匀热传导所致，温度边界的选取对隧洞开挖后围岩及支护结构的受力有较大影响，因此温度边界的选取较为重要。

深埋地下的结构可以视为无限域问题，在应用有限元方法分析时，单元的划分范围是非常棘手的问题。从理论上来讲，范围选取大，计算结果精确，但计算机时花费大且受到计算机内存的限制，选取的范围小，则计算结果将受到人工边界的影响。从圆形洞室开挖问题的解析解来看，在 6 倍洞径范围内，其应力、位移即满足解决实际问题所要求的精度。

由于本书计算温度场与应力场两场耦合下的受力情况，不同于以往只算结构场，围岩的应力以及位移不仅受开挖等施工内容的影响，还受到温度场的影响，那么温度场的影响范围有多大则成了模型范围选取至关重要的问题。该影响范围受围岩热学参数、热源强度、温差、洞径、洞内降温措施降温时间等因素影响，比较复杂。本章根据现场实测温度数据，确定了温度边界。

通过温度实测分析，可以做出这样的推断，离隧洞中心（也可以是最外边界）R 处，温度趋于恒定，温度为 T，这样就可以认为是 R 为高温隧洞的温度影响半径。同时对于开挖半径为 r 的隧洞，确定由于开挖引起的开挖松动区半径为 $1.5r \sim 2.5r$。根据实测温度值，对两者取其最大值，就可以共同考虑由于开挖、温度二者作用对于隧洞围岩应力变形的影响。

从工程应力应变分析的角度，只要掌握隧洞围岩开挖松动区范围之外温度场变化引起的应力应变与围岩开挖松动区范围之内温度场变化引起的应力应变和开挖卸荷引起的应力应变的耦合，就可以满足工程设计对于围岩应力变形的分析的需要。因此，通过实测数据，只要确定出围岩松动影响区边界处的温度值（外边界），在已知洞内壁在不同工况下的温度值（内边界）的情况下，就可以把隧洞温度影响范围简化为一个内外半径分别为 r，R 的圆柱体，内半径 r 为隧洞半径，外半径 R 为隧洞围岩松动区与温度影响半径二者的最大值。

2. 数值模型边界

由于高温洞段支护与衬砌的内力不仅涉及常规的结构场计算，也涉及温度场与稳定应力的计算。

对于 II 类围岩花岗岩洞段采用城门洞型，开挖洞高 4.46m，拱顶内半径 1.095m，边墙内半径 1.650m，设计采用 30cm 衬砌，开挖洞宽 3.9m。开挖洞段设计图如图 4.81 所示。

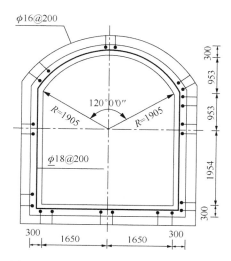

图 4.81 开挖洞室设计图（单位：mm）

对于Ⅲ类围岩高温段，引水发电洞为圆形，开挖直径为 4.6m，模型范围选取：上部 5 倍洞径，左右各 4 倍洞径，下部 3 倍洞径；模型左右水平向约束，底部法向约束；计算模型埋深为 280m。模型如图 4.82 所示。

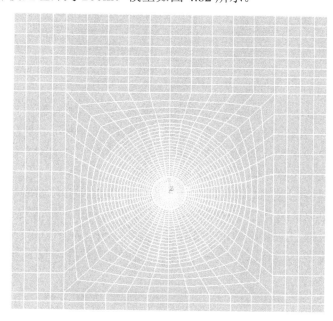

图 4.82 有限元网格模型示意图

对于Ⅳ、Ⅴ类，由设计院提供的设计资料可知，该引水发电洞开挖洞径为

4.6m。结合前期研究成果，并综合考虑温度场和应力场的耦合影响，模型上下左右均取 8 倍洞径的正方形，以减小边界条件对分析结果的影响。模型左右水平向约束，底部为固定约束，分析模型网格示意图如图 4.83 所示。

图 4.83　Ⅳ、Ⅴ类围岩数值分析模型示意图

（1）通过实测数据，确定出围岩松动影响区边界处的温度值（外边界），在已知洞内壁在不同工况下的温度值（内边界）的情况下，就可以把隧洞温度影响范围简化为一个内外半径分别为 r、R 的圆柱体，内半径 r 为隧洞半径，外半径 R 为隧洞围岩松动区与温度影响半径二者的最大值。

（2）通过对隧洞温度实测值的分析，离隧洞中心 R 处，温度趋于恒定，温度为 T，这样就可以认为是 R 为高温隧洞的温度影响半径。同时对于开挖半径为 r 的隧洞，确定由于开挖引起的开挖松动区半径为 $1.5r \sim 3.0r$。根据实测温度值，确定两边界的温度值，就可以共同考虑开挖、温度二者作用对隧洞围岩应力变形的影响。

（3）对于不同类别围岩，根据设计院提供的设计资料，结合前期研究成果，并综合考虑温度场和应力场的耦合影响，确定了各自对应下的数值计算模型。

4.3.2　Ⅲ围岩洞段支护受力分析

1.　Ⅱ类花岗岩高温洞段

对于布仑口—公格尔水电站工程引水隧洞桩号发10+293m～发15+492m岩性主要为黑云母花岗岩，岩石坚硬完整，块状构造，构造不发育，为Ⅱ类围岩洞段。从开挖出的地质条件看，该洞段出现了高地温情况，已揭示最高地温达到70℃。

根据前期设计资料可知，对于花岗岩洞段，考虑到存在高地应力问题，初步设计了采取混凝土衬砌的支护措施。但由于出现高地温情况，考虑到高地应力、高地温等综合因素对支护结构的受力较大，研究花岗岩Ⅱ类围岩洞段不采取支护措施的可行性。

根据设计资料可知，Ⅱ类围岩花岗岩洞段采用城门洞型，开挖洞高 4.46m，拱顶内半径 1.095m，边墙内半径 1.650m，设计采用 30cm 衬砌，开挖洞宽 3.9m。设计开挖洞段图及有限元分析模型如图 4.81 和图 4.84 所示。

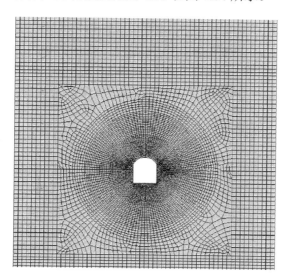

图 4.84　有限元分析模型

根据地质资料可知，花岗岩洞段埋深较大，最大埋深可达 1500m 左右，选取最大 1500m 埋深进行分析。

对于Ⅱ类花岗岩洞段，由于地质条件好，研究不采取支护措施下的岩体受力特性分析运行期不采用支护措施的可行性。在整个高温洞段施工过程中，存在单一温度应力影响及温度场应力场两场耦合两种情况，分别计算结构场、温度场及两场耦合条件的围岩受力，为工程提供详细的指导。

1）洞周岩体受力特性分析

为了清晰地了解在不同条件下的岩体受力情况，选取拱顶及侧墙中部岩体，对其受力进行分析，不同条件岩体受力对比如表 4.33～表 4.35 所示。

表 4.33　不考虑温度荷载岩体受力分析

荷载	工况	洞壁温度/℃	拱顶		侧墙中部	
			σ_1/MPa	σ_3/MPa	σ_1/MPa	σ_3/MPa
结构应力	施工期	无	−0.5	−8.1	−0.2	−58.8
	运行期		−1.0	−7.5	−0.7	−58.0

表 4.34　仅考虑温度荷载岩体受力分析

荷载	工况	洞壁温度/℃	拱顶		侧墙中部	
			σ_1/MPa	σ_3/MPa	σ_1/MPa	σ_3/MPa
温度应力	施工期	31.0	4.7	0.4	4.1	0.002
	运行期	6.0	7.8	0.7	6.8	0.003

表 4.35　温度场、应力场耦合条件下岩体受力分析

荷载	工况	洞壁温度/℃	拱顶		侧墙中部	
			σ_1/MPa	σ_3/MPa	σ_1/MPa	σ_3/MPa
TM 耦合应力	施工期	31.0	−0.1	−3.4	−0.1	−55.8
	运行期	6.0	1.5	−0.2	−0.7	−54.5

（1）不考虑温度荷载影响下，施工期不支护条件下，洞周岩体开挖后均受压，最大压应力出现在边墙中部。由于埋深较大，边墙最大压应力达到 58.8MPa，但由于花岗岩岩性较好，开挖后岩体能够满足抗压强度要求。

（2）仅考虑温度荷载影响时，在施工期通风持续影响下，洞周岩体均受拉，洞壁环向拉应力量值达到 4.7MPa，洞周岩体拉应力呈环向分布。运行期过水条件下，受低温水影响，洞周拉应力量值持续增大，最大拉应力量值为 7.8MPa。

（3）温度场与应力场耦合条件下，施工期持续通风影响下，洞壁温度降为31℃。在此温度荷载影响下，拱顶、侧墙受压，压应力不超过 60MPa。运行期考虑 60m 内水水头及 5℃的低温水影响下，洞周岩体最大拉应力量值达到 1.5MPa，主要发生在拱顶部位，侧墙受压，最大压应力不超过 60MPa。

由表 4.35 可知，在耦合场作用下拱顶近洞壁岩体均受拉，拉应力量值随深度逐渐降低；运行期由于洞壁温度发生突降，拉应力量值有所增大。

2）不同条件下洞周岩体受力对比分析

为了更清楚地了解各种条件下岩体的受力情况，对各种情况下拱顶及侧墙的岩体受力如表 4.36 所示。

表 4.36　温度场、应力场耦合条件下岩体受力分析

荷载	工况	洞壁温度/℃	拱顶		侧墙中部	
			σ_1 /MPa	σ_3 /MPa	σ_1 /MPa	σ_3 /MPa
结构应力	施工期	无	−0.5	−8.1	−0.2	−58.8
	运行期		−1.0	−7.5	−0.7	−58.0
温度应力	施工期	39.6	4.7	0.4	4.1	0.002
	运行期	14.3	7.8	0.7	6.8	0.003
TM 耦合应力	施工期	39.6	−0.1	−3.4	−0.1	−55.8
	运行期	14.3	1.5	−4.2	−0.7	−54.5

从表 4.36 中的对比可知，在仅受温度荷载影响时，洞周岩体均受拉应力影响，且拉应力量值最大；在两场耦合条件下，由于受自重应力的影响，拉、压应力值均降低。可见，单纯温度应力对洞壁岩体受力不利，自重荷载能够抵消部分温度应力。

花岗岩洞段在受到温度荷载影响下会在拱顶及底拱一定范围内产生拉应力值，拉应力区范围较小，不会对隧洞安全性产生过大影响。

桩号发 10+293m～发 15+492m 为 II 类花岗岩洞段，存在高地温问题，最高温度达到 70℃。在不采取任何支护措施下：①施工期开挖及高温影响下，拱顶洞壁岩体受压，最大应力值为 4.2MPa，最大压应力发生在侧墙中部，达到 55.8MPa，花岗岩能够满足抗压强度要求；②运行期洞壁温度降低至 15℃ 左右，在 60m 内水压力及高温差影响下，拱顶岩体拉应力不超过 1.5MPa，侧墙压应力不超过 55.0MPa。

根据分析可知，花岗岩强度高，在运行期过水及高温差影响下，受力基本能够满足强度要求，在拱顶可能会出现拉裂缝，但由于拉应力区范围较小，不易出现掉块。该洞段埋深较大，围岩完整性好，因此该洞段不论在施工期还是在运行期可不采取支护措施，而采用毛洞。

2. III 类围岩高温洞段

本节针对在两种支护方案（喷锚支护作为永久支护方案，喷锚+衬砌方案）下，围岩与支护结构的温度场、应力场及变化规律在不同工况下的受力特点进行详细分析。

从图 4.85 可知开挖后围岩内部温度场分布变化，开挖通风后，在 30℃ 的环境温度下，10 天时间洞壁温度由 80℃ 降为 70℃，降温影响范围在洞深处 5m 左右。

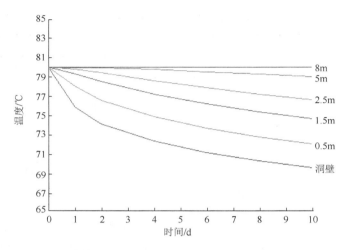

图 4.85　未施做喷层 10 天距洞壁不同距离点温度变化曲线

从开挖 1 天后洞周围岩温度场分布可知，开挖后未支护的 1 天时间里，洞壁表面温度降为 76℃，第一及第三主应力分布分别见图 4.86、图 4.87。

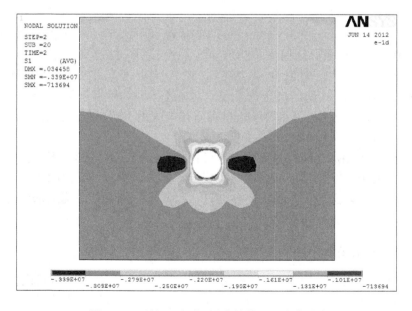

图 4.86　开挖 1 天后洞周岩体第一主应力分布

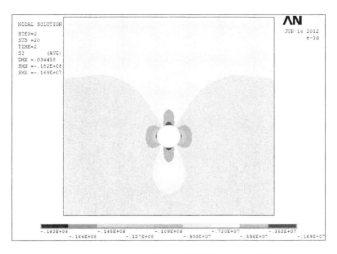

图 4.87 开挖 1 天后洞周岩体第三主应力分布

由表 4.37 可知，在此温度荷载及开挖影响下，洞周岩体均受压，最大压应力发生在侧墙中部，为 18.2MPa，满足岩体强度要求。

表 4.37 开挖 1 天洞壁关键部位围岩主应力 （单位：MPa）

工况	拱顶		拱肩		侧墙中部	
	σ_1	σ_3	σ_1	σ_3	σ_1	σ_3
施工期	-0.7	-1.7	-0.9	-10.0	-1.1	-18.2

从开挖 10 天后温度场分布可知，开挖后未支护的 10 天时间里，洞壁表面温度降为 70℃，第一及第三主应力分布如图 4.88、图 4.89。

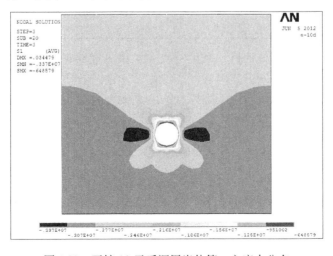

图 4.88 开挖 10 天后洞周岩体第一主应力分布

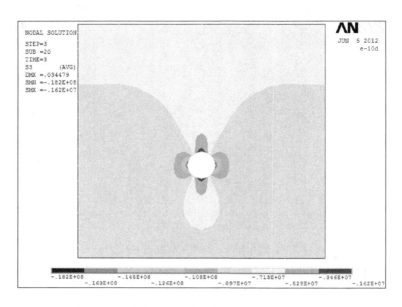

图 4.89　开挖 10 天后洞周岩体第三主应力分布

　　从表 4.38 可知，在此温度荷载及开挖影响下，洞周岩体均受压，最大压应力发生在侧墙中部，为 18.2MPa，满足岩体强度要求。

表 4.38　开挖 10 天洞壁关键部位围岩主应力　　　（单位：MPa）

工况	拱顶		拱肩		侧墙中部	
	σ_1	σ_3	σ_1	σ_3	σ_1	σ_3
开挖 10 天	-0.7	-1.6	-0.9	-10.0	-1.1	-18.2

　　根据现场试验洞实测资料，采用一次支护措施能够保证高温隧洞在无水头过水时的稳定性，进一步分析其可行性，拟定合适的一次支护厚度，分别研究各种厚度下喷层的受力特点，通过不同厚度方案之间、衬砌方案的对比研究，综合分析并提出合适的高温隧洞支护方案。

3. 10cm 喷层支护方案

　　10cm 喷层支护方案下离洞壁不同距离点的温度随工况以及时间的变化曲线如图 4.90 所示，各点在支护通风期、过水运行期、检修放水期三种工况下前十天的温度变化分别如图 4.91（a）～（c）所示。

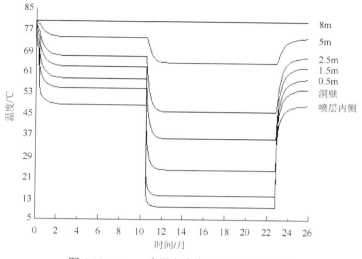

图 4.90 10cm 喷层方案全程温度变化曲线

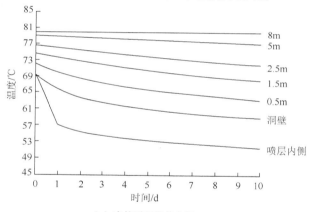

（a）支护通风期前十天

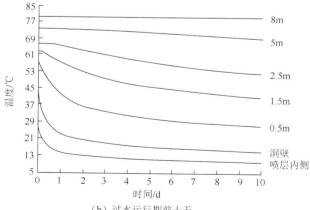

（b）过水运行期前十天

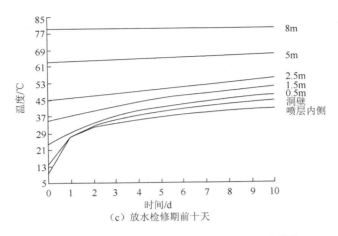

（c）放水检修期前十天

图 4.91　10cm 喷层不同工况下前期温度变化曲线

由图 4.90 可知，支护通风期喷层内侧温度相对围岩原始温度降低了 30℃左右，过水运行期相对通风期又降低了 40℃左右，检修期放水后支护结构温度有所回升，基本恢复至过水前通风期的温度。

而围岩温度的变化规律大致为离洞壁越近温度变化越明显，洞壁支护通风期温度降低了 25℃左右，过水运行期相对通风期又降低了 40℃左右；离洞壁 5m 处围岩支护通风期温度相对降低了 5℃左右，过水运行期相对通风期又降低了 11℃左右，放水后围岩温度基本回升至过水前通风期的温度。

由图 4.91 可知，支护通风期前三天内温度降低较快，随后变缓，支护结构温度相对降低较多，其内外侧温差也较大；过水运行期围岩温度下降较多，5m 范围内受低温影响明显；放水检修期 2.5m 范围围岩及支护结构温度回升明显。

1）纯温度荷载下喷层支护结构受力分析

考虑到Ⅲ类围岩条件下施工期喷层可能仅承担温度荷载，同时在过水时喷层先承担温度荷载，过水一段时间后开始承担内水压力，因此先分析喷层在仅考虑温度荷载下的受力特点（表 4.39）。

表 4.39　纯温度荷载不同工况下喷层关键位置温度以及应力

荷载	工况	喷层温度/℃		拱顶应力/MPa		拱肩应力/MPa		侧墙应力/MPa	
		内侧	外侧	内侧	外侧	内侧	外侧	内侧	外侧
温度应力	施工期	48.5	54.5	-2.68	-3.26	-2.69	-3.28	-2.71	-3.29
	运行期	9.8	13.4	1.83	1.32	1.76	1.25	1.68	1.19
	检修期	48.4	54.4	-2.67	-3.25	-2.69	-3.27	-2.70	-3.28

由表 4.39、图 4.92 可知，施工期喷层主要受高温热源影响，喷层内部温度较

高，全断面均受压，最大压应力为 3.68MPa；运行期，支护结构内外侧温度发生突降，在高温降以及温差影响下，喷层表面拉应力值达到 1.8MPa 左右；检修期温度回升，基本回升至未过水前温度，衬砌由拉应力转化为压应力，压应力量值不超过 4.0MPa。

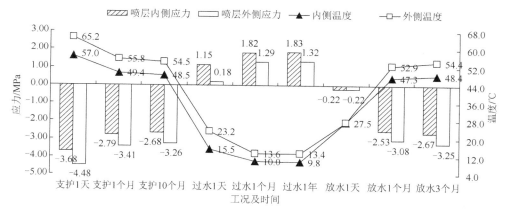

图 4.92 不同工况及时间下喷层内外侧温度及应力变化曲线

喷层厚度较薄，喷层内外层温差较小，从而使得喷层内部应力较小。施工期喷层均受压，外侧靠近洞壁温度较高，压应力值要大于内侧。当运行期过水后，内侧受低温水影响，温度降低幅度较大，因此产生较大拉应力；检修后温度回升，喷层内部又以受压为主。

2）TM 耦合荷载下喷层支护结构受力分析

喷层既考虑施工期荷载，在过水后，喷层又受内水压力影响，在温度及内水压力影响下，喷层关键点受力如表 4.40 所示。

表 4.40 TM 耦合荷载不同工况下（10cm）喷层关键位置温度以及应力

荷载	工况	喷层温度/℃		拱顶		拱肩		侧墙	
		内侧	外侧	σ_{max} /MPa	σ_{min} /MPa	σ_{max} /MPa	σ_{min} /MPa	σ_{max} /MPa	σ_{min} /MPa
TM 耦合应力	施工期	48.5	54.5	-2.68	-3.36	-3.81	-4.37	-4.88	-5.27
	运行期	9.8	13.4	2.64	2.04	1.33	0.82	0.17	-0.19
	检修期	48.4	54.4	-2.67	-3.35	-3.81	-4.36	-4.87	-5.26

施工期衬砌受施工期荷载及高温热源影响，喷层全断面均受压，最大压应力发生在侧墙中部，不超过 6MPa；运行期，在内水荷载及高温差影响下，喷层内侧均受拉，拉应力量值达到 2.6MPa 左右；检修期温度回升，基本回升至未过水前温度，喷层由拉应力转化为压应力，压应力量值不超过 6.0MPa（图 4.93～图 4.95）。

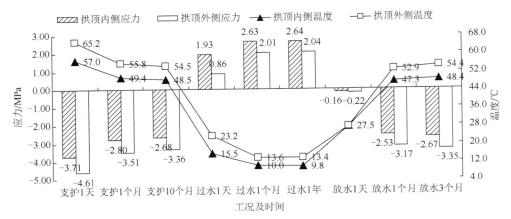

图 4.93　不同工况及时间下拱顶喷层内外侧温度及应力变化曲线

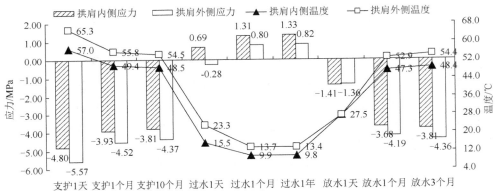

图 4.94　不同工况及时间下拱肩喷层内外侧温度及应力变化曲线

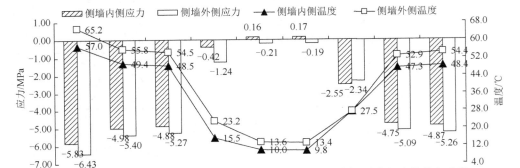

图 4.95　不同工况及时间下侧墙喷层内外侧温度及应力变化曲线

在 TM 耦合荷载作用下，支护结构的受力以拱顶受拉为主，侧墙位置受压为主，在施工期衬砌均受压，外侧靠近洞壁温度较高，压应力值要大于内侧，当运行期过水后，喷层内侧温度降低幅度较大，受低温水以及 30m 水头的影响，产生较大拉应力；检修后温度回升，衬砌内部又以受压为主。

3）三种荷载下喷层支护结构受力对比分析

为了便于了解不同条件下喷层支护结构的受力特点，将不考虑温度荷载及仅考虑温度荷载以及两场耦合下的喷层关键位置应力值进行对比，如表 4.41 所示。

表 4.41 不同条件下（10cm）喷层应力对比表

荷载	工况	喷层温度/℃		拱顶应力/MPa		侧墙中部应力/MPa		超出抗拉强度拉应力区范围/cm
		内侧	外侧	内侧	外侧	内侧	外侧	
结构应力	施工期	—	—	-0.23	-0.28	-2.10	-1.93	无
	运行期	—	—	0.47	0.38	-1.41	-1.29	无
温度应力	施工期	48.5	54.5	-2.68	-3.26	-2.71	-3.29	无
	运行期	9.8	13.4	1.83	1.32	1.68	1.19	10cm
TM耦合应力	施工期	48.5	54.5	-2.68	-3.36	-4.88	-5.27	无
	运行期	9.8	13.4	2.64	2.04	0.17	-0.19	10cm

喷层施作后要承担施工期荷载，因此施工期喷层全断面受压；运行期 30m 水头内水荷载影响下，喷层全断面均受拉压，最大拉应力为 2.6MPa，最大压应力不超过 6.0MPa；从三种条件对比看，TM 耦合场喷层应力值略大于纯结构场与温度场应力值的叠加。

从图 4.96 可知，施工期喷层主要受到温度应力的影响，仅考虑温度荷载时与两场耦合下拱顶处喷层受力基本相同，但侧墙中部外侧则有所差异，TM 耦合下的压应力值基本等于结构应力和温度应力的叠加。

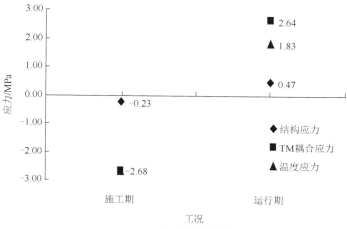

（a）喷层拱顶内侧

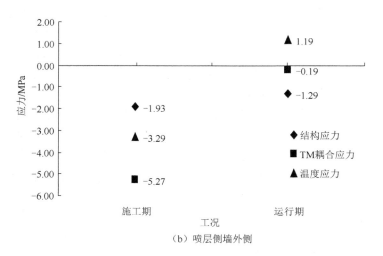

（b）喷层侧墙外侧

图 4.96　不同工况喷层应力对比

4. 15cm 喷层支护方案

15cm 喷层支护方案下离洞壁不同距离点的温度随工况以及时间的变化曲线如图 4.97 所示，各点在支护通风期、过水运行期、检修放水期三种工况下前十天的温度变化分别如图 4.98（a）～（c）所示。

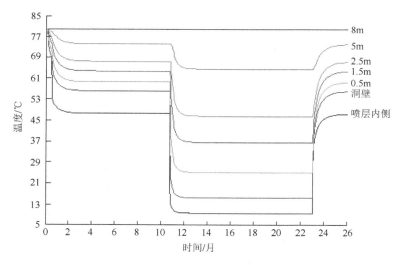

图 4.97　15cm 喷层方案全程温度变化曲线

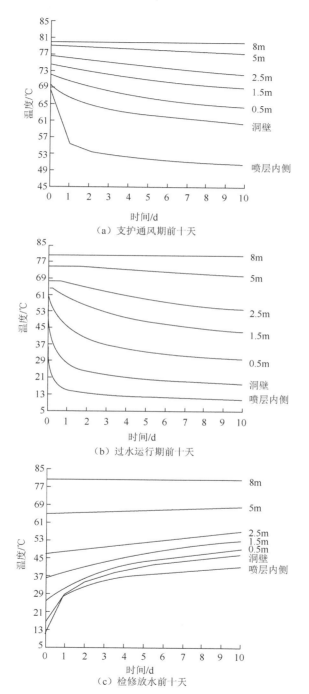

（a）支护通风期前十天

（b）过水运行期前十天

（c）检修放水前十天

图 4.98 15cm 喷层不同工况下前期温度变化曲线

由图 4.97 可知，支护通风期喷层内侧温度相对围岩原始温度降低了 32℃左右，过水运行期相对通风期又降低了 38℃左右，放水后基本恢复至未过水前的温度。而围岩温度的变化规律大致为离洞壁越近温度变化越明显，洞壁支护通风期温度降低了 24℃左右，过水运行期相对通风期又降低了 41℃左右，放水后围岩温度基本回升至过水前通风期的温度。

由图 4.98 可知，支护通风期前三天温度降低较快，随后变缓，支护结构温度相对降低较多，其内外侧温差也较大；过水运行期围岩温度下降较多，5m 范围内受低温影响明显；放水检修期 2.5m 范围围岩及支护结构温度回升明显。

1）纯温度荷载下喷层支护结构受力分析

15cm 喷层支护方案，纯温度荷载下支护结构的受力如表 4.42 所示。

表 4.42　纯温度荷载不同工况下（15cm）喷层关键位置温度以及应力

荷载	工况	喷层温度/℃		拱顶		拱肩		侧墙	
		内侧	外侧	σ_{max} /MPa	σ_{min} /MPa	σ_{max} /MPa	σ_{min} /MPa	σ_{max} /MPa	σ_{min} /MPa
温度应力	施工期	47.6	56.2	-2.51	-3.33	-2.52	-3.34	-2.53	-3.35
	运行期	9.8	15.3	1.82	1.04	1.75	0.98	1.68	0.93
	检修期	47.6	56.1	-2.50	-3.32	-2.51	-3.33	-2.52	-3.34

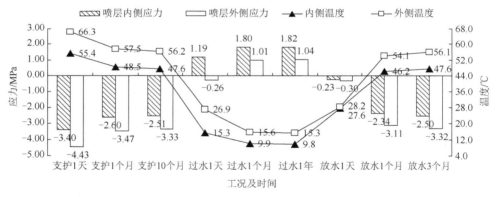

图 4.99　不同工况及时间下喷层内外侧温度及应力变化曲线图

从图 4.99 可以明显看出，在相同的工况下纯温度荷载影响下，应力分布与温度分布规律一致。施工期衬砌均受压，外侧靠近洞壁温度较高，压应力值大于内侧；当运行期过水后，内侧受低温水影响，温度降低幅度较大，因此产生较大拉应力；检修后温度回升，衬砌内部又以受压为主。

2）TM 耦合荷载下喷层支护结构受力分析

喷层支护既承担施工期荷载，在过水后，喷层又受内水压力影响，在温度及内水压力影响下，喷层关键点受力如表 4.43 及图 4.100～图 4.102 所示。

表 4.43 TM 耦合荷载不同工况下（15cm）喷层关键位置温度以及应力

荷载	工况	喷层温度/℃		拱顶		拱肩		侧墙	
		内侧	外侧	σ_{max} /MPa	σ_{min} /MPa	σ_{max} /MPa	σ_{min} /MPa	σ_{max} /MPa	σ_{min} /MPa
TM 耦合应力	施工期	47.6	56.2	-2.58	-3.55	-3.63	-4.40	-4.59	-5.13
	运行期	9.8	15.3	2.51	1.58	1.34	0.58	0.26	-0.28
	检修期	47.6	56.1	-2.58	-3.53	-3.62	-4.39	-4.58	-5.12

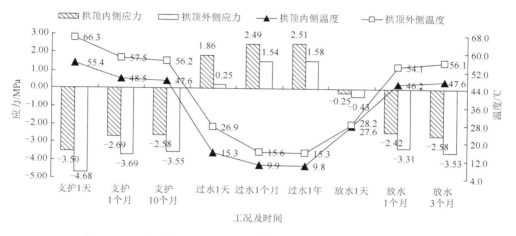

图 4.100 不同工况及时间下拱顶喷层内外侧温度及应力变化曲线

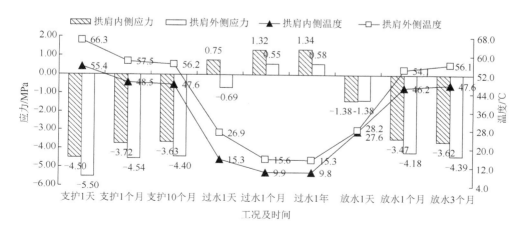

图 4.101 不同工况及时间下拱肩喷层内外侧温度及应力变化曲线

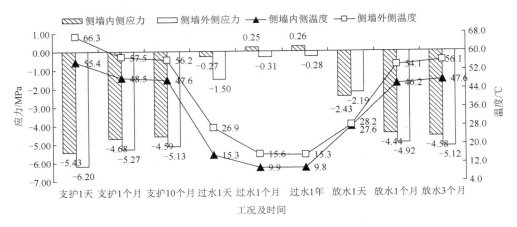

图 4.102　不同工况及时间下侧墙喷层内外侧温度及应力变化曲线

在 TM 耦合荷载的共同作用下，支护结构的受力拱顶受拉为主，侧墙位置受压为主，在施工期衬砌均受压，外侧靠近洞壁温度较高；压应力值要大于内侧；当运行期过水后，喷层内侧温度降低幅度较大，受低温水以及 30m 水头的影响，产生较大拉应力；检修后温度回升，衬砌内部又以受压为主。

3）三种荷载下喷层支护结构受力对比

为了便于了解不同条件下喷层支护结构的受力特点，将不考虑温度荷载及仅考虑温度荷载以及两场耦合下的喷层关键位置应力值进行对比，如表 4.44 所示。

表 4.44　不同条件下（15cm）喷层应力对比

荷载	工况	喷层温度/℃		拱顶应力/MPa		侧墙中部应力/MPa		超出抗拉强度拉应力区范围
		内侧	外侧	内侧	外侧	内侧	外侧	
结构应力	施工期	—	—	−0.30	−0.38	−2.00	−1.75	无
	运行期	—	—	0.37	0.24	−1.33	−1.15	全断面均受拉
温度应力	施工期	47.6	56.2	−2.51	−3.33	−2.53	−3.35	无
	运行期	9.8	15.3	1.82	1.04	1.68	0.93	不超过 5cm
TM 耦合应力	施工期	47.6	56.2	−2.58	−3.55	−4.59	−5.13	无
	运行期	9.8	15.3	2.51	1.58	0.26	−0.28	不超过 10cm

喷层施做后要承担施工期荷载，因此施工期喷层全断面受压。运行期 30m 水头内水荷载影响下，喷层全断面均受拉压，最大拉应力为 2.6MPa，最大压应力不超过 5.0MPa。从三种条件对比看，TM 耦合场喷层应力值略大于纯结构场与温度场应力值的叠加。

从图 4.103 可知，施工期喷层主要受到温度应力的影响，仅考虑温度荷载时的受力与两场耦合下拱顶处喷层受力基本相同，但侧墙中部外侧则不同，TM 耦合下的压应力值基本等于结构应力和温度应力的叠加。

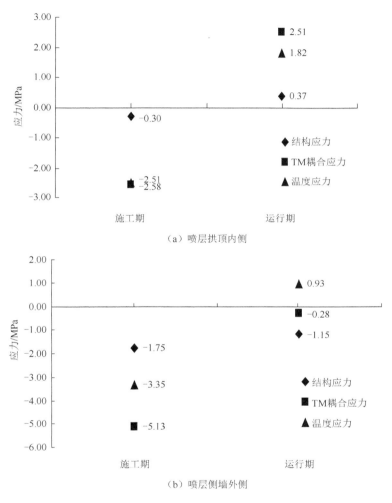

（a）喷层拱顶内侧

（b）喷层侧墙外侧

图 4.103　不同工况喷层应力对比

5. 20cm 喷层支护方案

20cm 喷层支护方案下离洞壁不同距离点的温度随工况以及时间的变化曲线如图 4.104 所示，各点在支护通风期、过水运行期、检修放水期三种工况下前十天的温度变化分别如图 4.105 所示。

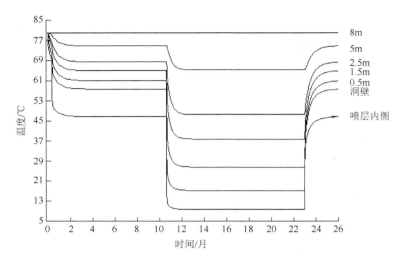

图 4.104　20cm 喷层方案全程温度变化曲线

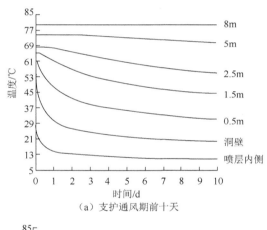

（a）支护通风期前十天

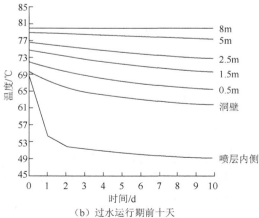

（b）过水运行期前十天

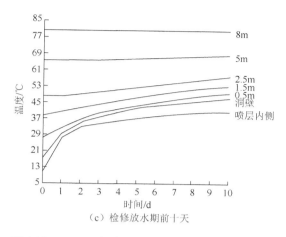

（c）检修放水期前十天

图 4.105 15cm 喷层不同工况下前期温度变化曲线

由图 4.104 可知，支护通风期喷层内侧温度相对围岩原始温度降低了 32℃左右，过水运行期相对通风期又降低了 38℃左右，放水后基本恢复至未过水前的温度。而围岩温度的变化规律大致为离洞壁越近温度变化越明显，洞壁支护通风期温度降低了 24℃左右，过水运行期相对通风期又降低了 41℃左右，放水后围岩温度基本回升至过水前通风期的温度。

由图 4.105 可知，支护通风期前三天内温度降低较快，随后变缓，支护结构温度相对降低较多，其内外侧温差也较大；过水运行期围岩温度下降较多，5m 范围内受低温影响明显；放水检修期 2.5m 范围围岩及支护结构温度回升明显。

1）纯温度荷载下喷层支护结构受力分析

20cm 喷层支护方案，纯温度荷载下支护结构的受力变化如表 4.45 及图 4.106 所示。

表 4.45 纯温度荷载不同工况下（20cm）喷层关键位置温度以及应力

荷载	工况	喷层温度/℃		拱顶		拱肩		侧墙	
		内侧	外侧	σ_{max} /MPa	σ_{min} /MPa	σ_{max} /MPa	σ_{min} /MPa	σ_{max} /MPa	σ_{min} /MPa
温度应力	施工期	46.9	57.6	-2.36	-3.38	-2.37	-3.39	-2.37	-3.39
	运行期	9.8	16.8	1.79	0.80	1.72	0.75	1.66	0.71
	检修期	46.8	57.5	-2.35	-3.37	-2.36	-3.38	-2.37	-3.38

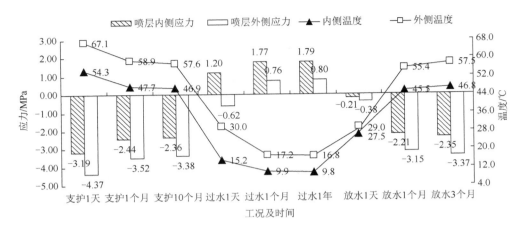

图 4.106　不同工况及时间下喷层内外侧温度及应力变化曲线

在相同的工况纯温度荷载影响下，应力分布与温度分布规律一致。而在不同的工况下，施工期衬砌均受压，外侧靠近洞壁温度较高，压应力值要大于内侧；当运行期过水后，内侧受低温水影响，温度降低幅度较大，因此产生较大拉应力；检修后温度回升，衬砌内部又以受压为主。

2）TM 耦合荷载下喷层支护结构受力分析

喷层支护既承担施工期荷载，在过水后，喷层又受内水压力影响，在温度及内水压力影响下，喷层关键点受力如表 4.46 及表 4.107～图 4.109 所示。

表 4.46　TM 耦合荷载不同工况下（20cm）喷层关键位置温度以及应力

荷载	工况	喷层温度/℃		拱顶		拱肩		侧墙	
		内侧	外侧	σ_{max} /MPa	σ_{min} /MPa	σ_{max} /MPa	σ_{min} /MPa	σ_{max} /MPa	σ_{min} /MPa
TM 耦合应力	施工期	46.9	57.6	-2.48	-3.67	-3.46	-4.41	-4.34	-5.01
	运行期	9.8	16.8	2.40	1.20	1.31	0.35	0.32	-0.37
	检修期	46.8	57.5	-2.47	-3.66	-3.45	-4.40	-4.34	-5.00

在 TM 耦合荷载的共同作用下，支护结构的受力呈拱顶受拉为主，侧墙位置受压为主。在施工期衬砌均受压，外侧靠近洞壁温度较高，压应力值要大于内侧；当运行期过水后，喷层内侧温度降低幅度较大，受低温水以及 30m 水头的影响，因此产生较大拉应力；检修后温度回升，衬砌内部又以受压为主。

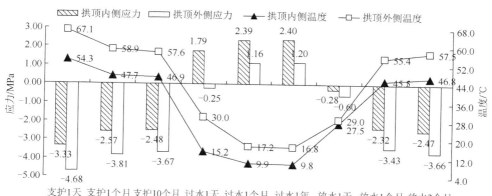

图 4.107 不同工况及时间下拱顶喷层内外侧温度及应力变化曲线

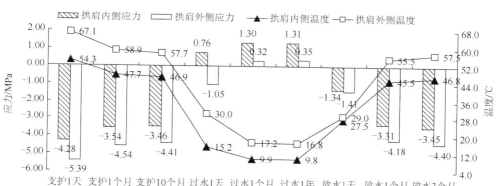

图 4.108 不同工况及时间下拱肩喷层内外侧温度及应力变化曲线

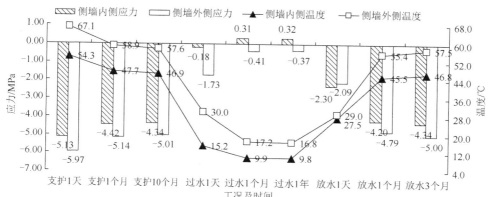

图 4.109 不同工况及时间下侧墙喷层内外侧温度及应力变化曲线

3）三种荷载下喷层支护结构受力对比分析

为了便于了解不同条件下喷层支护结构的受力特点，将不考虑温度荷载、仅考虑温度荷载以及两场耦合下的喷层关键位置应力值进行对比，如表 4.47 所示。

表 4.47　不同条件下（20cm）喷层应力对比

荷载	工况	喷层温度/℃		拱顶应力/MPa		侧墙中部应力/MPa		超出抗拉强度拉应力区范围
		内侧	外侧	内侧	外侧	内侧	外侧	
结构应力	施工期	—	—	-0.34	-0.44	-1.92	-1.60	无
	运行期	—	—	0.31	0.13	-1.27	-1.04	无
温度应力	施工期	46.9	57.6	-2.36	-3.38	-2.37	-3.39	无
	运行期	9.8	16.8	1.79	0.80	1.66	0.71	不超过 10m
TM耦合应力	施工期	46.9	57.6	-2.48	-3.67	-4.34	-5.01	无
	运行期	9.8	16.8	2.40	1.20	0.32	-0.37	不超过 15cm

喷层施做后要承担施工期荷载，因此施工期喷层全断面受压。运行期 30m 水头内水荷载影响下，喷层全断面均受拉压，最大拉应力为 2.40MPa，最大压应力不超过 5.0MPa。从三种条件对比看，TM 耦合场喷层拉应力值（拱顶处）略大于纯结构场与温度场应力值的叠加。

由图 4.110 可知，施工期喷层主要受到温度应力的影响，仅考虑温度荷载时与两场耦合下拱顶处喷层受力基本相同，但侧墙中部外侧则不同，TM 耦合下的压应力值基本等于结构应力和温度应力的叠加。

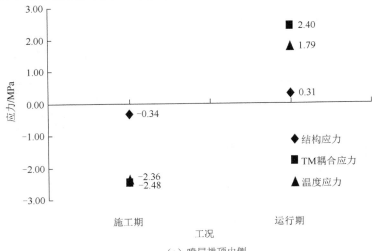

（a）喷层拱顶内侧

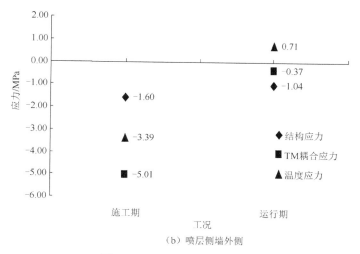

（b）喷层侧墙外侧

图 4.110 不同工况喷层应力对比

6. 不同影响因素下喷层受力对比分析

根据 4.1.3 小节的研究，得到采取不同隔热层措施时在不同围岩初始温度下支护结构的受力特点，对不同材料、不同厚度下支护结构的受力进行对比，并对不同初始岩温对支护结构的受力影响进行对比分析。

根据试验洞的监测情况可知，在过水后，洞周 3～5m 范围内岩体温度温差较小，因此初步模拟当洞周岩体温差较小时对支护结构受力的影响。

7. 短时间过水条件下喷层受力分析

由图 4.111～图 4.113 可知，不同厚度喷层内外侧温差变化规律一致，喷层越厚，温差越大，温差达到最大值越晚；不同厚度喷层内侧温降规律一致，在过水

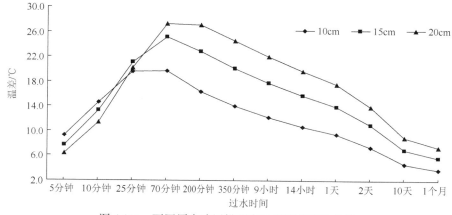

图 4.111 不同厚度喷层拱顶内外侧温差变化曲线

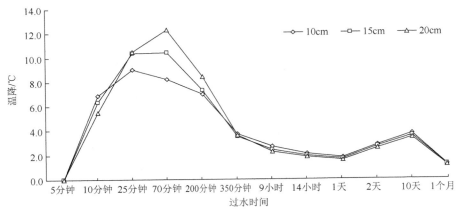

图 4.112　不同厚度喷层拱顶内侧温降曲线

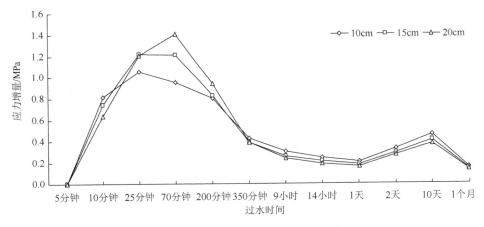

图 4.113　不同厚度喷层内侧应力增量曲线

前期，喷层越厚温度降低越多，后期逐渐减小，但由于忽略了通风期对流影响，过水时各厚度喷层外侧围岩温度一致，使得分析更具针对性；不同厚度喷层内侧应力增量变化规律一致，且与温降变化规律极其相似，在过水前期，喷层越厚应力增量越多，后期逐渐减小，因此在过水前期喷层内侧转化为受拉后，厚度较大，拉应力值相对较大。

1）不同喷护材料受力影响对比分析

在数值模拟中，对于采用不同的材料主要通过参数上的调整进行模拟，重点研究采用钢纤维混凝土、聚酯纤维混凝土对受力的影响，通过在一定范围内调整导热系数、线膨胀系数以及相应弹性模量进行模拟，由于无法确定其准确值，查阅相关资料可知其参数变化范围基本位于 5%～20%，在此范围进行分析。初始喷层厚度取为 15cm，围岩初始温度为 80℃，计算结果如表 4.48 所示。

表 4.48 过水期喷层应力随参数变化

喷层参数	原参数值	单参数增幅（现参数值）	拱顶应力/MPa		侧墙应力/MPa	
			内侧	外侧	内侧	外侧
导热系数	13W/（m·℃）	5%［13.65W/（m·℃）］	2.51	1.60	0.26	−0.25
		20%［15.6W/（m·℃）］	2.50	1.67	0.25	−0.19
线膨胀系数	7.5×10⁻⁶/℃	−5%（7.125×10⁻⁶/℃）	2.42	1.52	0.17	−0.33
		−20%（9.0×10⁻⁶/℃）	2.15	1.37	−0.09	−0.48
弹性模量	20.0GPa	5%（21.0GPa）	2.61	1.63	0.29	−0.28
		20%（24.0GPa）	2.90	1.79	0.37	−0.27
原应力值			2.51	1.58	0.26	−0.28

注：表中参数变化为单一参数变化，应力变化量正值表示增大，负值表示减小。

当采用钢纤维喷层或聚酯喷层后，由于导热系数的提高，最大拉应力量值略有降低，这是由于导热系数高而混凝土内部温差减小所致，降低幅度不超过 1%。当采取不同支护措施时，线膨胀系数的改良对支护结构受力影响最大，线膨胀系数降低 5%～20%时，拉应力量值降低 15%左右，在对支护措施的改良方案中可考虑降低喷层的线膨胀系数。受到高温等因素的影响，弹模量值有所下降，在采取钢纤维等支护方案时，弹模量值相对有所提升，使得喷层拉应力量值增大，幅度在 15%以内。

根据国内外学者的研究，在混凝土内部参入适量的钢纤维可使得其抗拉强度提高 30%～60%。由此可知，采取改良后的混凝土支护措施可以很好地满足高温隧洞最不利工况时的受力要求。

2）不同岩体温度喷层受力分析

由表 4.49 可知，围岩温度越低，喷层的拉应力越高，分析原因为围岩温度低时施工期喷层岩应力较小，过水后喷层迅速转变为受拉，使得拉应力相对较高。

表 4.49 不同围岩温度喷层关键位置应力 （单位：MPa）

喷层位置		60℃		80℃（原）		100℃	
		施工期	过水期	施工期	过水期	施工期	过水期
拱顶	内侧	−1.79	2.64	−2.58	2.51	−3.38	2.38
	外侧	−2.39	1.87	−3.55	1.58	−4.69	1.28
拱肩	内侧	−2.84	1.48	−3.63	1.34	−4.41	1.20
	外侧	−3.27	0.88	−4.40	0.58	−5.54	0.28
侧墙	内侧	−3.81	0.41	−4.59	0.26	−5.37	0.11
	外侧	−4.01	0.03	−5.13	−0.28	−6.26	−0.59

注：Ⅲ类围岩，喷层厚度 15cm，过水时间 1 年。

3）隧洞埋深对喷层受力影响分析

由表 4.50 可知，隧洞埋深位置对喷层受力有一定影响，具体表现为埋深较浅时，施工期喷层压应力较小，从而使得运行期拉应力较大。

表 4.50 不同埋深喷层关键位置应力

喷层位置		150m		200m		280m（原）	
		施工期	过水期	施工期	过水期	施工期	过水期
拱顶	内侧	-2.43	2.61	-2.49	2.57	-2.58	2.51
	外侧	-3.35	1.70	-3.42	1.65	-3.55	1.58
拱肩	内侧	-3.05	1.90	-3.27	1.69	-3.63	1.34
	外侧	-3.86	1.11	-4.06	0.91	-4.40	0.58
侧墙	内侧	-3.65	1.22	-4.01	0.86	-4.59	0.26
	外侧	-4.31	0.56	-4.62	0.25	-5.13	-0.28

注：Ⅲ类围岩，喷层厚度 15cm，过水时间 1 年。

4）运行期不同内水压力喷层受力分析

由表 4.51 可知，从纯结构荷载下和 TM 耦合荷载下喷层应力来看，不同水头对喷层受力影响表现为水头越低，拉应力越小。

表 4.51 不同水头喷层关键位置应力 （单位：MPa）

喷层位置		25m		32.5m（原）		40m	
		纯结构	TM 耦合	纯结构	TM 耦合	纯结构	TM 耦合
拱顶	内侧	0.22	2.36	0.37	2.51	0.53	2.67
	外侧	0.09	1.44	0.24	1.58	0.38	1.72
拱肩	内侧	-0.66	1.18	-0.51	1.34	-0.35	1.49
	外侧	-0.64	0.44	-0.50	0.58	-0.36	0.72
侧墙	内侧	-1.48	0.11	-1.33	0.26	-1.17	0.42
	外侧	-1.29	-0.41	-1.15	-0.28	-1.01	-0.14

注：Ⅲ类围岩，喷层厚度 15cm，过水时间 1 年。

5）检修期不同外水压力喷层受力分析

检修期水头通过库水位高程及出水位高程确定，可知外水水头为 25m，分别分析内水外渗时 30m 水头及 35m 水头下支护结构的受力，具体见表 4.52。

表 4.52 不同外水水头喷层关键位置应力 （单位：MPa）

喷层位置		25m		30m		35m	
		纯结构	TM 耦合	纯结构	TM 耦合	纯结构	TM 耦合
拱顶	内侧	-1.00	-3.50	-1.13	-3.62	-1.26	-3.75
	外侧	-1.05	-4.53	-1.17	-4.65	-1.29	-4.77
拱肩	内侧	-2.21	-4.94	-2.34	-5.07	-2.46	-5.20
	外侧	-2.04	-5.68	-2.16	-5.80	-2.28	-5.92
侧墙	内侧	-2.80	-5.63	-2.92	-5.75	-3.05	-5.88
	外侧	-2.48	-6.18	-2.59	-6.30	-2.71	-6.42

注：Ⅲ类围岩，喷层厚度 15cm，检修期时间 3 个月。

　　检修期在仅考虑 25m 外水水头荷载影响下，喷层均受压，最大压应力发生在侧墙中部，不超过 3.0MPa。在 TM 耦合条件下，由于温度回升，使得喷层内部受压，最大压应力不超过 7.0MPa，检修期外水荷载下喷层受力满足混凝土设计抗压强度要求。外水水头增大 10m 时，喷层最大受力值增大幅度不超过 5%，仍在设计强度范围内，因此在高温洞段范围内，喷层受力能够满足要求。

　　6）过水温度对喷层受力的影响分析

　　考虑到冬季与夏季水温差距较大，冬季过水温度可能会降低到 2～3℃，而夏季水温会提高到 10～15℃，分析不同过水温度对支护结构受力的影响。过水温度分别为 1℃、5℃、10℃、15℃时支护结构受力值如表 4.53 所示。

表 4.53　不同过水温度下喷层关键点受力对比　　　　（单位：MPa）

喷层位置		1℃	5℃（原）	10℃	15℃
拱顶	内侧	2.95	2.51	1.96	1.41
	外侧	1.95	1.58	1.11	0.63
拱肩	内侧	1.76	1.34	0.80	0.27
	外侧	0.95	0.58	0.13	-0.33
边墙	内侧	0.68	0.26	-0.26	-0.78
	外侧	0.08	-0.28	-0.72	-1.16

　　注：Ⅲ类围岩，结果为过水后 1 年，喷层厚度 15cm。

　　由表 4.53 可知，当水温降低到最低温度 1℃时，喷层拉应力最大量值由 2.51MPa 增大到 2.95MPa，增大 20% 左右；水温提升后，喷层拉应力量值均有所降低，当水温由 5℃提高到 15℃时，喷层拉应力量值降到 1.4MPa 左右，降低 40% 左右。

　　7）运行期不同调热圈范围对喷层受力影响分析

　　根据现场监测成果可知，在洞周 3～5m 过水后对调热圈的影响较为显著，该范围内温度差基本在 10℃范围内，分别研究 3m 和 5m 范围内岩体温差在 10℃范围内时对支护结构受力的影响，如表 4.54 所示。从计算成果看，由于低温水使得洞周岩体快速降温，从而有效地降低了喷层内部的温差，使得喷层应力有一定程度地降低。

表 4.54　不同调热圈下喷层关键点受力对比　　　　（单位：MPa）

喷层位置		正常	3m 调热圈	5m 调热圈
拱顶	内侧	2.51	2.28	2.23
	外侧	1.58	1.03	0.73
拱肩	内侧	1.34	1.08	1.05
	外侧	0.58	0.02	-0.27
侧墙	内侧	0.26	-0.01	-0.07
	外侧	-0.28	-0.85	-1.17

　　注：Ⅲ类围岩，运行时间 1 年，围岩温度 80℃。

8. 衬砌方案

为了进一步探讨Ⅲ类围岩高温洞段下采取合适的支护结构，分析衬砌（30cm厚）方案下支护结构受力特性。

1）纯温度荷载下衬砌结构受力分析

施工期衬砌主要受高温热源影响，衬砌内部温度较高，衬砌均受压，最大压应力不超过 4MPa；运行期，衬砌内外侧温度发生突降，在高温差影响下，衬砌表面拉应力值达到 3.0MPa 左右；检修期温度回升，基本回升至未过水前温度，衬砌由拉应力转化为压应力，压应力量值不超过 4.0MPa，如表 4.55 及图 4.114 所示。

表 4.55　纯温度荷载下衬砌受力

荷载	工况	衬砌内壁温度/℃	衬砌外壁温度/℃	拱顶		拱肩		侧墙	
				σ_{max}/MPa	σ_{min}/MPa	σ_{max}/MPa	σ_{min}/MPa	σ_{max}/MPa	σ_{min}/MPa
纯温度	施工期	44.6	58.2	-1.79	-3.81	-1.75	-3.80	-1.73	-3.79
	运行期	9.7	19.9	2.91	0.81	2.82	0.78	2.78	0.77
	检修期	44.5	58.1	-1.78	-3.80	-1.74	-3.78	-1.72	-3.78

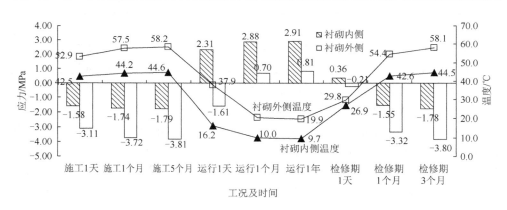

图 4.114　不同工况及时间下拱顶衬砌内外侧温度及应力变化曲线图

施工期衬砌均受压，外侧靠近洞壁温度较高，压应力值要大于内侧；当运行期过水后，内侧受低温水影响，温度降低幅度较大，因此产生较大拉应力；检修后温度回升，衬砌内部又以受压为主。在单纯温度荷载影响下，同一工况下衬砌各部位受力基本相同。

2）耦合工况下衬砌受力分析

衬砌不承担施工期荷载，在过水一段时间后，衬砌受内水压力影响，在温度及内水压力影响下，衬砌受力如表 4.56 所示。

表 4.56 耦合荷载下衬砌受力

荷载	工况	衬砌内壁温度/℃	衬砌外壁温度/℃	拱顶		拱肩		侧墙	
				σ_{max}/MPa	σ_{min}/MPa	σ_{max}/MPa	σ_{min}/MPa	σ_{max}/MPa	σ_{min}/MPa
TM 耦合应力	施工期	44.6	58.2	-1.8	-3.8	-1.7	-3.8	-1.7	-3.8
	运行期	9.7	19.9	3.7	1.5	3.6	1.4	3.5	1.4
	检修期	44.5	58.1	-1.8	-3.8	-1.7	-3.8	-1.7	-3.8

施工期衬砌受高温热源影响，衬砌内部温度有所提高，衬砌均受压，最大压应力不超过 4MPa；运行期，衬砌内外侧温度发生突降，在高温差及内水荷载下，衬砌表面拉应力值达到 3.7MPa 左右；检修期温度回升，基本回升至未过水前温度，衬砌由拉应力转化为压应力，压应力量值不超过 4.0MPa。

从图 4.115～图 4.117 可以明显看出，施工期衬砌均受压，外侧靠近洞壁温度较高，压应力值要大于内侧；当运行期过水后，内侧受低温水影响，温度降低幅度较大，因此产生较大拉应力；检修后温度回升，衬砌内部又以受压为主。

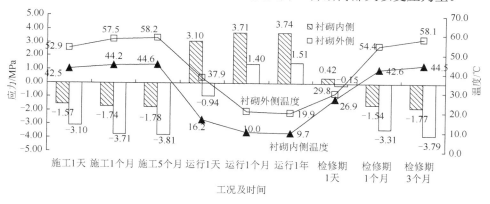

图 4.115 不同工况及时间下拱顶衬砌内外侧温度及应力变化曲线

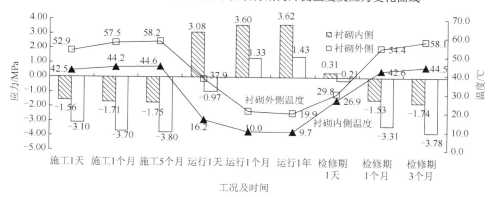

图 4.116 不同工况及时间下拱肩衬砌内外侧温度及应力变化曲线

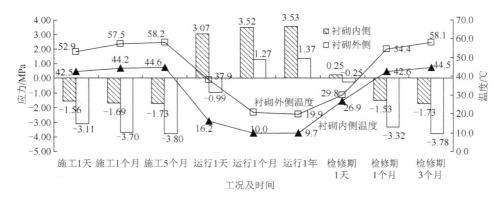

图 4.117　不同工况及时间下侧墙衬砌内外侧温度及应力变化曲线

3）不同条件下衬砌受力对比分析

为了便于了解不同条件下衬砌的受力特点，不考虑温度荷载及仅考虑温度荷载以及两场耦合下的衬砌应力值进行对比，如表 4.57 所示。

表 4.57　不同荷载下衬砌受力比较

荷载	工况	衬砌内壁温度/℃	拱顶		侧墙中部		超出抗拉强度拉应力区范围
			σ_{max}/MPa	σ_{min}/MPa	σ_{max}/MPa	σ_{min}/MPa	
结构应力	运行期	无	0.77	0.64	0.76	0.62	全断面均受拉
温度应力	施工期	44.6	-1.79	-3.81	-1.73	-3.79	无
	运行期	9.7	2.91	0.81	2.78	0.77	不超过 0.2m
TM 耦合应力	施工期	44.6	-1.8	-3.8	-1.7	-3.8	无
	运行期	9.7	3.7	1.5	3.5	1.4	全断面

衬砌施做后不承担施工期荷载，因此施工期衬砌不受力。运行期 30m 水头内水荷载影响下，衬砌全断面均受压，最大压应力不超过 0.8MPa。从三种条件对比看，TM 耦合场衬砌应力值基本等于纯结构场与温度场应力值的叠加。

9. 不同支护方案下受力对比分析

针对三类围岩高温洞段，本节探讨了不支护方案、不同一次支护厚度方案及衬砌方案。由于运行期过水后为支护结构受力的控制工况，将运行期过水后不同支护措施下的支护结构受力进行对比，最终确定较为合适的支护措施进行深入研究。

从表 4.58 可知，分别采用一次喷锚支护方案及衬砌方案，从受力对比看，衬砌方案下运行期衬砌拉应力量值较大，达到 3.7MPa，喷层方案下拉应力量值不超过 2.7MPa。一方面是支护结构厚度较大时，在过水前期由于内部温差较大，混凝土内部应力值较大，容易出现拉裂破坏；另一方面是内水荷载下，较薄的支护结构与围岩共同承担内水荷载，而支护结构厚度较大时，内水荷载主要由支护结构来承担。

表4.58 不同支护方案下支护结构受力对比

支护方案	壁面温度/℃		拱顶应力/MPa		侧墙中部应力/MPa	
	过水前	过水后	内侧	外侧	内侧	外侧
10cm喷层	48.5	9.8	2.64	2.04	0.17	-0.19
15cm喷层	47.6	9.8	2.51	1.58	0.26	-0.28
20cm喷层	46.9	9.8	2.40	1.20	0.32	-0.37
30cm衬砌	44.6	9.7	3.7	1.5	3.5	1.4

综上所述，在三类围岩高温洞段下采用一次支护措施从经济及受力性态上均较为合适，喷层厚度考虑到糙率等影响，建议采用15cm喷层支护方案。

本节研究高温洞段三类围岩下的不同支护方案，其中包括毛洞方案、一次支护方案（厚度分别为10cm、15cm和20cm）以及二次衬砌方案，每种方案均考虑了纯温度荷载及TM耦合场影响下的结构受力，并与结构应力进行了对比，得出以下结论。

（1）采用一次支护方案时，喷层厚度分别为10cm、15cm及20cm，在单纯温度荷载影响下，运行期由于高温差影响，喷层表面拉应力量值均在1.8MPa左右；在考虑结构荷载和温度荷载耦合条件下，运行期长期过水条件下，喷层最大拉应力量值发生在拱顶，分别为2.64MPa、2.51MPa、2.40MPa，三种支护厚度下喷层受力较为接近。

（2）采用衬砌方案时，施工期衬砌不承担荷载，运行期仅内水荷载影响下，衬砌拉应力量值不超过0.8MPa，在考虑温度场应力场耦合工况下，衬砌拉应力量值达到3.7MPa。这与现场实测的数据也较为接近，衬砌拉应力量值较大，三类围岩高温洞段不建议采用衬砌方案。

（3）通过过水后短时间内支护结构受力变化规律的研究可知，喷层厚度在过水初期对喷层受力有较大影响，在过水的前几天时间里，支护结构越薄，内部约束越小，其受力越小；在过水后期，喷层拉应力逐渐稳定，差值也趋于稳定，较薄喷层拉应力相对略大。因此，当采用较厚的支护结构时，在过水的前期很可能出现拉裂破坏。

（4）综上所述，考虑到糙率等影响，建议采用一次支护作为永久支护方案，喷层建议选取15cm厚C30加纤维喷射混凝土。

4.3.3 Ⅳ类围岩高温洞段隧洞与衬砌受力分析

对Ⅳ类围岩80℃初始岩温下不同支护措施下的受力特点进行详细分析，从时间上主要分为开挖期、施工支护期、运行过水期和检修期四种工况，本章详细分析各断面各个工况下不同支护方案围岩与支护结构的温度场、应力场及耦合情况下的变化规律。

1. 断面选取

根据新疆水利设计院提供的地质资料，通过对 14 个Ⅳ类围岩洞段分别从埋深、岩温、水头以及地质条件等进行深入分析，并结合相关工况从经验初步选取 4 号、7 号和 12 号三个洞段为Ⅳ类典型剖面进行支护结构设计，分别定义为断面一、断面二和断面三，各断面开挖通风后洞壁温度分别为 42℃、52℃ 和 45℃。各断面沿洞轴线的分布情况见表 4.59。

表 4.59　Ⅳ类围岩典型剖面参数

序号	桩号/m	高程/m	埋深/m	长度/m	内水水头/m
4	3+211.8～3+241.0	3259.84	183.66	29.15	31.05
7	4+718.0～4+732.0	3258.16	255.34	14	32.73
12	6+330.0～6+352.0	3257.53	372.48	22	33.36

2. 支护方案

参照Ⅲ类围岩现场试验资料及前期大量数值分析成果，并结合"玻璃杯热胀冷缩破裂"生活常识，提出支护结构厚度越薄越可以有效避免支护结构内部产生较大温度应力，从而提高支护结构的安全性，因此支护措施初步确定采用喷锚支护。为了详细对比研究不同支护方案下支护结构受力特点，制定以下支护措施：①15cm 喷射混凝土+ϕ25 砂浆锚杆，喷射混凝土强度等级为 C30，锚杆长 1.5m，间、排距 2.0m，入岩深度 1.4m；②20cm 喷射混凝土+ϕ25 砂浆锚杆，喷射混凝土强度等级 C30，锚杆长 1.5m，间、排距 2.0m，入岩深度 1.4m。

若喷锚支护方案在施工期不能满足施工期荷载或运行期在内水及温度共同作用下的安全稳定性，则推荐施做二次衬砌方案：①15cm 喷射混凝土+40cm 衬砌，同时辅以ϕ25 砂浆锚杆，喷射混凝土强度 C15，混凝土衬砌强度等级为 C25；②15cm 喷射混凝土+50cm 衬砌，同时辅以ϕ25 砂浆锚杆，喷射混凝土强度 C15，混凝土衬砌强度等级为 C25。

分别研究上述支护方案下支护结构的受力特点，在对分析成果深入分析的基础上并结合相关工程经验，推荐最终支护措施。

3. 分析模型及热力学参数

由于高温洞段支护与衬砌的内力不仅涉及常规的结构场计算，也涉及温度场与稳定应力的计算，数值仿真分析模型的确定和相关热力学参数的选取对分析结果的真实性和可靠性有着重要的影响，因此本节重点对数值分析模型和热力学参数进行确定。

1）数值模型及边值条件

由设计院提供的设计资料可知，该引水发电洞开挖洞径为 4.6m，结合前期研究成果，并综合考虑温度场和应力场的耦合影响，模型上下左右均取为 8 倍洞径的正方形，以减小边界条件对分析结果的影响。模型左右水平向约束，底部为固定约束，分析模型网格示意图（图 4.118）。

图 4.118　Ⅳ类围岩数值分析模型示意图

2）热力学参数

同数值仿真分析模型及边值条件相比，分析中采用的热力学参数同样对分析结果有着至关重要的作用，各参数选取的原则和方法在Ⅲ类围岩洞段分析部分已进行了深入的分析和论述，在此不再赘述。本章所采用参数均由Ⅲ类围岩洞段类比获得，并结合《岩土锚杆与喷射混凝土支护工程技术规范》（GB 50086—2015）和《混凝土结构设计规范》（GB 50010—2010）等确定，具体如表 4.60 所示。

表 4.60　Ⅳ类围岩洞段围岩及支护结构热力学参数

材料	变形模量/GPa	密度/（kg/cm³）	泊松比	线膨胀系数/（1/℃）	导热系数/［W/（m·℃）］	比热/［J/（kg·℃）］
Ⅳ类围岩	3.5	2650	0.35	0.45E-6	15	1000
C25 衬砌	28	2500	0.167	7.55E-6	13	950
C30 喷层	20	2200	0.167	7.55E-6	13	950
C15 喷层	18	2200	0.167	7.5E-6	13	950
锚杆	200	7960	0.22	10.0E-6	20	500

　　对流换热系数由Ⅲ类围岩洞段分析结果类比获得，围岩与空气的对流换热系数为3W/（m²·℃），空气温度为20℃，混凝土与空气的对流换热系数为10W/（m²·℃），混凝土与水的对流换热系数为100W/（m²·℃），水温为5℃。根据相关工程经验，初拟Ⅳ类围岩喷层承担30%施工期荷载，二次衬砌不承担施工期荷载。

　　4. 喷锚支护方案

　　根据拟定的支护方案，首先研究仅采用喷锚支护方案，不施做二次衬砌时，喷层支护结构在施工期、运行期和检修期的安全稳定性，为确定合适的支护方案提供参考依据，喷锚支护方案横道图如图 4.119 所示。

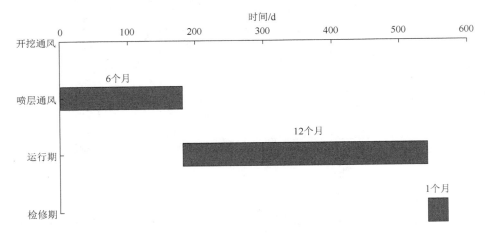

图 4.119　喷锚支护方案横道图

　　1）3+211.85～3+241.00 洞段（断面一）

　　（1）15cm 喷锚支护方案支护结构受力特性分析。纯温度荷载下喷层支护结构受力分析：考虑到Ⅳ类围岩条件下施工期喷层可能仅承担温度荷载，运行期喷层同时承担温度和内水荷载，因此先分析喷层在仅考虑温度荷载下的受力，如表 4.61

所示。施工期喷层主要受高温热源影响，喷层内部温度较高，全断面均受压，最大压应力为 2.38MPa；运行期，支护结构内外侧温度发生突降，在高温降以及温差影响下，喷层表面拉应力值达到 2.13MPa 左右；检修期温度回升，喷层由拉应力转化为压应力，压应力量值不超过 1.8MPa。

表 4.61　纯温度荷载不同工况下（15cm）喷层关键位置应力　　（单位：MPa）

荷载	工况	拱顶		拱腰		拱底	
		径向	环向	径向	环向	径向	环向
温度应力	施工期	−0.06	−2.37	−0.06	−2.38	−0.06	−2.37
	运行期	0.05	2.13	0.05	2.07	0.05	2.13
	检修期	−0.05	−1.78	−0.05	−1.81	−0.05	−1.79

喷层厚度较薄，喷层内外层温差较小，使得喷层内部应力较小。施工期喷层全断面受压，外侧靠近洞壁温度较高，压应力值要大于内侧；当运行期过水时，内侧受低温水影响，温度降低幅度较大，因此产生较大拉应力；检修后温度回升，喷层内部又以受压为主。各工况下喷层受力基本呈环向分布，分布比较均匀。

TM 耦合作用下喷锚支护结构受力分析：既考虑施工期荷载，过水时又考虑内水压力的影响，同时在温度荷载作用下，喷层关键点受力如表 4.62 所示。施工期喷层受施工期荷载及高温热源影响，喷层全断面均受压，最大压应力发生在拱腰部位，不超过 3.5MPa；运行期，在内水荷载及高温差影响下，喷层内侧均受拉，拉应力量值达到 3.52MPa；检修期温度回升，喷层由拉应力转化为压应力，压应力量值不超过 2.0MPa。

表 4.62　TM 耦合作用下（15cm）不同工况喷层关键位置应力　　（单位：MPa）

荷载	工况	拱顶		拱腰		拱底	
		径向	环向	径向	环向	径向	环向
TM 耦合应力	施工期	−0.06	−2.56	−0.08	−3.33	−0.07	−2.57
	运行期	−0.23	3.52	−0.24	2.72	−0.23	3.52
	检修期	−0.05	−1.98	−0.06	−2.77	−0.05	−1.98

从图 4.120 可以看出，在 TM 耦合作用下，支护结构的受力呈现出一种以拱顶受拉，拱腰受压的趋势。施工期喷层全断面受压，由于承担了较大的施工期荷载，在拱腰部位出现了较大的压应力，而拱顶和拱底部位压应力值相对较小。当运行期过水时，喷层内侧温度降低幅度较大，受低温水以及 31m 水头的影响，产生较大拉应力。检修后温度回升，喷层内部又以受压为主。

　　不同荷载作用下喷层支护结构受力对比分析：为了便于了解不同荷载条件下喷层支护结构的受力特点，将不考虑温度荷载、仅考虑温度荷载以及两场耦合下的喷层关键位置应力值进行对比，如表 4.63 所示。喷层施做后要承担施工期荷载，因此施工期喷层全断面受压。运行期 31m 水头内水荷载影响下，喷层拱顶出现了小范围的拉应力，其值为 0.83MPa，最大压应力不超过 2.0MPa。从三种荷载工况条件对比看，TM 耦合作用下喷层应力值略大于纯结构应力与温度场应力值的叠加。施工期喷层主要受到温度应力的影响，仅考虑温度荷载时与两场耦合下拱顶处喷层受力基本相同，但拱腰不同，TM 耦合作用下的压应力值基本等于结构应力和温度应力的叠加。

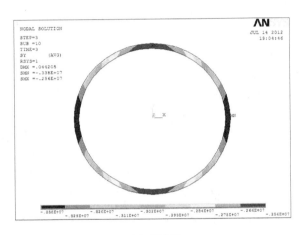

（a）施工期

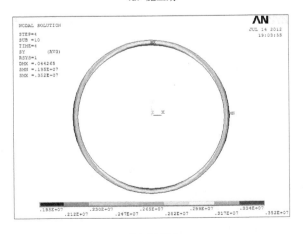

（b）运行期

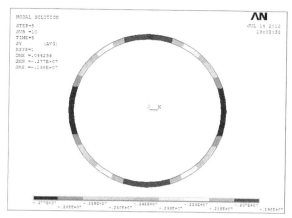

（c）检修期

图 4.120 TM 耦合作用下不同工况支护结构应力

表 4.63 不同荷载条件下（15cm）喷层应力对比 （单位：MPa）

荷载	工况	拱顶		拱腰		边墙	
		径向	环向	径向	环向	径向	环向
结构应力	施工期	−0.01	−0.75	−0.04	−1.75	−0.02	−0.76
	运行期	−0.29	0.83	−0.31	−0.15	−0.29	0.82
温度应力	施工期	−0.06	−2.37	−0.06	−2.38	−0.06	−2.37
	运行期	0.05	2.13	0.05	2.07	0.05	2.13
TM 耦合应力	施工期	−0.06	−2.56	−0.08	−3.33	−0.07	−2.57
	运行期	−0.23	3.52	−0.24	2.72	−0.23	3.52

（2）20cm 喷锚支护方案支护结构受力特性分析。15cm 喷锚支护方案喷层运行期 TM 耦合作用下拱顶环向应力高达 3.52MPa，远远超过了 C30 喷射混凝土的抗拉强度设计值（1.5MPa），因此考虑增加喷层厚度（即喷锚支护方案二），研究在支护方案二条件下喷层的受力特性。不同荷载工况下 20cm 喷锚支护方案支护结构应力值如表 4.64 所示。

表 4.64 不同荷载条件下（20cm）喷层应力对比 （单位：MPa）

荷载	工况	拱顶		拱腰		边墙	
		径向	环向	径向	环向	径向	环向
结构应力	施工期	−0.02	−0.68	−0.04	−1.61	−0.02	−0.68
	运行期	−0.28	0.75	−0.31	−0.18	−0.28	0.74
温度应力	施工期	−0.07	−2.18	−0.07	−2.18	−0.07	−2.18
	运行期	0.06	1.98	0.06	1.92	0.06	1.97
TM 耦合应力	施工期	−0.08	−2.43	−0.09	−3.19	−0.08	−2.44
	运行期	−0.21	3.14	−0.23	2.35	−0.22	3.14

　　由表 4.64 可以看出，喷层全断面结构应力分布很不均匀，拱腰部位最大，施工期喷层拱腰最大压应力为 1.61MPa，而拱顶仅为 0.68MPa。温度应力规律则与结构应力分布有着较大的区别，全断面几乎成环向均匀分布，运行期喷层最大环向拉应力为 1.98MPa。而耦合应力则近似为前两者的叠加结果，施工期拱腰最大压应力为 3.19MPa，运行期拱顶环向最大拉应力高达 3.14MPa，远远超过了 C30 喷射混凝土的设计抗拉强度。两种喷锚支护方案喷层受力特性和变化规律基本相同，温度应力分布比较均匀，而结构应力在拱顶和拱腰部位差异较大，拱顶部位受力近似为结构应力和温度应力的叠加，而拱腰部位近似等于温度应力。同时可以看出，随着喷层厚度的增加，喷层受力明显减小，但仍大于 C30 喷射混凝土的设计抗拉强度，综合考虑围岩类别和工程运行情况，应考虑采用二次衬砌支护方案。

　　2）4+718.00～4+732.00 洞段（断面二）

　　（1）15cm 喷锚支护方案支护结构受力特性分析。考虑到Ⅳ类围岩条件下施工期喷层可能仅承担温度荷载，同时在运行期喷层同时承担温度和内水荷载，因此先分析喷层在仅考虑温度荷载下的受力，即进行纯温度荷载下喷层支护结构受力分析。施工期喷层主要受高温热源影响，喷层内部温度较高，全断面均受压，最大压应力为 2.38MPa；运行期，支护结构内外侧温度发生突降，在高温降以及温差影响下，喷层表面拉应力值达到 2.13MPa 左右；检修期温度回升，喷层受力由拉应力转化为压应力，压应力最大值约为 1.8MPa（表 4.65）。

表 4.65　纯温度荷载不同工况下（15cm）喷层关键位置应力　　（单位：MPa）

荷载	工况	拱顶		拱腰		边墙	
		径向	环向	径向	环向	径向	环向
温度应力	施工期	−0.06	−2.37	−0.06	−2.38	−0.06	−2.37
	运行期	0.05	2.13	0.05	2.07	0.05	2.13
	检修期	−0.05	−1.78	−0.05	−1.81	−0.05	−1.78

　　由于喷层厚度较薄，喷层内外层温差较小，从而使得喷层内部应力较小。施工期喷层全断面受压，外侧靠近洞壁温度较高，压应力值要大于内侧；当运行期过水时，内侧受低温水影响，温度降低幅度较大，因此产生较大拉应力；检修后温度回升，喷层内部又以受压为主。各工况下喷层受力基本呈环向分布，分布比较均匀。

　　既考虑施工期荷载，又考虑过水时内水压力的影响，同时在温度荷载作用下，喷层关键点受力如表 4.66 所示，下面进行 TM 耦合作用下喷锚支护结构受力分析。

表 4.66 TM 耦合作用下不同工况（15cm）喷层关键位置应力 （单位：MPa）

荷载	工况	拱顶		拱腰		边墙	
		径向	环向	径向	环向	径向	环向
TM 耦合应力	施工期	-0.07	-2.64	-0.09	-3.71	-0.07	-2.64
	运行期	-0.24	3.53	-0.26	2.44	-0.25	3.53
	检修期	-0.05	-2.05	-0.07	-3.14	-0.05	-2.05

施工期喷层受施工期荷载及高温热源影响，喷层全断面均受压，最大压应力发生在拱腰部位，不超过 4MPa；运行期在内水荷载及高温差影响下，喷层环向全断面受拉，拉应力值达到 3.53MPa；检修期温度回升，喷层由拉应力转化为压应力，压应力最大值出现在拱腰部位，为 3.14MPa。

从图 4.121 中可以看出，在 TM 耦合作用下，支护结构的受力呈现出一种以拱顶受拉，拱腰受压的趋势。施工期喷层全断面受压，喷层承担了较大的施工期荷载，因此喷层压应力较大，最大值出现在拱腰部位；当运行期过水时，喷层内侧温度降低幅度较大，受低温水以及 32.7m 水头的影响，产生较大拉应力；检修后温度回升，喷层内部又以受压为主。

为了便于了解不同荷载条件下喷层支护结构的受力特点，将不考虑温度荷载、仅考虑温度荷载以及两场耦合下的喷层关键位置应力值进行对比，如表 4.67 所示。喷层施做后要承担施工期荷载，因此施工期喷层全断面受压。运行期 32.7m 水头内水荷载影响下，喷层拱顶出现了少量的拉应力，其值为 0.62MPa，最大压应力不超过 2.5MPa。从三种荷载工况条件对比看，TM 耦合作用下喷层应力值略大于纯结构应力与温度场应力值的叠加。施工期喷层主要受到温度应力的影响，仅考虑温度荷载时与两场耦合下拱顶处喷层受力基本相同，但拱腰则不同，TM 耦合作用下的压应力值基本等于结构应力和温度应力的叠加。

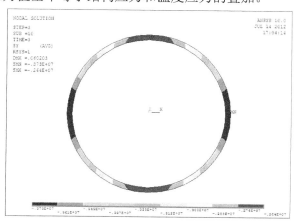

（a）施工期

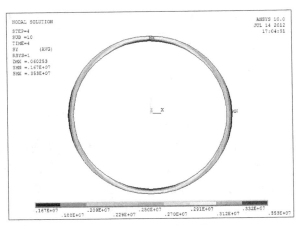

（b）运行期

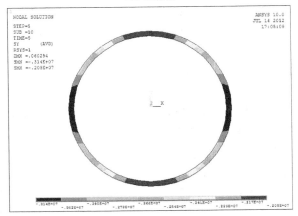

（c）检修期

图 4.121　TM 耦合作用下不同工况支护结构应力

表 4.67　不同荷载条件下（15cm）喷层应力对比　　（单位：MPa）

荷载	工况	拱顶		拱腰		边墙	
		径向	环向	径向	环向	径向	环向
结构应力	施工期	-0.02	-1.05	-0.05	-2.44	-0.02	-1.06
	运行期	-0.31	0.62	-0.33	-0.75	-0.31	0.61
温度应力	施工期	-0.06	-2.37	-0.06	-2.38	-0.06	-2.37
	运行期	0.05	2.13	0.05	2.07	0.05	2.13
TM 耦合应力	施工期	-0.07	-2.64	-0.09	-3.71	-0.07	-2.64
	运行期	-0.24	3.53	-0.26	2.44	-0.25	3.53

（2）20cm 喷锚支护方案支护结构受力特性分析。15cm 喷锚支护方案喷层运行期 TM 耦合作用下拱顶环向应力高达 3.53MPa，远远超过了 C30 喷射混凝土的

抗拉强度设计值（1.5MPa），因此考虑增加喷层厚度（即喷锚支护方案二），研究在支护方案二条件下喷层的受力特性。不同荷载工况下 20cm 喷锚支护方案支护结构应力值如表 4.68 所示。可以看出，喷层全断面结构应力分布很不均匀，拱腰部位最大，施工期喷层拱腰最大压应力高为 2.25MPa，而拱顶仅为 0.94MPa。温度应力规律则与结构应力分布有着较大的区别，全断面几乎成环向均匀分布，运行期喷层最大环向拉应力为 1.98MPa。而耦合应力则近似为前两者的叠加结果，施工期拱腰最大压应力为 3.58MPa，运行期环向最大拉应力高达 3.12MPa，远远超过了 C30 喷射混凝土的设计抗拉强度。

表 4.68　不同荷载条件下（20cm）喷层应力对比　（单位：MPa）

荷载	工况	拱顶		拱腰		边墙	
		径向	环向	径向	环向	径向	环向
结构应力	施工期	-0.02	-0.94	-0.06	-2.25	-0.03	-0.95
	运行期	-0.30	0.56	-0.34	-0.73	-0.31	0.55
温度应力	施工期	-0.07	-2.17	-0.07	-2.18	-0.07	-2.18
	运行期	0.06	1.98	0.05	1.92	0.06	1.98
TM 耦合应力	施工期	-0.08	-2.53	-0.11	-3.58	-0.08	-2.53
	运行期	-0.23	3.12	-0.26	2.04	-0.24	3.11

从图 4.122 可以看出，两种喷锚支护方案喷层受力特性和变化规律基本相同，温度应力分布比较均匀，而结构应力拱顶和拱腰部位差异较大，拱顶部位受力近似为结构应力和温度应力的叠加，而拱腰部位近似等于温度应力。同时可以看出随着喷层厚度的增加，喷层受力明显减小，但仍大于 C30 喷射混凝土的设计抗拉强度，综合考虑围岩类别和工程运行情况，应考虑采用二次衬砌支护方案。

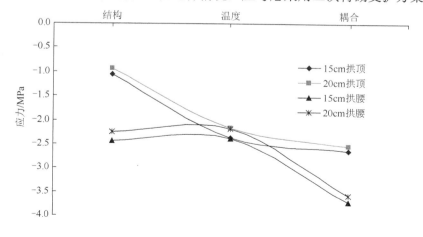

（a）施工期

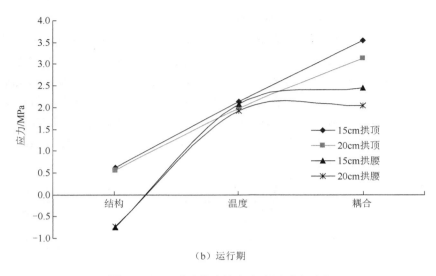

（b）运行期

图 4.122　两种喷锚支护方案喷层受力对比

3）3+211.85～3+241.00 洞段（断面三）

（1）15cm 喷锚支护方案支护结构受力特性分析。考虑到Ⅳ类围岩条件下施工期喷层可能仅承担温度荷载，同时在运行期喷层同时承担温度和内水荷载，因此先分析喷层在仅考虑温度荷载下的受力，如表 4.69 所示。施工期喷层主要受高温热源影响，喷层内部温度较高，全断面均受压，最大压应力为 2.38MPa；运行期，支护结构内外侧温度发生突降，在高温降以及温差影响下，喷层表面拉应力值达到 2.13MPa；检修期温度回升，喷层由拉应力转化为压应力，压应力量值不超过 2.0MPa。

表 4.69　纯温度荷载不同工况下（15cm）喷层关键位置应力　（单位：MPa）

荷载	工况	拱顶		拱腰		边墙	
		径向	环向	径向	环向	径向	环向
温度应力	施工期	−0.06	−2.37	−0.06	−2.38	−0.06	−2.37
	运行期	0.05	2.13	0.05	2.07	0.05	2.13
	检修期	−0.05	−1.78	−0.05	−1.81	−0.05	−1.78

从图 4.123 可以看出，喷层厚度较薄，喷层内外层温差较小，使得喷层内部应力较小。施工期喷层全断面受压，外侧靠近洞壁温度较高，压应力值要大于内侧；当运行期过水时，内侧受低温水影响，温度降低幅度较大，因此产生较大拉应力；检修后温度回升，喷层内部又以受压为主。各工况下喷层受力基本呈环向分布，分布比较均匀。

既考虑施工期荷载，过水时又考虑内水压力的影响，同时在温度荷载作用下，喷层关键点受力如表 4.70 所示。施工期喷层受施工期荷载及高温热源影响，喷层全断面均受压，最大压应力发生在拱腰部位，不超过 5MPa；运行期，在内水荷载及高温差影响下，喷层环向全断面受拉，拉应力量值达到 3.44MPa；检修期温度回升，喷层由拉应力转化为压应力，压应力量值不超过 4.0MPa。

表 4.70　TM 耦合作用下不同工况（15cm）喷层关键位置应力　（单位：MPa）

荷载	工况	拱顶		拱腰		边墙	
		径向	环向	径向	环向	径向	环向
TM 耦合应力	施工期	-0.07	-2.76	-0.10	-4.32	-0.07	-2.76
	运行期	-0.25	3.44	-0.28	1.86	-0.25	3.43
	检修期	-0.05	-2.18	-0.08	-3.75	-0.06	-2.18

从图 4.123 中可以看出，在 TM 耦合作用下，支护结构的受力呈现出一种以拱顶受拉，拱腰受压的趋势，施工期喷层全断面受压。由于施工期荷载荷载，最大压应力出现在拱腰部位，拱顶和拱底压应力值相对较小；当运行期过水时，喷层内侧温度降低幅度较大，受低温水以及 33.4m 水头的影响，产生较大拉应力；检修后温度回升，喷层内部又以受压为主。

为了便于了解不同荷载条件下喷层支护结构的受力特点，将不考虑温度荷载、仅考虑温度荷载以及两场耦合下的喷层关键位置应力值进行对比，如表 4.71 所示。喷层施做后要承担施工期荷载，因此施工期喷层全断面受压。运行期 33.4m 水头内水荷载影响下，喷层拱顶出现了小范围的拉应力，其值为 0.17MPa，最大压应力不超过 4.0MPa。从三种条件对比看，TM 耦合作用下喷层应力值大于纯结构力与温度场应力值的叠加。施工期喷层主要受到温度应力的影响，拱顶部位温度应力占主要地位，而在拱腰部位则结构应力占主导地位，TM 耦合作用下的运行期喷层环向拉应力主要由温度应力提供。

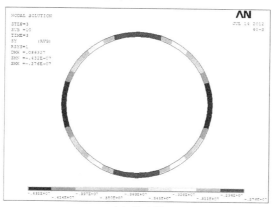

（a）施工期

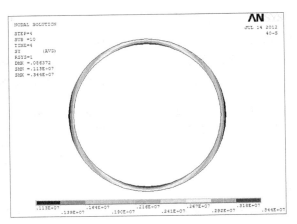

（b）运行期

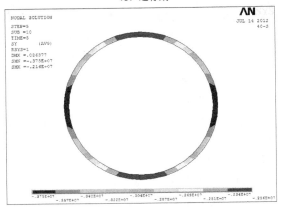

（c）检修期

图 4.123　TM 耦合作用下不同工况支护结构应力

表 4.71　不同荷载条件下（15cm）喷层应力对比　　　　（单位：MPa）

荷载	工况	拱顶		拱腰		边墙	
		径向	环向	径向	环向	径向	环向
结构应力	施工期	-0.03	-1.53	-0.07	-3.56	-0.03	-1.54
	运行期	-0.32	0.17	-0.36	-1.84	-0.32	0.16
温度应力	施工期	-0.06	-2.37	-0.06	-2.38	-0.06	-2.37
	运行期	0.05	2.13	0.05	2.07	0.05	2.13
TM 耦合应力	施工期	-0.07	-2.76	-0.1	-4.32	-0.07	-2.76
	运行期	-0.25	3.44	-0.28	1.86	-0.25	3.43

　　（2）20cm 喷锚支护方案支护结构受力特性分析。15cm 喷锚支护方案喷层运行期 TM 耦合作用下拱顶环向应力高达 3.44MPa，远远超过了 C30 喷射混凝土的

抗拉强度设计值（1.5MPa），因此考虑增加喷层厚度（即喷锚支护方案二），研究在支护方案二条件下喷层的受力特性。不同荷载工况下 20cm 喷锚支护方案支护结构应力值，如表 4.72 所示。可以看出，喷层全断面结构应力分布很不均匀，拱腰部位最大，施工期喷层拱腰最大压应力高达 3.28MPa，而拱顶仅为 1.38MPa。温度应力规律则与结构应力分布有着较大的区别，全断面几乎成环向均匀分布，运行期喷层最大环向拉应力为 1.98MPa。而耦合应力则近似为前两者的叠加结果，施工期拱腰最大压应力为 4.23MPa，运行期环向最大拉应力高达 2.98MPa，远远超过了 C30 喷射混凝土的设计抗拉强度。

表 4.72　不同荷载条件下（20cm）喷层应力对比　　　（单位：MPa）

荷载	不同工况	拱顶		拱腰		边墙	
		径向	环向	径向	环向	径向	环向
结构应力	施工期	−0.04	−1.38	−0.08	−3.28	−0.04	−1.38
	运行期	−0.32	0.15	−0.37	−1.73	−0.32	0.15
温度应力	施工期	−0.07	−2.18	−0.07	−2.18	−0.07	−2.18
	运行期	0.06	1.98	0.05	1.92	0.06	1.97
TM 耦合应力	施工期	−0.08	−2.7	−0.12	−4.23	−0.09	−2.7
	运行期	−0.24	2.98	−0.28	1.43	−0.25	2.98

两种喷锚支护方案喷层受力特性和变化规律基本相同，温度应力分布比较均匀，而结构应力拱顶和拱腰部位差异较大，拱顶部位受力略大于结构应力和温度应力的叠加，而拱腰部位由于施工期承担了较大的施工期荷载，致使耦合拉应力略小于温度应力。随着喷层厚度的增加，喷层受力明显减小，但仍远大于 C30 喷射混凝土的设计抗拉强度，综合考虑围岩类别和工程运行情况，应考虑采用二次衬砌支护方案。

5. 钢筋混凝土衬砌方案

喷锚支护方案喷层环向拉应力过大，远远超过了 C30 喷射混凝土的设计抗拉强度，无法满足工程需要，因此应考虑钢筋混凝土衬砌方案。

1）3+211.85～3+241.00 洞段（断面一）

（1）40cm 衬砌方案支护结构受力特性分析。考虑到Ⅳ类围岩条件下施工期喷层可能承担温度荷载，同时在运行期支护结构同时承担温度和内水荷载，因此先分析支护结构在仅考虑温度荷载下的受力。施工期喷层主要受高温热源影响，喷层内部温度较高，全断面受压，最大压应力不超过 2.5MPa；运行期衬砌内外侧温度发生突降，在高温差影响下，衬砌表面拉应力值达到 1.84MPa（表 4.73）。

表 4.73　支护结构（40cm 衬砌）关键部位温度应力　　（单位：MPa）

荷载	工况	拱顶		拱腰		拱底	
		径向	环向	径向	环向	径向	环向
温度 应力	喷层施工期	-0.05	-2.38	-0.05	-2.39	-0.05	-2.38
	衬砌运行期	0.05	1.84	0.05	1.79	0.05	1.84

　　从图 4.124、图 4.125 可以明显看出，施工期喷层全断面受压，外侧靠近洞壁温度较高，压应力值要大于内侧。当运行期过水时，衬砌内侧受低温水影响，温度降低幅度较大，因此产生较大拉应力。仅受温度荷载作用时，同一工况支护结构各部位受力基本相同，支护结构受力呈环向分布。

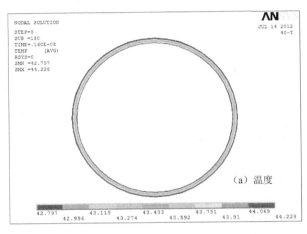

（a）温度

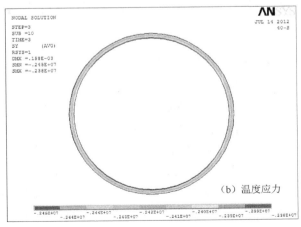

（b）温度应力

图 4.124　施工期喷层环向温度应力及温度

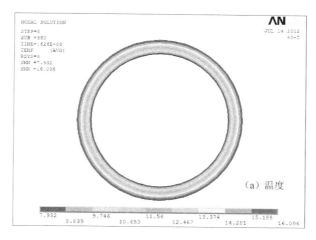

（a）温度

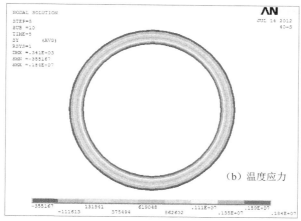

（b）温度应力

图 4.125　运行期衬砌环向温度应力及温度

衬砌不承担施工期荷载，在过水一段时间后，衬砌受内水压力影响，在温度及内水压力影响下，支护结构受力如表 4.74 所示。施工期喷层受高温热源影响，喷层内部温度有所提高，喷层全断面受压，最大压应力不超过 5MPa；运行期衬砌内外侧温度发生突降，在高温差及内水荷载下，衬砌表面拉应力值达到 2.82MPa 左右；检修期温度回升，衬砌由拉应力转化为压应力。

表 4.74　TM 耦合下支护结构（40cm 衬砌）关键部位温度应力　　（单位：MPa）

荷载	工况	拱顶		拱腰		拱底	
		径向	环向	径向	环向	径向	环向
TM 耦合应力	喷层施工期	−0.06	−2.82	−0.09	−4.17	−0.07	−2.82
	衬砌运行期	−0.21	2.81	−0.22	2.78	−0.22	2.82

从图 4.126、图 4.127 可以看出，施工期喷层全断面受压，外侧靠近洞壁温度较高，压应力值要大于内侧；当运行期过水后，衬砌内侧受低温水影响，温度降低幅度较大，因此产生较大拉应力；检修后温度回升，衬砌内部又以受压为主。内水和温度荷载耦合作用下，衬砌受力呈环向分布。

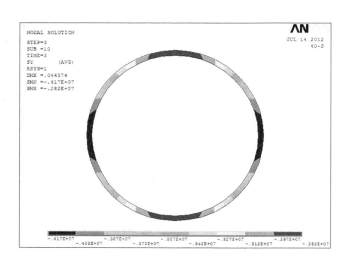

图 4.126　施工期喷层环向温度应力

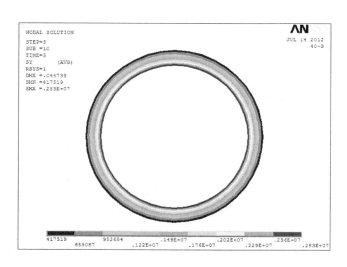

图 4.127　运行期衬砌环向温度应力

为了便于了解不同荷载作用条件下衬砌的受力特点，将不考虑温度荷载、仅考虑温度荷载以及两场耦合下的支护结构应力值进行对比，如表 4.75 所示。喷层施做后承担部分施工期荷载，因此喷层在施工期承受较大的压应力。在运行期31m 水头内水荷载影响下，衬砌环向全断面均受拉，最大拉应力不超过 1.0MPa。从三种条件对比看，TM 耦合场衬砌应力值基本等于纯结构场与温度场应力值的叠加。

表 4.75 不同荷载条件下（40cm 衬砌）结构应力对比 （单位：MPa）

| 荷载 | 工况 | 拱顶 | | 拱腰 | | 拱底 | |
		径向	环向	径向	环向	径向	环向
结构应力	喷层施工期	-0.01	-0.71	-0.03	-1.66	-0.01	-0.72
	衬砌运行期	-0.27	0.98	-0.27	0.99	-0.27	0.99
温度应力	喷层施工期	-0.05	-2.38	-0.05	-2.39	-0.05	-2.38
	衬砌运行期	0.05	1.84	0.05	1.79	0.05	1.84
TM 耦合应力	喷层施工期	-0.06	-2.82	-0.09	-4.17	-0.07	-2.82
	衬砌运行期	-0.21	2.81	-0.22	2.78	-0.22	2.82

施工期喷层拱顶部位耦合应力近似等于温度应力，而拱腰部位则不同，耦合应力基本等于结构应力和温度应力之和。运行期衬砌结构受力特性沿环向各个部位基本相同，近似等于结构应力和温度应力之和。

（2）50cm 衬砌方案支护结构受力特性分析。考虑到IV类围岩条件下施工期喷层可能承担温度荷载，同时在运行期支护结构同时承担温度和内水荷载，因此先分析支护结构在仅考虑温度荷载下的受力，如表 4.76 所示。施工期喷层主要受高温热源影响，喷层内部温度较高，喷层全断面受压，最大压应力不超过 2.5MPa；运行期衬砌内外侧温度发生突降，在高温差影响下，衬砌表面拉应力值达到2.00MPa 左右。

表 4.76 支护结构（50cm 衬砌）关键部位温度应力 （单位：MPa）

| 荷载 | 工况 | 拱顶 | | 拱腰 | | 拱底 | |
		径向	环向	径向	环向	径向	环向
温度应力	喷层施工期	-0.05	-2.39	-0.05	-2.40	-0.05	-2.39
	衬砌运行期	0.07	1.99	0.07	1.94	0.07	1.99

从图 4.128、图 4.129 可以明显看出，施工期喷层全断面受压，外侧靠近洞壁温度较高，压应力值要大于内侧；当运行期过水时，衬砌内侧受低温水影响，温度降低幅度较大，因此产生较大拉应力；仅受温度荷载作用时，同一工况支护结构各部位受力基本相同，支护结构受力呈环向分布。

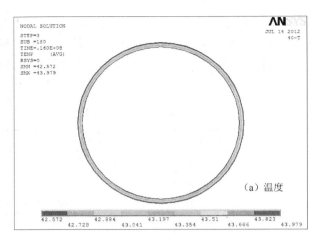

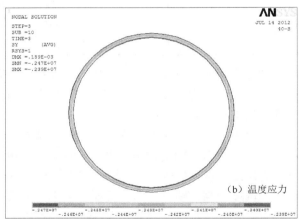

图 4.128　施工期喷层环向温度应力及温度

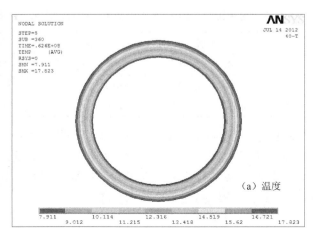

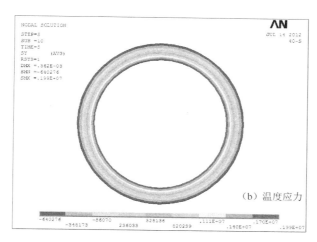

图 4.129 运行期衬砌环向温度应力及温度

衬砌不承担施工期荷载，在过水一段时间后，衬砌受内水压力影响，在温度及内水压力影响下，支护结构受力如表 4.77 所示。施工期喷层受高温热源影响，喷层内部温度有所提高，衬层全断面受压，最大压应力不超过 5MPa；运行期衬砌内外侧温度发生突降，在高温差及内水荷载下，衬砌表面拉应力值达到 2.87MPa；检修期温度回升，衬砌由拉应力转化为压应力。从图 4.130、图 4.131 可以看出，施工期喷层全断面受压，外侧靠近洞壁温度较高，压应力值要大于内侧；当运行期过水后，衬砌内侧受低温水影响，温度降低幅度较大，因此产生较大拉应力；检修后温度回升，衬砌内部又以受压为主。内水和温度荷载耦合作用下，衬砌受力呈环向分布。

表 4.77　TM 耦合下支护结构（50cm 衬砌）关键部位温度应力　（单位：MPa）

荷载	工况	拱顶		拱腰		拱底	
		径向	环向	径向	环向	径向	环向
TM 耦合应力	喷层施工期	-0.06	-2.85	-0.09	-4.28	-0.06	-2.86
	衬砌运行期	-0.20	2.86	-0.20	2.83	-0.20	2.87

为了便于了解不同荷载作用条件下衬砌的受力特点，将不考虑温度荷载、仅考虑温度荷载以及两场耦合下的支护结构应力值进行对比，如表 4.78 所示。喷层施做后承担部分施工期荷载，因此喷层在施工期承受较大的压应力。在运行期 32.7m 水头内水荷载影响下，衬砌环向全断面均受拉，最大拉应力值不超过 0.9MPa。从三种条件对比看，TM 耦合场衬砌应力值基本等于纯结构场与温度场应力值的叠加。施工期喷层拱顶部位耦合应力近似等于温度应力，而拱腰部位则不同，耦合应力基本等于结构应力和温度应力之和。运行期衬砌结构受力特性沿环向各个部位基本相同，近似等于结构应力和温度应力之和。

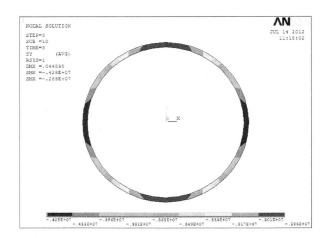

图 4.130　施工期喷层环向温度应力

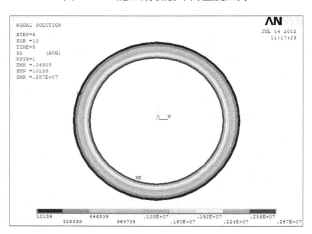

图 4.131　运行期衬砌环向温度应力

表 4.78　不同荷载条件下（50cm 衬砌）支护结构应力对比　（单位：MPa）

荷载	工况	拱顶		拱腰		拱底	
		径向	环向	径向	环向	径向	环向
结构应力	喷层施工期	−0.01	−0.71	−0.03	−1.68	−0.01	−0.72
	衬砌运行期	−0.26	0.88	−0.27	0.89	−0.27	0.89
温度应力	喷层施工期	−0.05	−2.39	−0.05	−2.40	−0.05	−2.39
	衬砌运行期	0.07	1.99	0.07	1.94	0.07	1.99
TM 耦合应力	喷层施工期	−0.06	−2.85	−0.09	−4.28	−0.06	−2.86
	衬砌运行期	−0.20	2.86	−0.20	2.83	−0.20	2.87

（3）两种衬砌方案支护结构受力特性分析对比。通过分析可知，运行期内水荷载为支护结构受力的控制工况，因此将运行期衬砌结构受力进行对比，以便为确定最终支护措施进行提供参考依据。由表 4.79 可以看出，运行期衬砌结构各关键部位受力发生了一定的变化，内水荷载作用下衬砌受力降低了约 0.10MPa，而在温度场作用下衬砌受力反而出现了增大现象，增加了约 0.15MPa，因此在二者耦合作用下衬砌环向应力随厚度加厚而增大，但变幅较小，具体变化规律如图 4.132 所示。

表 4.79　不同荷载条件下支护结构应力对比　　　　（单位：MPa）

荷载	方案	拱顶		拱腰		拱底	
		径向	环向	径向	环向	径向	环向
结构应力	40cm 衬砌	−0.27	0.98	−0.27	0.99	−0.27	0.99
	50cm 衬砌	−0.26	0.88	−0.27	0.89	−0.27	0.89
温度应力	40cm 衬砌	0.05	1.84	0.05	1.79	0.05	1.84
	50cm 衬砌	0.07	1.99	0.07	1.94	0.07	1.99
TM 耦合应力	40cm 衬砌	−0.21	2.81	−0.22	2.78	−0.22	2.82
	50cm 衬砌	−0.20	2.86	−0.20	2.83	−0.20	2.87

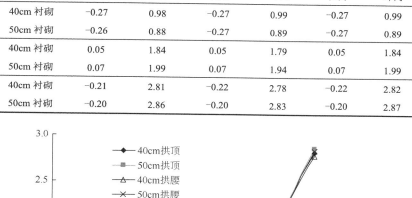

图 4.132　衬砌应力随厚度变化曲线

2）4+718.00～4+732.00 洞段（断面二）

（1）40cm 衬砌方案支护结构受力特性分析。考虑到Ⅳ类围岩条件下施工期喷层可能承担温度荷载，同时在运行期支护结构同时承担温度和内水荷载，因此先分析支护结构在仅考虑温度荷载下的受力。施工期喷层主要受高温热源影响，喷层内部温度较高，喷层全断面受压，最大压应力不超过 2.5MPa；运行期，衬砌内外侧温度发生突降，在高温差影响下，衬砌表面拉应力值达到 1.84MPa（表 4.80）。

表 4.80　支护结构（40cm 衬砌）关键部位温度应力　　（单位：MPa）

荷载	工况	拱顶		拱腰		拱底	
		径向	环向	径向	环向	径向	环向
温度应力	喷层施工期	−0.05	−2.38	−0.05	−2.39	−0.05	−2.38
	衬砌运行期	0.05	1.84	0.05	1.79	0.05	1.84

从图 4.133、图 4.134 可以看出，施工期喷层全断面受压，外侧靠近洞壁温度较高，压应力值要大于内侧；当运行期过水时，衬砌内侧受低温水影响，温度降低幅度较大，因此产生较大拉应力；仅受温度荷载作用时，同一工况支护结构各部位受力基本相同，支护结构受力呈环向分布。

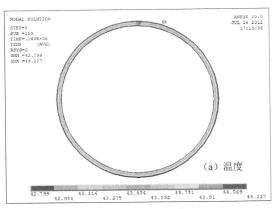

（a）温度

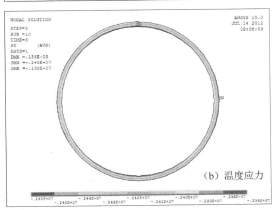

（b）温度应力

图 4.133　施工期喷层环向温度应力及温度

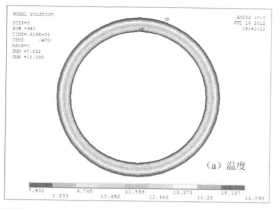

（a）温度

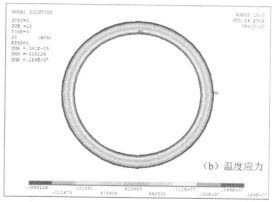

（b）温度应力

图4.134 运行期衬砌环向温度应力及温度

衬砌不承担施工期荷载，在过水一段时间后，衬砌受内水压力影响，在温度及内水压力影响下，支护结构受力如表4.81所示。耦合情况下，施工期喷层受高温热源影响，内部温度有所提高，喷层全断面受压，最大压应力不超过 5MPa；运行期衬砌内外侧温度发生突降，在高温差及内水荷载下，衬砌表面拉应力值达到2.87MPa左右；检修期温度回升，衬砌由拉应力转化为压应力。

表4.81 TM耦合下支护结构（40cm衬砌）关键部位温度应力 （单位：MPa）

荷载	工况	拱顶		拱腰		拱底	
		径向	环向	径向	环向	径向	环向
TM 耦合应力	喷层施工期	-0.07	-2.99	-0.10	-4.88	-0.07	-3.00
	衬砌运行期	-0.23	2.86	-0.23	2.84	-0.23	2.87

从图4.135、图4.136可以看出，施工期喷层全断面受压，外侧靠近洞壁温度较高，压应力值要大于内侧；当运行期过水后，衬砌内侧受低温水影响，温度降

低幅度较大，加上内水荷载的影响，产生较大拉应力；检修后温度回升，衬砌内部又以受压为主。内水和温度荷载耦合作用下，衬砌受力呈环向分布。

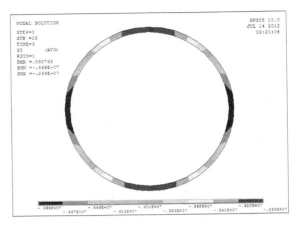

图 4.135　施工期喷层环向温度应力

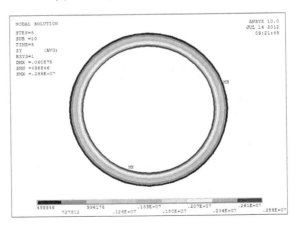

图 4.136　运行期衬砌环向温度应力

　　为了便于了解不同荷载作用条件下衬砌的受力特点，将不考虑温度荷载、仅考虑温度荷载以及两场耦合下的支护结构应力值进行对比，如表 4.82 所示。喷层施做后承担部分施工期荷载，因此，喷层在施工期承受较大的压应力。在运行期 32.7m 水头的内水荷载影响下，衬砌环向全断面均受拉，最大拉应力为1.05MPa。从三种荷载条件对比看，TM 耦合场衬砌应力值基本等于纯结构场与温度场应力值的叠加。施工期喷层拱顶部位耦合应力近似等于温度应力，而拱腰部位则不同，耦合应力基本等于结构应力和温度应力之和；运行期衬砌结构受力特性沿环向各个部位基本相同，近似等于结构应力和温度应力之和。

表 4.82　不同荷载条件下（40cm 衬砌）支护结构应力对比　（单位：MPa）

荷载	工况	拱顶		拱腰		拱底	
		径向	环向	径向	环向	径向	环向
结构应力	喷层施工期	-0.02	-0.99	-0.04	-2.32	-0.02	-1.00
	衬砌运行期	-0.28	1.04	-0.28	1.05	-0.29	1.05
温度应力	喷层施工期	-0.05	-2.38	-0.05	-2.39	-0.05	-2.38
	衬砌运行期	0.05	1.84	0.05	1.79	0.05	1.84
TM 耦合应力	喷层施工期	-0.07	-2.99	-0.10	-4.88	-0.07	-3.00
	衬砌运行期	-0.23	2.86	-0.23	2.84	-0.23	2.87

（2）50cm 衬砌方案支护结构受力特性分析。考虑到Ⅳ类围岩条件下施工期喷层可能承担温度荷载，在运行期支护结构同时承担温度和内水荷载，因此先分析支护结构在仅考虑温度荷载下的受力，如表 4.83 所示。施工期喷层主要受高温热源影响，喷层内部温度较高，喷层全断面受压，最大压应力不超过 2.5MPa；运行期衬砌内外侧温度发生突降，在高温差影响下，衬砌表面拉应力值达到 2.00MPa 左右。

表 4.83　支护结构（50cm 衬砌）关键部位温度应力　（单位：MPa）

荷载	工况	拱顶		拱腰		拱底	
		径向	环向	径向	环向	径向	环向
温度应力	喷层施工期	-0.05	-2.39	-0.05	-2.40	-0.05	-2.39
	衬砌运行期	0.07	1.99	0.07	1.94	0.07	1.99

从图 4.137、图 4.138 可以看出，施工期喷层全断面受压，外侧靠近洞壁温度较高，压应力值要大于内侧；当运行期过水时，衬砌内侧受低温水影响，温度降低幅度较大，因此产生较大拉应力；仅受温度荷载作用时，同一工况支护结构各部位受力基本相同，支护结构受力呈环向分布。

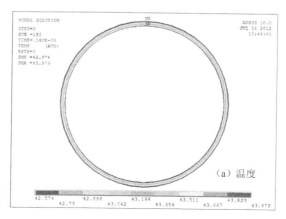

（a）温度

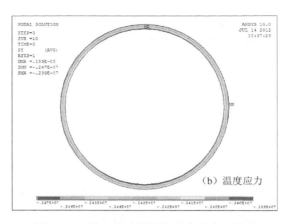

图 4.137 施工期喷层环向温度应力及温度

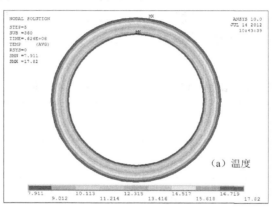

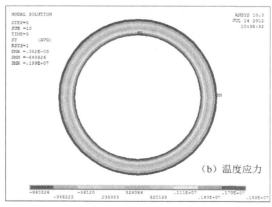

图 4.138 运行期衬砌环向温度应力及温度

衬砌不承担施工期荷载，在过水一段时间后，衬砌受内水压力影响，在温度及内水压力影响下，支护结构受力如表 4.84 所示。施工期喷层受高温热源影响，喷层内部温度有所提高，喷层全断面受压，最大压应力约为 5MPa，出现在拱顶部位；运行期衬砌内外侧温度发生突降，在高温差及内水荷载下，衬砌表面拉应力值达到 2.92MPa 左右；检修期温度回升，衬砌由拉应力转化为压应力。

表 4.84　支护结构关键部位温度应力　（单位：MPa）

荷载	工况	拱顶		拱腰		拱底	
		径向	环向	径向	环向	径向	环向
TM 耦合应力	喷层施工期	−0.07	−3.04	−0.10	−5.02	−0.07	−3.04
	衬砌运行期	−0.21	2.91	−0.21	2.88	−0.21	2.92

从图 4.139、图 4.140 可以明显看出，施工期喷层全断面受压，外侧靠近洞壁温度较高，压应力值要大于内侧；当运行期过水后，衬砌内侧受低温水影响，温度降低幅度较大，因此产生较大拉应力；检修后温度回升，衬砌内部又以受压为主。内水和温度荷载耦合作用下，衬砌受力呈环向分布。

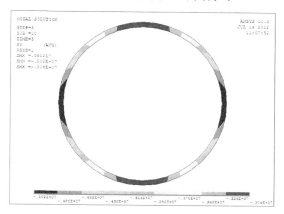

图 4.139　施工期喷层环向温度应力

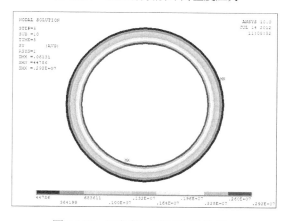

图 4.140　运行期衬砌环向温度应力

（3）不同荷载作用下支护结构受力对比分析。为了便于了解不同荷载作用条件下衬砌的受力特点，将不考虑温度荷载、仅考虑温度荷载以及两场耦合下的支护结构应力值进行对比，如表 4.85 所示。喷层施做后承担部分施工期荷载，因此喷层在施工期承受较大的压应力。在运行期 32.7m 水头内水荷载影响下，衬砌环向全断面均受拉，最大拉应力值为 0.94MPa。从三种条件对比看，TM 耦合场衬砌应力值基本等于纯结构场与温度场应力值的叠加。施工期喷层拱顶部位耦合应力近似等于温度应力，而拱腰部位则不同，耦合应力基本等于结构应力和温度应力之和。运行期衬砌结构受力特性沿环向各个部位基本相同，近似等于结构应力和温度应力之和。

表 4.85　不同荷载条件下支护结构应力对比　　　　（单位：MPa）

荷载	工况	拱顶		拱腰		拱底	
		径向	环向	径向	环向	径向	环向
结构应力	喷层施工期	-0.02	-1.00	-0.04	-2.34	-0.02	-1.01
	衬砌运行期	-0.28	0.93	-0.28	0.94	-0.28	0.94
温度应力	喷层施工期	-0.05	-2.39	-0.05	-2.40	-0.05	-2.39
	衬砌运行期	0.07	1.99	0.07	1.94	0.07	1.99
TM 耦合应力	喷层施工期	-0.07	-3.04	-0.10	-5.02	-0.07	-3.04
	衬砌运行期	-0.21	2.91	-0.21	2.88	-0.21	2.92

（4）两种衬砌方案支护结构受力特性分析对比。通过分析可知，运行期内水荷载为支护结构受力的控制工况，因此将运行期衬砌结构受力进行对比，以便为确定最终支护措施提供参考依据。由表 4.86 可以看出，运行期衬砌结构各关键部位受力发生了一定的变化，内水荷载作用下衬砌受力降低了约 0.10MPa，而在温度场作用下衬砌受力反而出现了增大现象，增加了约 0.15MPa。因此，在二者耦合作用下衬砌环向应力随厚度加厚而增大，但变幅较小，具体变化规律如图 4.141 所示。

表 4.86　不同荷载条件下支护结构应力对比　　　　（单位：MPa）

荷载	方案	拱顶		拱腰		拱底	
		径向	环向	径向	环向	径向	环向
结构应力	40cm 衬砌	-0.28	1.04	-0.28	1.05	-0.29	1.05
	50cm 衬砌	-0.28	0.93	-0.28	0.94	-0.28	0.94
温度应力	40cm 衬砌	0.05	1.84	0.05	1.79	0.05	1.84
	50cm 衬砌	0.07	1.99	0.07	1.94	0.07	1.99
TM 耦合应力	40cm 衬砌	-0.23	2.86	-0.23	2.84	-0.23	2.87
	50cm 衬砌	-0.21	2.91	-0.21	2.88	-0.21	2.92

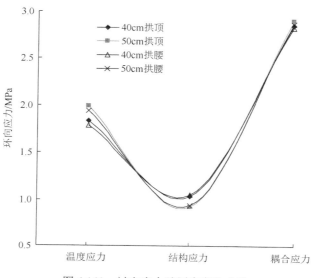

图 4.141 衬砌应力随厚度变化曲线

3）6+330.00～6+352.00 洞段（断面三）

（1）40cm 衬砌方案支护结构受力特性分析。考虑到Ⅳ类围岩条件下施工期喷层可能承担温度荷载，在运行期支护结构同时承担温度和内水荷载，因此先分析支护结构在仅考虑温度荷载下的受力。支护结构关键部位温度应力表如表 4.87 所示。

表 4.87 支护结构（40cm 衬砌）关键部位温度应力 （单位：MPa）

荷载	工况	拱顶		拱腰		拱底	
		径向	环向	径向	环向	径向	环向
温度应力	喷层施工期	−0.05	−2.38	−0.05	−2.39	−0.05	−2.38
	衬砌运行期	0.05	1.84	0.05	1.79	0.05	1.84

施工期喷层主要受高温热源影响，喷层内部温度较高，喷层全断面受压，最大压应力不超过 2.5MPa；运行期衬砌内外侧温度发生突降，在高温差影响下，衬砌表面拉应力值达到 1.84MPa，如图 4.142、图 4.143 所示。

衬砌不承担施工期荷载，在过水一段时间后，衬砌受内水压力影响，在温度及内水压力影响下，支护结构受力如表 4.88 所示。施工期喷层受高温热源影响，喷层内部温度有所提高，喷层全断面受压，最大压应力约 6MPa；运行期衬砌内外侧温度发生突降，在高温差及内水荷载下，衬砌表面拉应力值达 2.90MPa 左右；检修期温度回升，衬砌由拉应力转化为压应力。

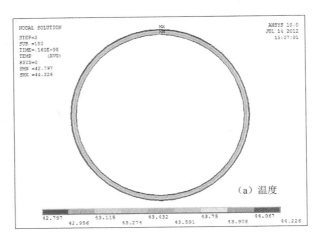

（a）温度

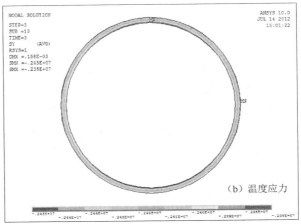

（b）温度应力

图4.142　施工期喷层环向温度应力及温度

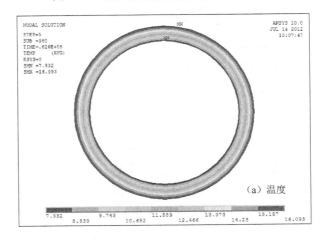

（a）温度

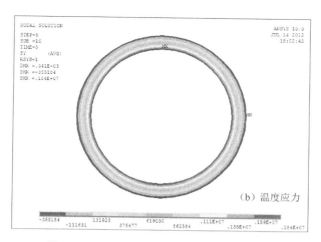

（b）温度应力

图 4.143 运行期衬砌环向温度应力及温度

表 4.88 支护结构（40cm 衬砌）关键部位温度应力 （单位：MPa）

荷载	工况	拱顶		拱腰		拱底	
		径向	环向	径向	环向	径向	环向
TM 耦合应力	喷层施工期	-0.07	-3.28	-0.12	-6.03	-0.08	-3.29
	衬砌运行期	-0.24	2.88	-0.24	2.86	-0.24	2.89

由图 4.144、图 4.145 可以看出，施工期喷层全断面受压，拱腰压应力最大，拱顶和拱底压应力最小，这主要是由于喷层承担了较大的施工期荷载所致；当运行期过水时，衬砌内侧受低温水影响，温度降低幅度较大，因此产生较大拉应力；检修后温度回升，衬砌内部又以受压为主。内水和温度荷载耦合作用下，衬砌受力呈环向分布。

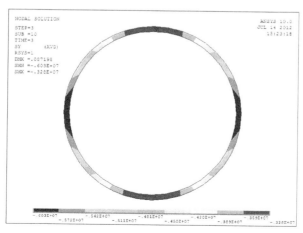

图 4.144 施工期喷层环向耦合应力

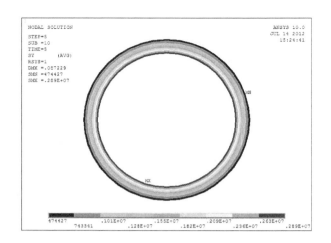

图 4.145　运行期衬砌环向耦合应力

　　为了便于了解不同荷载作用条件下衬砌的受力特点，将不考虑温度荷载及仅考虑温度荷载以及两场耦合下的支护结构应力值进行对比，如表 4.89 所示。喷层施做后承担部分施工期荷载，因此喷层在施工期承受较大的压应力。在运行期33.4m 水头的内水荷载影响下，衬砌环向全断面均受拉，最大拉应力为 1.08MPa。从三种荷载条件对比看，TM 耦合场衬砌应力值基本等于纯结构场与温度场应力值的叠加。施工期喷层拱顶部位耦合应力近似等于温度应力，而拱腰部位则不同，耦合应力基本等于结构应力和温度应力之和。运行期衬砌结构受力特性沿环向各个部位基本相同，近似等于结构应力和温度应力之和。

表 4.89　不同荷载条件下（40cm 衬砌）支护结构应力对比　　（单位：MPa）

荷载	工况	拱顶		拱腰		拱底	
		径向	环向	径向	环向	径向	环向
结构应力	喷层施工期	−0.03	−1.44	−0.06	−3.39	−0.03	−1.45
	衬砌运行期	−0.29	1.06	−0.29	1.08	−0.29	1.06
温度应力	喷层施工期	−0.05	−2.38	−0.05	−2.39	−0.05	−2.38
	衬砌运行期	0.05	1.84	0.05	1.79	0.05	1.84
TM 耦合应力	喷层施工期	−0.07	−3.28	−0.12	−6.03	−0.08	−3.29
	衬砌运行期	−0.24	2.88	−0.24	2.86	−0.24	2.89

　　（2）50cm 衬砌方案支护结构受力特性分析。考虑到Ⅳ类围岩条件下施工期喷层可能承担温度荷载，同时在运行期支护结构同时承担温度和内水荷载，因此先分析支护结构在仅考虑温度荷载下的受力，如表 4.90 所示。施工期喷层主要受高温热源影响，内部温度较高，喷层全断面受压，最大压应力不超过 2.5MPa；运行

期衬砌内外侧温度发生突降，在高温差影响下，衬砌表面拉应力值达到 2.00MPa
左右。

表 4.90 支护结构（50cm 衬砌）关键部位温度应力 （单位：MPa）

荷载	工况	拱顶		拱腰		拱底	
		径向	环向	径向	环向	径向	环向
温度应力	喷层施工期	−0.05	−2.39	−0.05	−2.40	−0.05	−2.39
	衬砌运行期	0.07	1.99	0.07	1.94	0.07	1.99

从图 4.146、图 4.147 可以看出，施工期喷层全断面受压，外侧靠近洞壁温度
较高，压应力值要大于内侧；当运行期过水时，衬砌内侧受低温水影响，温度降
低幅度较大，因此产生较大拉应力；仅受温度荷载作用时，同一工况支护结构各
部位受力基本相同，支护结构受力呈环向分布。

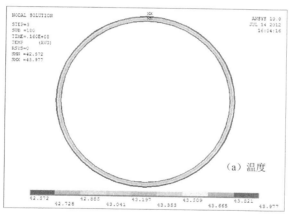

（a）温度

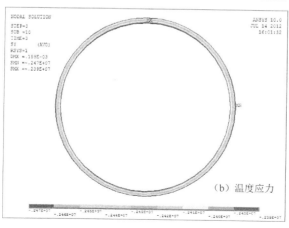

（b）温度应力

图 4.146 施工期喷层环向温度应力及温度

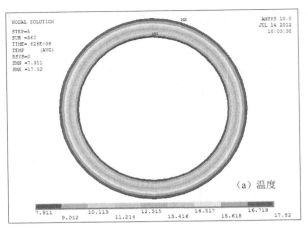

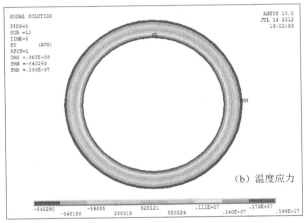

图 4.147　运行期衬砌环向温度应力及温度

　　衬砌不承担施工期荷载,在过水一段时间后,衬砌受内水压力影响,在温度及内水压力影响下,支护结构受力如表 4.91 所示。施工期喷层受高温热源影响,喷层内部温度有所提高,喷层全断面受压,最大压应力值约为 6MPa,出现在拱腰部位;运行期衬砌内外侧温度发生突降,在高温差及内水荷载下,衬砌表面拉应力值达到 2.93MPa 左右;检修期温度回升,衬砌由拉应力转化为压应力。

表 4.91　支护结构(50cm 衬砌)关键部位温度应力　(单位:MPa)

荷载	工况	拱顶		拱腰		拱底	
		径向	环向	径向	环向	径向	环向
TM 耦合应力	喷层施工期	−0.07	−3.34	−0.12	−6.24	−0.07	−3.34
	衬砌运行期	−0.22	2.92	−0.22	2.91	−0.22	2.93

从图 4.148、图 4.149 可以看出，施工期喷层全断面受压，受施工期荷载影响，压应力最大值出现在拱腰部位，拱顶和拱底较小；当运行期过水时，衬砌内侧受低温水影响，温度降低幅度较大，因此产生较大拉应力；检修后温度回升，衬砌内部又以受压为主。内水和温度荷载耦合作用下，衬砌受力呈环向分布。

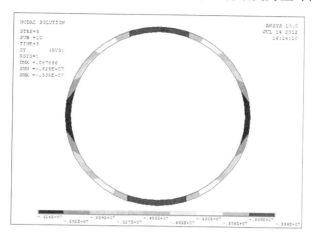

图 4.148　施工期喷层环向耦合应力

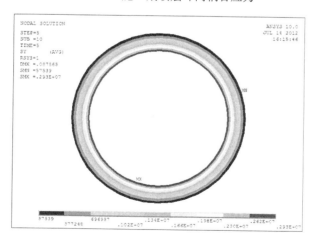

图 4.149　运行期衬砌环向耦合应力

为了便于了解不同荷载作用条件下衬砌的受力特点，将不考虑温度荷载、仅考虑温度荷载以及两场耦合下的支护结构应力值进行对比，如表 4.92 所示。喷层施做后承担部分施工期荷载，因此喷层在施工期承受较大的压应力。在运行期 33.4m 水头的内水荷载影响下，衬砌环向全断面均受拉，最大拉应力值为 0.96MPa，出现在拱腰部位。从三种荷载条件对比看，TM 耦合场衬砌应力值基本等于纯结构场与温度场应力值的叠加。由于该洞段埋深较大，施工期喷层承担较大的施工期荷载，较其他断面喷层拱顶结构应力明显增大，耦合应力近似等于结构应力与温度应力之和，这与拱腰部位的受力特性基本一致。运行期衬砌结构受力特性沿环向各个部位基本相同，近似等于结构应力和温度应力之和。

表 4.92　　不同荷载条件下（50cm 衬砌）支护结构应力对比　（单位：MPa）

荷载	工况	拱顶		拱腰		拱底	
		径向	环向	径向	环向	径向	环向
结构应力	喷层施工期	−0.03	−1.46	−0.06	−3.42	−0.03	−1.47
	衬砌运行期	−0.29	0.94	−0.29	0.96	−0.29	0.95
温度应力	喷层施工期	−0.05	−2.39	−0.05	−2.40	−0.05	−2.39
	衬砌运行期	0.07	1.99	0.07	1.94	0.07	1.99
TM 耦合应力	喷层施工期	−0.07	−3.34	−0.12	−6.24	−0.07	−3.34
	衬砌运行期	−0.22	2.92	−0.22	2.91	−0.22	2.93

（3）两种衬砌方案支护结构受力特性分析对比。通过分析可知，运行期内水荷载为支护结构受力的控制工况，因此将运行期衬砌结构受力进行对比，以便为确定最终支护措施进行提供参考依据。由表 4.93 可以看出，运行期衬砌结构各关键部位受力发生了一定的变化，仅内水荷载作用下衬砌受力降低了 0.12MPa，而在温度场作用下衬砌受力反而出现了增大现象，增加了 0.15MPa，因此在二者耦合作用下衬砌环向应力随厚度加厚而增大，但变幅较小。

表 4.93　　不同荷载条件下（不同厚度衬砌）支护结构应力对比　（单位：MPa）

荷载	方案	拱顶		拱腰		拱底	
		径向	环向	径向	环向	径向	环向
结构应力	40cm 衬砌	−0.29	1.06	−0.29	1.08	−0.29	1.06
	50cm 衬砌	−0.29	0.94	−0.29	0.96	−0.29	0.95
温度应力	40cm 衬砌	0.05	1.84	0.05	1.79	0.05	1.84
	50cm 衬砌	0.07	1.99	0.07	1.94	0.07	1.99
TM 耦合应力	40cm 衬砌	−0.24	2.88	−0.24	2.86	−0.24	2.89
	50cm 衬砌	−0.22	2.92	−0.22	2.91	−0.22	2.93

本节研究高温洞段Ⅳ类围岩下的不同支护方案，其中包括喷锚支护方案（厚度分别为 15cm 和 20cm）以及二次衬砌方案，每种方案均考虑了纯温度荷载及 TM 耦合场影响下的结构受力，并与结构应力进行了对比，得出以下结论。

（1）采用喷锚支护时，喷层厚度分别为 15cm 和 20cm，在单纯温度荷载影响下，运行期由于高温差影响，喷层表面均出现了较大的拉应力。15cm 方案各断面喷层表面拉应力量值均在 2.13MPa 左右，20cm 方案拉应力略减小为 1.98MPa 左右，可见埋深等对温度应力的影响较小。在考虑结构荷载和温度荷载耦合条件下，运行期长期过水条件下，喷层最大拉应力量值发生在拱顶，15cm 喷层各段面拱顶分别为 3.52MPa、3.53MPa、3.44MPa，当厚度增加为 20cm 时应力大约减小了 0.4MPa。随着埋深厚度增加，喷层承担的施工期荷载增大，因此最大拉应力有减小的趋势。

（2）采用衬砌方案时，施工期衬砌不承担荷载，运行期仅内水荷载影响下，衬砌拉应力量值随着衬砌厚度的增加而降低，随着内水水头的增加衬砌拉应力呈增长趋势。40cm 衬砌方案各断面衬砌拉应力分别为 0.98MPa、1.04MPa 和 1.06MPa，在考虑温度场应力场耦合工况下，各断面衬砌拉应力量值达到 2.81MPa、2.86MPa 和 2.88MPa，若将衬砌厚度增加为 50cm，由于温度应力显著增加，致使衬砌最大拉应力增加了 0.15MPa，具体见表 4.94。因此，各断面均推荐采用 40cm 衬砌方案。

表 4.94　各典型断面衬砌结构受力汇总　　　　（单位：MPa）

典型断面	荷载组合	方案	拱顶		拱腰		拱底	
			径向	环向	径向	环向	径向	环向
断面一	结构应力	40cm 衬砌	-0.27	0.98	-0.27	0.99	-0.27	0.99
		50cm 衬砌	-0.26	0.88	-0.27	0.89	-0.27	0.89
	温度应力	40cm 衬砌	0.05	1.84	0.05	1.79	0.05	1.84
		50cm 衬砌	0.07	1.99	0.07	1.94	0.07	1.99
	TM 耦合应力	40cm 衬砌	-0.21	2.81	-0.22	2.78	-0.22	2.82
		50cm 衬砌	-0.20	2.86	-0.20	2.83	-0.20	2.87
断面二	结构应力	40cm 衬砌	-0.28	1.04	-0.28	1.05	-0.29	1.05
		50cm 衬砌	-0.28	0.93	-0.28	0.94	-0.28	0.94
	温度应力	40cm 衬砌	0.05	1.84	0.05	1.79	0.05	1.84
		50cm 衬砌	0.07	1.99	0.07	1.94	0.07	1.99
	TM 耦合应力	40cm 衬砌	-0.23	2.86	-0.23	2.84	-0.23	2.87
		50cm 衬砌	-0.21	2.91	-0.21	2.88	-0.21	2.92
断面三	结构应力	40cm 衬砌	-0.29	1.06	-0.29	1.08	-0.29	1.06
		50cm 衬砌	-0.29	0.94	-0.29	0.96	-0.29	0.95
	温度应力	40cm 衬砌	0.05	1.84	0.05	1.79	0.05	1.84
		50cm 衬砌	0.07	1.99	0.07	1.94	0.07	1.99
	TM 耦合应力	40cm 衬砌	-0.24	2.88	-0.24	2.86	-0.24	2.89
		50cm 衬砌	-0.22	2.92	-0.22	2.91	-0.22	2.93

（3）耦合作用下衬砌结构拉应力过大，因此应对断面进行配筋，根据分析结果可知各断面受力接近，Ⅳ类围岩配筋统一采用内侧 $8\phi20$，外侧 $5\phi20$。

4.3.4　Ⅴ类围岩与衬砌结构受力分析

本小节对Ⅴ类围岩 80℃初始岩温下不同支护措施下的受力特点进行详细分析，从时间上主要分为开挖期、施工支护期、运行过水期和检修期四种工况，本小节详细分析各断面各个工况下不同支护方案围岩与支护结构的温度场、应力场及耦合情况下的变化规律。

1. 断面选取及支护方案

根据新疆水利设计院提供的最新地质资料没有明确指出Ⅴ类围岩的具体分布位置和数量，为了保证设计需要，本小节初拟了两个Ⅴ围岩洞段，洞段一是根据地质条件选取的，洞段二选取了断层分布密集部位，各断面具体信息参见表 4.95。

表 4.95　高温段Ⅳ类围岩洞段分布

序号	桩号	高程/m	埋深/m	长度/m	水头/m
1	3+303.0～3+350.0	3258.844	214.45	47.0	32.05
2	4+575..4～4+670.7	3258.178	255.32	95.3	32.71

根据现场实际资料，各断面开挖通风后洞壁温度分别为 45℃和 52℃。

由Ⅳ类围岩的分析可以看出，喷锚支护方案喷层受力超过了 3MPa，远远超过了喷层的抗拉强度，喷锚支护方案无法满足工程安全运行需要，Ⅴ类围岩岩性和工程环境更差，类比Ⅳ类的分析成果可知，喷锚支护方案更是难以满足Ⅴ类围岩工程需要，因此推荐采用钢筋混凝土衬砌方案：①20cm 喷射混凝土+50cm 衬砌，同时辅以ϕ25 砂浆锚杆，喷射混凝土强度 C15，混凝土衬砌强度等级为 C25。②20cm 喷射混凝土+60cm 衬砌，同时辅以ϕ25 砂浆锚杆，喷射混凝土强度 C15，混凝土衬砌强度等级为 C25。分别研究该支护方案下支护结构的受力特点，在对分析成果深入分析的基础上并结合相关工程经验，推荐最终支护措施。

2. 分析模型及热力学参数

由于高温洞段支护与衬砌的内力不仅涉及常规的结构场计算，也涉及温度场与稳定应力的计算，数值仿真分析模型的确定和相关热力学参数的选取对分析结果的真实性和可靠性有着重要的影响，因此本小节重点对数值分析模型和热力学参数进行确定。

由设计院提供的设计资料可知，该引水发电洞开挖洞径为 4.6m，结合前期研究成果，并综合考虑温度场和应力场的耦合影响，模型上下左右均取为 8 倍洞径的正方形，以减小边界条件对分析结果的影响。模型左右水平向约束，底部为法向约束，分析模型网格示意图（图 4.150）。

图 4.150 Ⅳ类围岩数值分析模型示意图

根据设计院提供的地质章可知,高地温的原因主要是不均匀热传导,温度边界的确定对隧洞开挖后围岩及支护结构的受力有较大影响,因此温度边界的选取较为重要。根据Ⅲ类围岩洞段的分析成果,本章选取模型大小在外界环境温度无法影响到的围岩范围,因此取此模型初始温度为岩体内部温度,温度作为荷载施加在 2D 范围处,洞壁与空气等通过对流换热系数模拟岩体或混凝土与空气等的热量交换。

同数值仿真分析模型及边值条件相比,分析中采用的热力学参数同样对分析结果有着至关重要的作用,各参数选取的原则和方法在Ⅲ类围岩洞段分析部分已进行了深入的分析和论述,在此不再赘述。本章所采用参数均由Ⅲ类围岩洞段类比获得,并结合《岩土锚杆与喷射混凝土支护工程技术规范》和《混凝土结构设计规范》等确定,具体如表 4.96 所示。

表 4.96　Ⅴ类围岩洞段围岩及支护结构热力学参数

材料	变形模量/GPa	密度/（kg/cm³）	泊松比	线膨胀系数/（1/℃）	导热系数/［W/（m·℃）］	比热/［J/（kg·℃）］
Ⅴ类围岩	1.0	2650	0.45	0.15E-6	5	600
C25 衬砌	28	2500	0.167	7.55E-6	13	950
C15 喷层	18	2200	0.167	7.5E-6	13	950
锚杆	200	7960	0.22	10.0E-6	20	500

对流换热系数也由Ⅲ类围岩洞段分析结果类比获得,围岩与空气的对流换热系数为 3W/（m²·℃）,空气温度为 20℃,混凝土与空气的对流换热系数为 10W/（m²·℃）,混凝土与水的对流换热系数为 100W/（m²·℃）,水温为 5℃。根

据相关工程经验，初拟Ⅳ类围岩喷层承担 40% 施工期荷载，二次衬砌不承担施工期荷载。

3. 钢筋混凝土衬砌方案

由Ⅳ类围岩洞段喷锚支护分析结构可知，喷锚支护方案无法满足工程需要和施工安全稳定性，因此Ⅴ类围岩直接采用钢筋混凝土衬砌方案，施工横道图如图 4.151 所示。

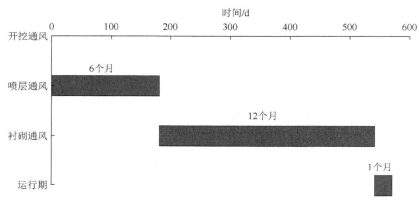

图 4.151 钢筋混凝土方案施工横道图

1）3+303.00～3+350.00 洞段（断面一）

（1）50cm 衬砌方案支护结构受力特性分析。考虑到Ⅴ类围岩条件下施工期喷层可能承担温度荷载，在运行期支护结构同时承担温度和内水荷载，因此先分析支护结构在仅考虑温度荷载下的受力。施工期喷层主要受高温热源影响，内部温度较低，喷层全断面受压，最大压应力不超过 0.2MPa；运行期衬砌内外侧温度发生突降，在高温差影响下，衬砌表面拉应力值达到 1.35MPa 左右（表 4.97）。

表 4.97 支护结构关键部位温度应力 （单位：MPa）

荷载	工况	拱顶		拱腰		拱底	
		径向	环向	径向	环向	径向	环向
温度应力	喷层施工期	−0.01	−0.19	−0.01	−0.19	−0.01	−0.19
	衬砌运行期	0.05	1.35	0.05	1.31	0.05	1.35

从图 4.152、图 4.153 可以看出，施工期喷层全断面受压，外侧靠近洞壁温度较高，压应力值要大于内侧；当运行期过水时，衬砌内侧受低温水影响，温度降低幅度较大，因此产生较大拉应力；仅受温度荷载作用时，同一工况支护结构各部位受力基本相同，支护结构受力呈环向分布。

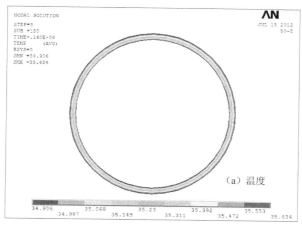

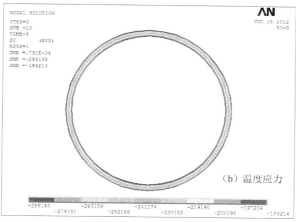

图 4.152　施工期喷层环向温度应力及温度

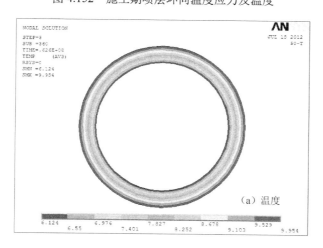

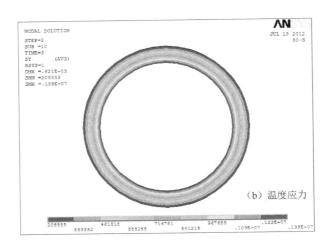

（b）温度应力

图 4.153　运行期衬砌环向温度应力及温度

衬砌不承担施工期荷载，在过水一段时间后，衬砌受内水压力影响，在温度及内水压力影响下，支护结构受力如表 4.98 所示。施工期喷层受高温热源影响，喷层内部温度有所提高，喷层全断面受压，最大压应力不超过 5.0MPa；运行期衬砌内外侧温度发生突降，在高温差及内水荷载下，衬砌表面拉应力值达到 2.40MPa 左右；检修期温度回升，衬砌由拉应力转化为压应力。

表 4.98　支护结构（40cm 衬砌）关键部位温度应力　　（单位：MPa）

荷载	工况	拱顶		拱腰		拱底	
		径向	环向	径向	环向	径向	环向
TM 耦合应力	喷层施工期	−0.08	−3.53	−0.11	−4.98	−0.08	−3.56
	衬砌运行期	−0.22	2.38	−0.22	2.38	−0.22	2.40

从图 4.154、图 4.155 可以看出，施工期喷层全断面受压，外侧靠近洞壁温度较高，压应力值要大于内侧；当运行期过水后，衬砌内侧受低温水影响，温度降低幅度较大，因此产生较大拉应力；检修后温度回升，衬砌内部又以受压为主。内水和温度荷载耦合作用下，衬砌受力呈环向分布。

为了便于了解不同荷载作用条件下衬砌的受力特点，将不考虑温度荷载、仅考虑温度荷载以及两场耦合下的支护结构应力值进行对比，如表 4.99 所示。喷层施做后承担部分施工期荷载，因此喷层在施工期承受较大的压应力。运行期 32m 水头内水荷载影响下，衬砌环向全断面均受拉，最大拉应力为 1.07MPa。从三种荷载工况条件对比看，TM 耦合场衬砌应力值基本等于纯结构场与温度场应力值的叠加。

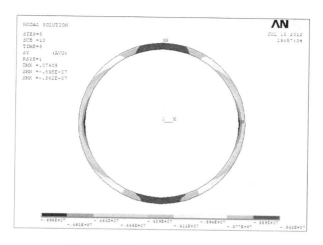

图 4.154　施工期喷层环向温度应力

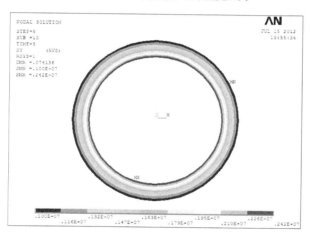

图 4.155　运行期衬砌环向温度应力

表 4.99　不同荷载条件下（40cm 衬砌）支护结构应力对比　（单位：MPa）

荷载	工况	拱顶		拱腰		拱底	
		径向	环向	径向	环向	径向	环向
结构应力	喷层施工期	−0.08	−3.55	−0.10	−4.46	−0.08	−3.59
	衬砌运行期	−0.27	1.05	−0.27	1.07	−0.27	1.07
温度应力	喷层施工期	−0.01	−0.19	−0.01	−0.19	−0.01	−0.19
	衬砌运行期	0.05	1.35	0.05	1.31	0.05	1.35
TM 耦合应力	喷层施工期	−0.08	−3.53	−0.11	−4.98	−0.08	−3.56
	衬砌运行期	−0.22	2.38	−0.22	2.38	−0.22	2.40

从图 4.99 中可知，施工期喷层拱顶部位耦合应力近似等于结构应力，而拱腰

部位则不同，耦合应力基本等于结构应力和温度应力之和。运行期衬砌结构受力特性沿环向各个部位基本相同，近似等于结构应力和温度应力之和。

（2）60cm 衬砌方案支护结构受力特性分析。考虑到 V 类围岩条件下施工期喷层可能承担温度荷载，在运行期支护结构同时承担温度和内水荷载，因此先分析支护结构在仅考虑温度荷载下的受力，如表 4.100 所示。施工期喷层主要受高温热源影响，内部温度较低，喷层全断面受压，最大压应力不超过 0.2MPa；运行期衬砌内外侧温度发生突降，在高温差影响下，衬砌表面拉应力值达到 1.39MPa 左右。

表 4.100　支护结构（60cm 衬砌）关键部位温度应力　（单位：MPa）

荷载	工况	拱顶		拱腰		拱底	
		径向	环向	径向	环向	径向	环向
温度应力	喷层施工期	-0.01	-0.19	-0.01	-0.19	-0.01	-0.19
	衬砌运行期	0.06	1.39	0.05	1.35	0.06	1.39

施工期喷层全断面受压，外侧靠近洞壁温度较高，压应力值大于内侧，当运行期过水时，如图 4.156 所示，衬砌内侧受低温水影响，温度降低幅度较大，因此产生较大拉应力。仅受温度荷载作用时，同一工况支护结构各部位受力基本相同，支护结构受力呈环向分布。

衬砌不承担施工期荷载，在过水一段时间后，衬砌受内水压力影响，在温度及内水压力影响下，支护结构受力如表 4.101 所示。施工期喷层受高温热源影响，喷层内部温度有所提高，喷层全断面受压，最大压应力为 5.15MPa；运行期衬砌内外侧温度发生突降，在高温差及内水荷载下，衬砌表面拉应力值达到 2.32MPa 左右；检修期温度回升，衬砌由拉应力转化为压应力。

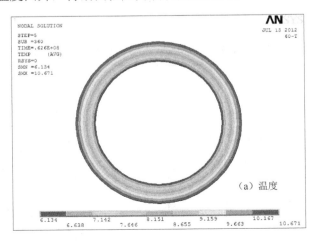

(a) 温度

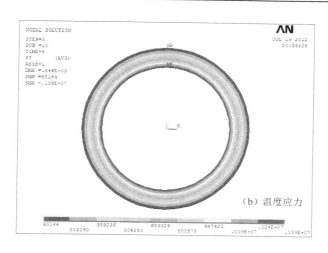

（b）温度应力

图 4.156　运行期衬砌环向温度应力及温度

表 4.101　支护结构（60cm 衬砌）关键部位温度应力　（单位：MPa）

荷载	工况	拱顶		拱腰		拱底	
		径向	环向	径向	环向	径向	环向
TM 耦合应力	喷层施工期	-0.08	-3.63	-0.11	-5.15	-0.08	-3.67
	衬砌运行期	-0.21	2.32	-0.21	2.31	-0.21	2.33

从图 4.157、图 4.158 可以看出，施工期喷层全断面受压，外侧靠近洞壁温度较高，压应力值要大于内侧；当运行期过水后，衬砌内侧受低温水影响，温度降低幅度较大，因此产生较大拉应力；检修后温度回升，衬砌内部又以受压为主。内水和温度荷载耦合作用下，衬砌受力呈环向分布。

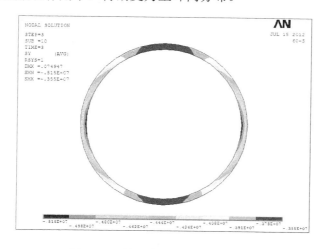

图 4.157　施工期喷层环向温度应力

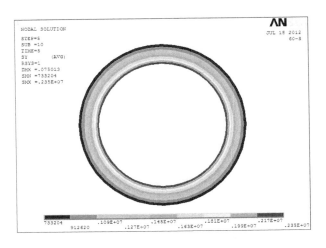

图 4.158　运行期衬砌环向温度应力

（3）不同荷载作用下支护结构受力对比分析。为了便于了解不同荷载作用条件下衬砌的受力特点，将不考虑温度荷载、仅考虑温度荷载以及两场耦合下的支护结构应力值进行对比，如表 4.102 所示。喷层施做后承担部分施工期荷载，因此喷层在施工期承受较大的压应力。在运行期 31m 水头内水荷载影响下，衬砌环向全断面均受拉，最大拉应力不超过 1.0MPa。从三种荷载工况条件对比看，TM 耦合场衬砌应力值基本等于纯结构场与温度场应力值的叠加。施工期喷层拱顶部位耦合应力近似等于结构应力，而拱腰部位则不同，耦合应力基本等于结构应力和温度应力之和。运行期衬砌结构受力特性沿环向各个部位基本相同，近似等于结构应力和温度应力之和。

表 4.102　不同荷载条件下（60cm 衬砌）支护结构应力对比　（单位：MPa）

荷载	工况	拱顶		拱腰		拱底	
		径向	环向	径向	环向	径向	环向
结构应力	喷层施工期	-0.08	-3.64	-0.10	-4.56	-0.08	-3.69
	衬砌运行期	-0.26	0.94	-0.27	0.96	-0.27	0.96
温度应力	喷层施工期	-0.01	-0.19	-0.01	-0.19	-0.01	-0.19
	衬砌运行期	0.06	1.39	0.05	1.35	0.06	1.39
TM 耦合应力	喷层施工期	-0.08	-3.63	-0.11	-5.15	-0.08	-3.67
	衬砌运行期	-0.21	2.32	-0.21	2.31	-0.21	2.33

（4）两种衬砌方案支护结构受力特性分析对比。通过分析可知，运行期内水荷载为支护结构受力的控制工况，因此将运行期衬砌结构受力进行对比，以便为确定最终支护措施提供参考依据。由表 4.103 可以看出，运行期衬砌结构各关键

部位受力发生了一定的变化，仅内水荷载作用下衬砌受力降低了约 0.10MPa，而在温度场作用下衬砌受力反而出现了增大现象，增加了约 0.04MPa，增幅较小。因此在二者耦合作用下衬砌环向应力随厚度加厚而减小，但变幅较小，具体变化规律如图 4.159 所示。

表 4.103　不同荷载条件下支护结构应力对比　　（单位：MPa）

荷载	方案	拱顶		拱腰		拱底	
		径向	环向	径向	环向	径向	环向
结构应力	50cm 衬砌	−0.27	1.05	−0.27	1.07	−0.27	1.07
	60cm 衬砌	−0.26	0.94	−0.27	0.96	−0.27	0.96
温度应力	50cm 衬砌	0.05	1.35	0.05	1.31	0.05	1.35
	60cm 衬砌	0.06	1.39	0.05	1.35	0.06	1.39
TM 耦合应力	50cm 衬砌	−0.22	2.38	−0.22	2.38	−0.22	2.40
	60cm 衬砌	−0.21	2.32	−0.21	2.31	−0.21	2.33

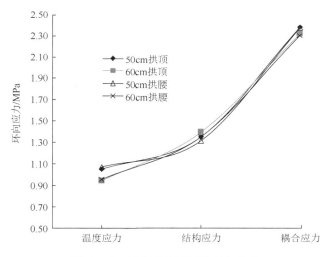

图 4.159　衬砌应力随厚度变化曲线

2）4+575.363～4+670.715 洞段（断面二）

（1）50cm 衬砌方案支护结构受力特性分析。考虑到Ⅴ类围岩条件下施工期喷层可能承担温度荷载，在运行期支护结构同时承担温度和内水荷载，因此先分析支护结构在仅考虑温度荷载下的受力，如表 4.104 所示。施工期喷层主要受高温热源影响，内部温度较高，喷层全断面受压，最大压应力不超过 0.2MPa；运行期衬砌内外侧温度发生突降，在高温差影响下，衬砌表面拉应力值达到 1.35MPa左右。

表 4.104　支护结构（50cm 衬砌）关键部位温度应力　（单位：MPa）

荷载	工况	拱顶		拱腰		拱底	
		径向	环向	径向	环向	径向	环向
温度应力	喷层施工期	−0.01	−0.19	−0.01	−0.19	−0.01	−0.19
	衬砌运行期	0.05	1.35	0.05	1.31	0.05	1.35

　　从图 4.160、图 4.161 可以看出，施工期喷层全断面受压，外侧靠近洞壁温度较高，压应力值要大于内侧。当运行期过水时，衬砌内侧受低温水影响，温度降低幅度较大，因此产生较大拉应力。仅受温度荷载作用时，同一工况支护结构各部位受力基本相同，支护结构受力呈环向分布。

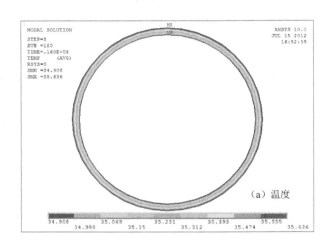

（a）温度

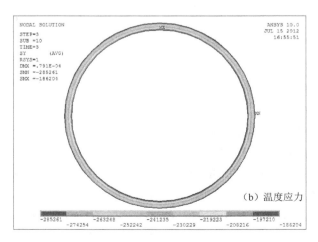

（b）温度应力

图 4.160　施工期喷层环向温度应力及温度

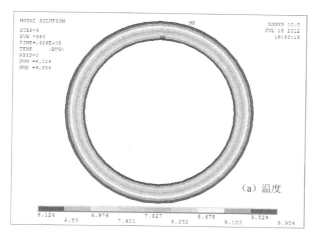

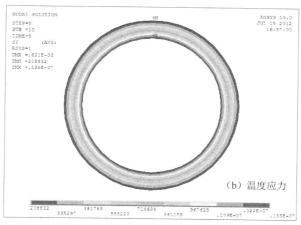

图 4.161　运行期衬砌环向温度应力及温度

　　衬砌不承担施工期荷载，在过水一段时间后，衬砌受内水压力影响，在温度及内水压力影响下，支护结构受力如表 4.105 所示。施工期喷层受高温热源影响，内部温度有所提高，喷层全断面受压，最大压应力不超过 5MPa；运行期衬砌内外侧温度发生突降，在高温差及内水荷载下，衬砌表面拉应力值达到 2.42MPa 左右；检修期温度回升，衬砌由拉应力转化为压应力。

表 4.105　支护结构（50cm 衬砌）关键部位温度应力　（单位：MPa）

荷载	工况	拱顶		拱腰		拱底	
		径向	环向	径向	环向	径向	环向
TM 耦合应力	喷层施工期	−0.09	−4.17	−0.13	−5.90	−0.10	−4.21
	衬砌运行期	−0.22	2.40	−0.22	2.40	−0.23	2.42

从图 4.162、图 4.163 可以看出，施工期喷层全断面受压，由于施工期荷载影响，喷层最大压应力出现在拱腰部位；当运行期过水后，衬砌内侧受低温水影响，温度降低幅度较大，因此产生较大拉应力；检修后温度回升，衬砌内部又以受压为主。内水和温度荷载耦合作用下，衬砌受力呈环向分布。

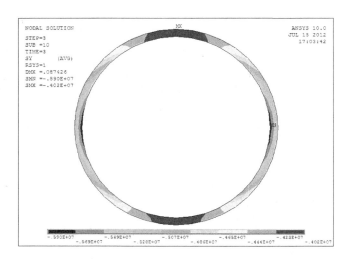

图 4.162　施工期喷层环向温度应力

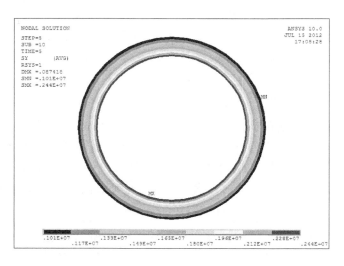

图 4.163　运行期衬砌环向温度应力

为了便于了解不同荷载作用条件下衬砌的受力特点，将不考虑温度荷载、仅考虑温度荷载以及两场耦合下的支护结构应力值进行对比，如表 4.106 所示。喷层施做后承担部分施工期荷载，因此喷层在施工期承受较大的压应力。运行期32.7m 水头内水荷载影响下，衬砌环向全断面均受拉，最大拉应力不超过 1.10MPa。从三种荷载工况条件对比看，TM 耦合场衬砌应力值基本等于纯结构场与温度场应力值的叠加。施工期喷层拱顶部位耦合应力近似等于温度应力，而拱腰部位则不同，耦合应力基本等于结构应力和温度应力之和；运行期衬砌结构受力特性沿环向各个部位基本相同，近似等于结构应力和温度应力之和。

表 4.106　不同荷载条件下（50cm 衬砌）支护结构应力对比　（单位：MPa）

荷载	工况	拱顶		拱腰		拱底	
		径向	环向	径向	环向	径向	环向
结构应力	喷层施工期	-0.09	-4.24	-0.12	-5.32	-0.09	-4.28
	衬砌运行期	-0.27	1.07	-0.27	1.10	-0.28	1.09
温度应力	喷层施工期	-0.01	-0.19	-0.01	-0.19	-0.01	-0.19
	衬砌运行期	0.05	1.35	0.05	1.31	0.05	1.35
TM 耦合应力	喷层施工期	-0.09	-4.17	-0.13	-5.90	-0.10	-4.21
	衬砌运行期	-0.22	2.40	-0.22	2.40	-0.23	2.42

（2）60cm 衬砌方案支护结构受力特性分析。考虑到Ⅳ类围岩条件下施工期喷层可能承担温度荷载，在运行期支护结构同时承担温度和内水荷载，因此先分析支护结构在仅考虑温度荷载下的受力，如表 4.107 所示。施工期喷层主要受高温热源影响，内部温度较高，喷层全断面受压，最大压应力不超过 0.2MPa；运行期衬砌内外侧温度发生突降，在高温差影响下，衬砌表面拉应力值达到 1.40MPa左右。

表 4.107　支护结构（60cm 衬砌）关键部位温度应力　（单位：MPa）

荷载	工况	拱顶		拱腰		拱底	
		径向	环向	径向	环向	径向	环向
温度应力	喷层施工期	-0.01	-0.19	-0.01	-0.19	-0.01	-0.19
	衬砌运行期	0.06	1.39	0.05	1.35	0.06	1.39

从图 4.164、图 4.165 可以看出，施工期喷层全断面受压，外侧靠近洞壁温度较高，压应力值要大于内侧。当运行期过水时，衬砌内侧受低温水影响，温度降低幅度较大，因此产生较大拉应力。仅受温度荷载作用时，同一工况支护结构各部位受力基本相同，支护结构受力呈环向分布。

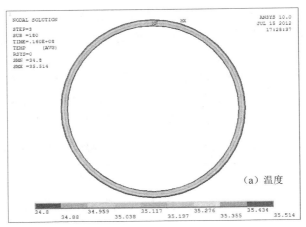

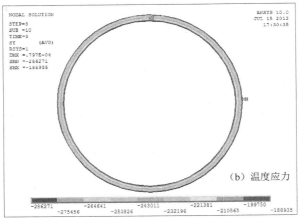

图 4.164　施工期喷层环向温度应力及温度

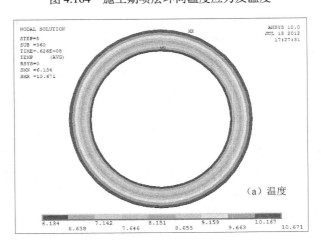

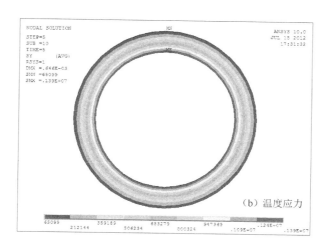

（b）温度应力

图 4.165　运行期衬砌环向温度应力及温度

衬砌不承担施工期荷载，在过水一段时间后，衬砌受内水压力影响，在温度及内水压力影响下，支护结构受力如表 4.108 所示。施工期喷层受高温热源影响，内部温度有所提高，喷层全断面受压，最大压应力不超过 5MPa；运行期衬砌内外侧温度发生突降，在高温差及内水荷载下，衬砌表面拉应力值达到 2.35MPa 左右；检修期温度回升，衬砌由拉应力转化为压应力。

表 4.108　支护结构（60cm 衬砌）关键部位温度应力　（单位：MPa）

荷载	工况	拱顶		拱腰		拱底	
		径向	环向	径向	环向	径向	环向
TM 耦合应力	喷层施工期	-0.09	-4.30	-0.13	-6.10	-0.09	-4.33
	衬砌运行期	-0.21	2.33	-0.21	2.33	-0.22	2.35

从图 4.166、图 4.167 看出，施工期喷层全断面受压，由于承担了较大的施工期荷载，喷层最大压应力出现在拱腰部位，而非拱顶和拱顶；当运行期过水后，衬砌内侧受低温水影响，温度降低幅度较大，因此产生较大拉应力；检修后温度回升，衬砌内部又以受压为主。内水和温度荷载耦合作用下，衬砌受力呈环向分布。

为了便于了解不同荷载作用条件下衬砌的受力特点，将不考虑温度荷载、仅考虑温度荷载以及两场耦合下的支护结构应力值进行对比，如表 4.109 所示。喷层施做后承担部分施工期荷载，因此喷层在施工期承受较大的压应力。运行期32.7m 水头内水荷载影响下，衬砌环向全断面均受拉，最大拉应力值不超过1.0MPa。从三种荷载工况条件对比看，TM 耦合场衬砌应力值基本等于纯结构场与温度场应力值的叠加。施工期喷层拱顶部位耦合应力近似等于温度应力，而拱腰部位则不同，耦合应力基本等于结构应力和温度应力之和；运行期衬砌结构受力特性沿环向各个部位基本相同，近似等于结构应力和温度应力之和。

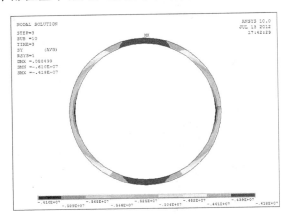

图 4.166　施工期喷层环向温度应力

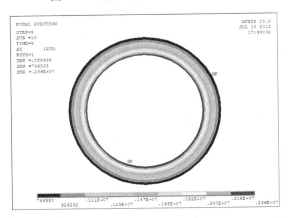

图 4.167　运行期衬砌环向温度应力

表 4.109　不同荷载条件下支护结构（60cm 衬砌）应力对比　（单位：MPa）

荷载	工况	拱顶		拱腰		拱底	
		径向	环向	径向	环向	径向	环向
结构应力	喷层施工期	-0.09	-4.35	-0.12	-5.44	-0.09	-4.39
	衬砌运行期	-0.27	0.96	-0.27	0.98	-0.27	0.97
温度应力	喷层施工期	-0.01	-0.19	-0.01	-0.19	-0.01	-0.19
	衬砌运行期	0.06	1.39	0.05	1.35	0.06	1.39
TM 耦合应力	喷层施工期	-0.09	-4.30	-0.13	-6.10	-0.09	-4.33
	衬砌运行期	-0.21	2.33	-0.21	2.33	-0.22	2.35

（3）两种衬砌方案支护结构受力特性分析对比。通过分析可知，运行期内水荷载为支护结构受力的控制工况，因此将运行期衬砌结构受力进行对比，以便为确定最终支护措施提供参考依据。由表 4.110 可以看出，运行期衬砌结构各关键部位受力发生了一定的变化，仅内水荷载作用下衬砌受力降低了约 0.10MPa，而在温度场作用下衬砌受力反而出现了增大现象，增加了约 0.04MPa。因此在 TM 耦合作用下衬砌环向应力随厚度加厚而减小，但变幅较小。

表 4.110　不同荷载条件下支护结构应力对比　　　（单位：MPa）

荷载	方案	拱顶		拱腰		拱底	
		径向	环向	径向	环向	径向	环向
结构 应力	50cm 衬砌	-0.27	1.07	-0.27	1.10	-0.28	1.09
	60cm 衬砌	-0.27	0.96	-0.27	0.98	-0.27	0.97
温度 应力	50cm 衬砌	0.05	1.35	0.05	1.31	0.05	1.35
	60cm 衬砌	0.06	1.39	0.05	1.35	0.06	1.39
TM 耦 合应力	50cm 衬砌	-0.22	2.40	-0.22	2.40	-0.23	2.42
	60cm 衬砌	-0.21	2.33	-0.21	2.33	-0.22	2.35

高温洞段 V 类围岩下的不同衬砌方案，每种方案均考虑了纯温度荷载及 TM 耦合场影响下的结构受力，并与结构应力进行了对比，得出以下结论：采用衬砌方案时，施工期衬砌不承担荷载，运行期仅内水荷载影响下，衬砌拉应力量值随着衬砌厚度的增加而降低，随着内水水头的增加衬砌拉应力呈增长趋势；50cm 衬砌方案各断面衬砌拉应力分别为 1.05MPa 和 1.07MPa，在考虑温度场应力场耦合工况下，各断面衬砌拉应力量值达到 2.38MPa 和 2.40MPa；若将衬砌厚度增加为 60cm，由于围岩导热系数和热容较低，供热能力、温度应力影响减弱，致使衬砌最大拉应力降低了约 0.06MPa，这与 IV 类围岩的分析结果略有差异。

4.3.5　喷层结构替代衬砌结构的可行性分析

本小节主要研究三个方面的问题，不同时间尺度下支护结构内部温度变化、支护结构受力与温度变化的关系以及变温路径对支护结构受力的影响。

1. 不同时间尺度下的支护结构内部温度变化

支护结构内部的温度分布对其应力影响较大，将喷层划分为 4 层，从内到外关键点为 A、B、C、D、E，如图 4.168 所示，首先分析不同工况下关键点温度随时间的变化规律。

支护结构内部关键点 $A \sim E$ 不同工况下温度时程变化曲线如图 4.169 所示。

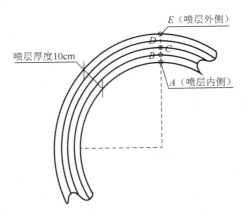

图 4.168　支护结构内部关键特征点示意图

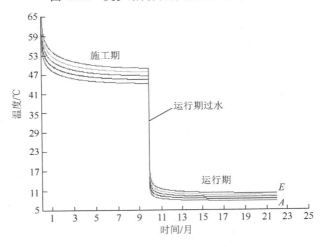

图 4.169　支护结构内部全程温度曲线

由图 4.169 可知，施工期喷层内部温度变化较为平缓，过水后受低温水影响，支护结构内部温度发生突降，由 50℃左右突降到 15℃左右，最终稳定在 8℃。

1）施工期温度分布

施工期不同时间下喷层温度分布云图如图 4.170 所示。可以看出，由于喷层较薄，内部温差整体较小。施工期通风条件下，1h 时间内喷层内部各点温差均不相同，内侧喷层温差较大，外侧温差较小，这主要是由于刚通风时喷层内侧 A 点温降幅度大所致，通风前期对喷层内部温度分布影响明显。

由图 4.171 可知，近喷层外壁处，随着通风时间的增加，温差逐渐增大直至稳定，而近喷层内壁，温差逐渐减小。说明随着通风持续，从内壁向外壁温度降低越快，其中喷层内部有临界点，临界点处温度降低速度高于前后温度降速。通风十个月后，喷层内部各点温差一致，内部温度达到稳定状态。

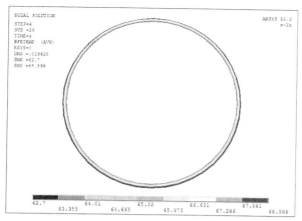

（a）支护 1h

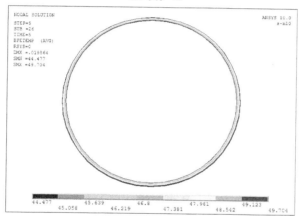

（b）支护 10 个月

图 4.170 支护结构施工期温度云图

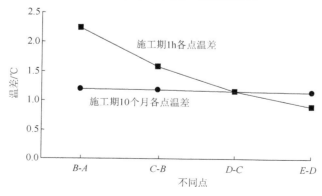

图 4.171 施工期喷层内部各点温差示意图

2）运行期温度分布

根据图 4.172 可知，运行期温度变化较为剧烈，详细分析运行期过水条件下喷层内部温度随时间变化规律。

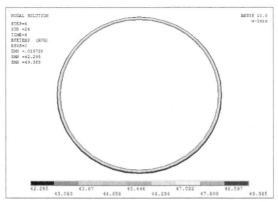

（a）过水 1 分钟

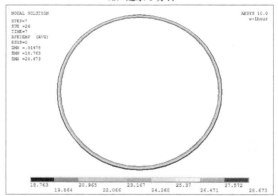

（b）过水 1 小时

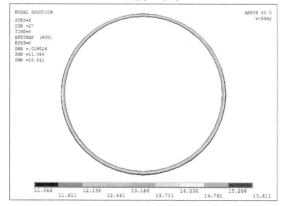

（c）过水 1 天

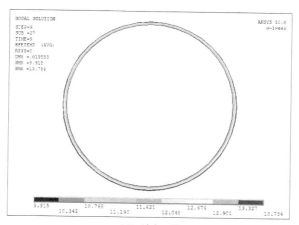

（d）过水 1 周

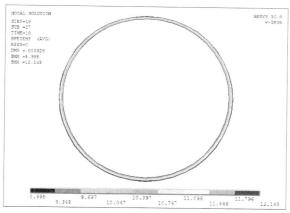

（e）过水 1 个月

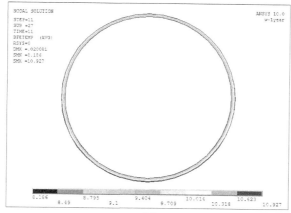

（f）过水 1 年

图 4.172 支护结构运行期温度云图

随着低温过水的影响，支护结构内部温度也急骤下降，过水 1 年后支护结构内侧温度为 8℃左右，外侧为 11℃左右，温差大约为 3℃。在刚过水时，喷层内部温度呈非线性分布，喷层内壁温度受低温水影响快速降低，外壁温度基本维持不变，通水 1 小时后，温度变化趋于稳定，喷层内部温度呈线性分布。从施工期与运行期过水 1 分钟温度对比可知，刚过水时喷层内壁温度发生突降，其余部位变化较小；1 天之内温度突降达 70%，后期温度变化逐渐趋于平稳。

根据图 4.173 可知，过水前期受低温水的影响，越靠近内侧的点温降越快，从而使得外侧与内侧关键点温差值逐渐增大。距内壁距离不同，*B-A* 点温差最先达到最大值，然后温差值开始降低，该规律逐渐向外侧推进。过水 1 天后，各关键点温差基本相同，降低幅度较小。喷层内外壁温差在过水后短时间内将出现最大值，本节分析的参数条件下最大值出现在过水后半小时左右。上述温度分析为喷层应力提供一定的依据。

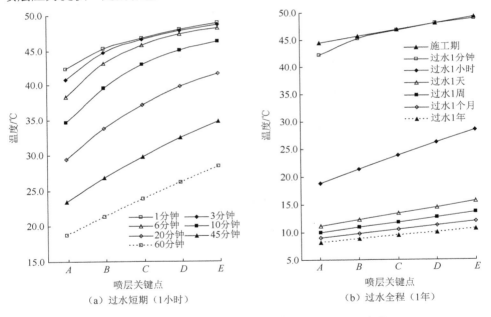

（a）过水短期（1小时）　　　　　（b）过水全程（1年）

图 4.173　支护结构内部特征位置点温度随工况变化

2. 支护结构受力与温度变化的相关性研究

在温度分析的基础上，对支护结构的温度应力进行研究，考虑到施工期温度变化幅度较小，仅分析运行期过水条件下支护结构的受力特点。

1）温度与应力相关性分析

采用相关系数来描述温度与应力间的相关关系，相关系数 $R(X,Y)=$

$\dfrac{\Sigma(x-\overline{x})(y-\overline{y})}{\sqrt{\Sigma(x-\overline{x})^2 \Sigma(y-\overline{y})^2}}$，其中，$\overline{x}$ 和 $\overline{y}$ 分别为样本均值，计算得到的 R 值越接近 1，

说明两者的相关性越强。分析认为，当相关系数 R >0.9 为高度相关，0.75< R <9.0 为显著相关，0.5< R <0.75 为一般相关，R <0.5 为不相关。

由图 4.174 可知，温度越高，支护结构发生受热膨胀，使得混凝土环向受压，如施工 1 小时喷层环向压应力接近 5MPa，随着温度逐渐降低，施工期压应力降低至 3MPa 左右；运行期过水后温度突降至 20℃，使得喷层由受压转变为冷缩环向受拉，拉应力值在 1.0MPa 左右，随着温度持续降低，拉应力持续增大，最后稳定在 2.5MPa 左右。应力变化与温度变化的相关系数为-0.998，随着温度的降低，拉应力增大。

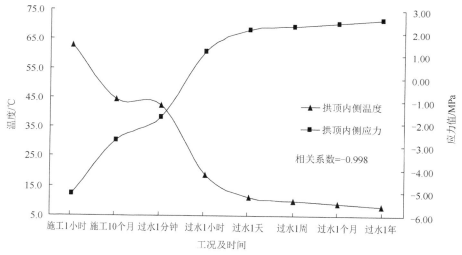

图 4.174   不同工况时刻下支护结构内侧温度及应力对比图

2）温降与应力变化相关性分析

运行期过水后温降明显，仅分析运行期温度降低与应力变化的关系。从图 4.175 可知，过水 1 分钟时，温度降低 2℃左右，喷层内部环向受拉；过水 1 小时后温度突降极为明显，降低了 20℃，喷层内部拉应力值也显著增大；随后温度缓慢降低直至稳定，而环向拉应力值也出现相同的规律，从相关性分析看，两者相关系数达 0.964，相关性很高。由此可知，运行期受低温水影响，喷层内部温度降低，使得喷层内部环向受拉，拉应力逐渐增大，温降与应力变化正相关，每摄氏度的温降引起的拉应力增量平均为 0.1MPa 左右。温度突降会造成喷层应力的突然增大，对支护结构稳定性造成不利影响，一方面应尽量降低过水前的壁面温度；另一方面缓慢通水，会使得喷层壁面不会发生温度的大幅降低而导致拉应力突增，造成支护结构破坏。

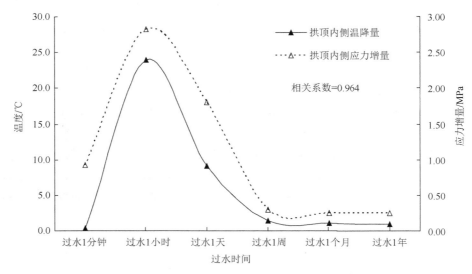

图 4.175　不同过水时刻下支护结构内侧温降量与应力增量关系

3）温差与应力差相关性

由图 4.176 可知，喷层内部应力差值主要是由于温度差所导致的。当喷层内外侧温差增大时，其应力差值增大，后期温度逐渐趋于平稳，其内外侧应力差逐渐减小。支护结构内部的温度梯度导致支护结构内外侧受力性态不一致，每摄氏度的温差导致的应力差在过水初期相对略大，为 0.20MPa 左右，然后逐渐减小，过水 1 天后稳定值平均在 0.10MPa 左右。应采取相应措施加快内外侧温度达到一致，降低温差，从而使得喷层内外侧受力性态相同，提高支护结构安全性。

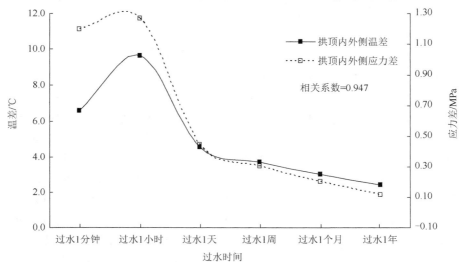

图 4.176　不同过水时刻下支护结构拱顶内外侧温差与应力差关系

3. 变温路径长度对支护结构受力影响分析

在传统支护结构设计中，当支护结构受力较大时，往往采取增大支护结构厚度的方式提高其安全性。而在温度应力影响下，根据"玻璃杯"经验可知，冬天将玻璃杯突然加入热水后，杯子越厚越容易出现破裂，而薄杯子反而不容易出现裂纹，受此启发，重点研究不同变温路径长度对运行期支护结构温度应力的影响。

1）不同厚度喷层的温度应力分析

为了研究喷层厚度在过水不同时刻，特别是过水前期的影响，对纯温度荷载影响下不同厚度的喷层进行受力对比分析。

由表 4.111 可知，过水前期（10 天内）喷层厚度越薄，温度应力值越小，喷层厚度越大，其内部温度应力值也越大，与"玻璃杯"经验认识相符。

表 4.111　不同厚度喷层在各过水时刻应力值表

过水时间	喷层厚度 10cm			喷层厚度 15cm			喷层厚度 20cm		
	内侧温度/℃	外侧温度/℃	内侧应力/MPa	内侧温度/℃	外侧温度/℃	内侧应力/MPa	内侧温度/℃	外侧温度/℃	内侧应力/MPa
5 分钟	42.6	53.2	-1.99	43.1	55.5	-1.98	43.3	57.1	-1.95
10 分钟	38.7	52.1	-1.52	39.6	54.8	-1.57	40.3	56.6	-1.60
25 分钟	33.3	49.1	-0.89	33.7	52.7	-0.87	34.6	55.1	-0.94
70 分钟	27.9	43.2	-0.27	27.4	47.9	-0.14	27.4	51.0	-0.13
200 分钟	23.0	35.8	0.29	22.3	40.7	0.43	22.0	44.3	0.48
350 分钟	20.2	31.3	0.60	19.8	36.0	0.71	19.4	39.7	0.75
9 小时	18.3	28.1	0.82	18.0	32.5	0.90	17.7	36.0	0.93
14 小时	16.8	25.4	1.00	16.5	29.5	1.06	16.4	32.8	1.07
2 天	15.5	23.2	1.15	15.3	26.9	1.19	15.2	30.0	1.20
2 天	13.5	19.7	1.38	13.4	22.8	1.40	13.3	25.4	1.40
10 天	10.8	15.1	1.71	10.8	17.3	1.70	10.8	19.2	1.67
1 个月	10.0	13.6	1.82	9.9	15.6	1.80	9.9	17.2	1.77
1 年	9.8	13.4	1.83	9.8	15.3	1.82	9.8	16.8	1.79

10 天为本次计算的温度应力值分界点，10 天时薄喷层温度应力超过厚喷层所受应力值，出现常规结构计算中的支护结构厚度越大，受力值越小的情况。如果将温度分析的时间跨度增大，则会得出支护结构越厚温度应力值越小的结论，而实际在过水前期，较厚的支护结构可能会出现拉应力先于薄喷层且大于抗拉强度的情况。

过水初期，由于导热需要一定时间，喷层仍处于受压状态，在过水约 200 分钟后才开始转变为受拉状态，较厚的喷层出现拉应力时间要早，这是因为前期支护结构受力主要由温度荷载控制所致。喷层较厚时，不仅拉应力出现时间早，且前期拉应力量值也比薄喷层拉应力值大。由表 4.111 可知，过水 10 天后，薄喷层拉应力值才略超过厚喷层的拉应力值，这是由于后期温度变化相对平稳，受力值大小主要由厚度控制。

由于前期厚度较大，喷层拉应力值较大，会出现破坏的可能，在温度荷载作用下，不能通过增大厚度的方式来增强隧洞安全性，这一点从现场监测到的情况也可得出，如图 4.177 所示。

（a）衬砌过水后出现的温度裂缝　　　　　　（b）喷层过水后出现的喷层表面图

图 4.177　不同支护措施下过水后现场观测实图

综上分析可知，在高温隧洞计算中，喷层应力值分别受到温度及支护结构厚度控制，当温度变化较大时，以温度控制为主，如运行期过水阶段。此时，喷层越薄，应力值越小，而温度变化幅度较小时，如施工期及运行期过水后期，应力值主要受到支护结构厚度控制，厚度越大，应力值越小。

2）温降以及温差对喷层受力影响分析

根据表 4.111 所示，可以得出不同时刻时喷层关键点位置的内外侧温差以及温降，同时通过对比应力的变化量，进一步分析温降以及温差对喷层受力的影响。

分析图 4.178 可知，喷层拱顶处应力增量随着温降增大而增大规律明显，同时与喷层内外侧温差变化有一定关系，过水前 200 分钟内喷层内侧温度降低剧烈，相应地应力调整幅度剧烈，过水 70 分钟左右喷层内外侧温差达到最大。

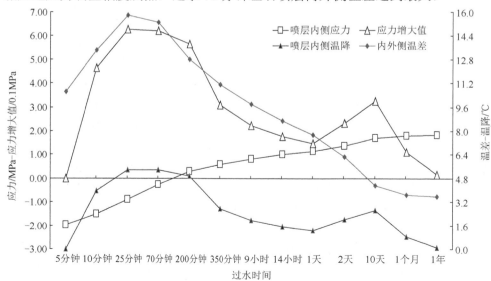

（a）10cm喷层

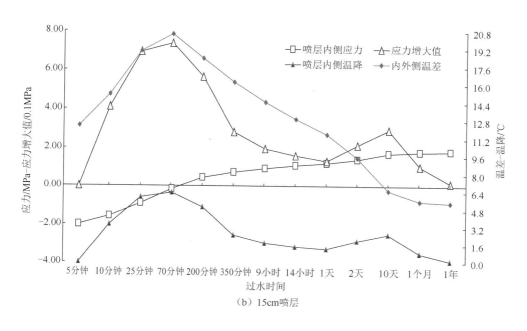

（b）15cm喷层

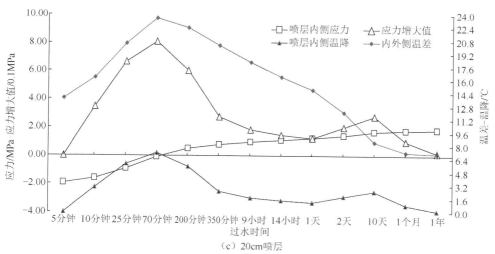

（c）20cm喷层

图 4.178　不同厚度喷层内外侧温差、内侧温降与应力增量变化曲线

由图 4.179～图 4.180 可知，不同厚度喷层内外侧温差变化规律一致，喷层越厚，温差越大，温差达到最大值越晚；不同厚度喷层内侧温降规律一致，在过水前期，喷层越厚温度降低越多，后期逐渐减少；不同厚度喷层内侧应力增量变化规律一致，且与温降变化规律相似，基本同时出现变异拐点，在过水前期，喷层

越厚应力增量越多，后期逐渐减小，因此在过水前期喷层内侧转化为受拉后，厚度较大，拉应力值相对较大。

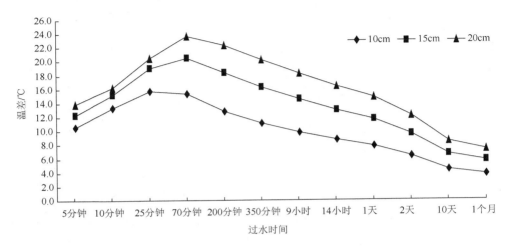

图 4.179 不同厚度喷层内外侧温差变化曲线

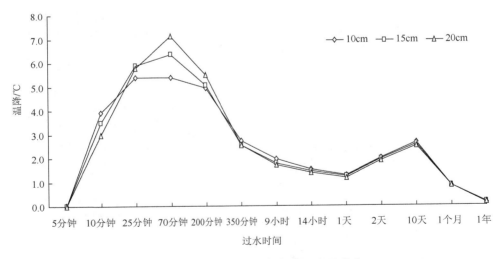

图 4.180 不同厚度喷层内侧温降变化曲线

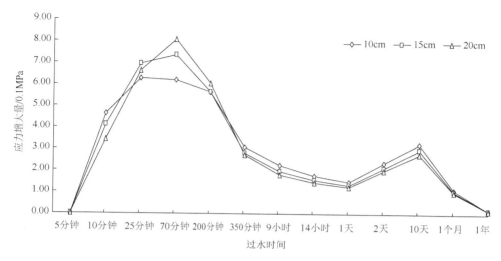

图 4.181 不同厚度喷层内侧应力增量变化曲线

4.3.6 小结

本章对支护材料特性随温度变化对受力影响、支护结构与围岩黏结效果室内试验及数值分析以及支护结构内部温度场、应力场的变化三方面问题入手，系统研究了高温隧洞的数值模拟问题。

（1）在 20～80℃温度变化范围内，温度变化会对支护结构及围岩的相关热学、力学参数产生一定影响。根据已有研究成果，确定围岩弹性模量、围岩导热系数以及围岩线膨胀系数随温度变化曲线。在数值模拟中考虑此变化影响，对喷层受力影响基本不超过 10%，在数值模拟分析中可不考虑其随温度的变化。

（2）考虑温度变化对支护结构弹模、导热系数及线膨胀系数的影响，喷层弹模受温度影响变化幅度在 8%左右，使得施工期喷层受力增大 20%，运行期过水后由于温度降低，对支护结构受力影响较小。喷层线膨胀系数变化幅度在 200%左右，对施工期喷层受力影响较大，但对控制工况运行期的受力影响较小，喷层材料特性随温度变化不会对喷层整体安全性产生影响。

（3）通过室内试验可知，高温条件下混凝土与岩块间强度明显低于正常情况下黏结强度，接触面光滑与粗糙时的黏结强度与标准养护相比分别降低约 25%和20%。

（4）通过数值分析模拟不同接触热导率及黏结强度下对支护结构受力影响，热导率为 100W/（m•℃）以上时对温度影响较小；小于 100W/（m•℃）时，喷层与岩体间相当于存在隔热带，温度传递受到明显影响。

（5）通过对摩擦系数和黏聚力进行折减，分别模拟支护结构与围岩间的良好、中等或较差等接触状态，折减系数由 1 到 0 时，支护结构受力值变化在 10%以内。根据室内试验，高温条件黏结强度降低 20%时，喷层拉应力值降低 2%左右。

（6）施工期通风喷层内部温度整体降低 30%左右；降温 1 天左右，喷层内部温差达到一致；运行期低温水影响下温度发生突降，1 天时间内温度降低达 70%，近洞壁处各点温差较大，且在 10min 左右达到最大值，后续逐渐降低；内外侧温差最大值出现在半小时左右，温差为 12℃。

（7）温度降低值与应力变化值之间相关系数为 0.964，温差与应力差相关系数为 0.947，喷层内部应力与温度变化的相关性较为明显。其中，每摄氏度的温降引起的拉应力增量平均为 0.1MPa 左右，每摄氏度的温差导致喷层内部应力差在过水初期相对略大，为 0.20MPa 左右，过水一天后稳定值平均在 0.10MPa 左右。应采取相应措施加快内外侧温度达到一致，降低温差，从而使得喷层内外侧受力性态相同，提高支护结构安全性。

（8）支护结构较厚时，前期应力值主要受温度荷载控制，应力值较大，而后期由于温度变化逐渐减小，厚度对应力的影响占主导因素，应力值越薄支护结构受力越小，在支护结构设计中应充分考虑该情况影响，在满足支护强度条件下高温隧洞中应尽量选择较薄的支护结构。

5 高岩温引水隧洞在内水压力下支护结构温度-应力耦合机制

第 4 章分析了引水隧洞在施工期高岩温围岩在开挖、通风降温、喷护等不同阶段的不同热边界条件下,围岩与喷层结构产生的温度应力特征及其主要影响因素。本章对高岩温引水隧洞在喷层完成后,通风降温、衬砌施做、不同过水温度、不同内水压力下的衬砌受力特征及其变化规律进行分析研究。

这是一个复杂边界条件下的瞬态温度场、应力场耦合问题,传统的解析方法难以求解。本章首先介绍一种巧妙的半解析方法,然后再做更广泛更全面的有限元数值求解方法。

5.1 隧洞围岩与衬砌 TM 准耦合解析解分析

5.1.1 隧洞无衬砌支护下温度场、应力场耦合机制分析

由于第 i 次的开挖,其对隧道最终围岩区($R_0 < r < R'$)产生的温度场影响,可依据第二章圆形隧洞在无支护隔热措施下温度影响范围内的温度分布,即

$$t = t_1 + \ln(r / r_1)\frac{t_2 - t_1}{\ln(r_2 / r_1)} \tag{5.1}$$

则在开挖第 i 次时,隧道最终围岩区($R_0 < r < R'$)r 处的温度为

$$t = t_i + \ln(r / r_i)\frac{T - t_i}{\ln(R' / r_i)} \tag{5.2}$$

其中,r_i 为隧洞第 i 次开挖半径($r_i = i \cdot r_0 / n$);t_i 为第 i 次开挖后隧洞洞壁温度;R' 为隧洞温度影响边界半径;T 为温度影响边界温度。其余数值都较容易得到,最关键的是如何得到第 i 次开挖后洞壁的温度 t_i 值。

对于第 i 次开挖后洞壁的温度 t_i 值,可以根据施工通风效果,利用现场实测数据值求得(因为开挖步与实际开挖步有所区别,所以不能直接利用现场洞壁实测数据)。在各开挖子步,通风风量、温度均一定的情况下,根据牛顿冷却公式,开挖洞壁与流体(空气)温度差与面积成反比。设施工通风温度为 T_w,第 i、$i-1$ 次通风面积(只考虑周边面积散热,不考虑掌子面的面积)分别为 A_i、A_{i-1}。则有

$$\frac{\Delta t_i}{\Delta t_{i-1}} = \frac{t_i - T_w}{t_{i-1} - T_w} = \frac{A_{i-1}}{A_i} = \frac{2\pi\left(r_i - \dfrac{r_0}{n}\right)}{2\pi r_i} = 1 - \frac{r_0}{n r_i} \tag{5.3}$$

可得

$$t_i = t_{i-1}\left(1 - \frac{r_0}{nr_i}\right) + T_w\frac{r_0}{nr_i} = t_{i-1} + (T_w - t_{i-1})\frac{r_0}{nr_i} = t_{i-1} + \frac{(T_w - t_{i-1})}{i} \tag{5.4}$$

式（5.4）为分步开挖（n 步）下的洞壁温度迭代公式。得知施工通风温度 T_w 的情况下，通过现场实际测得的初次开挖洞壁温度，就可以得到后续开挖洞壁温度分布。

依据式（5.2）得到开挖第 i 次时围岩体的温度分布。在得到第 i 次开挖的洞壁温度值 t_i 后，求得沿隧道径向围岩区（$r_i < r < R'$）r 处的温度 t^i：

$$t^i = t_i + \ln(r/r_i)\frac{T - t_i}{\ln(R'/r_i)} = t_{i-1} + (T_w - t_{i-1})\frac{r_0}{nr_i} + \ln(r/r_i)\frac{T - t_i}{\ln(R'/r_i)} \tag{5.5}$$

第 $i+1$ 次开挖完成后，隧道径向围岩区（$r_i < r < R'$）r 处的温度 t^{i+1} 为

$$t^{i+1} = t_{i+1} + \ln\left[r / \left(\frac{nr}{nr_i + r_0}\right)\right]\frac{T - t_{i+1}}{\ln\left[R' / \left(r_i + \frac{r_0}{n}\right)\right]}$$

$$= t_i + (T_w - t_i)\frac{r_0}{nr_i + r_0} + \ln\left[r / \left(\frac{nr}{nr_i + r_0}\right)\right]\frac{T - t_{i+1}}{\ln\left[R' / \left(r_i + \frac{r_0}{n}\right)\right]} \tag{5.6}$$

由于两次开挖引起的温度变化为

$$\Delta t_i = |t^{i+1} - t^i|$$

$$= \left|(T_w - t_i)\frac{r_0}{nr_i + r_0} + \ln\left[r / \left(\frac{nr}{nr_i + r_0}\right)\right] - \frac{T - t_{i+1}}{\ln\left[R' / \left(r_i + \frac{r_0}{n}\right)\right]}\ln(r/r_i)\frac{T - t_i}{\ln(R'/r_i)}\right|$$

$$\tag{5.7}$$

把 $r_i = i \cdot r_0/n$，代入式（5.7）得

$$\Delta t_i = |t^{i+1} - t^i|$$

$$= \frac{1}{i+1}(T_w - t_i) + \ln\left[r / \left(\frac{nr}{r_0(i+1)}\right)\right] - \frac{T - t_{i+1}}{\ln[nR'/r_0(i+1)]}\ln(r/r_i)\frac{T - t_i}{\ln(R'/r_i)}$$

$$= \frac{1}{i+1}(T_w - t_i) + \ln\left[\frac{r_0(i+1)}{n}\right] - \frac{T - t_{i+1}}{\ln[nR'/r_0(i+1)]}\ln(nr/ir_0)\frac{T - t_i}{\ln(nR'/ir_0)}$$

$$\tag{5.8}$$

当每一微步开挖时，不仅改变了隧道围岩温度场分布，同时由于开挖卸荷作用，也引起围岩应力变形变化。由于微步开挖沿隧道径向的厚度足够小，可以认为在微步开挖中，二者不产生互相影响，二者独立依存，只是开挖后边界发生改变。因此，在每一微步开挖中，二者之和即为该微步下对隧道围岩区的总体影响。利用式（5.8），计算出每一微步开挖下的温度影响，然后计算温度变化下的力学

响应与开挖卸荷力学响应，直至开挖完成。每一微步开挖下二者力学响应的叠加，即为整个开挖过程中，隧道围岩的力学响应。

设岩石各向均质，线膨胀系数为 α，则由于微步开挖引起的岩石径向与环向变形为

$$u_i^t = v_i^t = \alpha \Delta t_i = \alpha \mid t^{i+1} - t^i \mid \tag{5.9}$$

开挖引起的径向、环向卸荷位移分别为

$$u_i = \frac{Pr_i^2}{4Gr}\left\{(1+\lambda) + (1-\lambda)\left[(k+1) - \frac{r_i^2}{r^2}\right]\cos 2\theta\right\} \tag{5.10}$$

$$v_i = -\frac{Pr_i^2}{4Gr}(1-\lambda)\left[(k-1) + \frac{r_i^2}{r^2}\right]\sin 2\theta \tag{5.11}$$

二者共同作用的效果是在围岩 r 处，由于第 i 微步的开挖，引起的径向变形为

$$\Delta s_{ri} = u_i - u_i^t = \frac{Pr_i^2}{4Gr}\left\{(1+\lambda) + (1-\lambda)\left[(k+1) - \frac{r_i^2}{r^2}\right]\cos 2\theta\right\}$$
$$-\alpha\left\{\frac{1}{i+1}(T_w - t_i) + \ln\left[\left(\frac{r_0(i+1)}{n}\right)\right] - \frac{T - t_{i+1}}{\ln[nR'/r_0(i+1)]}\ln(nr/ir_0)\frac{T - t_i}{\ln(nR'/ir_0)}\right\} \tag{5.12}$$

二者共同作用的效果是在围岩 r 处，由于第 i 微步的开挖，引起的环向变形为

$$\Delta s_{\theta i} = v_i - v_i^t = -\frac{Pr_i^2}{4Gr}(1-\lambda)\left[(k-1) + \frac{r_i^2}{r^2}\right]\sin 2\theta$$
$$-\alpha\left\{\frac{1}{i+1}(T_w - t_i) + \ln\left[\left(\frac{r_0(i+1)}{n}\right)\right] - \frac{T - t_{i+1}}{\ln[nR'/r_0(i+1)]}\ln(nr/ir_0)\frac{T - t_i}{\ln(nR'/ir_0)}\right\} \tag{5.13}$$

至此，由于第 i 微步开挖，获得了开挖卸荷与温度变化引起的围岩 r 处的变形。

对于应力，由于第 i 次的开挖，其对隧道最终围岩区 r 处（$R_0 < r < R'$）产生的径向应力为

$$\sigma_{ri} = \frac{p}{2}\left\{(1+\lambda) + \left(1 - \frac{r_i^2}{r^2}\right) + (1-\lambda)\left(1 - \frac{4r_i^2}{r^2} + \frac{3r_i^4}{r^4}\right)\cos 2\theta\right\} \tag{5.14}$$

环向应力为

$$\sigma_{\theta i} = \frac{p}{2}\left\{(1+\lambda) + \left(1 + \frac{r_i^2}{r^2}\right) - (1-\lambda)\left(1 + \frac{3r_i^4}{r^4}\right)\cos 2\theta\right\} \tag{5.15}$$

在开挖完成后，由于开挖卸荷与温度变化相互影响引起的围岩 r 处的变形与应力分布如下。

径向变形：

$$s_{ri} = \sum_{i=1}^{n} \Delta s_{ri} = \sum_{i=1}^{n} u_i - u_i^t = \sum_{i=1}^{n} \frac{Pr_i^2}{4Gr} \left\{ (1+\lambda) + (1-\lambda)\left[(k+1) - \frac{r_i^2}{r^2}\right]\cos 2\theta \right\}$$

$$- \sum_{i=1}^{n} \alpha \left\{ \frac{1}{i+1}(T_w - t_i) + \ln\left(\frac{r_0(i+1)}{n}\right) - \frac{T - t_{i+1}}{\ln[nR'/r_0(i+1)]}\ln(nr/ir_0)\frac{T - t_i}{\ln(nR'/ir_0)} \right\}$$

（5.16）

环向变形：

$$\sum_{i=1}^{n} s_{\theta i} = \sum_{i=1}^{n}(v_i - v_i^t) = -\sum_{i=1}^{n} \frac{Pr_i^2}{4Gr}(1-\lambda)\left[(k-1) + \frac{r_i^2}{r^2}\right]\sin 2\theta$$

$$- \sum_{i=1}^{n} \alpha \left\{ \frac{1}{i+1}(T_w - t_i) + \ln\left(\frac{r_0(i+1)}{n}\right) - \frac{T - t_{i+1}}{\ln[nR'/r_0(i+1)]}\ln(nr/ir_0)\frac{T - t_i}{\ln(nR'/ir_0)} \right\}$$

（5.17）

对于应力而言，第 i 次的开挖，引起的隧道最终围岩区（$r_0 < r < R'$）产生的径向、环向应力，其应力分量有两部分组成，一是由初始应力所产生，二是由洞周开挖卸荷引起。因此，对于应力，在进行应力耦合考虑的时候，应该把前一步开挖初始地应力所产生的应力部分扣除，只计算由洞周开挖卸荷引起的部分。因此，开挖完成后，隧道最终围岩区（$r_0 < r < R'$）产生径向应力为

$$\sigma_r = \frac{p}{2}\left\{(1+\lambda)\left(1 - \frac{r_0^2}{r^2}\right) + (1-\lambda)\left(1 - \frac{4r_0^2}{r^2} + \frac{3r_0^4}{r^4}\right)\cos 2\theta\right\}$$

$$= \frac{p}{2}(1+\lambda) - \frac{p}{2}(1+\lambda)\sum_{i=1}^{n}\left(1 - \frac{r_i^2}{r^2}\right) + \frac{p}{2}(1-\lambda)\cos 2\theta - \frac{p}{2}(1-\lambda)\cos 2\theta \sum_{i=1}^{n}\left(\frac{4r_i^2}{r^2} - \frac{3r_i^4}{r^4}\right)$$

（5.18）

环向应力：

$$\sigma_\theta = \frac{p}{2}\left\{(1+\lambda)\left(1 + \frac{r_0^2}{r^2}\right) - (1-\lambda)\left(1 + \frac{3r_0^4}{r^4}\right)\cos 2\theta\right\}$$

（5.19）

$$= \frac{p}{2}(1+\lambda) + \frac{p}{2}(1+\lambda)\sum_{i=1}^{n}\left(1 + \frac{r_i^2}{r^2}\right) - \frac{p}{2}(1-\lambda)\cos 2\theta - \frac{p}{2}(1-\lambda)\cos 2\theta \sum_{i=1}^{n}\frac{3r_i^4}{r^4}$$

这样，就求得了隧道无衬砌支护时围岩力学 TM 耦合下的应力与变形分布。特别的是，当侧压力系数 $\lambda = 1$ 时，隧道围岩 TM 耦合下的变形与应力为

$$s_{ri} = \sum_{i=}^{n} \Delta s_{ri} = \sum_{i=}^{n} u_i - u_i^t = \sum_{i=1}^{n} \frac{Pr_i^2}{2Gr}$$

$$- \sum_{i=}^{n} \alpha \left\{ \frac{1}{i+1}(T_w - t_i) + \ln\left[\frac{r_0(i+1)}{n}\right] - \frac{T - t_{i+1}}{\ln[nR'/r_0(i+1)]}\ln(nr/ir_0)\frac{T - t_i}{\ln(nR'/ir_0)} \right\}$$

（5.20）

环向变形：

$$\sum_{i=1}^{n} s_{\theta i} = \sum_{i=1}^{n} v_i - v_i^t = -\sum_{i=1}^{n} \alpha \left\{ \frac{1}{i+1}(T_w - t_i) + \ln\left[\frac{r_0(i+1)}{n}\right] - \frac{T - t_{i+1}}{\ln[nR'/r_0(i+1)]} \right.$$
$$\left. \ln(nr/ir_0) \frac{T - t_i}{\ln(nR'/ir_0)} \right\} \qquad (5.21)$$

径向应力：

$$\sigma_r = \frac{p}{2}\left\{(1+\lambda)\left(1-\frac{r_0^2}{r^2}\right)+\right\} = p\left\{1-\sum_{i=1}^{n}\left(1-\frac{r_i^2}{r^2}\right)\right\} \qquad (5.22)$$

环向应力：

$$\sigma_\theta = \frac{p}{2}\left\{(1+\lambda)\left(1+\frac{r_0^2}{r^2}\right)\right\} = p\left\{1+\sum_{i=1}^{n}\left(1+\frac{r_i^2}{r^2}\right)\right\} \qquad (5.23)$$

5.1.2　隧洞衬砌支护下温度场、应力场耦合机制分析

1．衬砌力学简化分析

为了研究 TM 耦合情况下的受力特性，首先与传统方法一样，把衬砌受力简化为如图 5.1 所示。

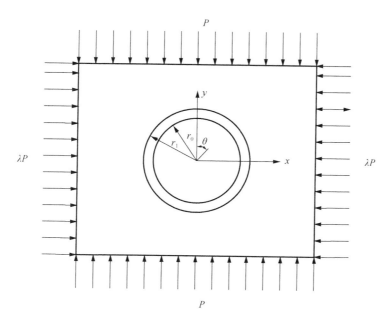

图 5.1　衬砌力学简化分析图

衬砌完全封闭，隧道开挖半径与衬砌外径相等，认为开挖与衬砌同时完成，也就是围岩变形荷载全部由衬砌来承担。假定衬砌与围岩接触面（$r=r_0$）没有摩擦力，在不考虑温度的情况下，围岩应力及变形为

$$u = \frac{pr_0^2}{8Gr}\left\{2\gamma(1+\lambda) + (1-\lambda)\left[\beta(k+1) + \frac{2\delta r_0^2}{r^2}\right]\cos 2\theta\right\} \tag{5.24}$$

$$v = -\frac{pr_0^2}{8Gr}(1-\lambda)\left[\beta(k-1) - \frac{2\delta r_0^2}{r^2}\right]\sin 2\theta \tag{5.25}$$

径向应力：

$$\sigma_r = \frac{p}{2}\left\{(1+\lambda) + \left(1 - \frac{\gamma r_0^2}{r^2}\right) + (1-\lambda)\left(1 - \frac{2\beta r_0^2}{r^2} - \frac{3\delta r_0^4}{r^4}\right)\cos 2\theta\right\} \tag{5.26}$$

环向应力：

$$\sigma_\theta = \frac{p}{2}\left\{(1+\lambda) + \left(1 + \frac{r_0^2}{r^2}\right) - (1-\lambda)\left(1 - \frac{3\delta r_0^4}{r^4}\right)\cos 2\theta\right\} \tag{5.27}$$

衬砌应力及位移见式（5.28）～式（5.30）。
径向应力：

$$\sigma_{cr} = (2A_1 + A_2 r^{-2}) - (A_5 + 4A_3 r^{-2} - 3A_6 r^{-4})\cos 2\theta \tag{5.28}$$

环向应力：

$$\sigma_{c\theta} = (2A_1 - A_2 r^{-2}) - (A_5 + 12A_3 r^2 - 3A_6 r^{-4})\cos 2\theta \tag{5.29}$$

径向位移：

$$\mu_c = \frac{1}{2G_c}\left\{[(k_c-1)A_1 r - A_2 r^{-1}] + [(k_c-3)A_4 r^3 - A_5 r + (k_c+1)A_3 r^{-1} - A_6 r^{-3}]\right\}\cos 2\theta \tag{5.30}$$

环向应力：

$$v_c = \frac{1}{2G_c}\left\{[(k_c+3)A_4 r^3 + A_5 r - (k_c-1)A_5 r^{-1} - A_6 r^{-3}]\right\}\cos 2\theta \tag{5.31}$$

在施工期，最关键的是高温下衬砌现浇混凝土强度发挥的问题，可忽略 TM 耦合影响。而在其他工况下，为了对衬砌结构进行 TM 耦合分析，可以简化为图 5.2 所示模型。

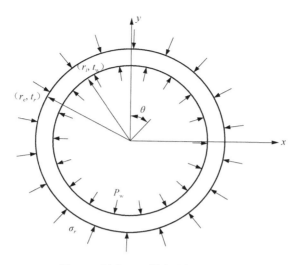

图 5.2　衬砌 TM 耦合分析简化图

对于高温隧道衬砌而言，在运行期，由于受到通过冷水的影响，在短时间内，内壁温度降低，引起衬砌内外侧温度的差异，从而在衬砌内部引起热应力、热变形。

衬砌热应力、热变形与原来衬砌的应力、变形重新调整，达到平衡。这个过程随着水温引起的温度变化最终达到平衡而终止。因此，衬砌简化为其外表面受到开挖围岩的径向力作用：

$$\sigma_r = \frac{p}{2}\left\{(1+\lambda)+\left(1-\frac{\gamma r_0^2}{r^2}\right)+(1-\lambda)\left(1-\frac{2\beta r_0^2}{r^2}-\frac{3\delta r_0^4}{r^4}\right)\cos 2\theta\right\}$$

$$= \frac{p}{2}\left\{(1+\lambda)+(1-\gamma)+(1-\lambda)(1-2\beta-3\delta)\cos 2\theta\right\} \tag{5.32}$$

这样就简化为一个内径为 r_i，外径为 r_e 的空心圆筒，外表面存在径向力 σ_r，同时外表面温度值为长期作用下的围岩温度 t_r；内表面受到内水压力 P_w，其温度值为过水温度 t_w 这样的空心圆筒。温度变化仅沿径向变化，在衬砌纵向没有变化，即与沿隧道轴向坐标 z 无关。简化示意图如图 5.2 所示。

根据材料力学公式，当圆筒的外表面受到压力 σ_r 时，半径变化量为

$$\Delta r_i = -\frac{\sigma_r r_e}{E}\left(\frac{r_e^2+r_i^2}{r_e^2-r_i^2}-\mu\right) \tag{5.33}$$

当圆筒的内表面受到压力 P_w 时，半径变化量为

$$\Delta r_e = \frac{p_w r_i}{E}\left(\frac{r_e^2+r_i^2}{r_e^2-r_i^2}-\mu\right) \tag{5.34}$$

式中，负号表示半径减小。

衬砌的相对施工刚完成时，在过水运行时，由于内水水压，径向变形（厚度的变化）为

$$\Delta r = \Delta r_e + \Delta r_i = \left(\frac{p_w r_i}{E} - \frac{\sigma_r r_e}{E} \right) \left(\frac{r_e^2 + r_i^2}{r_e^2 - r_i^2} - \mu \right) \tag{5.35}$$

式中，r_e 为衬砌外半径；r_i 为衬砌内半径；σ_r 为围岩作用在径向的压力；P_w 为作用在衬砌内表面的内水压力；E 为衬砌混凝土弹性模量；μ 为衬砌泊松比。

把衬砌简化为图 5.2 所示的模型之后，则将衬砌是为无限弹性介质中的厚壁圆管，而后按照轴对称受力的弹性理论厚壁管公式进行衬砌的内力计算。

按照弹性理论的解答，厚壁管在均匀内水 P_w 和径向围岩压力（类似于弹性抗力）作用下，管壁厚度内任意半径 r 处的径向变形为

$$u_c' = \frac{r(1+\mu)}{E} \left[\frac{(1-2\mu) + \left(\dfrac{r_e}{r} \right)^2}{m^2 - 1} p_w - \frac{\left(\dfrac{r_e}{r} \right)^2 + (1-2\mu)m^2}{m^2 - 1} \sigma_r \right] \tag{5.36}$$

环向应力：

$$\sigma_\theta' = \frac{1 + \left(\dfrac{r_e}{r} \right)^2}{m^2 - 1} p_w - \frac{m^2 + \left(\dfrac{r_e}{r} \right)^2}{m^2 - 1} \sigma_r \tag{5.37}$$

径向应力：

$$\sigma_r' = -\frac{\left(\dfrac{r_e}{r} \right)^2 - 1}{m^2 - 1} p_w - \frac{m^2 - \left(\dfrac{r_e}{r} \right)^2}{m^2 - 1} \sigma_r \tag{5.38}$$

式中，$m = r_e / r_i$（隧洞毛洞半径与衬砌内半径之比）。

2. 衬砌 TM 耦合分析

（1）温度场。利用第 4 章复合衬砌下隧洞温度解析，不考虑喷层与保温材料，在运行期过水后，衬砌最终的温度分布公式为

$$t_c = t_0 + \ln(r / r_0) \frac{t_1 - t_0}{\ln(r_1 / r_0)} \tag{5.39}$$

（2）纯热应力、变形场。利用上述导热公式，依据空心圆管的热分析[138]，就可以得到衬砌在温度作用下的热应力。

径向热应力：

$$\sigma_r^{ct} = \frac{\alpha E \Delta t}{2(1-\mu)\ln \dfrac{r_e}{r_i}} \left[-\ln \frac{r_e}{r} - \frac{r_i^2}{r_e^2 - r_i^2} \left(1 - \frac{r_e^2}{r^2} \right) \ln \frac{r_e}{r_i} \right] \tag{5.40}$$

环向热应力：

$$\sigma_\theta^{ct} = \frac{\alpha E \Delta t}{2(1-\mu)\ln\frac{r_e}{r_i}} \left[1 - \ln\frac{r_e}{r} - \frac{r_i^2}{r_e^2 - r_i^2}\left(1 + \frac{r_e^2}{r^2}\right)\ln\frac{r_e}{r_i} \right] \quad (5.41)$$

径向变形：

$$u^c = \frac{(1+\mu)}{(1-\mu)}\frac{\alpha}{r}\left[\int_{r_i}^{r} tr\mathrm{d}r + \left(r_i^2 + \frac{1-3\mu}{1+\mu}r^2\right)\frac{1}{r_e^2 - r_i^2}\int_{r_i}^{r_e} tr\mathrm{d}r \right] \quad (5.42)$$

式中，$t=t_c$，衬砌温度；α 为衬砌热膨胀系数；t 为衬砌内外侧温度差。

（3）耦合分析。在衬砌外边面，由于运行过水，根据衬砌 TM 耦合分析微步温变模型，进行了 N 次微步温变，才使得衬砌外边面达到最终的稳定温度值 T_c。

为了考虑衬砌结构受水体温度引起的 TM 耦合机制，作如下假设：①衬砌结构温度变化按式（5.46）计算，可以得出衬砌与围岩界面处的温度 T_c。②为了考虑温度变化的时间效应，认为温度变化是一个持续过程，即在衬砌内表面开始，衬砌沿径向温度的改变分为 N 步完成，在第 n_i 微步中，厚度为 $r=r_0+n_i\Delta r_i$（r_0 衬砌内半径，$i=1,2,\cdots,n$）的范围内引起温度发生变化为 Δt_i，也就是，自第一微步开始，在 $r=r_0+\Delta r_i$ 处，温度变化为 Δt_i，自第二微步开始，温度进一步变化，扩展至 $r=r_0+2\Delta r_i$ 处，温度变化为 Δt_i，以此类推，直至第 N 微步。在衬砌的外边界 $r=r_0+\delta$（δ 为衬砌厚度），也就是衬砌与围岩界面处引起的温度变化为 $T-T_c=\Delta t_i$（T 为围岩的恒定温度）。这样的假设，也更为实际地反映了实际温变的效果，在过水之后，衬砌温度变化是一个与时间有关的渐变过程。③当每一微步温变时，其改变了衬砌应力、变形分布。衬砌应力、变形的改变，反过来影响了衬砌几何边界条件，改变了下一次微步温变的边界。④在微步温变的影响范围内，衬砌总应力、总形变由两部分组成，一部分是由于围岩卸荷变形引起的应力、形变，另一部分是由于温度变化产生的热应力、热形变。当微步足够小时，衬砌总应力、总形变就是TM 耦合的最终结果。⑤水温为 T_0，由于持续不断地过水，先期的水体带走热量，后续水体水温仍为 T_0，不随时间而变化。⑥水与衬砌接触后，不考虑液体—固体之间的温度变化时间效应，在瞬间时刻，衬砌表面的温度达到水体温度，可认为在衬砌内表面为恒温边界，温度值为水体温度 T_0。

基于上述假设，利用衬砌 TM 耦合分析微步温变模型，结合对衬砌单纯非温度影响下力学变形场分析及单纯温度下的热应力变形场分析，就可以对高温隧道运行期，过水时隧道的衬砌结构进行 TM 耦合分析（图5.3）。

在第一次微步温变中，受通过低温水体的影响，衬砌自内表面开始，沿径向在厚度Δr 范围内，温度按照式（5.46）分布发生变化，则在衬砌厚度Δr 处，其温度为

$$t_c^{\Delta r} = t_0 + \ln[(r_0 + \Delta r)/r_0]\frac{T - t_0}{\ln(r_1/r_0)} = t_0 + \ln\left(1 + \frac{\Delta r}{r_0}\right)\frac{T - t_0}{\ln(r_1/r_0)} \tag{5.43}$$

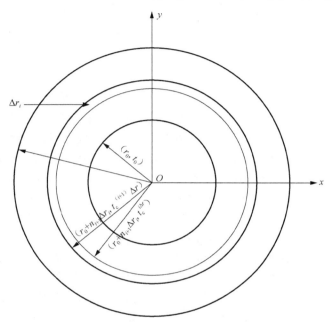

图 5.3　衬砌 TM 耦合分析微步温变模型

在第 i 微步温变中，在衬砌厚度 $i\Delta r$ 处，其温度为

$$t_c^{i\Delta r} = t_0 + \ln[(r_0 + i\Delta r)/r_0]\frac{T - t_0}{\ln(r_1/r_0)} = t_0 + \ln\left(1 + \frac{i\Delta r}{r_0}\right)\frac{T - t_0}{\ln(r_1/r_0)} \tag{5.44}$$

第 i 次与第 i-1 次前后两次在衬砌厚度为 Δr 沿径向边界处的温度差为

$$\Delta t = \frac{T - t_0}{\ln(r_1/r_0)}\ln\left[\frac{r_0 + i\Delta r}{r_0 + (i-1)\Delta r}\right] \tag{5.45}$$

式中，T 为围岩温度，也就是衬砌最外侧温度；t_0 为衬砌内侧温度。此时在衬砌厚度 Δr 范围内，依据式（5.42）～式（5.44），引起的热应力变形如下：

径向热应力：

$$\sigma_r^{ct} = \frac{T - t_0}{\ln(r_1/r_0)}\ln\left[\frac{r_0 + i\Delta r}{r_0 + (i-1)\Delta r}\right]\frac{\alpha E}{2(1-\mu)\ln\dfrac{r_e}{r_i}}\left[-\ln\frac{r_e}{r} - \frac{r_i^2}{r_e^2 - r_i^2}\left(1 - \frac{r_e^2}{r^2}\right)\ln\frac{r_e}{r_i}\right] \tag{5.46}$$

环向热应力：

$$\sigma_\theta^{ct} = \frac{T - t_0}{\ln(r_1/r_0)}\ln\left[\frac{r_0 + i\Delta r}{r_0 + (i-1)\Delta r}\right]\frac{\alpha E}{2(1-\mu)\ln\dfrac{r_e}{r_i}}\left[1 - \ln\frac{r_e}{r} - \frac{r_i^2}{r_e^2 - r_i^2}\left(1 + \frac{r_e^2}{r^2}\right)\ln\frac{r_e}{r_i}\right] \tag{5.47}$$

径向变形：

$$u^t = \frac{(1+\mu)}{(1-\mu)}\frac{\alpha}{r}\left[\int_{r_i}^{r} tr\mathrm{d}r + \left(r_i^2 + \frac{1-3\mu}{1+u}r^2\right)\frac{1}{r_e^2-r_i^2}\int_{r_i}^{r_e} tr\mathrm{d}r\right] \quad (5.48)$$

此时，衬砌厚度Δr范围内所受的总应力分布为

环向应力：

$$\sigma_\theta^c = \sigma_\theta^{ct} + \sigma_\theta' \quad (5.49)$$

径向应力：

$$\sigma_r^c = \sigma_r^{ct} + \sigma_\theta' \quad (5.50)$$

径向变形：

$$u = u^t + u_{c'}' \quad (5.51)$$

这样，求得了在微步温变下衬砌的应力与变形，前一次的微步温变对衬砌引起的力学改变为下一次微步温变边界条件，到最终 N 次微步温变完成，衬砌达到在最终的 TM 耦合下的应力变形状态，只要微步温变范围足够小，就可以达到衬砌真实的力学性态。

算例一：

圆形隧道，未衬砌半径 r_0 为 2m，埋深 200m，围岩弹性模量 E=2000MPa，泊松比 μ=0.3，衬砌 30cm 厚，C25 钢筋混凝土，其弹性模量 E=20GPa，内水水头 60m，过水温度 5℃，围岩初始温度温度 80℃。

首先，求出作用在衬砌外侧的作用力及开挖后作用在衬砌上的应力及位移，依据式（5.30）～式（5.31），得径向应力分布如图 5.4 所示。负值表示衬砌受到拉应力，正值表示衬砌受压应力。可以看出，施工期衬砌外壁径向均承受压应力，拱腰位置径向应力值达到最大值，而环向应力均为压应力，在不同洞周位置波动变化较小，由衬砌内壁到外壁，压应力值减小。这样求出了作用在衬砌外壁上的径向应力 σ_{cr}。

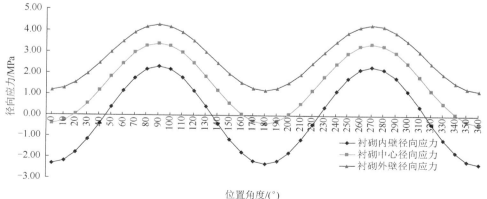

（a）径向应力分布

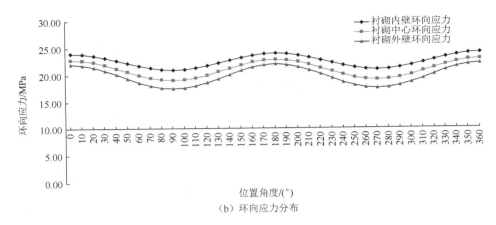

（b）环向应力分布

图 5.4　施工期衬砌受力分布

根据衬砌简化，简化为厚壁圆管，其内侧受内水水压，水头为 60m，外侧受到径向应力 σ_{cr}，按照厚壁管在均匀内水 P_w 和径向围岩压力（类似于弹性抗力）σ_{cr} 作用下，利用式（5.35）～式（5.37），可得衬砌厚度内的应力与变形分布图（图 5.5，压应力为负值，拉应力为正值）。在内水与径向山岩压力的作用下，衬砌径向应力分布均为压应力，自内壁开始，压应力值逐渐增大，在相同厚度处，衬砌两拱腰位置径向压应力最大，达到 4.5MPa。对于环向应力而言，内壁环向应力大于外壁环向应力，在相同厚度处，衬砌两拱腰位置径向压应力最大为 30MPa。

在过水期运行期，由于水体温度的降低，引起的衬砌温度热应力按 30 次温度微变考虑，在各次温度温变后，衬砌温度分布如图 5.6 所示。在每次温变后，在该温变微步内影响下的衬砌厚度之内，温度的分布近似直线分布（实际服从指数分布，由于每次厚度很小 0.01，温变近似直线分布）。

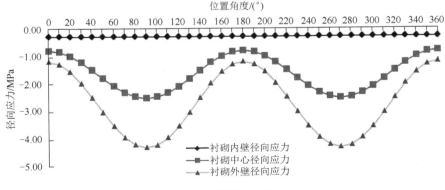

（a）径向应力分布

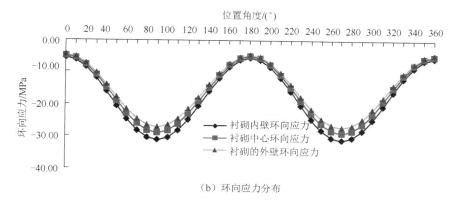

（b）环向应力分布

图 5.5 内水作用后衬砌受力分布

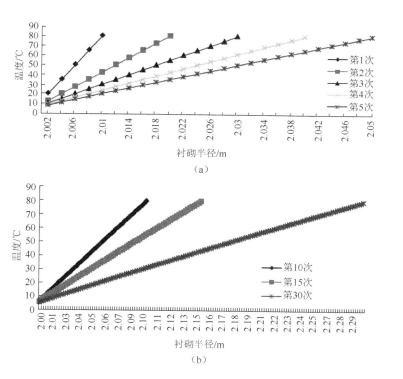

图 5.6 各次微步温变后衬砌温度分布

图 5.7 为不同温变时刻在其影响厚度内的温差分布曲线图。可以看出，在第 1 微步时刻，其影响厚度内温差最大到达 75℃，其后随着微步温变推进，影响厚度内的温差逐渐减小接近 0 值。也可以看出，对于 30cm 厚衬砌，取 30 次微步进行分析是合适的。

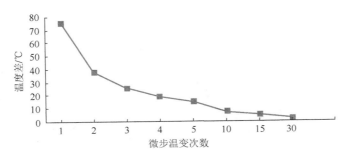

图 5.7　不同微步时刻衬砌影响厚度内温差曲线

在不同微步时刻，第 1 微步的衬砌影响厚度内的环向应力如图 5.8 所示。可以看出，在第 1 次微步时刻后，在衬砌内侧壁，出现 4.3MPa 的拉应力（负值为拉应力），外侧约为 5.4MPa 压应力；随着微步温变时刻的增多，在第 2 微步时刻，内侧壁环向拉应力降低为 2.2MPa，外侧压应力降低为 2.6MPa；随着温变微步时刻的增多，内外侧温差逐渐接近。因此在第 1 微步的衬砌影响厚度内，不论是内侧壁的环向拉应力值，还是外侧壁的环向拉应力值，都在逐渐减小。对于内侧壁出现环向拉应力的解释：径向收缩，而衬砌外壁还未有受温度影响稳定不变，从而使得内壁相对扩大，内壁出现环向拉应力。

在不同微步时刻，在第 2 微步衬砌影响厚度内的环向应力如图 5.9 所示。可以看出，在第 2 次微步时刻后，在衬砌内侧壁，出现大于 4.8MPa 的拉应力；外侧约为 5.4MPa 的压应力；随着微步温变时刻的增多，在第 3 微步时刻，内侧壁环向拉应力降低为 3.26MPa，外侧压应力降低为 2.6MPa；随着温变微步时刻的增多，内外侧温差逐渐接近。因此，在第 2 微步的衬砌影响厚度内，不论是内侧壁的环向拉应力值，还是外侧壁的环向拉应力值，都在逐渐减小。

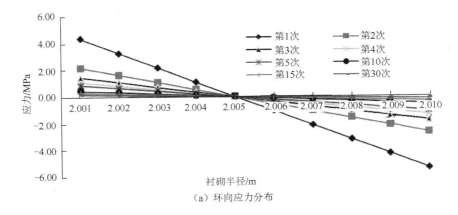

（a）环向应力分布

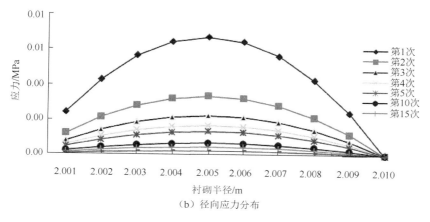

（b）径向应力分布

图 5.8 不同微步时刻在第 1 微步的衬砌影响厚度内应力变化

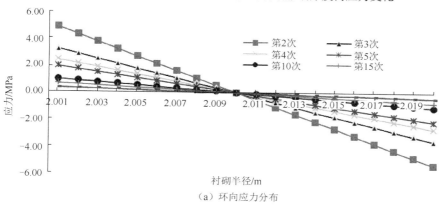

（a）环向应力分布

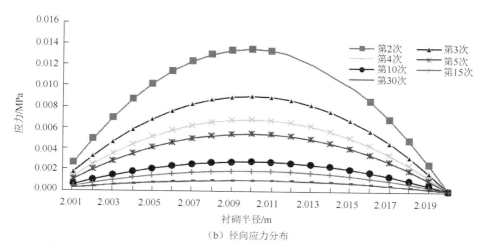

（b）径向应力分布

图 5.9 不同微步时刻在第 2 微步的衬砌影响厚度内应力变化

　　在不同微步时刻，在第 3 微步衬砌影响厚度内的环向应力如图 5.10 所示。可以看出，在第 3 次微步时刻后，在衬砌内侧壁，出现大于 5.1MPa 的拉应力，外侧为 5.8MPa 压应力；随着微步温变时刻的增多，在第 10 微步时刻，内侧壁环向拉应力降低为 1.8MPa，外侧压应力降低为 1.75MPa；随着温变微步时刻的增多，内外侧温差逐渐接近。因此，在第 3 微步的衬砌影响厚度内，不论是内侧壁的环向拉应力值，还是外侧壁的环向拉应力值，都在逐渐减小。

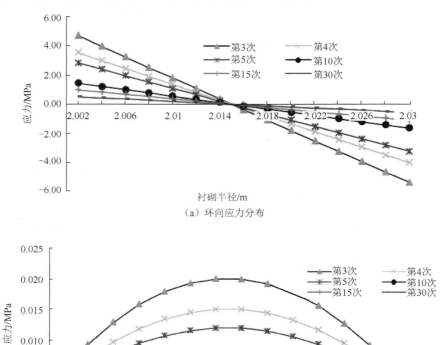

（a）环向应力分布

（b）径向应力分布

图 5.10　不同微步时刻在第 3 微步衬砌影响厚度内应力变化

　　在第 15 次、第 30 次微步衬砌影响厚度内的环向应力如图 5.11、图 5.12 所示。可以看出，在第 15 次、第 30 次微步时刻后，在衬砌内侧壁，出现 5.6～5.8MPa 的拉应力，外侧为 5.8MPa 压应力。因而，在第 30 次微步温变后，衬砌所承受的最大环向拉应力为 5.8MPa，而径向应力均为拉应力，但量值较小，不到 0.5MPa。

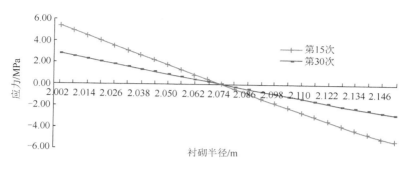

图 5.11　不同微步时刻在第 15 次微步衬砌影响厚度内应力变化

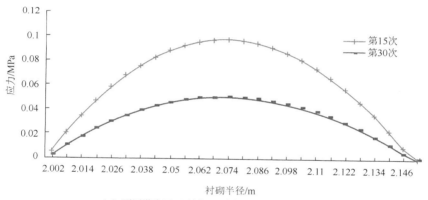

（a）不同微步下（时刻）温变衬砌影响范围内径向应力分布

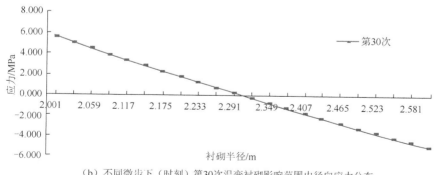

（b）不同微步下（时刻）第30次温变衬砌影响范围内径向应力分布

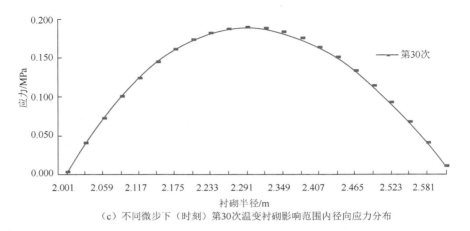

（c）不同微步下（时刻）第30次温变衬砌影响范围内径向应力分布

图 5.12　不同微步时刻在第 30 微步衬砌影响厚度内应力变化

　　耦合后衬砌总应力分布依据式（5.48）、式（5.49），可以求得衬砌在开挖卸荷、内水、温度应力三者耦合情况下的总应力分布，如图 5.13 所示。在算例一条件下，由于隧洞埋深较大（200m），衬砌所承受的径向围岩压力（类似于弹性抗力）σ_{cr} 较大，因此在开挖卸荷、内水、温度应力三者耦合情况下，由图 5.13 看出，不论是径向还是环向，衬砌均承受压应力，由衬砌内侧到外侧，压应力值均增大。只是在不同温变时刻下，其影响衬砌厚度范围内的环向应力值发生改变，使得内侧的压应力值减小，外侧的压应力增大（图中跳跃部分）。

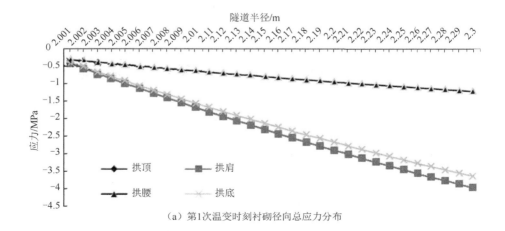

（a）第1次温变时刻衬砌径向总应力分布

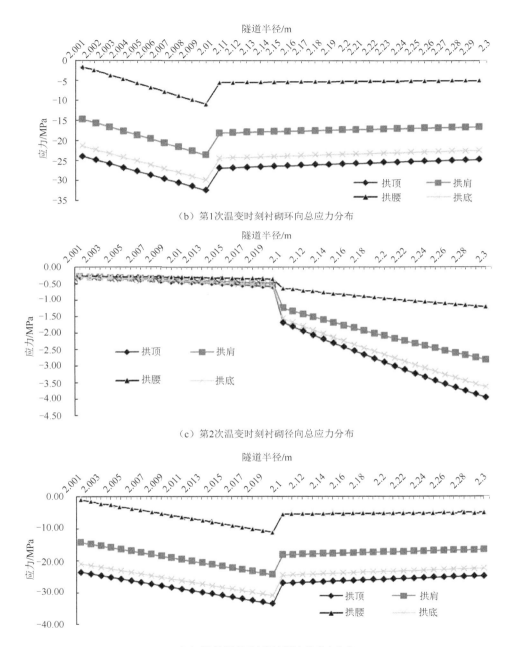

（b）第1次温变时刻衬砌环向总应力分布

（c）第2次温变时刻衬砌径向总应力分布

（d）第2次温变时刻衬砌环向总应力分布

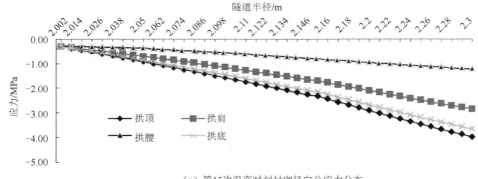

（e）第15次温变时刻衬砌径向总应力分布

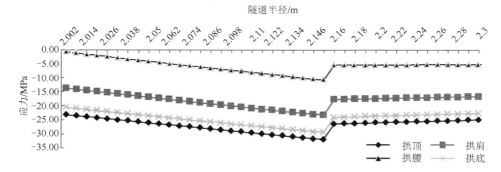

（f）第15次温变时刻衬砌环向总应力分布

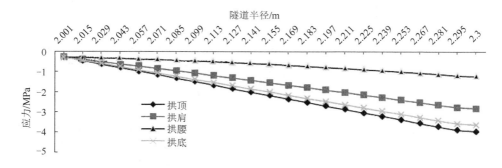

（g）第30次温变时刻衬砌径向总应力分布

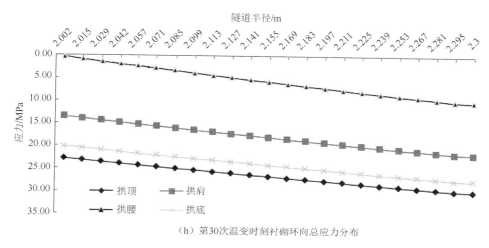

（h）第30次温变时刻衬砌环向总应力分布

图5.13　不同微步时刻衬砌总应力分布

算例二：

圆形隧道，未衬砌半径 r_0 为2m，埋深100m，围岩弹性模量 E=2000MPa，泊松比 μ=0.3，衬砌30cm厚，C25钢筋混凝土，其弹性模量 E=20GPa，内水水头为60m，过水温度为5℃，围岩初始温度为80℃。

山岩与内水作用下衬砌应力分布如图5.14所示。

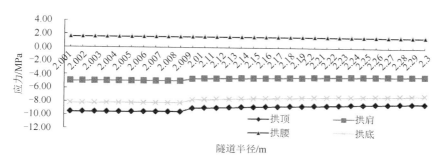

图5.14　100m埋深下内水与山岩作用下衬砌应力分布

利用与算例一相同的方法，可得山岩与内水作用下衬砌应力分布图（由于径向应力较小，只分析环向应力）。在单纯的内水作用下，拱腰位置出现了约为1.6MPa的拉应力。图5.15为不同温变时刻100m埋深下衬砌耦合总应力分布。由于埋深的变化，衬砌所承受的应力发生很大变化，在温度热拉应力与内水产生的拉应力二者共同作用下，抵抗埋深引起的应力，特别是在拱腰位置，从第一次温变时刻起，就出现大于5MPa的衬砌耦合总应力，随着温变时刻的增加，拉应力值增加，直至达到 5.8MPa，这一应力值远大于普通混凝土抗拉强度，衬砌将发生拉裂破坏。

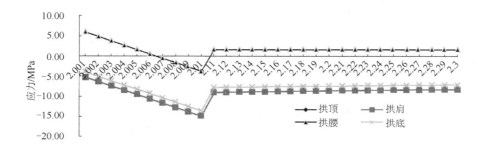

（a）第1次温变时刻衬砌环向总应力分布

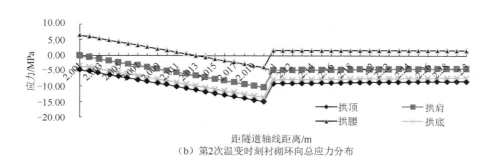

（b）第2次温变时刻衬砌环向总应力分布

（c）第15次温变时刻衬砌环向总应力分布

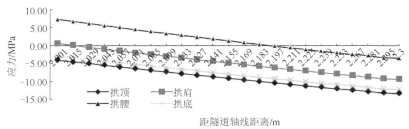

（d）第30次温变时刻衬砌环向总应力分布

图 5.15　不同温变时刻 100m 埋深下衬砌耦合总应力分布

5.1.3　隧洞与支护结构温度场、应力场耦合求解的"微步开挖模型"

对于隧洞由于开挖而引起的应力与变形，许多学者已进行了大量的工作。不论是弹性还是弹塑性条件下，都可以借用已有的关于隧洞应力与变形的解析解，找到关于洞周围岩变形的显式表达式。

洞内无衬砌时，弹性条件下，洞内径向位移的表达式为

$$u = \frac{pr_0^2}{4Gr}\left\{(1+\lambda) + (1-\lambda)\left[(k+1) - \frac{r_0^2}{r^2}\right]\cos 2\theta\right\} \tag{5.52}$$

式中，$k = 3 - 4\mu$；λ 为侧压力系数；G 为剪切模量，$G = \dfrac{E}{2(1+\mu)}$；r_0 为隧洞半径；r 为距洞中心距离；p 为岩体初始应力；θ 为所求点与洞心之连线与竖直方向夹角。

在弹性条件下，洞内无衬砌时，洞内环向位移的表达式为

$$v = -\frac{Pr_0^2}{4Gr}(1-\lambda)\left[(k-1) + \frac{r_0^2}{r^2}\right]\sin 2\theta \tag{5.53}$$

径向应力：

$$\sigma_r = \frac{p}{2}\left\{(1+\lambda) + \left(1 - \frac{r_0^2}{r^2}\right) + (1-\lambda)\left(1 - \frac{4r_0^2}{r^2} + \frac{3r_0^4}{r^4}\right)\cos 2\theta\right\} \tag{5.54}$$

环向应力：

$$\sigma_\theta = \frac{p}{2}\left\{(1+\lambda) + \left(1 + \frac{r_0^2}{r^2}\right) - (1-\lambda)\left(1 + \frac{3r_0^4}{r^4}\right)\cos 2\theta\right\} \tag{5.55}$$

对高温隧道的开挖引起的隧洞围岩应力、应变变化，其由两部分组成：一部分是由开挖卸荷引起的；另一部分由温度变化引起。隧洞处于高温岩体地段，开挖过程中的对流、通风等热交换引起隧洞围岩温度变化，从而引起围岩应力、应变变化。

因此，可以认为高温隧道围岩施工期总应力、应变变化=开挖卸荷引起的隧洞围岩应力、应变变化+温度变化引起隧洞围岩应力、应变变化。

开挖卸荷与温度变化引起的应力、应变变化是一个相互影响的过程。对于应力应变变化而言，其变化引起围岩热力学条件发生改变，从而引起岩体温度发生改变。同时，由于温度变化引起围岩体产生热应力，岩体热应力的增加将进一步产生应变的变化，而应变的改变将"消化"一部分增加的应力，从而围岩体热力学条件发生改变，又引起温度变化，如此反复。为了考虑二者的相互（TM 耦合）影响，做如下约定与假设。

（1）温度从稳定区域边界向最终的边界变化过程符合公式：

$$t = t_1 + \ln(r/r_1)\frac{t_2 - t_1}{\ln(r_2/r_1)} \tag{5.56}$$

（2）岩体按均值各向同性考虑。

（3）把一次开挖过程分成若干沿径向变化的"微步"，在"微步开挖"中，温度变化与开挖卸荷同时引起围岩体的应力、应变变化，"微步开挖"完成后，在该区域的温度变化也完成。前期的"微步开挖"与温度变化所引起的围岩力学形态的变化作为下次"微步开挖"与温度变化的边界（力学、温度）。

（4）在"微步开挖"中，温度的变化也符合式（5.56）。

（5）沿隧洞径向方向，开挖部分分成 N 次微步完成。这样的假设，对于实际的洞室，不论分部开挖（如上下台阶开挖），还是沿轴向掌子面推进全断面一次开挖都是符合的。因为当上、下半洞爆破开挖时，可以看作是沿径向的开挖，而对于掌子面推进全断面开挖，在应力释放上，可以用沿隧洞径向方向的开挖来进行模拟表征。

（6）在微步开挖中，围岩由于温度变化引起的变形，不论是径向变形还是环向变形，可以自由释放，从而不会产生温度热应力，也就是每一微步开挖，引起围岩体温度变化以热应变的形式体现出来，在围岩内部不产生热应力，上次微步开挖为下次微步开挖提供边界条件。

基于上述假设，对于开挖高温洞室，建立如下的温度与开挖共同影响洞室围岩力学特性的分析模型。设隧洞最终开挖半径为 R_0，则分 n 次开挖，沿径向每次开挖厚度为 R_0/n，对于第 i 次开挖，开挖内边界半径为 r_{i-1}，外边界半径为 r_i，其对应的温度边界分别为 t_{i-1}、t_i，如隧道微步开挖模型图所示（图 5.16）。

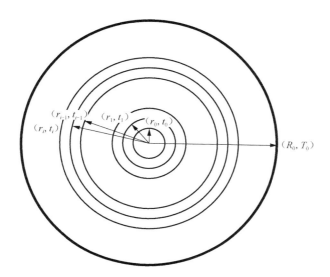

图 5.16 隧洞微步开挖模型示意图

由于第 i 次的开挖，其对隧洞最终围岩区（$R_0 < r < R'$）产生的力学影响如下。

径向应力：

$$\sigma_{ri} = \frac{P}{2}\left\{(1+\lambda) + \left(1 - \frac{r_i^2}{r^2}\right) + (1-\lambda)\left(1 - \frac{4r_i^2}{r^2} + \frac{3r_i^4}{r^4}\right)\cos 2\theta\right\} \tag{5.57}$$

环向应力：

$$\sigma_{\theta i} = \frac{P}{2}\left\{(1+\lambda) + \left(1 + \frac{r_i^2}{r^2}\right) - (1-\lambda)\left(1 + \frac{3r_i^4}{r^4}\right)\cos 2\theta\right\} \tag{5.58}$$

径向变形：

$$u_i = \frac{Pr_i^2}{4Gr}\left\{(1+\lambda) + (1-\lambda)\left[(k+1) - \frac{r_i^2}{r^2}\right]\cos 2\theta\right\} \tag{5.59}$$

环向变形：

$$v_i = -\frac{Pr_i^2}{4Gr}(1-\lambda)\left[(k-1) + \frac{r_i^2}{r^2}\right]\sin 2\theta \tag{5.60}$$

5.1.4 不同荷载对衬砌 TM 耦合影响分析

从 5.1.3 小节的两个算例可以看出，在埋深不同下，衬砌耦合总应力有显著差异，为了讨论不同参数对于衬砌耦合总应力的影响，本小节从隧道埋深、内水水头、衬砌厚度、等方面进行探讨其对于衬砌耦合总应力的影响。

1. 隧道埋深影响

圆形隧道，未衬砌半径 r_0 为 2m，埋深依次分别为 200m、100m、50m，围岩弹性模量 E=2000MPa，泊松比 μ=0.3，衬砌 30cm 厚，C25 钢筋混凝土，其弹性模量 E=20GPa，内水水头 60m，过水温度 5℃，围岩初始温度 80℃。图 5.17 为 100m 埋深下的衬砌应力分布。

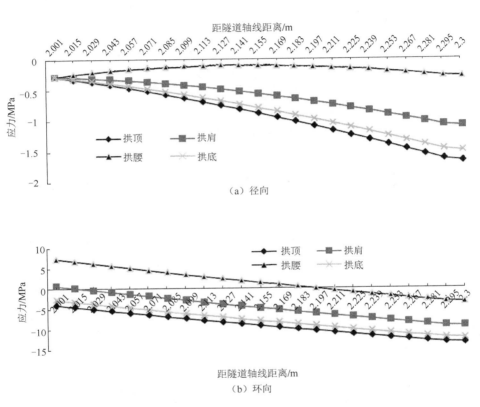

图 5.17　第 30 次温变时刻 100m 埋深下衬砌耦合总应力分布

从不同埋深下隧洞衬砌拱腰耦合总应力分布（图 5.18）可以看出，衬砌径向应力为压应力，而在中浅埋（<200m），衬砌环向主要为拉应力，随着埋深的减小，环向拉应力增大，环向拉应力值最大值超过 5MPa，而衬砌径向压应力均在 1.5MPa 以下。对于这个问题，实际上是反映如何考虑弹性抗力的问题。例如，隧道埋深大，岩石质量好，弹性抗力比较大，则大大削弱由于内水水压与温度在衬砌内部引起的拉应力值，使得衬砌承受压应力或者较低的拉应力，使得衬砌免于拉破坏；反之，当隧道埋深浅，围岩松散，衬砌承受较大的拉应力值，从而引起拉破坏。

这也可以从另一个角度理解，若衬砌施做完成后，由于与周边围岩没有良好的接触（譬如回填灌浆质量不好或者在高温下，衬砌混凝土收缩变形比较大，与围岩之间空隙较大），作用在衬砌的径向力较小，甚至没有，则衬砌将在内水与温度的联合作下，出现很大的拉应力，从而造成拉破坏，实际上，现场试验也说明了这一点。

2. 内水水头影响

圆形隧道，未衬砌半径 r_0 为 2m，埋深 100m，围岩弹性模量 E=2000MPa，泊松比 μ=0.3，衬砌 30cm 厚，C25 钢筋混凝土，其弹性模量 E=20GPa，内水水头依次为 30m、60m、120m，过水温度为 5℃，围岩初始温度为 80℃。

从不同内水水头下的隧洞拱腰衬砌应力分布（图 5.19）可以看出，衬砌径向应力为压应力，而环向主要为拉应力。径向应力均较小，均在 1.0MPa 以下。随着内水水头的增大，径向压应力增大，沿衬砌厚度，径向耦合总应力逐渐减小，在衬砌外侧，在三种水头下，径向应力接近一致。

环向主要为拉应力，在高水头下（H=120m），由于受温度拉应力的影响，二者耦合的结果是在整个衬砌厚度内均出现拉应力，最大拉应力为 11.2MPa，出现在衬砌内壁，此处也是温度应力最大的地方。

3. 衬砌厚度影响

圆形隧道，未衬砌半径 r_0 为 2m，埋深 100m，围岩弹性模量 E=2000MPa，泊松比 μ=0.3，衬砌 20cm、30cm、60cm 厚，C25 钢筋混凝土，其弹性模量 E=20GPa，内水水头为 60m，过水温度为 5℃，围岩初始温度为 80℃。

从图 5.20 中可以看出，在衬砌内侧部分，衬砌环向承受较大拉应力，对于不同厚度衬砌，其内表面均承受环向最大拉应力，衬砌厚度越大，拉应力值越大。沿衬砌厚度方向，环向拉应力值逐渐降低，厚衬砌降低的速率较低，而薄衬砌降低的速率较高，在衬砌厚度中间部位，应力逐渐降为零值。此后，衬砌出现压应力值，在衬砌外壁，出现最大压应力值，衬砌厚度越小，衬砌环向压应力值越大。因此，对于拉应力值，薄衬砌相对较小，但是其压应力值较大，而对于厚衬砌而言，刚好相反，其承受的压应力值较小，拉应力值较大。对于采用钢筋混凝土的衬砌而言，其抗压强度要高于抗拉强度，因此从设计的角度，为了避免过大的热应力造成对衬砌的张拉开裂破坏，衬砌厚度应该较小，不宜过大。在衬砌厚度的中心位置，出现径向拉应力最大值，向两侧减小，衬砌厚度越大，拉应力值越大。

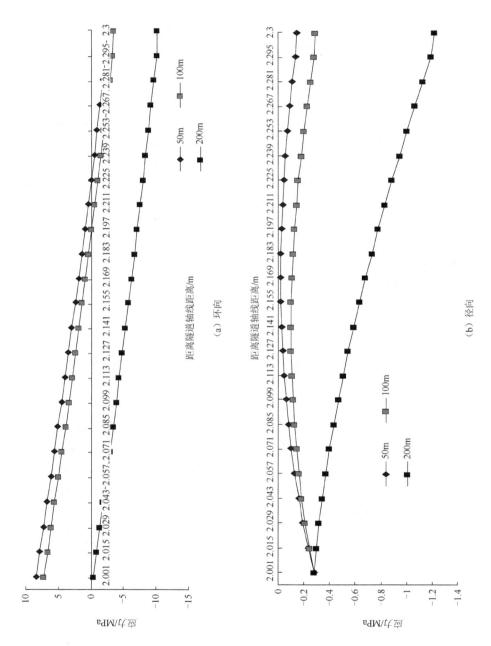

图 5.18 不同埋深下衬砌拱腰耦合总应力分布

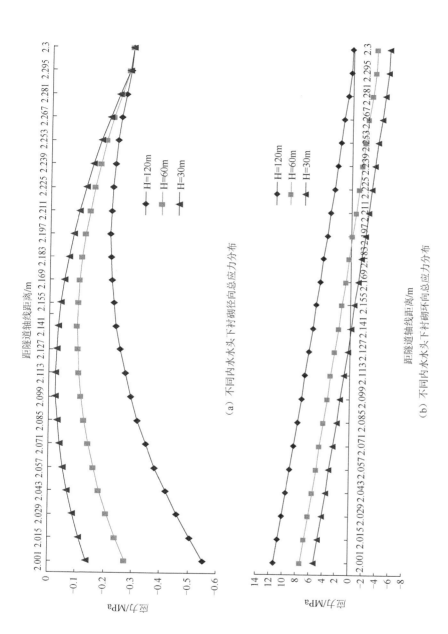

（a）不同内水水头下衬砌径向总应力分布

（b）不同内水水头下衬砌环向总应力分布

图 5.19　不同内水水头下衬砌总应力分布

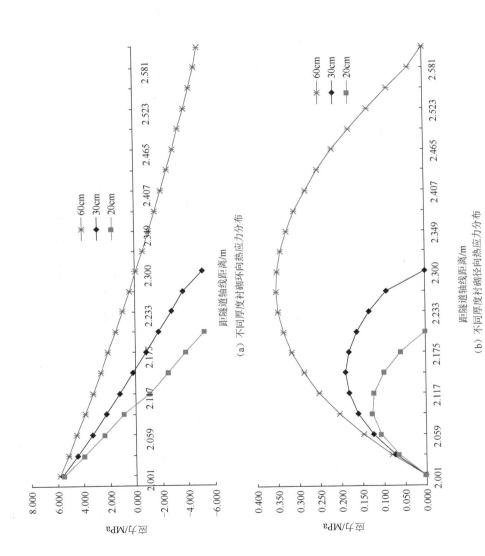

（a）不同厚度衬砌环向热应力分布

（b）不同厚度衬砌径向热应力分布

图 5.20　不同厚度衬砌热应力分布

在考虑衬砌围岩压力与内水压力及水温变化的共同的作用后，不同厚度衬砌环向总应力分布如图 5.21（a）所示。可以看出，在耦合作用下，衬砌环向总应力规律性与单纯热应力相似，但是其内侧环向拉应力值减小，压应力值增大。在算例的条件下，拉应力值超过抗拉强度，不论何种厚度衬砌均会出现拉裂破坏。

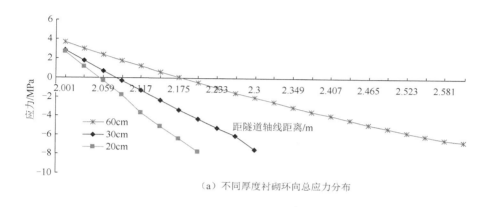

（a）不同厚度衬砌环向总应力分布

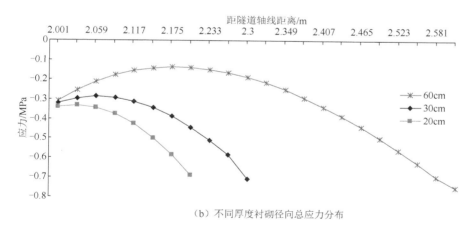

（b）不同厚度衬砌径向总应力分布

图 5.21　不同厚度衬砌总应力分布

对于径向总应力，内侧出现压应力值，沿厚度方向衬砌压应力有减小的趋势，衬砌厚度越大，减小趋势越明显，而后逐渐增大，厚度越大，径向应力在衬砌外侧压力值越大，但其值均较小，如图 5.21（b）所示，不论何种厚度衬砌的径向应力值均不足以使得衬砌出现拉破坏。因此，在高温衬砌结构配筋计算中，环向是控制计算的重点。

5.1.5　现场实验结果

为了研究在高温条件下衬砌的受力与变形情况，通过现场试验，在试验洞选取典型断面，布设应力应变观测仪器，对衬砌应力应变等进行监测，研究高温条件下衬砌混凝土层受力破坏形态。通过不同的衬砌隔热材料（泡沫玻璃、XPS、EPS 等）采用复合衬砌的方式，在衬砌后分别布设 5cm 厚隔热材料。衬砌完工后，测试衬砌温度分布与其内力，与常规衬砌测试结果比较，分析确定不同隔热材料的隔热效果与适应性。

三种保温材料（XPS、EPS、泡沫玻璃）在隧道围岩温度发生变化时，表现出不同的隔热效果，从而对衬砌受力表现出不同的影响。总体而言，由于自身强度较低，EPS 在衬砌施工完成，进行第一次过水后，左边墙环向拉应力达到 4.3MPa。此后，该部位的应变仪均失效，说明 EPS 复合衬砌部位段遭受环向拉应力较大。这与进水完成后现场观测到的该部位存在分布较广、较宽的裂缝的情况相吻合[图 5.22（a）]。

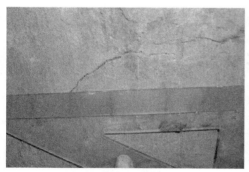

（a）左边墙 K6.75m 拱腰位置（EPS）

（b）右边墙 K8.50m 拱腰位置（XPS）

（c）左边墙 K+4.60 拱腰位置（EPS）

（d）左边墙 K+4.50 拱腰位置（EPS）

（e）左边墙 K+5.20 拱腰位置（EPS）

（f）右边墙 K+5.80 拱腰位置（EPS）

（g）右边墙 K+4.80 拱腰位置（EPS）

（h）右边墙 K+3.50 拱腰位置（EPS）

图 5.22　衬砌裂缝

对于拱顶，在一次过水时，EPS 复合衬砌环向拉应力值达到 1.2MPa，此后基本保持稳定，在第二次过水时，边墙部位逐渐升高至 2.0MPa 左右，拱顶部位环向拉应力值达到 4MPa，此时产生拉裂缝 [图 5.22（b）]。此后，随着水循环的不断进行，温差减小，衬砌拉应力值逐渐降低。

在无隔热材料的情况下，在一次过水时，普通衬砌环向拉应力较大，环向拉应力最大值达到 3.6MPa，说明此时产生拉裂缝（由于第一次过水持续时间短，洞口封闭，没有进行实际拉裂缝的观测），此后逐渐降低至 1.2MPa；在二次过水时，拱顶环向拉应力值达到 4.8MPa，随着水循环的不断进行，温差减小，衬砌拉应力值降低，这与该部位短观测到的衬砌内外侧温差变化相一致。

对于隔热材料 XPS 与泡沫玻璃，在进行过水，洞壁温度发生改变时，表现出良好的隔热效果，有效地阻滞了衬砌环向应力的进一步增大，并且使得衬砌应力变化相对平缓。对 XPS 与泡沫玻璃而言，泡沫玻璃隔热效果要优于 XPS。

对于普通混凝凝土衬砌（无隔热层），在没有过水前，环向应力均为压应力；在过水后，出现拉应力。在第一次过水时，由于过水时间持续较短（持续时间约十个小时），拉应力值增加较小，左边墙约为 0.5MPa；在二次过水后，由于过水持续时间较长（七天），拉应力增加较大，拉应力值增大至 1.1MPa。

对于拱顶部位，存在相同的规律，只是拉应力变化加大，在第一次过水时，拉应力值增加至 3.6MPa，此后由于没有水的降温，拉应力逐渐降低至 1.0MPa 左右；在二次过水后，拉应力增加较大，拉应力值增大至 3.5MPa。

对于泡沫玻璃复合式衬砌，拉裂缝不明显。在没有过水前，环向应力基本为压应力，在过水后，出现拉应力；在第一次过水时，由于过水时间持续较短（持续时间约十个小时），拉应力值增加较小，左边墙约为 0.6MPa；在二次过水后，由于过水持续时间较长（七天），拉应力增加较大，拉应力值增大至 1.0MPa。

对于泡沫玻璃拱顶部位，只是拉应力变化加大，在第一次过水时，拉应力值约为 0.6MPa，此后由于泡沫玻璃较好的隔热效果，拉应力值稳定在 0.6 MPa，此后拉应力逐渐降低直至出现压应力；在二次过水后，拉应力又增加，增加至 0.3MPa。

XPS 混凝土复合衬砌段拉裂缝明显。第一次过水时，左边墙环向拉应力增大至 1.1MPa，此后逐渐回落至 0.8 MPa 附近；第二次过水时，在进水开始的前两天，左边墙环向应力增大至 2.1MPa，此时拉裂缝产生。此后，随着流水的不断循环，衬砌内外侧温度差减小，拉应力值逐渐较小，为 0.50MPa～1.0MPa。

在隧洞开始排水之后（2012 年 4 月 17 日），左边墙环向拉应力值降低至 0.4MPa 附近，此后，随着隧洞水体的排空，封闭洞门的打开，环向应力值出现负值（受压状态）。测得的最后压应力值为 0.75MPa。

EPS 混凝土复合衬砌洞段，拉裂明显。隧洞进水前，左边墙环向应力基本处于压应力状态，只是在个别时期由于温度的变化，出现不到 0.5MPa 的拉应力。第一次进水后，由原来的压应力转化为拉应力，且拉应力值瞬间增加很快；在过水后的第二天，拉应力值达到 1.1MPa，此后逐渐上升，在进水后达到最大值（2.2MPa）。此后，没有再进一步观测到数值，估计是该部位应变仪发生破坏。这与该部位观测到的裂缝开展相吻合。

比较四种形式衬砌，比较明显的裂缝主要出现在 EPS 与 XPS 两种复合衬砌洞段。对于位置而言，衬砌裂缝主要分布在拱腰位置（图 5.22）。在拱顶位置，通过现场观察，可看到张开—闭合的裂缝。

试验中没有考虑内水压力，若考虑 30m 内水水头，在主洞部位，不论哪种衬砌，在最不利工况下，衬砌所承受拉应力值均会超过 2.0MPa。

利用现场试验、数值计算结果，与解析耦合分析方法进行比较。由现场试验结果，2#试验洞 EPS 混凝土复合衬砌不同工况下环向应力分布可知，第一次进水后（2011 年 12 月 24 日），衬砌由原来的压应力转化为拉应力，且拉应力值瞬间增加很快。在过水后的第二天，拉应力值达到 1.1MPa，此后逐渐上升，在进水后的达到最大值（2.2MPa）。此后，没有再进一步观测到数值，推测是该部位应变仪发生破坏，这与该部位观测到的裂缝开展相吻合。

对于普通混凝凝土衬砌（无隔热层），在过水后，出现拉应力。在第一次过水时，拉应力值增加较小，左边墙约为 0.5MPa；在二次过水后，拉应力增加较大，拉应力值增大至 1.1MPa。拱顶部位存在相同的规律，只是拉应力变化加大，在第一次过水时，拉应力值增加至 3.6MPa，此后由于没有水的降温，拉应力逐渐降低至 1.0MPa 左右；在二次过水后，拉应力增加较大，增大至 3.5MPa，这与顶部发现的微裂纹相一致。通过解析耦合分析方法得到的衬砌最大应力为 3.8MPa。因此，解析耦合分析法与现场试验有较好的一致性。

5.2　内水及温度荷载作用下的支护结构受力解析解分析

高岩温隧洞的温度变化可明显划分为三个阶段，首先为初始阶段，岩体内温度场受初始温度影响显著，同时边界条件对其影响主要体现在岩体浅部，温度变化呈现与时间明显的相关性，表现为非稳态温度场。随着时间的推移，初始条件对温度分布的影响逐渐消失，边界条件的影响逐渐占据主要地位，进入第二阶段，该阶段温度变化特点主要取决于边界条件的变化，如通风温度、通风强度以及过水温度等，在传热学中该阶段称之为正规状况阶段。经过更长的一段时间，岩体或衬砌内外侧温度达到一种平衡状态，过程进入第三阶段，该阶段的显著特点是物体内的温度分布不再随时间变化，称为稳定温度场阶段。

实际导热过程中，三个阶段中尤其是一、二阶段，难以严格区分开来，在进行温度分析时，往往根据实际工程的需要对其进行适当的选取，着重分析其中某一阶段，以达到既突出特点，又能够使问题得到简化处理，满足工程需求。根据对温度的分析，过水后 1 天时间内，温度变化基本属于前两个阶段，如果为了分析支护结构受力随时间的变化规律，此时间段不能忽略。本节重点在于建立能够满足工程所需的高温差条件下的支护结构计算公式，因此在计算温度荷载时，将温度变化考虑为稳定温度场。

5.2.1　内水荷载作用下支护结构解析解

假定衬砌结构混凝土与围岩间"完全接触"，若隧洞衬砌结构内壁受有均布压力 p_0 作用，则必有某一荷载 p_1 通过衬砌结构传到围岩上去，因而衬砌结构外壁面受有均布压力 p_1 的作用，如图 5.23 所示。

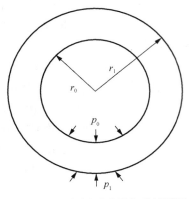
（a）衬砌结构在均匀内水压力下计算简图

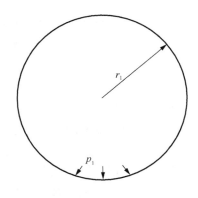
（b）围岩在均匀内水压力下计算简图

图 5.23　隧洞在均匀内水压力作用下的计算简图

根据拉梅解答得出衬砌结构混凝土内部的应力与位移分别表示为

$$
\begin{cases}
\sigma_r = \dfrac{p_0 r_0^2 - p_1 r_1^2}{r_1^2 - r_0^2} + \dfrac{r_0^2 r_1^2 (p_1 - p_0)}{r_1^2 - r_0^2} \dfrac{1}{r^2} \\[3mm]
\sigma_\varphi = \dfrac{p_0 r_0^2 - p_1 r_1^2}{r_1^2 - r_0^2} - \dfrac{r_0^2 r_1^2 (p_1 - p_0)}{r_1^2 - r_0^2} \dfrac{1}{r^2}
\end{cases}
\tag{5.61}
$$

$$
u_r = \frac{1 + \mu_c}{E_c (r_1^2 - r_0^2) r} \left\{ \left[(1 - 2\mu_c) r^2 + r_1^2 \right] r_0^2 p_0 - \left[(1 - 2\mu_c) r^2 + r_0^2 \right] r_1^2 p_1 \right\}
\tag{5.62}
$$

在 p_1 作用下，令式（5.27）与式（5.28）中 $p_1=0$、$r_1 \to \infty$，再用 r_1 代替 r_0、p_1 代替 p_0、E_s 代替 E_c、μ_s 代替 μ_c，即可得隧洞围岩的应力与位移计算式分别为

$$
\begin{cases}
\sigma_r = -\dfrac{r_1^2}{r^2} p_1 \\[3mm]
\sigma_\varphi = \dfrac{r_1^2}{r^2} p_1
\end{cases}
\tag{5.63}
$$

$$
u_r = \frac{1 + \mu_s}{E_s} \frac{r_1^2}{r} p_1
\tag{5.64}
$$

根据位移接触条件，半径 $r = r_1$ 处衬砌结构与围岩的径向位移相等，联立式（5.28）与式（5.30），则有

$$
\frac{1 + \mu_c}{E_c (r_1^2 - r_0^2) r} \left\{ \left[(1 - 2\mu_c) r^2 + r_1^2 \right] r_0^2 p_0 - \left[(1 - 2\mu_c) r^2 + r_0^2 \right] r_1^2 p_1 \right\} = \frac{1 + \mu_s}{E_s} \frac{r_1^2}{r} p_1
\tag{5.65}
$$

由此可计算得到衬砌结构与围岩接触处的均布压力 p_1 为

$$p_1 = \frac{2(1-\mu_c^2)E_s r_0^2 p_0}{(1+\mu_s)E_c(r_1^2 - r_0^2) + (1+\mu_c)E_s[r_0^2 + (1-2\mu_c)r_1^2]} \tag{5.66}$$

将式（5.66）代入式（5.61）与式（5.62）即可得内水压力作用下衬砌结构内的应力与位移。

5.2.2 内水及温度共同作用下的应力分析

运行期高温隧洞的衬砌结构内同时受温度荷载和内水荷载的影响，5.1 节中关于衬砌结构内温度应力的分析中指出，运行期过水衬砌结构内发生温度变位时，在衬砌结构与围岩接触面处会产生热弹性径向约束力 p_c，在内水荷载作用下，p_c 会被抵消一部分。假设内水荷载作用后，二者接触面处存在的约束力为 p_n，则 $p_n = p_c - p_0$。那么运行期衬砌结构内总的应力应为由于温度变化引起的自生温度应力与内水 p_0 和约束力 p_n 共同作用下引起的结构应力之和，如图 5.24 所示。

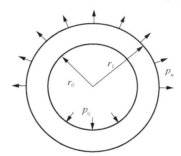

图 5.24 内水压力与温度荷载影响下衬砌结构内外壁受力图

衬砌结构在图 5.24 所示的荷载作用下产生的应力为

$$\begin{cases} \sigma_r = \dfrac{p_0 r_0^2 + p_n r_1^2}{r_1^2 - r_0^2} - \dfrac{r_0^2 r_1^2 (p_n + p_0)}{r_1^2 - r_0^2} \dfrac{1}{r^2} \\[3mm] \sigma_\varphi = \dfrac{p_0 r_0^2 + p_n r_1^2}{r_1^2 - r_0^2} + \dfrac{r_0^2 r_1^2 (p_n + p_0)}{r_1^2 - r_0^2} \dfrac{1}{r^2} \end{cases} \tag{5.67}$$

将式（5.67）与式（5.63）表示的应力分别相加，即得到温度荷载和内水荷载共同作用下衬砌结构内产生的应力。

5.2.3 算例分析

选取布仑口—公格尔高岩温引水隧洞的相关资料，参数取值如表 5.1 所示。其中，混凝土初始温度 T_c 假定为 20℃，内水水头为 30m。

表 5.1　相关计算参数

r_1/m	R_0/m	t_0/℃	T/℃	σ_c/(1/℃)	μ_c	E_c/GPa	T_c/℃
1.5	10	5	80	1e-5	0.167	28	20

R_0/m	λ_c	h_c	σ_b/(1/℃)	μ_b	E_b/GPa	λ_s	γ_w/(kN/m³)
30	13	110	3.5e-6	0.32	5	25	9.8

分别分析仅温度荷载作用、仅内水作用下以及二者叠加后，算例衬砌结构的应力分布情况，具体如图 5.25～图 5.26 所示。

（1）同一厚度不同荷载下应力值。选取衬砌结构厚度为 40cm 时分别计算温度荷载、内水荷载以及两者叠加情况下的衬砌受力值。

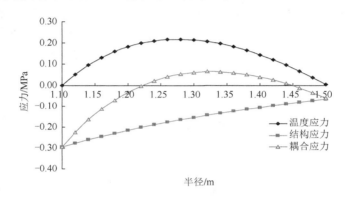

图 5.25　衬砌结构内的径向应力分布规律

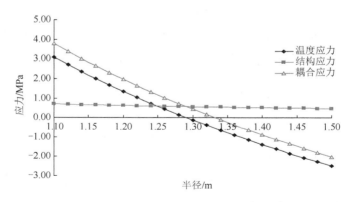

图 5.26　衬砌结构内的环向应力分布规律

温度荷载下，衬砌径向应力全部受拉，量值较小，衬砌内侧环向受拉，外侧受压，拉应力量值较大，达到 3MPa 左右；仅内水荷载作用下，衬砌受力值较小，径向受压，环向受拉，最大拉应力值不超过 1MPa；耦合情况下，受力变化规律与温度荷载下相同,径向受力性态由受拉转化为受压,环向应力量值有所增大。高岩温引水隧洞温度荷载是控制荷载,应力值占到总应力值的80%左右。同时,与单纯内水作用时相比,衬砌结构的应力分布不均匀程度增加,从而影响混凝土衬砌结构的强度及稳定性,应予以高度重视。

(2)不同厚度下耦合应力值分析。分别计算衬砌厚度为20cm、30cm、40cm和50cm时的耦合应力值,如图5.27~图5.28所示。

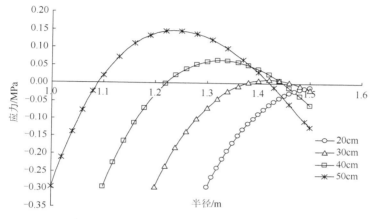

图5.27　运行期不同厚度衬砌结构径向应力分布规律

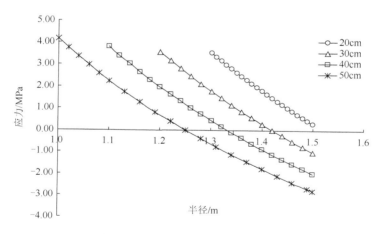

图5.28　运行期不同厚度衬砌结构环向应力分布规律

不同衬砌厚度下,径向应力值变化规律基本相同,随着厚度的降低,径向应力值由温度荷载控制转变为内水荷载控制,20cm厚度时,衬砌径向均受压,其余厚度下衬砌中部出现不超过0.2MPa的拉应力值,不会对衬砌安全性造成影响。

运行期不同厚度衬砌结构的环向应力基本为线性分布。衬砌厚度较厚时，内外侧环向应力值分布不均匀，内侧受拉，外侧受压，压应力值较大；厚度为20cm时，衬砌内部均受拉，最大拉应力量值小于厚衬砌应力值。

5.3　内水及温度荷载作用下围岩与支护结构有限元分析

解析解能够较为直观地看出温度应力与各参数间的关系，计算结果能够适用于高岩温引水隧洞的支护结构设计，考虑到应用的便利性，温度场按稳态温度场计算，为了更加深入研究温度变化对耦合后的支护结构受力的影响，采用有限元方法对瞬态温度场下的温度荷载与内水荷载叠加下的支护结构受力进行分析，研究内水荷载与温度荷载随时间变化的应力耦合过程。

5.3.1　瞬态温度、应力耦合分析

相比于温度荷载，内水荷载为持续稳定的压力作用在支护结构上，使得支护结构径向受压，环向受拉。而温度荷载由于其与温度具有高度相关性，尤其在过水后的前1小时，温度变化较为复杂，因此本节从支护结构的环向应力、径向应力的角度对单独温度荷载作用下的支护结构受力特点进行详细分析，在此基础上，分析内水荷载与温度叠加后的结构受力特点。

（1）温度变化。根据图5.29～图5.30中衬砌各点温度变化可知，1小时内衬砌内部温度分布主要为非稳态分布，温度传递至10cm厚度左右，1小时后温度变化趋于稳定。

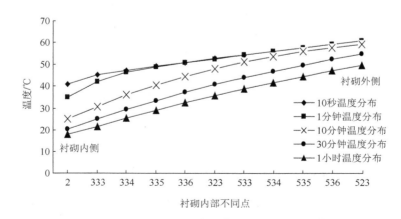

图 5.29　60 分钟时间内衬砌内部温度变化

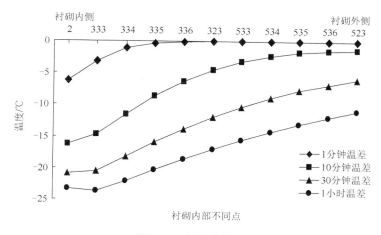

图 5.30　温差变化值

（2）温度荷载下应力分析。首先从应力角度对温度影响下的支护受力进行分析。从图 5.31 可知，过水 1 分钟，温度变化幅度较小，衬砌内部径向均受压，由于受到围岩的径向约束，衬砌外侧压应力值大于衬砌内侧径向应力，随着时间推移，衬砌内侧低温向衬砌内部传递，使得衬砌温度持续降低。10 分钟、30 分钟至 1 小时径向拉应力出现区域逐渐扩大，衬砌内侧受力性态发生改变，由热涨转变为冷缩，衬砌内侧径向受拉，拉应力最大值点出现在拉应力范围区中部，即温度变幅最大点。靠近岩体一侧由于受到高温岩体影响，其径向始终受压，压应力量值随着温度的降低逐渐降低。在温度荷载下，径向应力值始终较小，衬砌内侧易出现拉应力，外侧受高温热源控制，以受压为主。

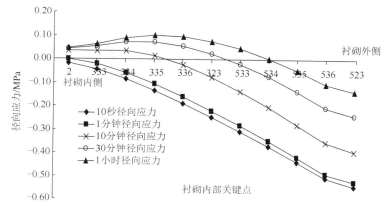

图 5.31　不同时间下衬砌内部径向应力变化值

由图 5.32 可以看出，温度荷载下过水 1 分钟，衬砌仍处于热胀状态，衬砌环向以受压为主；10分钟后，衬砌内侧环向拉应力量值达到 2.5MPa，该时间段温度变化最为剧烈，环向拉应力显著上升；环向拉应力值主要出现在衬砌厚度一半范围内，最大量值约为 3MPa；衬砌外侧受高温影响持续受压，内侧压应力不超过 6MPa。在温度荷载下，环向应力值较大，衬砌内部压应力区要大于拉应力区范围。

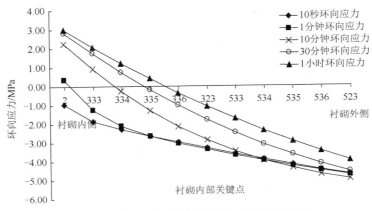

图 5.32　不同时间下衬砌内部环向应力变化值

5.3.2　内水荷载下的应力分析

衬砌仅承担 30m 水头荷载下的支护结构受力值如图 5.33 所示。仅在内水荷载作用下，衬砌内部环向均受拉，径向受压，衬砌内侧应力值略大于衬砌外侧应力值。

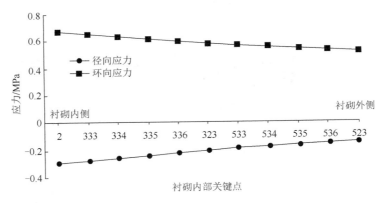

图 5.33　内水荷载下衬砌内部受力值

5.3.3　温度荷载及内水荷载叠加下应力分析

根据分析可知，内水荷载直接作用在衬砌上，使得衬砌环向受拉、径向受压，而温度应力随温度的变化在 1 小时内发生着不均匀变化，当同时考虑内水荷载与温度荷载时，应力值变化如图 5.34 所示。

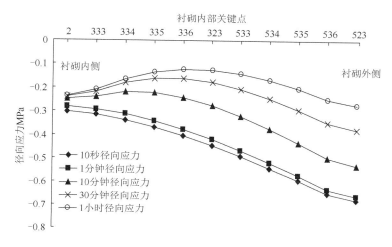

图 5.34　温度荷载与内水荷载下叠加后衬砌径向应力

两者叠加后，径向应力值变化趋势与单独温度荷载影响下相同，但量值受内水荷载影响较大，温度发生大幅度变化的时间范围内，衬砌内部径向应力均受压，压应力量值较小。

两者叠加后环向应力值如图 5.35 所示，过水前期，会抵消一部分环向压应力，加快衬砌向受拉趋势的转变；内水荷载与温度荷载叠加作用下，衬砌内部受拉区域增大，衬砌拉应力量值有一定幅度提升，两者同时考虑时的数值模拟计算值近似为单独计算的叠加值。

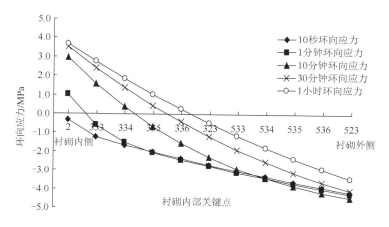

图 5.35　温度荷载与内水荷载下叠加后衬砌环向应力

综上所述，内水荷载与温度荷载共同作用下，受力性态与温度荷载相同，量值大小近似等于分别计算两者时的叠加值。

5.4 高岩温引水隧洞支护设计原则

常温条件下，引水隧道支护结构的设计与施工已经相当成熟，然而在高温或高温差条件下的支护结构设计原则、设计方法与指标却无经验或研究成果可依。高温隧洞支护结构设计的难题主要是高温对支护结构在施工期和运行期可能产生的不良影响。本章根据对现场实际监测资料，室内试验以及理论解析、数值模拟等研究成果的详细分析，在此基础上，提出高岩温引水隧洞支护结构设计的基本原则及详细设计参考说明，为高岩温引水隧洞支护结构的设计提供一些依据。

5.4.1 基本原则

（1）对于Ⅰ、Ⅱ类围岩，不采用支护措施，避免支护结构产生较大的温度应力而发生破坏；当不采用支护无法满足如内水压力、糙率、掉块等运行条件要求时，宜采用薄层支护形式。

（2）对于Ⅲ类围岩，为了防止衬砌的不均匀热应力开裂，最好采用改良后的混凝土薄层喷层支护代替常规的混凝土衬砌，喷层厚度不超过20cm。

（3）对于Ⅳ、Ⅴ类围岩，由于岩体完整性较差、强度较低，考虑运行期要承担一定的内水压力，因此可采用衬砌支护，配筋情况可适当考虑；如果洞壁温度较大时，可优先考虑采用保温层以降低衬砌的温度应力，严禁增加衬砌厚度减小衬砌压应力的手段。

（4）对于极端情况，围岩条件差（Ⅴ类围岩以下）、运行期温差大（80℃以上）同时承担高内水水头（大于100m）的引水隧洞，还应考虑采用内衬钢管、外包混凝土（或钢筋混凝土）衬砌的复合式衬砌形式。

（5）不支护与锚喷支护下隧洞断面尺寸应按与混凝土衬砌过水断面水头损失相等的原则确定，满足过水的糙率要求。

（6）高温条件下隧洞整体稳定性分析应采用有限元方法，主要以运行期过水工况为控制工况，对于初始围岩应力大、内水水头高的隧洞，应将温度荷载与运行荷载（内水）、结构荷载叠加计算。

（7）高岩温引水隧洞应布置长期观测仪器，包括洞周一定深度范围内的温度监测、支护结构的应力、应变监测等，定期对监测结果进行分析，保证隧洞长期运行的稳定性。

（8）本原则中所指的高温隧洞是指岩体内部具有非地下水因素引起的稳定

热源，在施工期通风后，洞壁温度持续稳定在 50℃以上，运行期满洞过水温度低于 15℃的引水隧洞，隧洞埋深在 500m 以内，不具有岩爆、分区破裂等高地应力特征。

5.4.2　具体设计与施工措施建议

1) 高温及高温差下引水隧洞温度场、应力场的一般规律

(1) 变温及约束是温度应力产生的两大因素，温度降低，岩体或喷层向内发生"冷缩"，从而使得结构体内部产生环向拉应力；温度升高，则正好相反。

(2) 施工期喷层的温度及应力变化经历如下过程：混凝土刚喷时，喷层较薄，受洞壁高温影响，喷层整体温度上升至与洞壁温度接近，喷层内部出现受压状态，随着喷层厚度逐渐增加，混凝土内部导热系数降低，内侧喷层受通风影响明显，喷层从内侧开始出现降温过程，该阶段喷层内部温度分布受通风强度影响较大，一般出现喷层内侧受拉，外侧受压的情况，应力的不均匀分布对喷层受力产生不利影响。

(3) 喷层完全施做后，会起到"隔热层"的作用，在通风强度不高时，洞周岩体温度有明显的回升，喷层内部反复升降温，会对支护结构强度及稳定性产生不利影响，在存在热源的高温隧洞中，应尽量保证持续通风。

(4) 运行期过水前应持续通风，降低喷层内部温度值，避免过水后支护结构发生温度突降，并在混凝土内部形成较大温差，造成拉应力过大，影响支护结构稳定性。

(5) 防止混凝土发生温度突降以及降低混凝土内部温度梯度是降低支护结构应力值的有效手段，可通过持续通风及提高支护结构导热系数的方式进行。在受力允许范围内，支护结构厚度越薄、导热系数越大，越能使得喷层更快地达到内部温度均匀一致，从而减少温度梯度产生的内部应力。

(6) 采取隔热措施降低高温岩体对支护结构的影响，也能够起到降低混凝土内部温度梯度的作用，但对于有内压的引水隧洞而言，不利于运行期支护结构的受力；同时，保温层内外侧也将承担较大的温差，对保温层材料要求较高，因此应谨慎采用。

(7) 常规计算中，支护结构厚度的增大能够降低其应力值，但存在温度荷载作为主控因素的引水隧洞中，厚度增大增加了支护结构内部的温度应力，同等条件下，增大厚度对受力改善不明显，反而会使得温度应力值增大，应谨慎采用。

(8) 对流换热系数决定了不同介质间传递的热量多少，值越大，两者温度越接近，在通风或过水影响下，支护结构内部温度降低越显著。

(9) 高温条件下，对支护结构受力量值影响最大的参数为支护结构线膨

胀系数，其次为喷层及围岩的导热系数，在工程中应尽量保证这两个参数的准确性。

（10）在存在内部热源条件下，可采取隔绝热源、降低壁面粗糙度、缩短通风管距掌子面距离、加大通风能力（提高风速、降低风温）的措施，从而达到快速降低壁面温度、改善施工环境的目的。

2）高岩温引水隧洞支护结构设计量化分析

以对运行期拉应力量值的影响为分析对象。

（1）对于洞径为 5m 的圆形隧洞，支护厚度为 15cm，施工期承担 10%的荷载条件下，运行期温差值在 30℃，埋深 100m，运行期拉应力量值在 2.8MPa 左右；当埋深由 100m 增大至 500m，运行期拉应力量值降低 16%，埋深每增大 100m，能够抵消拉应力量值 0.1MPa 左右，即 100m 埋深抵消近 2℃温差所产生的拉应力量值；当埋深不变，洞径为 3～10m 时，洞径对支护结构受力的影响在 5%以内，洞径越大，施工期承担压应力值越大，则运行期抵消相应的拉应力量值；支护厚度增大从 10cm 增大到 20cm，拉应力量值降低 10%以内，在 20cm 以内变化时，每增加 10cm，拉应力量值降低 0.1MPa，而增大至 30cm 以上，则温度荷载占主要因素。

（2）上述条件下，围岩初始温度发生变化，初始温度越高，则施工期支护结构压应力量值越大，当初始岩温为 40℃时，运行期拉应力量值为 2.7MPa，初始岩温增至 100℃，拉应力量值降低 8%，初始岩温对应力影响较小。但从工程角度看，当洞壁温度较高时，混凝土施做时力学性能受到较大影响，大大降低其强度，因此在施做喷层前应加强通风减小洞壁温度。

（3）对于洞径为 5m 的圆形隧洞，支护厚度为 15cm，施工期承担 10%的荷载条件下，埋深 300m，运行期内水水头为 15m 时，拉应力量值为 2.2MPa，内水水头从 15m 增大至 50m，支护结构拉应力量值增大约 50%，内水水头每提高 1m，引起支护结构内部的拉应力增大约 0.02MPa。

（4）对于洞径为 5m 的圆形隧洞，支护厚度为 15cm，施工期承担 10%的荷载条件下，埋深 300m，运行期过水前洞壁温度在 40℃，过水后温降值为 40℃时，拉应力量值为 3MPa，温差值降低到 20℃，拉应力量值降低 75%左右，水温对拉应力量值影响明显；4m 水头所产生的拉应力量值大概与温差 1℃时相等，在薄层支护结构下，要保证拉应力量值满足设计强度要求，温差值应低于 20℃或内水水头低于 80m，两者叠加情况下应减半。

（5）支护结构厚度为 30cm 时，拉应力量值要显著大于 10cm 的薄喷层，相同条件下拉应力最大值是其 1.5 倍左右；当支护结构厚度大于 20cm，过水前后温差在 30℃以上时，温度荷载起到控制作用，增大支护结构厚度不能改变其受力性态。

（6）施工期通风后喷层内部温度整体降低 30%左右，持续时间在 1 天左右；

运行期低温水影响下支护结构温度在前 1 小时降低显著，1 小时内温度降低幅度达 60%。因此，对于高温差隧洞支护结构受力分析主要集中在过水 1 小时范围内。

（7）支护结构与围岩间的接触状态为良好、中等或较差，支护结构受力值变化在 10% 以内。

（8）在采用改良后的喷层如钢纤维或聚酯纤维混凝土后，由于导热系数的提高、线膨胀系数的降低以及弹性模量的增大，综合影响使得喷层受力量值降低在 10% 以内；同时改良混凝土的强度得到明显提升，对于保证高岩温引水隧洞的安全性具有较高的应用价值。

5.5 小　结

（1）在分析隧道开挖时引起的隧洞围岩应力、应变变化的基础上，基于一些假设，对于开挖高温洞室，提出了温度与开挖共同影响洞室围岩力学特性的分析模型。根据此模型，通过解析的方式，得出开挖卸荷与温度变化相互影响引起的隧道围岩任意深度处的变形与应力分布的公式。而后，基于隧道衬砌的简化模型，提出衬砌 TM 耦合分析微步温变模型，对高温隧道运行期，过水时隧道的衬砌结构进行 TM 耦合分析；求得了在微步温变下，衬砌的应力与变形迭代公式，比较真实地反映衬砌的力学性态。通过算例，探讨了不同微步时刻，衬砌耦合应力的变化分布规律，同时也对不同参数对衬砌 TM 耦合应力的影响进行了分析。得出了参数变化对于衬砌耦合总应力的变化分布规律，为后续进行探讨高温差环境下的衬砌设计提供了依据。

（2）对于围岩为中等导热 [导热系数 5～15W/（m·℃）] 的板岩、石英砂岩等的隧洞，在其埋深为 H、直径为 D，围岩原始地温为 T，衬砌厚度为 h 的情况下有以下规律。①隧洞在中浅埋（<200m）下，衬砌环向热应力为拉应力，随着埋深 H 的减小，由于衬砌弹性抗力的减小，环向拉应力增大，外侧衬砌环向热应力减小。高温差产生的衬砌拉应力，对于埋深为 H、直径为 D、围岩原始地温为 T、衬砌厚度为 h 的隧洞，其热应力值随埋深围岩导热系数的增大而线性增大，在导热系数一定的情况下，衬砌热应力值可以按 $\sigma=(\Delta t/10)(D/5\sim D/2)$ MPa 进行初步估算，其中 Δt 为衬砌内外侧温差，其大小根据现场实测与解析分析，按 $\Delta t=(1\sim2)hT/D$ 分布。②在深埋情况下（>200m），由于岩石质量好，弹性抗力比较大，大大削弱内水水压与温度在衬砌内部引起的拉应力值，使得衬砌承受的耦合总应力减小，免于拉破坏。反之，当隧道埋深浅，围岩松散，衬砌承受较大的耦合拉应力值，从而引起拉破坏。③在过水之后，衬砌拱腰位置拉应力最大，该部位同时也出现数量不等的拉裂缝，与试验观测相符。在隔热材料作用下，最终隔热复合衬砌拉应力量值与无隔热材料衬砌拉应力量值相差不大，但是其在隔热条件下，衬砌应力变化相对平缓。④通过现场试验、与解析耦合分析方法进行比较，证明解析耦合分析法与现场试验有较好的一致性。

（3）温度应力有自身温度应力以及弹性约束应力两部分组成，分别建立了稳态条件下运行期仅考虑温度荷载时的支护结构温度应力解析解公式及考虑内水荷载与温度荷载共同作用下的支护结构受力计算解析式，为高温条件下支护结构的设计提供了参考。

（4）通过工程算例分析可知，在高温条件下，运行期支护结构受力的控制因素为温度荷载，温度应力值占总应力值的80%左右。同时，与单纯内水作用时相比，衬砌结构的应力分布不均匀程度增加，从而混凝土衬砌结构的强度及稳定性；运行期不同厚度衬砌结构的环向应力基本为线性分布。衬砌厚度越厚，内部应力分布越不均匀，外侧受压，内侧受拉。

（5）采用有限元模拟手段对瞬态温度场条件下的支护结构受力进行分析，研究发现，内水荷载与温度荷载共同作用下，受力性态与温度荷载相同，量值大小近似等于分别计算两者时的叠加值。

（6）通过解析解与数值解的对比，验证了解析解能够应用于工程中，计算结果偏于安全。

（7）通过现场试验，得到施工期、运行期温度荷载作用支护结构应力、应变变化规律如下。①施工期喷层喷射后，受洞壁高温影响，喷层温度提高，从而使得喷层环向、径向均受压，径向压应力值小于环向压应力值。②施工期喷层环向压应力值在1.8MPa左右，径向压应力为0.3MPa左右。③过水后受到高温差影响，喷层受力明显从压应力向拉应力转化。④高温差影响下，喷层环向拉应力量值提高至1.5MPa以上，不超过2.0MPa；径向拉应力量值较小，不超过0.2MPa。⑤由于各种支护材料间材料参数、外界影响因素较为接近，从各自监测成果看受力差距不大，幅度为5%～10%。

6 高岩温引水隧洞的喷层与衬砌混凝土结构抗高温特性

引水隧洞的喷层和衬砌混凝土在高温差浇筑、现场高温下养护及过冷水等复杂条件下的强度特性是该类工程喷层衬砌的设计基础与施工依据。本章将针对该类工程的真实边界进行逐次室内模型试验研究，并对将采用的不同纤维材料喷射混凝土的力学、热学特性进行系统室内试验研究。

6.1 高岩温对混凝土的影响

6.1.1 高岩温对纤维混凝土的影响

1. 试验方案

隧洞喷层混凝土材料除了素混凝土外，纤维混凝土应用到高温衬砌材料的研究也是正在发展的核心课题。本节以纤维砂浆为研究对象，与素砂浆试件相互比较，进行相关的高温抗折强度试验。

（1）试验所用原材料。水泥采用陕西秦岭牌普通硅酸盐水泥（PO 42.5R），砂子原产西安灞河，中砂，细度模数 μ_f=2.9，级配良好，与 6.1.1 小节相同。本试验选用的高分子纤维是由江西工程纤维科学技术研究所提供的超高强改性聚酯（合成）纤维，聚丙烯纤维和聚丙烯腈纤维，国家 863 项目产品。其中，聚丙烯纤维为白色长丝，当量直径 24.48μm；聚酯纤维为白色长丝，当量直径 20.58μm。拌和水采用自来水，纤维性能参数与形态分别见表 6.1 和图 6.1。

表 6.1 纤维性能参数

纤维类型	长度/mm	当量直径/μm	密度/(g/cm³)	熔点/℃	抗拉强度/MPa
聚酯纤维	8	20.58	1.38	>249	>900
聚丙烯纤维	14	24.48	0.91	165	>400
聚丙烯腈纤维	12	12	1.18	260	>500

（a）聚酯纤维　　　　　　（b）聚丙烯纤维　　　　　　（c）聚丙烯腈纤维

图 6.1　试验选用的纤维

（2）试验材料配合比。将砂与水泥的质量比定为 1.0。具体的试件材料配合比见表 6.2。

表 6.2　纤维砂浆试件配合比设计

砂浆类别	纤维掺量/(kg/m³)	水泥：水：砂子（质量比）
聚酯纤维砂浆	0.9	1：0.52：3
聚丙烯纤维砂浆	0.9	1：0.52：3
聚丙烯腈纤维砂浆	0.9	1：0.52：3

（3）试件制作及主要试验仪器。根据流动度试验调整砂率，使砂岩的流动度为 45mm。试件采用 40mm×40mm×160mm 的棱柱体试件，试件成型后养护温度分别设定为 25℃、45℃、60℃、80℃、90℃、100℃，根据素砂浆的试验结果规律，本节纤维砂浆试验只进行 5 个养护时间，分别为 1d、3d、7d、14d、28d，分别测定强度。

试验中采用电子秤称量水泥、砂子及纤维，用量筒称量自来水，为使各种纤维均匀分散于水泥砂浆之中，先将砂子、水泥一起搅拌均匀后，再将纤维均匀撒入，最后加入自来水一起搅拌成水泥砂浆拌合物。纤维砂浆成型及高温养护方法同素砂浆，见 6.1.2 小节。

2. 试验结果及分析

（1）试件的破坏现象。25℃和高温条件养护的试件，颜色没有发现明显变化，没有闻到特殊味道，但是 1d 测定试件时，在试验机上试件有变软的迹象，高温养护的试件稍硬一些；试件被折断后的断面，掺入纤维的砂浆试件 3d 之前的试件其纤维是被拔出的，可以看到高于断面的纤维丝状物质，28d 时试件其纤维基本上是被拉断的，可以看到与试块断面想平齐的纤维丝；且 28d 试件破坏较之前试件的闷声折断发出清脆的断裂声，高温养护试件的脆声大于 25℃试件。图 6.2 为常温、80℃高温养护条件下，素砂浆、聚酯纤维砂浆、聚丙烯纤维砂浆和聚丙烯腈纤维砂浆（从上至下排列）的 28d 抗折破坏形态。其中，最上面为聚酯纤维砂浆试件，由其砂浆试件的断面可以观察到，聚酯纤维砂浆的孔隙最多，孔隙率最大，聚丙烯纤维砂浆的孔隙率次之，聚丙烯腈纤维砂浆试件的断面最为密实。

（a）砂浆试件侧面   （b）砂浆试件断面

图 6.2   水泥砂浆抗折破坏形态

（2）试验结果。为保证试验结果的可靠性，每个温度水平上的加载实验都进行三次。纤维砂浆在不同温度 25℃、45℃、60℃、80℃、90℃、100℃下的抗折强度整理数据如表 6.3 所示。

表 6.3   纤维水泥砂浆在不同温度下的抗折强度

砂浆类型	龄期/d	不同温度下的抗折强度/MPa					
		25℃	45℃	60℃	80℃	90℃	100℃
聚丙烯纤维砂浆	1	2.21	2.27	2.43	2.52	2.57	2.62
	3	3.44	3.41	3.31	3.19	3.00	2.82
	7	4.34	4.31	4.26	3.96	3.63	3.43
	14	5.21	5.11	5.01	4.79	4.41	4.18
	28	6.77	6.71	6.51	6.34	5.93	5.68
聚丙烯腈纤维砂浆	1	2.37	2.38	2.43	2.67	2.66	2.73
	3	3.62	3.53	3.43	3.34	3.18	3.01
	7	4.32	4.44	4.13	3.91	3.68	3.43
	14	5.12	5.09	5.01	4.76	4.51	4.22
	28	6.96	6.88	6.69	6.44	6.13	5.81

砂浆类型	龄期/d	不同温度下的抗折强度/MPa					
		25℃	45℃	60℃	80℃	90℃	100℃
聚酯纤维砂浆	1	2.23	2.26	2.33	2.37	2.33	2.49
	3	3.22	3.19	3.11	3.05	2.97	2.93
	7	4.19	4.11	3.98	3.82	3.62	3.45
	14	4.96	4.89	4.67	4.49	4.24	4.08
	28	6.41	6.35	6.22	6.01	5.76	5.54

纤维砂浆的强度-龄期曲线图及高温养护不同龄期后的强度-温度曲线图如图 6.3 所示。

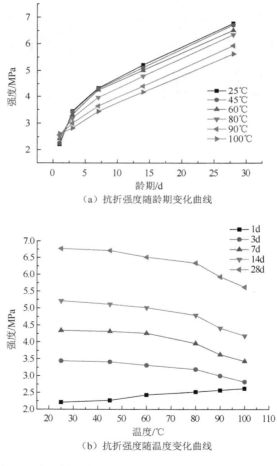

（a）抗折强度随龄期变化曲线

（b）抗折强度随温度变化曲线

图 6.3　聚丙烯纤维砂浆抗折强度随龄期、温度变化关系

由表 6.3 和图 6.3 可以看出，养护温度对纤维砂浆试件抗折强度大小影响规律与素砂浆基本一致。由于高分子化合物纤维受温度的敏感性，纤维砂浆的抗折强度整体高于素砂浆。但考虑到不同纤维对温度敏感性的差异，不同纤维砂浆在高温下表现出不同的强度特性。

1d 龄期时，初始养护温度越高，早期水化放热越剧烈，纤维砂浆强度越大；抗折强度随着龄期的增长而增加。高温养护 1d 时，不同纤维砂浆的强度增长规律呈相似的特点，且都高于 25℃的砂浆试件。这说明高温养护条件下，温度促使混凝土水化反应较快，养护早期强度增长迅速。随着混凝土水化反应的进行，由于内部水分的蒸发，在 3d 之前强度增长迅速，但随着龄期的增长和高温作用，水泥浆体内部水分急剧减少，阻碍了水化反应的继续快速进行，因此之后砂浆内部出现微裂纹，其强度产生降低趋势。聚丙烯纤维砂浆，1d 龄期各高温养护条件下与 25℃时 1d 抗折强度的相比，分别提高了 2.6%、9%、3.70%、5.8%、7.8%，平均提高率为 5.80%；在 3d 龄期后抗折强度均小于 25℃条件，45℃、60℃、80℃、90℃、100℃养护下的聚丙烯纤维砂浆试件的抗折强度相对 25℃时分别降低0.9%、3.9%、3.6%、9.4%、15%，平均降低率为 6%；其他龄期与此类似，各组 28d 抗折强度相对 25℃时分别降低 0.9%、4%、2.6%、9%、13%，平均降低率为6%。聚丙烯腈纤维砂浆，1d 龄期各高温养护条件下与 25℃时 1d 抗折强度的相比，分别提高了 0.4%、2.5%、13%、12%、15%，平均提高率为 9%；在 3d 龄期后抗折强度均小于 25℃条件，45℃、60℃、80℃、90℃、100℃养护下的聚丙烯纤维砂浆试件的抗折强度相对 25℃时分别降低 2.5%到 17%，平均降低率为9%；其他龄期与此类似，各组 28d 抗折强度相对 25℃时的平均降低率为 8%。聚酯纤维砂浆，1d 龄期各高温养护条件下与 25℃时 1d 抗折强度的相比，提高量在 1.4%～12%，平均提高率为 6%；在 3d 龄期后，45℃、60℃、80℃、90℃、100℃养护下的聚酯纤维砂浆试件的抗折强度相对 25℃平均降低率为 5%，各组温度 28d 抗折强度相对 25℃时的平均降低率为 7%。

由此可见，高温养护下各类纤维砂浆早期强度提高较快，后期增长缓慢，与常温相比抗折强度整体下降。与常温相比，高温养护条件由于砂浆内水化热反应迅速，砂浆前期强度发展快。但由于水化热反应过于迅速，砂浆内产生一定的微裂纹，对砂浆的后期强度发展有不利影响，水化反应到一定程度以后，砂浆内部水分不足，强度无法进一步增长，如若一直在高温下养护，没有任何水分的补给，砂浆的强度将不会继续增长。甚至有下降的可能。根据砂浆的强度特性，分析得出高温养护环境对于水泥砂浆的后期强度有一定的劣化影响。纤维的掺入，未改变砂浆抗折强度受高温的影响规律，但是对于高温养护降低混凝土的后期强度而言起到相应的改善作用。

图 6.4 给出了纤维砂浆不同龄期随温度变化关系，对比分析各类纤维砂浆在高温下的抗折强度，1d 和 28d 聚丙烯腈纤维砂浆均优于聚丙烯纤维砂浆和聚酯纤维砂浆。可见，较好高温敏感性的纤维对于相应的砂浆试件的抗折强度具有积极促进作用。

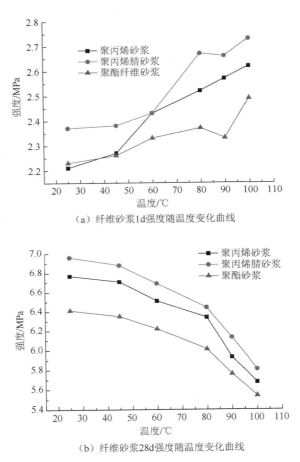

（a）纤维砂浆1d强度随温度变化曲线

（b）纤维砂浆28d强度随温度变化曲线

图 6.4　纤维砂浆不同龄期抗折强度随温度变化曲线

6.1.2　高温下喷层混凝土的抗折强度变化规律及机理

在隧洞工程中，围岩常采用混凝土喷层（衬砌）作为支护结构，通常有一次支护，初期支护和二期混凝土衬砌共同作用的支护方式。隧洞围岩体与混凝土之间都是直接密贴状态。本工程中高地温洞段洞壁温度高，喷层混凝土是薄壁结构，力是物体与物体之间的相互作用，因此室内砂浆试件的抗折强度能够反映喷层混凝土的实际受力状态。通常，隧洞混凝土喷层结构在温度场影响下处于受压状态或受拉状态。在受压状态下，由于温度场产生的热应力的值相对于混凝土的抗压强度来说较小，喷层不会产生裂缝；而在受拉状态下，则需要判断混凝土的热应力是否超过了其抗拉强度。若混凝土的热应力超过了其极限抗拉强度值，喷层就会产生裂缝。

根据素砂浆和纤维砂浆在不同温度下的抗折强度试验结果，本小节给出各类砂浆随温度变化规律以及各类砂浆随龄期变化规律。为节约篇幅，本小节只给出各类砂浆在 1d 和 28d 的抗折强度随温度的变化规律（图 6.5）及各类砂浆在 25℃和 100℃下随龄期变化规律（图 6.6）。

1. 随温度变化规律

由图 6.5 可以看出，1d 龄期（早龄期），高温砂浆的强度均高于常温砂浆强度，且温度越高，其强度越大；各类纤维砂浆强度均高于普通砂浆，其中聚丙烯腈砂浆表现最为突出。在 45℃、60℃、80℃、90℃、100℃，其强度高于相同条件下素混凝土的 13%、17%、14%、23%、21%、20%，平均值为 18%。28d，即经过长期养护后，高温养护的砂浆强度均低于其常温强度，温度越高，低于常温强度的量越大，这个规律正好与早龄期相反。相比较而言，相同条件下，除聚酯纤维砂浆在 80℃以下温度时低于素砂浆，其他砂浆强度仍高于素砂浆。由此可以看出，纤维砂浆确实有助于增强常温及高温条件下的砂浆强度。这些纤维砂浆中，聚丙烯腈砂浆性能最佳，其在 45℃、60℃、80℃、90℃、100℃，强度分别高于相同条件下素混凝土的 2.50%、8%、7%、7%、7%、9%，提高均值为 7%。可见，随龄期的增加，高温降低了纤维对砂浆的增强作用。

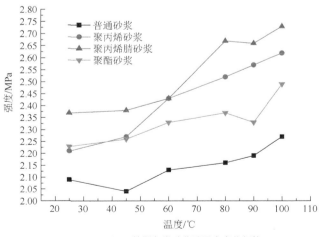

（a）1d龄期各类砂浆随温度变化规律

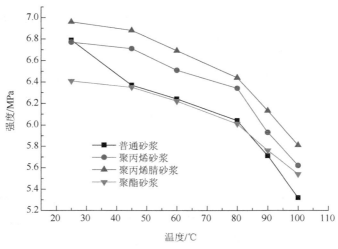

（b）28d龄期各类砂浆随温度变化规律

图 6.5　各类砂浆 1d、28d 抗折强度随温度变化曲线

2. 随龄期变化规律

由图 6.6 可以看出，各类砂浆强度，均随龄期增长而增加。早期强度增加较快，随龄期增长增加幅度逐渐降低。25℃时，素砂浆 28d 相对于 1d 分别提高了 11%、9%、40%、44%、54%、104%、134%；纤维砂浆中聚丙烯纤维砂浆强度相对于其本身增长最快，其强度分别提高了 32%、56%、86%、96%、136%、172%、206%。100℃时，素砂浆相对于 1d 分别提高了 11%、9%、40%、44%、54%、104%、134%，纤维砂浆中聚酯纤维砂浆强度增长最快，其强度分别提高了 17%、18%、26%、38%、64%、106%、122%。可以看出，高温在早期明显影响了各类砂浆随龄期的改变程度，同时，高温下各类砂浆强度随龄期增加，其强度增加速度有减缓趋势。

机理分析，应从混凝土结构和基质水泥浆的化学环境来考虑。在新浇注的混凝土基质中并不存在化学平衡，水化过程伴随着复杂的化学反应。通常，水化分两个阶段进行。第一阶段，新浇水泥浆在迅速变化的环境中形成时具有复杂的结构。其中一些成分如水化硅酸钙（C-S-H）沉淀物就会附着在试样表面，而其他的一些如氢氧化钙和钙钒石能在水相中沉淀。化学反应的第一步是硫酸盐和碱性物质的溶解，同时伴随易反应的铝酸三钙（C3A），生成钙钒石（AFt）。随后，当硫酸盐消耗完的时候，钙钒石就会转变成多硫酸盐（AFm），其中也含有一些低硫酸盐。几乎与此同时，水泥中主要的硅化钙矿物也开始发生反应，开始是聚硅氧键的断裂，生成氢氧根和硅离子，同时放出的钙离子和硅离子在表面上结合以硅酸钙的形式沉淀。第一阶段的产物附着在颗粒表面上，它们会降低水向水泥熟料表面的移动，减缓钙的释放，阻碍氢氧根向孔隙水中的扩散。这会导致在混凝土新浇注的短期内，存在一个水化反应活性较低的时段。因此，在水泥浇注的前 5 个小时，砂浆试件的强度很低，几乎无法测定。几个小时后，第一阶段产物开始变化，随后水化反应的第二阶段开始。水泥砂浆在高温养护条件下，水泥的水化反应在持续不断地进行着。水泥是多矿物的集合体，各矿物的水化会互相影响。

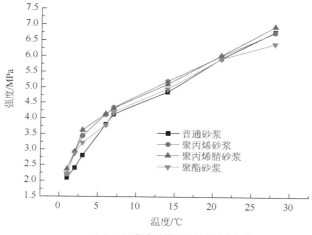

（a）25℃各类砂浆随温龄期变化规律

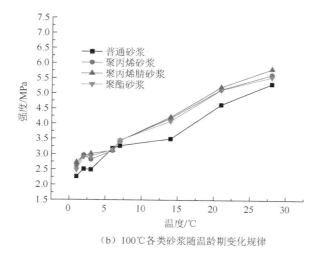

（b）100℃各类砂浆随温龄期变化规律

图 6.6 各类砂浆 25℃、100℃抗折强度随温龄期变化曲线

经过长时间的水化，从微观角度观察，就会发现外部产物和空腔颗粒的渗入物密集度较小，并且呈纤维状结构。而那些在原位置上形成的水化产物看起来更均匀、密集，而且没有任何明显的结构。混凝土中普通硅酸盐水泥熟料的组成对水化产物的成分有着重要影响，钙贯穿整个水化过程始终并发挥重要作用。可以看出，钙是水化产物的主要化学成分，而且在化学反应中起核心作用。在高温状态下，由于水化反应相对于扩散是一个快速过程，系统会从较高的能量状态向较低的能量状态转化。

处于高温环境中的喷层结构，当水泥基材料表面周围的温度发生变化时，钙离子浓度会发生变化。随着养护温度的升高，水泥的水化反应速率加大，孔隙溶液中钙离子浓度提高，钙离子浓度较高时，氢氧化钙 Ca（OH）$_2$ 与水化硅酸钙 C-S-H 保持相对稳定，水泥基材料的力学性能较好；早期水化产物的大量生成使得砂浆的强度随着温度的升高而增大，故高温下砂浆的早期强度大于常温。而随着龄期的增长，水化反应继续进行，一方面由于高温条件蒸发掉一部分水分，使得水化反应速度减小，水化产物的生成量受到遏制；另一方面，随着钙离子浓度的提高，在砂浆表面形成一层壳结构，也阻止了水化反应的快速进行，就会打破孔隙溶液的浓度平衡，即降低了水化反应速度，钙离子的浓度逐渐减小。当孔隙溶液中钙离子浓度降低到某个临界水平时，氢氧化钙首先开始溶解，以补充溶液中损失的钙离子浓度，导致材料孔隙增加，产生微裂缝增多，降低了宏观强度，从而直接影响水泥基材料的力学性能。由图 6.6 所示的砂浆试件的抗折破坏形态可以看到，聚酯纤维砂浆的断面中孔隙最多，其抗折强度在三种纤维砂浆中最小，与抗折强度值相一致。

6.1.3　不均匀温度场养护条件下喷层混凝土的强度特征

高温隧洞运行期在过水过程或昼夜温差交替后，隧洞喷层所处的高温环境整体在发生变化，喷层混凝土在时间上处于高温差状态，即处于不均匀温度场中。本小节针对喷层混凝土所处的不均匀温度场的特点开展相应的砂浆试样抗折强度试验。

1.　试验方案

试验分别成型素砂浆和纤维砂浆试件，试件制作方法，原材料及试验仪器同 6.1 节、6.2 节。试验中试件均采用搅拌机统一成型，初凝后拆模，分别放在常温环境（试验室内）和温控箱中进行养护。养护规则为 8:00～20:00 时间段内高温养护，20:00 之后温控箱断电直至第 2 天 8:00 重新高温开启，如此循环，以形成喷层混凝土实际所处的不均匀温度场条件，至预定龄期 3d、7d 时取出分别测定其抗折强度。

试验材料配合比为将砂与水泥的质量比定为 1.0。具体的试件材料配合比见表 6.4。

表 6.4 试件配合比设计

砂浆类别	纤维掺量/(kg/m³)	水泥：水：砂子（质量比）
素砂浆	0	1：0.52：3
聚酯纤维砂浆	0.9	1：0.52：3
聚丙烯纤维砂浆	0.9	1：0.52：3
聚丙烯腈纤维砂浆	0.9	1：0.52：3

2. 试验结果及分析

对每种砂浆类型及其不同温度场中的试件抗折强度值测定，进行完全相同试验条件的操作。每组砂浆试件的 3 个试验结果中，去掉强度值离散较大的值，对剩余试件的抗折强度值取它们的均值作为该组试件的结果。

不同温度场各类砂浆试件的 3d、7d 龄期的抗折强度见表 6.5，同时给出了相应类型砂浆试件抗折强度随温度的变化曲线，见图 6.7、图 6.9。然后将不同温度下试件的抗折强度值作归一化处理，即用不同温度下砂浆的抗折强度值分别除以各自常温下的抗折强度值，得出温度下各类砂浆相对抗折强度值的变化情况，见图 6.8、图 6.10。

表 6.5 各类水泥砂浆在不同温度下的抗折强度

砂浆类型	龄期/d	不同温度下的抗折强度/MPa					
		25℃	45℃	60℃	80℃	90℃	100℃
素砂浆	3	2.81	2.86	2.85	2.88	2.79	2.78
	7	4.13	4.03	3.92	3.87	3.84	3.67
聚丙烯砂浆	3	3.44	3.49	3.41	3.38	3.22	3.19
	7	4.34	4.33	4.31	4.22	4.14	4.01
聚丙烯腈砂浆	3	3.62	3.61	3.57	3.46	3.37	3.22
	7	4.32	4.33	4.24	4.16	4.04	3.89
聚酯砂浆	3	3.22	3.23	3.13	3.03	3.06	3.01
	7	4.19	4.17	4.11	4.04	3.92	3.85

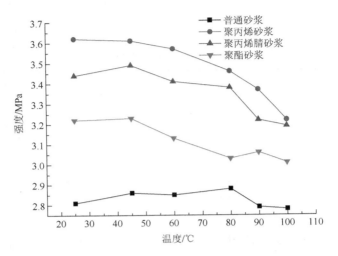

图 6.7　砂浆 3d 抗折强度随温度变化曲线

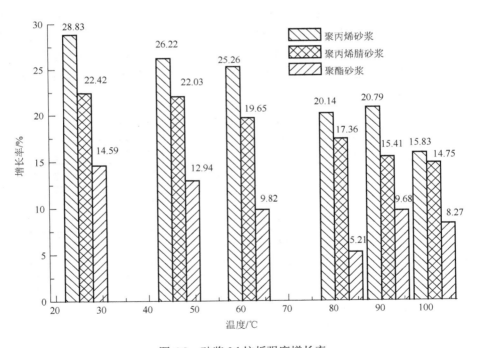

图 6.8　砂浆 3d 抗折强度增长率

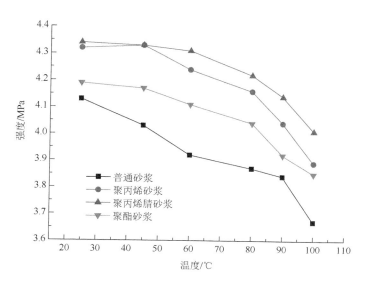

图 6.9　砂浆 7d 抗折强度随温度变化曲线

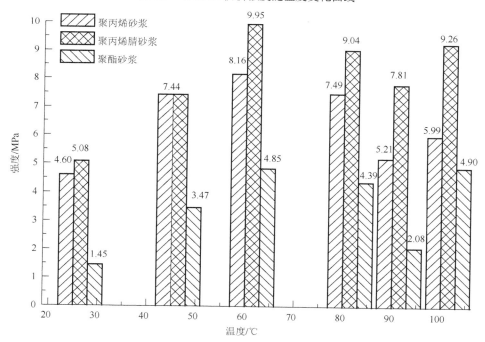

图 6.10　砂浆 7d 抗折强度相对值随温度的变化

由图 6.7 和图 6.8 可知，3d 龄期纤维砂浆的抗折强度在各个温度段均大于素砂浆。可以看出，纤维在水泥基砂浆的早期阶段已开始起作用。在 25℃温度时，聚丙烯腈纤维砂浆的抗折强度值为 3.62MPa，高于另两种纤维砂浆，比素砂浆的抗折强度提高 28.83%；在温度为 45℃时聚丙烯腈纤维砂浆的抗折强度为 3.61MPa，高于素砂浆 26.22%；60～100℃，聚丙烯腈纤维砂浆均表现出较好的抗折性能。原因是当掺入纤维后，由于纤维与水泥基体相互黏结，砂浆基体拉裂后，纤维的抗拉强度高会阻止裂缝的继续扩展，随着温度的升高，砂浆 3d 抗折强度值基本呈递减趋势。这说明 3d 龄期时温度对聚丙烯腈纤维砂浆的抗折强度的影响明显，而聚酯纤维砂浆所受影响最小。考虑到常温砂浆混凝土中 C-S-H 凝胶的网状结构密实，孔隙较少，当温度上升后，水化产物增多，同时掺入混凝土中的纤维对温度的敏感性不同，温度对其砂浆抗折强度的影响差别出现。

由图 6.9 和图 6.10 可知，7d 龄期各类砂浆抗折强度随温度的增加而减小，且减小趋势高于 3d 龄期。素砂浆抗折强度的降低速度最快，另外三种纤维砂浆都较缓慢。相对素砂浆，聚丙烯腈纤维砂浆在 60℃时抗折强度提高 9.95%，聚丙烯纤维砂浆次之；聚丙烯腈纤维砂浆在 100℃时抗折强度提高 9.26%，聚丙烯纤维砂浆次之，聚酯纤维砂浆提高 4.90%；三类纤维砂浆随温度的增大，抗折强度的降低速度基本一致。由此可见，高温下聚丙烯腈纤维砂浆受温度的影响要敏感得多。

6.1.4　不均匀温度梯度下喷层的热应力特征

高地温隧洞喷层混凝土在施工期要承受喷层一侧贴紧高温岩体，另一侧承受洞内的较低温度的通风气流，以及在运行期要承受喷层一侧贴紧高温岩体，另一侧承受洞内通入的较低温度的冷水水流作用，此时喷层混凝土在空间上处于高温差状态，如图 6.11 所示。同时从时间角度考虑，喷层两侧的温度差传递至一致的温度值需要一个过程，在短时间内也不可能迅速完成，即喷层总要受不均匀的温度梯度作用。从热力学的观点看，在热力学中的状态参数是应力、应变和温度。这三个状态参数的变化由于平衡状态的连续而形成的连续变形，在一种平衡状态下相互之间必须有一定的关系，即热应力可以是作为包含温度变化的状态方程的一个变数而存在。由于在试样中存在较大的温度梯度的情况目前极少研究，本小节针对不均匀温度梯度下的混凝土喷层结构，将喷层材料选择为砂浆和混凝土两种材料分别开展抗折试验和劈裂抗拉强度试验。

劈裂抗拉试验不仅可以为高温隧洞衬砌结构的设计工作提供力学方面的设计参数，还能反映衬砌混凝土材料的抗拉性能，同时又可以用来对衬砌混凝土材料的高温抗裂性进行合理的评价。本小节选取混凝土试件为试验研究对象，研究喷层混凝土早期劈裂抗拉强度受空间高温差影响的发展过程。为此设计了特定的高温差条件施加试验设备，制作了四种不同类型的混凝土试件，开展了室内试验和现场试验两种试验形式。通过室内和室外对比的试验方式对不同的混凝土材料经历高温差后的早龄期劈裂抗拉强度性能进行探索研究。

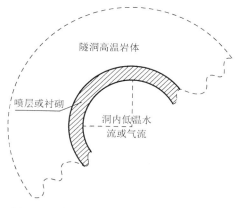

图 6.11 喷层混凝土的高温差状态示意图

1. 试验方案及方法

劈裂抗拉试验共制作四种不同类型的混凝土试件，同时开展室内试验和现场试验两种试验形式。故混凝土试件共分为室内试验试件和现场试验试件两种。

对于室内试验的混凝土试件，混凝土强度等级为 C40。水泥采用陕西秦岭牌普通硅酸盐水泥（PO 42.5R），各项指标符合《通用硅酸盐水泥》（GB 175—2007）；砂子为西安灞河产中砂，细度模数 μ_f=2.9，级配良好；石子是粒径为 10～40mm 的碎石；纤维采用上海研铂实业有限公司生产的聚酯纤维、聚丙烯纤维以及聚丙烯腈纤维，其性能参数及纤维性状见 2.2 节，各纤维均为单丝，且分散性误差小于±10%。试验共制作尺寸为 100mm×100mm×100mm 立方体试件 112 个，普通混凝土（ordinary concrete，OC）、聚酯纤维混凝土（polyester fiber concrete，PFC）、聚丙烯纤维混凝土（polypropylene fiber concrete，PPFC）以及聚丙烯腈纤维混凝土（polyacrylonitrile fiber concrete，PAFC）四种。

根据喷层混凝土外侧所承受的温度与布仑口—公格尔高温隧洞岩体的温度范围一致，将试件一侧的加热温度设定为 30℃、45℃、60℃、70℃、80℃、90℃六种，再根据试验时引水隧洞高温段现场通风后的环境温度，将另一侧的温度设定为 25℃。每种类型的混凝土均成型一组常温 25℃不施加温度差的试件作为对比对象，每种工况 4 个试件，水泥各项指标见 2.2 节，试件配合比见表 6.6。

表 6.6 混凝土配合比

混凝土类型	水泥/(kg/m³)	砂子/(kg/m³)	石子/(kg/m³)	水/(kg/m³)	纤维/(kg/m³)	坍落度/cm
OC	407	370	657	175	0	41
PFC	407	370	657	175	0.9	40
PPFC	407	370	657	175	0.9	40
PAFC	407	370	657	175	0.9	43

在试件制作过程中，为了保证混凝土试块拌合物的均匀性以及质量，采用强制式搅拌机对材料进行搅拌。投料顺序为：首先在干燥状态下搅拌除了纤维以外的其他材料，继而逐渐投入纤维，把纤维全部投放完毕后，继续再搅拌 3min。试件成型按照普通混凝土力学性能的标准试验方法进行，试件成型后即用不透水的薄膜覆盖在试块表面，然后在温度 20℃±5℃的环境中静置一昼夜后，再进行编号、拆模，拆模之后把试件立即放入自行研发的加热冷却装置，分别养护 3d、7d 后取出进行劈拉强度试验。

对于现场试验的混凝土试件，试验共开展 4 个不同的试验洞段，综合考虑前期地质勘查以及施工过程中已开挖洞段所揭露的地质情况，在 3#支洞下游侧约120m 处布置 2#试验洞，垂直于已经开挖的主洞，方向向山体内部，洞型为圆形，开挖洞泾 3m，分别为试验洞 A（喷层为普通混凝土）、试验洞 B（喷层为聚酯纤维混凝土）、试验洞 C（喷层为聚丙烯纤维混凝土）和试验洞 D（喷层为聚丙烯腈纤维混凝土），试验洞段纵剖面图如图 6.12 所示，衬砌横剖面图如图 6.13 所示。试验洞现场与喷层情况分别见图 6.14，图 6.15。试验洞喷层的喷射混凝土配合比与室内试验试件一致。现场喷射时，纤维是事先与混凝土干料拌合物混合均匀后，进行喷射施做的。操作完成后，在相应龄期（3d 及 7d）分别对现场的喷层进行同等试件喷射混凝土的取样，然后进行劈拉试验。

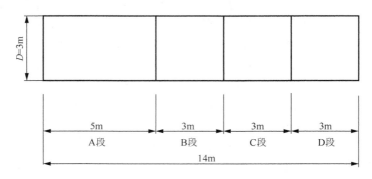

图 6.12　试验洞段纵剖面图

2. 实验设备设计

由于实际工况中混凝土喷层所承受的高低温环境条件，常规的试验机或加热箱等难以实现对试件温度差的施加，因此设计了特定的高温差条件施加试验设备。

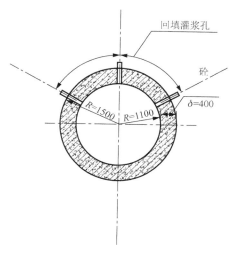

图 6.13　试验洞段隧洞衬砌横剖面图（单位：mm）

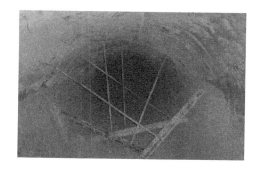

图 6.14　试验洞现场图

图 6.15　试验洞喷层状态图

　　本实验设备的设计思想为将现场工况进行简化，考虑混凝土喷层在一侧承受高温，另一侧同时直接承受低温的情况，设计出能够为混凝土试件施加温度边界的系统结构，见图 6.16。试验装置主体结构主要有压缩制冷系统、可加热的高温炉、试件安放定位台等部分组成。其中，压缩机制冷系统中的冷却液温度控制在 0～25℃；高温炉中高温测控温电热偶可将高温控制在 30～200℃，具体温度可自行设定；冷头导热体用来保证与混凝土试件表面紧密接触吸收热量，使混凝土试件该侧温度能够控制在 0～25℃的任意温度值。试验时，试件安放在定位台上，左右两侧各放置一块 100mm×100mm×100mm 的混凝土试件，非受力面朝上，通过推进两侧的高温炉进行封闭，形成封闭腔体，以满足试验需要。然后，在劈拉试验机上进行相应温度条件的劈拉试验（图 6.17）。

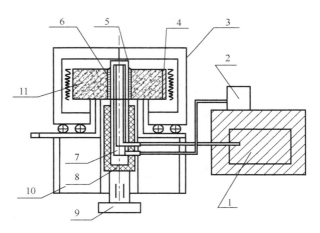

图 6.16　试件温度差施加系统结构示意图

1-压缩机制冷系统（使冷却液温度达 0～25℃）；2-冷却液水泵；3-可移动高温炉；4-高温测控温热电偶；5-冷头导热体（保证与试件一侧表面较紧密吸收热量，使混凝土试件该侧达到 0～25℃低温）；6-低温热电偶；7-冷头；8-冷头保温体；9-冷头升降结构；10-试件安放定位台；11-试件

图 6.17　NYL-600 型压力试验机

　　该试验的试验方法同常温下的混凝土试件劈拉试验相同。区别在于，室内混凝土试件要先在温控装置中施加相应的温度边界；现场试件则是通过现场高温隧洞的实际环境赋予混凝土喷层相应的温度边界；然后统一将试件在室内劈裂抗拉试验机上进行抗拉试验操作。试验过程中保持室内温度为 25℃。

整个试验过程分为两个阶段进行，分别如下。

第一阶段：试件施加温度边界过程。混凝土是热惰性材料，此处不考虑试件中心的温度，这样就达到试件的一侧受高温控制，另一侧受低温作用的效果。

第二阶段：劈拉试验过程。对于相应龄期的试件在达到设定的温度边界时，将其取出放置在 NYL-600 型压力试验机上完成相应的力学性能测定，即可得出在该温度差条件下的劈拉强度值。

3. 试验结果及分析

劈拉试验的试件几乎全部沿着试验最初预先设计的破坏面破坏。温度较低时，在加载开始一段时间内，试件并没有产生明显的破坏痕迹，随着荷载的不断增加，在即将到达极限荷载时，贯通裂缝在很短的时间内形成，承载力瞬间丧失，发出响亮声音，混凝土试件劈裂破坏，破坏面大都发生在砂浆和骨料的结合面上，试件破坏并且有骨料被劈裂破坏。随着试件温度的升高，试件在加载初期开始出现轻微变形和细微支裂纹，随着荷载的增加，支裂缝逐渐增多，并最终形成一条贯通主裂缝。高温后混凝土试件破坏型式如图6.18、图6.19所示。

图 6.18　试件破坏型式

图 6.19　试件破坏断面

对每种混凝土类型及其不同温度差下的室内试件劈拉强度值测定，进行完全相同试验条件的操作。每组混凝土试件的 4 个试验结果中，去掉强度值离散较大的值，对剩余试件的劈拉强度值取平均值作为该组试件的结果。

（1）3d 龄期。不同温差下各类混凝土试件的 3d 龄期的劈裂抗拉强度见表 6.7，相应类型混凝土试件劈拉强度随温度差的变化曲线见图 6.20。然后将不同温度差下试件的劈拉强度值作归一化处理，即用不同温度差下混凝土的劈拉强度值分别除以各自常温下的劈拉强度值，得出温度差下各类混凝土相对劈拉强度值的变化情况，见图 6.21。

表 6.7 不同温差下劈裂抗拉强度值 3d 试验结果

温差/℃	OC		PFC		PPFC		PAFC	
	劈拉强度/MPa	平均值/MPa	劈拉强度/MPa	平均值/MPa	劈拉强度/MPa	平均值/MPa	劈拉强度/MPa	平均值/MPa
0	1.36		1.44		1.71		1.51	
	1.42	1.57	1.51	1.57	1.83	1.90	1.87	1.82
	1.68		1.59		1.93		1.91	
	1.82		1.74		2.13		1.99	
20	1.47		1.49		1.61		1.65	
	1.49	1.54	1.54	1.61	1.74	1.77	1.73	1.77
	1.51		1.68		1.82		1.81	
	1.69		1.73		1.91		1.89	
35	1.40		1.19		1.66		1.69	
	1.47	1.52	1.27	1.29	1.69	1.72	1.72	1.75
	1.58		1.33		1.74		1.77	
	1.63		1.37		1.79		1.82	
45	1.20		1.13		1.58		1.53	
	1.28	1.30	1.20	1.22	1.65	1.66	1.60	1.66
	1.35		1.25		1.69		1.72	
	1.37		1.30		1.72		1.79	
55	1.10		1.03		1.55		1.29	
	1.13	1.19	1.15	1.17	1.61	1.64	1.33	1.35
	1.24		1.22		1.69		1.37	
	1.29		1.28		1.71		1.41	
65	1.03		1.01		1.36		1.21	
	1.17	1.16	1.08	1.09	1.42	1.44	1.29	1.28
	1.19		1.11		1.45		1.30	
	1.25		1.16		1.53		1.32	

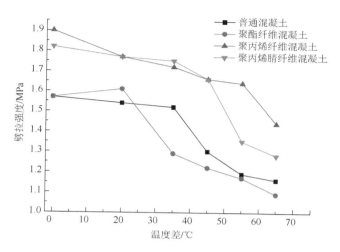

图 6.20　混凝土 3d 劈拉强度随温度差变化曲线

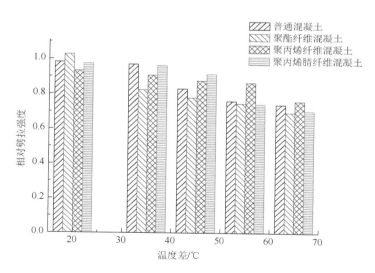

图 6.21　混凝土 3d 劈拉强度相对值变化曲线

（2）7d 龄期。随着龄期的增长各温度差下混凝土试件 7d 的劈拉强度变化情况见表 6.8、图 6.22 和图 6.23。图中给出了归一化处理后试件相对劈拉强度值随温度差的变化规律。

表 6.8 温差下劈裂抗拉强度值 7d 试验结果

温差/℃	OC		PFC		PPFC		PAFC	
	劈拉强度/MPa	平均值/MPa	劈拉强度/MPa	平均值/MPa	劈拉强度/MPa	平均值/MPa	劈拉强度/MPa	平均值/MPa
0	1.89		1.85		2.23		2.35	
	1.98	2.01	1.99	2.01	2.24	2.27	2.42	2.43
	2.06		2.03		2.29		2.47	
	2.11		2.17		2.32		2.48	
20	1.88		1.73		1.93		2.09	
	1.99	1.98	1.81	1.89	1.88	2.07	2.14	2.23
	2.02		1.92		2.04		2.32	
	2.03		2.10		2.43		2.37	
35	1.72		1.67		1.73		1.84	
	1.78	1.83	1.70	1.78	1.89	1.87	1.92	1.99
	1.89		1.81		1.90		2.09	
	1.93		1.94		1.96		2.11	
45	1.52		1.66		1.65		1.70	
	1.60	1.61	1.73	1.76	1.73	1.77	1.71	1.81
	1.63		1.81		1.83		1.88	
	1.69		1.84		1.87		1.95	
55	1.49		1.43		1.33		1.66	
	1.53	1.55	1.54	1.54	1.42	1.43	1.67	1.75
	1.58		1.57		1.47		1.79	
	1.60		1.62		1.50		1.88	
65	1.44		1.33		1.27		1.53	
	1.53	1.54	1.45	1.48	1.38	1.39	1.68	1.68
	1.59		1.49		1.45		1.72	
	1.60		1.65		1.46		1.79	

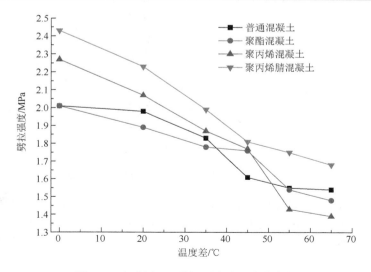

图 6.22 混凝土 7d 劈拉强度随温度的变化

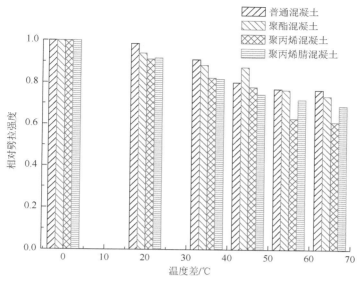

图 6.23 混凝土 7d 劈拉强度相对值随变化曲线

6.1.5 热应力作用下的喷层抗拉强度

1. 模型的提出与假定

考虑到常温下混凝土试件的劈拉强度荷载容易测得，但是在高温隧洞工程中经常遇到的高温差下的劈裂抗拉强度难于获得，需要专业设备才能测得，在时间和效率等方面影响了工程人员对工程问题的处理与解决。为改善混凝土力学尺度与温度条件的脱节对于深入研究高温场中喷层混凝土结构强度的制约，根据高温差条件下混凝土试件劈裂抗拉强度的受力特点，本节以立方体混凝土试块为研究对象，试图探索期温度差条件下的劈裂抗拉强度模型。温度差条件下混凝土试件劈裂抗拉强度受力分布如图 6.24 所示。由于试件在竖直方向受荷载 P 的劈裂作用，试件劈拉面沿水平方向受到均布拉应力作用，试件沿图示面竖向开裂，当混凝土试件处于温度场中，试件将承受因温度变化而产生的应力场。为求解简化，更好地建立模型，在此做如下假设：①温度场随时间的变化足够缓慢，即文中所研究的由温差引起的应力为拟静态的热应力，亦即研究对象为非耦合热弹性问题；②混凝土试件为骨料分布于水泥石基体的均匀介质的等效体；③试件上下表面的温差为 ΔT，温度在试件高度方向上作线性变化，并且相应的热膨胀变化同样也作线性变化；④温度应力沿水平和竖直方向分别有力分量，并且在竖直方向的分量与荷载 P 抵消了一部分且未引起该方向的试件的破坏；⑤忽略温度场中温度应力在竖直方向的分量，即认为温度应力仅沿试件的开裂面水平方向有作用，计算偏于保守。

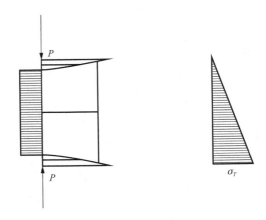

图 6.24　应力作用示意图

2. 劈拉强度的表达式的推导

混凝土的劈拉强度是在立方体试件上通过垫条施加一条线荷载，在中间垂直截面上，除加力点附近很小的范围以外，其余部分便会产生均匀的水平拉应力，当该拉应力达到或者超过混凝土的所能承受抗拉强度时，试件将沿中间垂直截面劈裂拉断。根据弹性力学理论，常温下的劈拉强度 f_{spt} 可按式（6.1）计算。

$$f_{spt} = 2p / (\pi a^2) \tag{6.1}$$

式中，p 为常温下试件试验的最大荷载；a 为混凝土立方体试件的边长。

根据混凝土喷层的受力特点，同时考虑竹内洋一郎[168]的热力学理论，假设文中所取的试样为薄板结构，那么试样在上下表面有温度差的条件下会变成球面状，此时由于中性面（本书指的是试样在 1/2 高度处对应的与上下表面平行的平面）的热膨胀与表面的热膨胀之差是 $\alpha \cdot \Delta T / 2$，采用 ρ 表示曲面的曲率半径，其中

$$\alpha \cdot \Delta T / 2 = a / (2\rho) \tag{6.2}$$

式中，ΔT 为试样高度 1/2 处的温度差；a 为试样的高度；ρ 为温度差导致试样所产生的曲率半径。

因为以上是自由膨胀，所以这种弯曲不产生热应力。

本书所取的试样是选取混凝土衬砌内部中间的一部分，其周边在实际中是有固定约束的，那么在试样的周边就会产生弯矩，这个弯矩的大小应该与周边固定条件［式（6.2）］所给出的曲率相抵消。

事实上，试样在高度中线所在面的 x，y 方向受到弯矩 M 作用，当弯成球面状时，若试样的弯矩刚度为 D，参见竹内洋一郎的材料力学理论，有

$$(1 + \mu) / \rho = M / D \tag{6.3}$$

式中，μ 是泊松比；M 是关于试样边缘的单位宽度的值；D 是试样的弯曲刚度，为

$$D = Ea^3 / [12(1 - \mu^2)] \tag{6.4}$$

由式（6.2）、式（6.3），有

$$M / [(1 + \mu)D] = \alpha \cdot \Delta T / a \tag{6.5}$$

因此

$$\sigma_T = M / Z \tag{6.6}$$

其中，Z 为截面系数，有

$$Z = a^3 / 6 \tag{6.7}$$

那么

$$\sigma_T = 6(1 + \mu)D\alpha \cdot \Delta T / a^3 \tag{6.8}$$

即

$$\sigma_T = \alpha \cdot \Delta TE / 2 \tag{6.9}$$

式中，α 为混凝土试样的热膨胀系数。根据混合律，混凝土的热膨胀系数可近似用水泥石以及集料二者的热膨胀系数的加权均值来进行表示；ΔT 为试样高度 1/2 处形成的温度差；E 为试件的弹性模量；σ_T 为温差引起的温度应力。

根据叠加原理，温度差下试件的应力 σ' 作用为图 6.24 进行叠加。取试件高度 1/2 处的 σ_T 值作为试件受温度差影响产生的应力。那么，混凝土立方体试样在温度差作用下的劈拉强度平均值可概化为

$$\sigma' = K(2P / \pi a^2 + \alpha \cdot \Delta TE / 2) \tag{6.10}$$

为研究的方便，假设温度差作用对混凝土试样的劈裂抗拉强度有劣化影响，采用系数表示其劣化程度的大小，将该系数定义为劣化影响因子，即式（6.10）中的系数 K。式（6.10）中，K 为劣化影响因子，与多种因素有关，由室内试验数据确定；σ' 可作为喷层局部裂缝产生的判据。

3. 劣化影响因子的确定

各温度差下，劣化影响因子 K 随混凝土龄期、类型的变化及其拟合函数曲线见图 6.25～图 6.28。由图 6.25、图 6.30 可知，聚酯纤维混凝土的劈拉强度劣化影响因子 K 受龄期的影响最明显，3d 龄期温度差为 20～35℃时，K 的变化率达最大，为 0.0154，而 7d 龄期相同温度段 K 的变化率降低 32.5%；其次是 7d 龄期 45～55℃，K 的变化率为 0.00813，比 3d 龄期同一温度段增大幅度为 43.2%。7d 龄期时，四类混凝土 K 的变化率几乎一致，聚丙烯纤维混凝土在 45～55℃时 K 的变化率较大，为 0.011，其他混凝土相差不大。

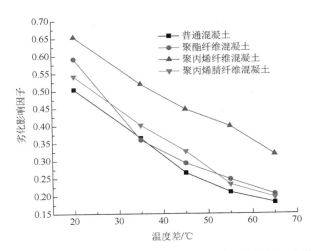

图 6.25 混凝土 3d 劈拉强度劣化影响因子随温度差的变化曲线

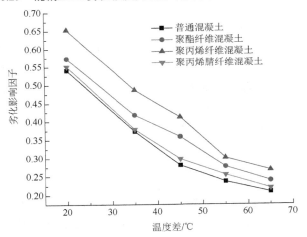

图 6.26 混凝土 7d 劈拉强度劣化影响因子随温度差的变化曲线

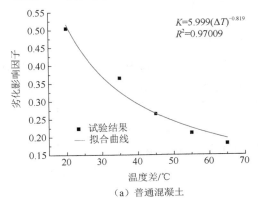

（a）普通混凝土

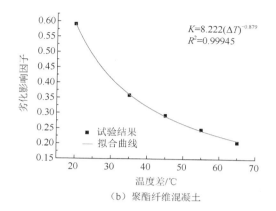

（b）聚酯纤维混凝土

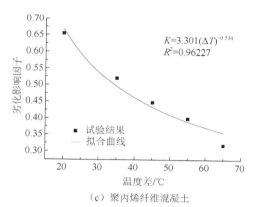

（c）聚丙烯纤维混凝土

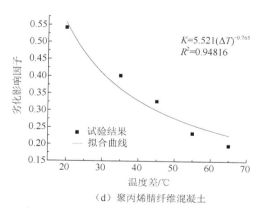

（d）聚丙烯腈纤维混凝土

图 6.27 各类混凝土 3d 劈拉强度的劣化影响因子随温差的变化曲线

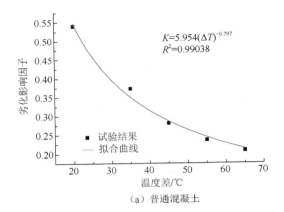

（a）普通混凝土

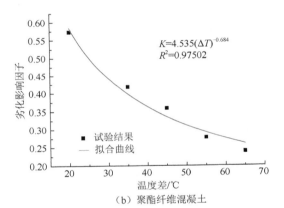

（b）聚酯纤维混凝土

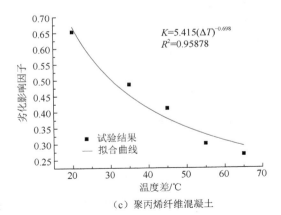

（c）聚丙烯纤维混凝土

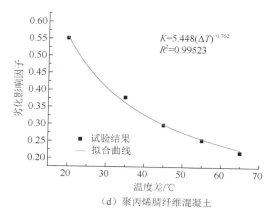

（d）聚丙烯腈纤维混凝土

图 6.28 各类混凝土 7d 劈拉强度的劣化影响因子随温度差的变化曲线

从图 6.25～图 6.28 可以看出，随着温度差的增大，劣化影响因子 K 逐渐减小，二者存在显著的非线性关系。表 6.9 给出了 3d、7d 龄期不同温度差下各类混凝土试件劈拉强度随温度变化的拟合曲线的函数参数及相关系数平方 R^2，表中，p、q 为函数系数。

表 6.9　3d 及 7d 龄期不同温度差下试件劈拉强度随温差变化的拟合函数参数

混凝土类型	龄期/d	p	q	R^2
OC	3	5.99889	−0.81871	0.97009
	7	5.95448	−0.79721	0.99038
PFC	3	8.22152	−0.87856	0.99945
	7	4.53484	−0.68438	0.97502
PPFC	3	3.30138	−0.53355	0.96227
	7	5.41502	−0.69801	0.95878
PAFC	3	5.52135	−0.7651	0.94816
	7	5.44792	−0.76175	0.99523

各温度差条件下，混凝土劈拉强度的劣化影响因子随温度差的非线性变化规律可表示为指数函数的形式，即

$$K = p \cdot \Delta T^q \tag{6.11}$$

因而，温差影响下混凝土喷层的劈拉强度表达式可描述为

$$\sigma' = p \cdot \Delta T^q \cdot (2P / \pi a^2 + \alpha \cdot \Delta TE / 2) \tag{6.12}$$

4. 现场试验验证

针对布仑口—公格尔引水发电隧洞施工支洞的试验洞喷层，通过计算结果与

现场试件相关试验数据的比较对公式进行验证。其中，式（6.12）中 α 取值为 $9.65 \times 10^{-6}/℃$，普通混凝土、聚酯纤维混凝土、聚丙烯纤维混凝土以及聚丙烯腈纤维混凝土的 E 取值分别为 15.36/GPa、11.94/GPa、8.34/GPa 和 14.99/GPa。表 6.10 为 2012 年 10 月 28 日起 3d、7d 龄期现场喷层混凝土试件劈裂抗拉值与理论计算值的关系。

表 6.10　3d 及 7d 龄期多种混凝土理论计算与现场试验结果

混凝土类型	龄期/d	岩体温度/℃	洞内温度/℃	理论值/MPa	现场值/MPa	偏差/%
OC	3	67	34	1.31	1.38	5.07
	7	65	31	1.54	1.63	5.52
PFC	3	67	34	1.22	1.20	1.67
	7	65	31	1.55	1.59	2.52
PPFC	3	67	34	1.61	1.51	5.92
	7	65	31	1.56	1.59	0.66
PAFC	3	67	34	1.53	1.59	3.77
	7	65	31	1.71	1.76	2.84

由表 6.10 可知，在低温边界处于 25～35℃时，公式的计算结果与试验洞现场试件测试数据结果吻合较好，本章提出的高温引水发电隧洞喷层混凝土劈拉强度表达式能够在一定温度范围内很好地反映温度差条件下喷层混凝土结构的劈拉效应，合理地反映混凝土材料的抗拉强度特性。

5. 试验结论

通过对混凝土试件进行不同温度差的劈裂抗拉试验及分析，得出以下研究结果。

（1）随着温度的升高，混凝土劈拉强度总体呈现逐渐减小的趋势，不同的纤维混凝土受温度的影响程度不同。3d 龄期时温度对聚酯纤维混凝土的劈拉强度的影响非常明显，而聚丙烯纤维混凝土的劈拉强度受温度的影响最小。7d 龄期 80℃时，聚丙烯纤维混凝土劈拉强度损失最大，为 37%；其次是聚丙烯腈纤维混凝土，为 28%。随着龄期的增长，温度高于 70℃时，聚丙烯纤维混凝土受温度的影响更为敏感。普通混凝土早期龄期的劈拉强度低于聚丙烯纤维以及聚丙烯腈纤维混凝土，但在整体上高于聚酯纤维混凝土。温度梯度越小，对混凝土强度的劣化程度越小，纤维的作用越不明显；温度梯度越大，混凝土的强度降低明显；纤维混凝土的强度均高于素混凝土。

（2）得到了各类混凝土在不同温差下劣化后的劈拉强度。该劈拉强度为喷层局部裂缝产生的重要判据。温差条件下混凝土劈拉强度的变化是细观应力与混凝土结构受拉过程共同作用的结果,不同类型混凝土的劣化影响因子 K 随着温差的升高呈下降趋势,其变化规律与混凝土类型有关,且混凝土的劈拉强度随温度的变化规律与劣化影响因子 K 随温差的变化规律不完全相同。针对具体研究对象,劣化影响因子 K 可分别采用相应的指数函数来表示,继而确定其对应温差下的劈拉强度,以简便地应用于工程实际。

6.1.6　不均匀温度梯度下混凝土强度劣化机理分析

根据混凝土试验结果,3d 龄期除聚酯纤维混凝土外,聚丙烯纤维混凝土和聚丙烯腈纤维混凝土的劈拉强度在各个温差段均大于普通混凝土。在温度差为 55℃时聚丙烯纤维混凝土的劈拉强度为 1.64MPa,高于普通混凝土 37.8%,分别高于聚酯纤维混凝土和聚丙烯腈纤维混凝土 40.2%、21.5%。究其原因,当掺入纤维后,由于纤维与混凝土基体的黏结作用,混凝土材料达到其相应的极限抗拉强度后,裂缝的进一步扩展被纤维及水泥胶浆硬化体的界面黏结力所阻止,纤维具有较高的抗拉强度,将其拉应力传至还未开裂的混凝土硬化体之上,直到邻近硬化体的应力达到其极限抗拉强度时又会产生新的微裂缝,如此持续进行下去。同时,把过高的拉伸应力集中向远处转移,促使结构内拉应力逐渐趋于均匀分布状态,并最终由纤维主要进行承担。随着温度差的加大,混凝土 3d 劈拉强度值呈现递减趋势。在 20℃温度差时,聚酯纤维混凝土的劈拉强度值出现峰值 1.61MPa;在 35℃温度差时,普通混凝土和聚丙烯腈纤维混凝土的劈拉强度值出现峰值 1.52MPa 和 1.75MPa,随后均急剧下降。聚丙烯纤维混凝土的强度值随着温度差的增大而均匀下降,在常温 25℃时达最大值,为 1.90MPa。聚酯纤维混凝土在温度差小于 20℃时,劈拉强度逐渐增大,随后强度降低速度加快;聚丙烯纤维混凝土的强度降低速度相对比较平缓,这说明 3d 龄期时温度差对聚酯纤维混凝土的劈拉强度的影响明显,而聚丙烯纤维混凝土所受影响最小。温度差是 65℃时,聚酯纤维混凝土和聚丙烯纤维混凝土的平均强度损失分别为 30.6% 和 24.2%。由于常温下混凝土中 C-S-H 凝胶具有密实的网状结构,CH 及 AFt 等晶型完整,界面结构较密实,且连接结点多,孔隙较少,那么当温度上升温度差增大后,水化产物即开始脱水,使晶型逐渐变形,出现孔隙。同时,由于掺入混凝土中的纤维对温度的敏感性不同,温度差对其混凝土劈拉强度的影响差别较大。

7d 龄期各类混凝土的劈拉强度随温度差的增加而减小。温度差小于 45℃,四类混凝土随温度差的增大,劈拉强度的降低速度基本一致;温度差大于 45℃,聚丙烯纤维混凝土劈拉强度的下降幅度最大,其次是聚酯纤维混凝土。温度差为 55℃时,聚丙烯纤维混凝土劈拉强度相对常温下降 37%,聚酯纤维混凝土、聚丙烯腈纤维混凝土及普通混凝土相对其常温分别下降 23.4%,28% 和 22.9%。由此可见,温度差高于 45℃时,聚丙烯纤维混凝土受温度差的影响要敏感得多。整体上,普通混凝土在 7d 龄期时较聚酯纤维混凝土表现出较好的劈拉特性。

分析其原因，在高温差的作用下，混凝土内部的水分及空气所产生出的膨胀应力，使得骨料和水泥石界面处很容易出现微裂纹，随着温差的加大，混凝土的内部结构中可能会出现更多的膨胀、破裂及连通等现象，这些连通的孔隙会加大混凝土内部裂隙的传递。此外，高温作用能够使水泥水化程度大幅度提高，如果水化产生的水化产物迁移速度与水化产物生成的速度不协调，那么就会在混凝土内部出现水化产物过于集结和空缺状态，混凝土中水化产物空缺处，会因为没有足够水化胶结物质而产生黏结力不足的现象，从而导致在骨料与水泥石之间产生间隙，这些间隙导致混凝土力学性能下降。在掺入纤维之后，由于混凝土中纤维的化学成分不同、力学性质差异，在高温差状态下，会发生复杂的化学的和物理作用，致使混凝土内部应力的分布、变形以及微裂缝的发展变化多端。纤维本身所具有的良好抗拉和耐高温性能在一定程度上改善了普通混凝土的性能。由于纤维所具有的阻裂效应，在新的结构形成过程中纤维会把混凝土中收缩能量分散到高抗拉强度的纤维上，从而阻止了原生微裂缝的产生，从根本上减少了原生微裂缝源的数目，并能缩小原生微裂缝的尺寸。这就意味着裂缝尖端应力强度因子会减小，从而降低了裂缝尖端应力的集中程度，使混凝土在硬化过程中抑制了其裂缝的出现与扩展。

通过对隧洞衬砌混凝土试件室内高温养护试验研究，在均匀高温养护条件下，聚丙烯腈纤维砂浆的抗折强度优于聚丙烯纤维砂浆和聚酯纤维砂浆，三种纤维砂浆的抗折强度均高于素砂浆。聚丙烯腈纤维的抗高温性能较好，能够应用于实际高温工程。在试验的基础上，基于化学动力学基本理论，本节将温度影响下钙离子浓度变化与材料宏观强度相结合，通过描述混凝土材料其胶结物的量受高温影响的变化，首次提出了一个能定量描述高温对水泥水化过程中水分影响，从而影响水化反应方向，进而导致水化产物中钙离子量的特征模型，即建立出水泥基材料高温下抗折强度细观模型。本章高温隧洞工程具体工况条件，对在 100℃ 范围内经历温度梯度的砂浆试件以及混凝土试件的力学性能进行了相关试验研究。提出了喷层混凝土温差条件下的劈拉强度表达式，该劈拉强度计算式概念明确，参数容易获取，且包含了温度场环境混凝土结构的主要特征参数，如温差、常温劈裂抗拉强度、混凝土的热膨胀系数、弹性模量等，能够较全面地反映出实际混凝土承受的温度差影响和物理特性。为高温隧洞实际工程中喷层混凝土结构的后期强度预测及设计提供理论依据。在试验的基础上，依据细观力学的 Eshelby 和 Mori-Tanaka 理论，通过引入 Claperyon 方程来描述在高温环境下温度梯度对纤维混凝土水分迁移的影响，考虑温度梯度下纤维和微裂纹之间的相互作用，建立了温度梯度影响下纤维混凝土微裂纹损伤演化方程，研究了定向分布微裂纹的演化规律及其对材料力学性能的影响。

6.2 衬砌混凝土在反复温度梯度与
干湿循环条件下的强度特征

根据高温隧洞混凝土衬砌在运行检修工况下的受力特点，本节开展相应的高温循环试验研究，以探讨衬砌混凝土在反复温度梯度下的强度特征。高温循环试验是指混凝土处于高温状态（湿状态）和空气中自然干燥状态（干状态）的交替作用。干湿循环法试验能够明显的降低混凝土疲劳损伤试验研究的周期。目前，对孔隙介质，如岩石或混凝土等的冻融损伤劣化机理及过程已经有了大量的研究成果，但这些成果但是都是针对低温条件，对于高温环境还不能照搬其结论。研究反复温度梯度干湿循环条件下的强度特征，必将对高地温隧洞的衬砌结构设计具有非常重要的指导意义。

6.2.1 试验方案

常规的疲劳试验多采用周期较短，费用较少的室内小型试件进行疲劳试验的方法。本节同样选用小型试件来开展疲劳试验，试验材料及配比同 2.2 节。试件尺寸为 40mm×40mm×160mm（长×宽×高）的棱柱体试样，成型后养护温度分别设定为 25℃、45℃、60℃、80℃。本节设计如下试验方案，用以考察干湿循环环境对水泥基材料力学性能的影响，以期探讨高温隧洞中衬砌混凝土结构在运行期、检修期工况下的疲劳损伤特性。

通过相关文献的研究与分析，通常混凝土试件的干湿循环有两种施加方式：一是在混凝土试件养护阶段施加干湿循环过程；二是在混凝土试件养护完成以后进行干湿循环操作。例如，Mohr[169]采用干湿循环法对混凝土的强度进行了研究，使用的干湿循环制度为：在（65±5）℃的高温烘箱内烘干 24h 后，然后置入（0±2）℃的水中再浸泡 24h，循环一次总共需要 48h。本节采用第二种施加方式，即试验中将试件高温养护至 28d 强度稳定龄期后，从温控箱中取出，放入冷水中冷却约 10min，见图 6.29；试验中冷水的温度基本为 25℃左右，见图 6.31；然后取出置于空气中自然风干约 30min，见图 6.30；之后再放入温控箱中养护 1h，而后取出放入冷水中冷却约 10min，之后再放入空气中自然风干 30min。如此反复进行，形成高低温反复温度梯度干湿循环作用在试件上，以此来模拟高温隧洞衬砌混凝土在经历运行、检修工况下的荷载条件，直到达到预定的循环次数后，取出并在强度试验机上分别测定试件的强度。浸水试验参照国家标准《玻璃纤维增强塑料耐水性试验方法》（GB/T 2575—1989）进行。

图 6.29　试件全部浸水

图 6.30　试件浸水后风干

图 6.31　冷却水温度示意图

6.2.2　试验结果分析

经过温度梯度干湿循环作用的砂浆试件强度试验结果见表 6.11、表 6.12，强度分布规律整理如图 6.32 所示。将常规加载作用下即循环次数为 0 的试件的强度与温度循环加载作用下的强度相比，可以发现，温度循环加载下的强度值都低于非循环加载下的强度值。这充分说明了在温度循环荷载作用下试样产生了疲劳效应，其抗断裂韧度在逐渐降低。

表 6.11　干湿循环后的各类试件强度试验结果

砂浆类型	养护温度/℃	不同循环次数下的试件强度/MPa			
		0	10 次	20 次	30 次
素砂浆	25	4.13	3.87	3.64	3.44
	45	3.91	3.61	3.34	3.13
	60	3.61	3.28	3.01	2.8
	80	3.39	3.03	2.73	2.45

续表

砂浆类型	养护温度/℃	不同循环次数下的试件强度/MPa			
		0	10 次	20 次	30 次
聚丙烯砂浆	25	4.34	4.11	3.88	3.66
	45	4.31	4.03	3.71	3.46
	60	4.26	3.91	3.61	3.39
	80	3.96	3.62	3.33	3.11
聚丙烯腈砂浆	25	4.32	4.03	3.79	3.57
	45	4.24	3.97	3.72	3.43
	60	4.13	3.87	3.59	3.44
	80	3.91	3.59	3.29	3.16
聚酯砂浆	25	4.19	3.96	3.73	3.61
	45	4.11	3.88	3.69	3.33
	60	3.98	3.69	3.33	3.14
	80	3.82	3.54	3.32	3.09

表 6.12 干湿循环后砂浆试件应变测试结果

砂浆类型	养护温度/℃	不同循环次数下试件应变结果/MPa							
		0		10 次		20 次		30 次	
		ε	$\varepsilon - \varepsilon_0$	ε	$\varepsilon - \varepsilon_0$	ε	$\varepsilon - \varepsilon_0$	ε	$\varepsilon - \varepsilon_0$
素砂浆	25	0.363	0	0.388	0.025	0.429	0.066	0.478	0.115
	80	0.443	0.08	0.668	0.305	0.77	0.407	0.908	0.545
聚丙烯腈砂浆	25	0.349	0	0.378	0.029	0.453	0.104	0.477	0.128
	80	0.421	0.072	0.525	0.176	0.643	0.294	0.727	0.378

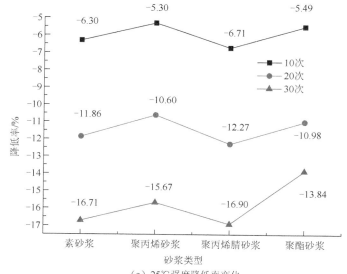

（a）25℃强度降低率变化

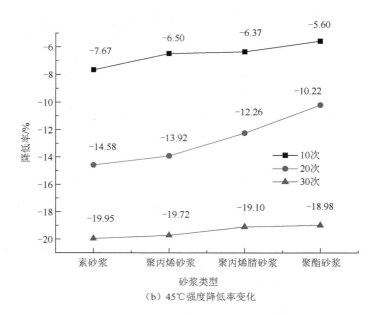

（b）45℃强度降低率变化

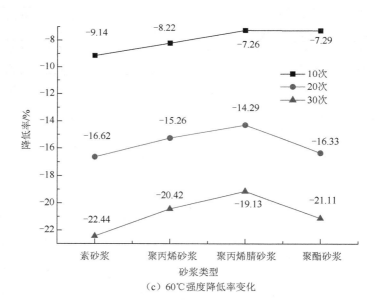

（c）60℃强度降低率变化

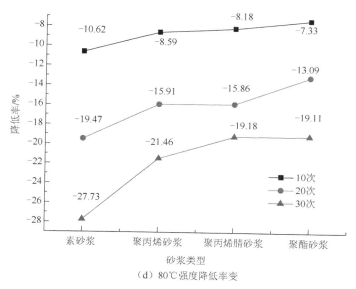

（d）80℃强度降低率变

图 6.32　各类砂浆强度降低率与循环次数的关系

1.　强度变化规律

由表 6.12 的数据可见，在温度循环次数相同时，随着温度的升高，砂浆试件的强度呈现出降低的趋势；相同温度条件下，随着循环次数的增加，砂浆试件的强度呈递减趋势。在 25℃时，10 次循环四类砂浆最低降低率从大到小依次为聚丙烯腈纤维砂浆、素砂浆、聚酯纤维砂浆、聚丙烯纤维砂浆，最小的为聚丙烯纤维砂浆的-5.30%，最高为聚丙烯腈纤维砂浆的-6.71%。20 次循环时，降低率从大到小依次为聚丙烯腈纤维砂浆、素砂浆、聚酯纤维砂浆、聚丙烯纤维砂浆，最高为聚丙烯腈纤维砂浆的-12.27%，最低为聚丙烯纤维砂浆的-10.60%。30 次循环时，降低率从大到小依次为聚丙烯腈纤维砂浆、素砂浆、聚丙烯纤维砂浆、聚酯纤维砂浆，最高为聚丙烯腈纤维砂浆的-16.90%，最低为聚酯纤维砂浆的-13.84%。可以看出，在 25℃下，10 次循环平均降低率在 6%左右，20 次循环降低率在-11%左右，30 次循环降低率在-16%左右。与 6.1 节研究相比，聚丙烯腈纤维砂浆并未表现出较好的性能，反而聚酯纤维砂浆降低率最低，为各类砂浆中表现最佳。

在 45℃时，10 次循环四类混凝土最低降低率从大到小依次为素砂浆、聚丙烯纤维砂浆、聚丙烯腈纤维砂浆、聚酯纤维砂浆，最小的为聚酯纤维砂浆的-5.60%，最大的为聚丙烯腈纤维砂浆的-7.7%。20 次循环时，强度降低率从大到小顺序与 10 次的顺序一致，最小为聚酯纤维砂浆的-10.22%，最大为素砂浆的-14.58%。30次循环时，强度降低率从大到小顺序与 10 次、20 次结果一致，最小为聚酯纤维砂浆的-18.98%，最大为素砂浆的-19.95%。可见，45℃各类砂浆经历循环试验后的抗折强度相比，分别为聚酯纤维砂浆、聚丙烯腈纤维砂浆、聚丙烯纤维砂浆、素砂浆。10 次、20 次、30 次平均降低率分别为 6%、12%、19%，与 25℃经历相同次数循环后相对比，强度下降幅度比较大。

在 60℃时，10 次循环四类混凝土最低降低率从大到小依次为素砂浆、聚丙烯纤维砂浆、聚酯纤维砂浆、聚丙烯腈纤维砂浆，最小的为聚丙烯腈纤维砂浆的 -7.26% 和聚酯纤维砂浆的 -7.29%，最大的为素砂浆的 -9.14%。20 次循环时，降低率从大到小依次为素砂浆、聚酯纤维砂浆、聚丙烯纤维砂浆、聚丙烯腈纤维砂浆，最小为聚丙烯腈纤维砂浆的 -14.29%，最大为素砂浆的 16.62%。30 次循环时，强度降低率从大到小顺序与 20 次结果相同，降低率最小为聚丙烯腈纤维砂浆的 -19.13%，降低率最大的为素砂浆的 22.44%。可见，60℃温度时各类砂浆经历循环试验后的抗折强度相比，由大至小依次分别为聚丙烯腈纤维砂浆、聚丙烯纤维砂浆、聚酯纤维砂浆、素砂浆。在 10 次、20 次以及 30 次循环后强度平均降低率分别为 8%、16%、21%，与 25℃和 45℃温度下经历相同次数的循环后相比，强度下降幅度进一步加大。

在 80℃时，10 次、20 次、30 次循环后各类砂浆强度性能降低幅度从大到小的顺序依次为素砂浆、聚丙烯纤维砂浆、聚丙烯腈纤维砂浆、聚酯纤维砂浆。强度平均降低率分别为 9%、16%、22%，与 25℃、45℃、60℃温度下经历相同次数的循环后相比，强度下降程度达到最大，可见随着养护温度的升高，砂浆试件的强度下降程度在持续增大。

已有的试验结果显示，在高温的周期变化作用下，砂浆试样是在加温、冷却、再加温、再冷却多次循环后进行加载的，这些环境因素导致砂浆试件内部产生微裂纹扩展、开裂。在降温过程中扩展后的空隙体积保持不变，当循环开始再次加温以后，试样内部的裂隙将会继续进行扩展并增多，温度循环造成初始温度损伤劣化程度加大进而最终导致试件破坏，并且不同类型的砂浆对温度的敏感程度也不同。高温条件下水泥砂浆试件内部的裂隙发育程度也越高。这是因为当水泥混凝土内的温度场发生变化时，会产生热应力，影响试样内部微裂隙的分布，即在高温条件下使得混凝土强度的降低更为明显，逐渐把塑性破坏转变为脆性破坏，每次循环都将引起水泥基材料内部产生新的变化，变化幅度与材料的特性和界面形貌有关，故循环次数对水泥基材料力学性质的劣化具有巨大的影响。高温循环过程大致可分为三个阶段。第一个阶段主要是混凝土内部形成微裂纹的阶段，温度荷载循环次数的增加，水泥基材料内部初始存在的空隙及微裂纹会在很短的试件内产生大量的微裂缝。在砂浆基体内部应力高度集中薄弱区的微裂缝形成过程完成后，即到了第二阶段，此时经已形成的裂缝会进行稳定扩展；在该阶段微裂缝相互进行连接并扩展，水泥砂浆内部会形成微裂缝与基体以及骨料界面之间的微裂缝的相互连接与贯通，从而会造成裂缝的不稳定发展。结果使得砂浆进入第三个阶段，此时砂浆内部的损伤量迅速增加，在这个阶段混凝土的表面可以观察到明显的裂缝。在不断的循环过程中，混凝土内部的损伤是不断地累积并发展下去的，表现出明显的疲劳损伤特性，而高温的变化会进一步加重损伤程度。因此，在高温循环早期，强度损伤相对较为强烈，随着循环次数的增加，高温循环对其强度的疲劳损伤程度逐渐减小。很明显，即便实验的温度不算太高，温差也没有很大，但水泥基材料的抗折强度随着高温循环次数增加会明显降低。随着试验的进行，砂浆试件的破坏越来越严重，从试验的数据来看，承载力都明显地降低。原因在于到了循环后期，砂浆表层已全部脱落，表层砂子已大部分露出，有效截面面积减小造成承载力降低；水泥的水化产物氢氧化钙消耗殆尽，其与盐反应的产物都是非凝胶物质，其他产物进一步水解或与各种盐反应，一些反应产物在孔隙中膨胀、体积增大，使砂浆内部产生内应力，当产生的应力超过了砂浆的抗拉应力时，砂浆产生裂纹，导致强度进一步下降。试验结论与玄东兴[170]的试验结果一致，当温度在 20～90℃时，经过 50 次高温循环后，混凝土的强度降低 15%左右。图 6.33 为各类砂浆强度随温度变化图。

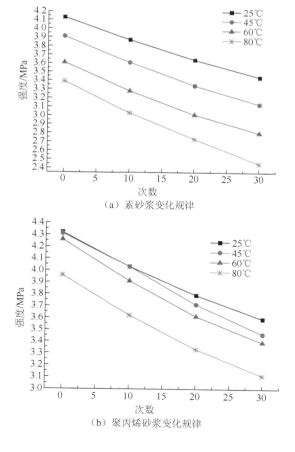

（a）素砂浆变化规律

（b）聚丙烯砂浆变化规律

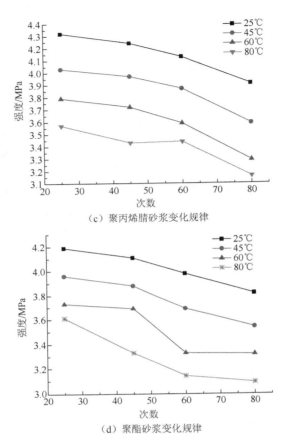

（c）聚丙烯腈砂浆变化规律

（d）聚酯砂浆变化规律

图 6.33　各类砂浆不同温度下的强度随循环次数的变化

可以看出，各类砂浆随温度的上升，各类砂浆强度随着循环次数的增加而降低。降低趋势均大致呈线性分布。为节约篇幅，以下均以 20 次循环来观察它们的规律。素砂浆试样在温度为 45℃、60℃、80℃下，强度分别为 3.34MPa、3.01MPa、2.73MPa，分别比 25℃时循环加载 20 次后强度降低 8%、17%、25%；聚丙烯纤维砂浆在 45℃、60℃、80℃温度下，强度分别为 3.71MPa、3.61MPa、3.33MPa，分别比 25℃时的强度降低 2%、4.7%、12%；聚丙烯腈纤维砂浆在 45℃、60℃、80℃温度下，强度分别为 3.72MPa、3.59MPa、3.29MPa，分别比 25℃时的强度降低 1.8%、5%、13%；聚酯纤维砂浆在 45℃、60℃、80℃温度下，强度分别为 3.69MPa、3.33MPa、3.32MPa，分别比 25℃时的强度降低 1%、10.7%、11%。可见，纤维砂浆在高温干湿循环荷载作用后的下疲劳损伤强度远远低于素砂浆，各类纤维中聚酯纤维砂浆降低率最低，表现最为突出。

2. 应变变化规律

图 6.34 给出了素砂浆和聚丙烯腈纤维砂浆两类砂浆的应变和应变变化量曲线。可以看出，素砂浆、聚丙烯腈纤维砂浆的应变均随循环次数的增加而增加，随温度的升高而增大。相应地，砂浆试样的应变变化量亦随着温度的升高和循环次数的增加而增加。素砂浆试样在循环 10 次时，在 25℃温度时的应变为 0.388，在 80℃时的应变为 0.668；素砂浆试样循环 20 次，在 25℃时的应变为 0.429，在 80℃时的应变为 0.770；素砂浆试样循环 30 次，25℃时的应变为 0.478，80℃为 0.908；与素砂浆试样在 25℃、0 次循环的应变相对比，素砂浆 10 次循环时，在 25℃、80℃应变分别提高 0.025、0.305；20 次循环后在 25℃、80℃时应变分别提高 0.066、0.407；30 次循环在 25℃、80℃时应变分别提高 0.115、0.545。基于疲劳累积损伤理论分析，在任一循环应力幅下工作都会产生一定的疲劳损伤，损伤

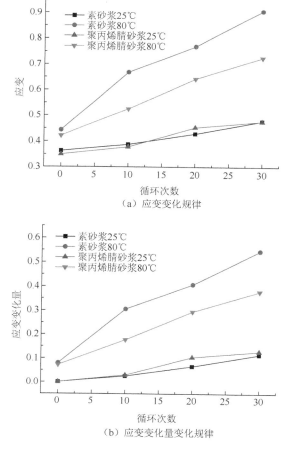

（a）应变变化规律

（b）应变变化量变化规律

图 6.34　两类砂浆应变及应变变化量随循环次数的变化关系

的严重程度与在这个应力幅作用下的循环数相关，也和无循环损伤的试样在相同应力幅下作用下产生失效的总循环数相关。而且在每个应力幅作用下所产生的损伤是永恒的，且在不同的应力幅下由循环作用所引起的累积总损伤与每一应力水平下损伤之和相等。那么砂浆试件承受的温度越高，进行的循环次数越多，其应变及其变化量就越大。聚丙烯腈砂浆试样与素砂浆相比整体变化规律基本一致，只是砂浆试件的应变大小和应变的增加量均低于素砂浆试样。可以看出，聚丙烯腈纤维砂浆和素砂浆在高温和循环次数的双重因素作用下其应变呈增加趋势。砂浆试样表现出相应的疲劳特性。聚酯纤维砂浆表现出良好的抗高温耐疲劳特性，能够适应这种特殊的高温工程环境。

本书研究的试验结果与 Huang、Atkinson 以及 Bassuoni 等的试验结论是一致的[171-173]。同时与第 2 章的试验数据相对比可知，水泥砂浆或混凝土试样在高温干湿循环作用下产生的疲劳损伤对其的劣化程度要比在连续均匀高温养护下的劣化要严重。高温条件下温度反复循环加载实际上是水泥基混凝土结构同时承受受温度及水环境损伤的时一种循环恶化，的确会加速混凝土结构的劣化。

基于衬砌混凝土运行检修期的热力学边界条件，开展混凝土高温干湿循环试验。试验表明，水泥混凝土内的温度场不断发生变化时，衬砌混凝土内部会产生热应力，且在温度循环条件下每次循环都将引起水泥基材料内部产生新的变化，循环次数对水泥基材料力学性质的劣化具有巨大的影响；在高温循环早期，强度损伤较为强烈，随着循环次数的增加，高温循环对其强度的损伤逐渐减小。在四种砂浆中，聚酯纤维砂浆试件表现出良好的抗高温耐疲劳特性，能够给施工设计参数提供参考。在试验研究的基础上，依据疲劳累积损伤理论建立了多年运行检修条件下的混凝土衬砌的疲劳损伤模型。

7 布仑口—公格尔水电站高岩温引水隧洞设计实例

7.1 工程概况

布仑口—公格尔水电站引水隧洞，施工掌子面观测到最大环境温度达到100℃以上，高地温问题尤为突出；同时，该引水隧洞的深埋花岗岩主洞段不仅埋深大（最大埋深 1500m），同时也存在高地温现象，已开挖洞段测得的温度也在70℃以上。该工程所遇到的地温之高和范围之广在国内外水电建设中实属罕见。同时，该电站引水发电时出库水温在 0.0～5.0℃。高温差、高地压对传统的围岩稳定性分析评价理论与设计方法提出严重挑战。

为了解决高温差对实际洞室工程产生的问题，需研究布仑口—公格尔水电站引水隧洞，在高温差、大埋深、高地应力等工况下的工作状态与安全稳定性，主要研究：①高地应力、与高温差共同作用下引水隧洞围岩在不同工况下的稳定性态；②高温对引水隧洞开挖扰动区的形成、演化及支护锚固影响机理、施工过程优化与快速施工技术；③高温差下长引水隧洞衬砌的设计理念与设计方法；④高温差下引水压力隧洞永久衬砌的长期有效性。

布仑口—公格尔水电站引水隧洞存在高地温情况，从已监测到的温度看，钻孔内岩石最高温度达到 100℃以上，而运行期隧洞过水最低水温又低至 0～5℃，在不同高温差作用下（施工通风引起的围岩深部与浅部温度差、过水运行期引起的洞壁温降、检修期温度回升），如何分析围岩的稳定性、如何对高温洞段支护结构进行设计及各工况下支护结构的受力特性进行分析，从而选择合理的支护方案，确保引水隧洞长期安全稳定有效运行，是国内外未曾研究过的内容。

通过现场试验，全面测试高温隧洞在各工况下洞周及洞内温度分布规律，进一步观测高温差影响下支护结构的受力性态，运行期隧洞过水条件下支护结构的受力性态。本章基于现场试验的分析成果，对隧洞高温段选取何种支护方式进行了论证分析，针对不同类别围岩段，采取了不同支护方式，通过系统有限元分析、对比最终确定了高温洞段的支护方案。

7.2 喷层支护方案

7.2.1 Ⅱ类花岗岩高温洞段

根据 4.3.2 小节分析可知，花岗岩强度高，在运行期过水及高温差影响下，受力基本能够满足强度要求，在拱顶可能会出现拉裂缝，当由于拉应力区范围较小，不易出现掉块。由于该洞段埋深较大，围岩完整性好，因此，该洞段不论在施工期还是在运行期可不采取支护措施，而采用毛洞。

7.2.2 Ⅲ类围岩高温洞段

在两种支护方案：喷锚支护作为永久支护方案，喷锚+衬砌方案下进行。本节仅讨论喷层支护作为永久支护方案。

根据现场试验洞实测资料，采用一次支护措施能够保证高温隧洞在无水头过水时的稳定性，为进一步分析其可行性，拟定合适的一次支护厚度，分别研究各种厚度下喷层的受力特点，通过不同厚度方案之间、衬砌方案的对比研究，综合分析，提出合适的高温隧洞支护方案。

1）10cm 喷层支护方案

10cm 喷层支护方案下洞壁关键点的温度与应力随工况的变化如图 7.1 及表 7.1 所示。

表 7.1 不同条件下喷层应力对比

荷载	工况	喷层温度/℃		拱顶应力/MPa		侧墙中部应力/MPa		超出抗拉强度拉应力区范围/cm
		内侧	外侧	内侧	外侧	内侧	外侧	
结构应力	施工期	—	—	-0.23	-0.28	-2.10	-1.93	无
	运行期	—	—	0.47	0.38	-1.41	-1.29	无
温度应力	施工期	48.5	54.5	-2.68	-3.26	-2.71	-3.29	无
	运行期	9.8	13.4	1.83	1.32	1.68	1.19	10
TM 耦合应力	施工期	48.5	54.5	-2.68	-3.36	-4.88	-5.27	无
	运行期	9.8	13.4	2.64	2.04	0.17	-0.19	10

喷层施做后要承担施工期荷载，因此施工期喷层全断面受压。运行期 30m 水头内水荷载影响下，喷层全断面均受拉压，最大拉应力为 2.6MPa，最大压应力不超过 6.0MPa。从三种条件对比看，TM 耦合场喷层应力值略大于纯结构场与温度场应力值的叠加。

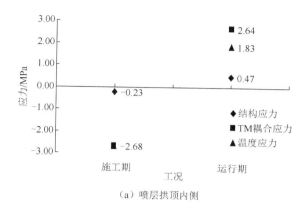

（a）喷层拱顶内侧

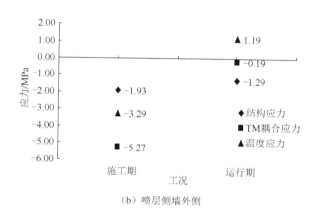

（b）喷层侧墙外侧

图 7.1 不同工况喷层应力对比

由图 7.1 可知，施工期喷层主要受到温度应力的影响，仅考虑温度荷载时与两场耦合下拱顶处喷层受力基本相同，但侧墙中部外侧则有所差异，TM 耦合下的压应力值基本等于结构应力和温度应力的叠加。

2）15cm 喷层支护方案

15cm 喷层支护方案下洞壁关键点的温度随工况的变化如表 7.2 所示。

TM 耦合荷载下喷层支护结构受力分析。喷层支护既承担施工期荷载，在过水后，喷层又受内水压力影响，在温度及内水压力影响下，喷层关键点受力如表 7.2 所示。

表 7.2　TM 耦合荷载不同工况下喷层关键位置温度以及应力

荷载	工况	喷层温度/℃		拱顶		拱肩		侧墙	
		内侧	外侧	σ_{max}/MPa	σ_{min}/MPa	σ_{max}/MPa	σ_{min}/MPa	σ_{max}/MPa	σ_{min}/MPa
TM 耦合应力	施工期	47.6	56.2	-2.58	-3.55	-3.63	-4.40	-4.59	-5.13
	运行期	9.8	15.3	2.51	1.58	1.34	0.58	0.26	-0.28
	检修期	47.6	56.1	-2.58	-3.53	-3.62	-4.39	-4.58	-5.12

3）20cm 喷层支护方案

20cm 喷层支护方案下洞壁关键点的温度随工况的变化如表 7.3 所示，各点在支护通风期、过水运行期、检修放水期三种工况下的温度应力变化如表 7.3 所示。

表 7.3　不同条件下喷层应力对比

荷载	工况	喷层温度/℃		拱顶应力/MPa		侧墙中部应力/MPa		超出抗拉强度拉应力区范围/cm
		内侧	外侧	内侧	外侧	内侧	外侧	
结构应力	施工期	—	—	-0.34	-0.44	-1.92	-1.60	无
	运行期	—	—	0.31	0.13	-1.27	-1.04	无
温度应力	施工期	46.9	57.6	-2.36	-3.38	-2.37	-3.39	无
	运行期	9.8	16.8	1.79	0.80	1.66	0.71	不超过 10
TM 耦合应力	施工期	46.9	57.6	-2.48	-3.67	-4.34	-5.01	无
	运行期	9.8	16.8	2.40	1.20	0.32	-0.37	不超过 15

喷层施做后要承担施工期荷载，因此施工期喷层全断面受压。运行期 30m 水头内水荷载影响下，喷层全断面均受拉压，最大拉应力为 2.4MPa。最大压应力不超过 5.0MPa。从三种条件对比看，TM 耦合场喷层拉应力值（拱顶处）略大于纯结构场与温度场应力值的叠加。

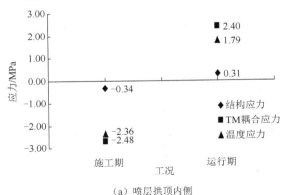

（a）喷层拱顶内侧

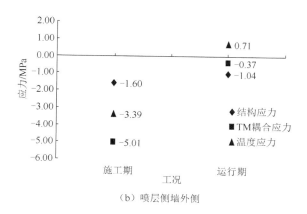

（b）喷层侧墙外侧

图 7.2 不同工况喷层应力对比

由图 7.2 可知，施工期喷层主要受到温度应力的影响，仅考虑温度荷载时与两场耦合下拱顶处喷层受力基本相同，但侧墙中部外侧则不同，TM 耦合下的压应力值基本等于结构应力和温度应力的叠加。

7.3 二次衬砌方案

7.3.1 Ⅲ类围岩高温洞段

为了进一步探讨Ⅲ类围岩高温洞段下采取合适的支护结构，分析衬砌方案下支护结构受力特性。

本节研究高温洞段三类围岩下的不同支护方案，其中包括毛洞方案、一次支护方案（厚度分别为 10cm、15cm 和 20cm）以及二次衬砌方案，每种方案均考虑了纯温度荷载及 TM 耦合场影响下的结构受力，并与结构应力进行了对比，得出以下结论。

（1）采用一次支护方案时，喷层厚度分别为 10cm、15cm 及 20cm，在单纯温度荷载影响下，运行期由于高温差影响，喷层表面拉应力量值均在 1.8MPa 左右；在考虑结构荷载和温度荷载耦合条件下，运行期长期过水条件下，喷层最大拉应力量值发生在拱顶，分别为 2.6MPa、2.5MPa、2.4MPa，三种支护厚度下喷层受力较为接近。

（2）采用衬砌方案时，施工期衬砌不承担荷载，运行期仅内水荷载影响下，衬砌拉应力量值不超过 0.8MPa，在考虑温度场应力场耦合工况下，衬砌拉应力量值达到 3.7MPa 左右，这与现场实测的数据也较为接近，衬砌拉应力量值较大，三类围岩高温洞段不建议采用衬砌方案。

（3）通过过水后短时间内支护结构受力变化规律的研究可知，喷层厚度在过水初期对喷层受力有较大影响，在过水的前几天时间里，支护结构越薄，内部约束越小，其受力越小，在过水后期，喷层拉应力逐渐稳定，差值也趋于稳定，较薄喷层拉应力相对略大。因此，当采用较厚的支护结构时，在过水的前期很可能出现拉裂破坏。

（4）综上所述，考虑到糙率等影响，建议采用一次支护作为永久支护方案，喷层建议选取 15cm 厚 C30 加纤维喷射混凝土。

7.3.2 Ⅳ类围岩高温洞段

对Ⅳ类围岩 80℃初始岩温下不同支护措施下的受力特点进行详细分析，从时间上主要分为开挖期、施工支护期、运行过水期和检修期四种工况，本章详细分析各分析断面各个工况下不同支护方案围岩与支护结构的温度场、应力场及耦合情况下的变化规律。

参照Ⅲ类围岩现场试验资料及前期大量数值分析成果，并结合"玻璃杯热胀冷缩破裂"生活常识，支护结构厚度越薄，越可以有效避免支护结构内部产生较大温度应力，从而提高支护结构的安全性。因此支护措施初步确定采用喷锚支护，为了详细对比研究不同支护方案下支护结构受力特点，制定以下支护措施：①15cm 喷射混凝土+ϕ25 砂浆锚杆，喷射混凝土强度等级为 C30，锚杆长 1.5m，间、排距 2.0m，入岩深度 1.4m；②20cm 喷射混凝土+ϕ25 砂浆锚杆，喷射混凝土强度等级 C30，锚杆长 1.5m，间、排距 2.0m，入岩深度 1.4m。

若喷锚支护方案在施工期不能满足施工期荷载或运行期在内水及温度共同作用下的安全稳定性，则推荐施做二次衬砌方案：①15cm 喷射混凝土+40cm 衬砌，同时辅以ϕ25 砂浆锚杆，喷射混凝土强度 C15，混凝土衬砌强度等级为 C25。②15cm 喷射混凝土+50cm 衬砌，同时辅以ϕ25 砂浆锚杆，喷射混凝土强度 C15，混凝土衬砌强度等级为 C25。

分别研究上述支护方案下支护结构的受力特点，在对分析成果深入分析的基础上，可以看出几种喷锚支护方案喷层受力特性和变化规律基本相同，温度应力分布比较均匀，而结构应力拱顶和拱腰部位差异较大，拱顶部位受力略大于结构应力和温度应力的叠加，而拱腰部位由于施工期承担了较大的施工期荷载，致使耦合拉应力略小于温度应力。同时可以看出，随着喷层厚度的增加，喷层受力明显减小，但仍远大于 C30 喷射混凝土的设计抗拉强度，综合考虑围岩类别和工程运行情况，应考虑采用二次衬砌支护方案。

由于喷锚支护方案喷层环向拉应力过大，远远超过了 C30 喷射混凝土的设计抗拉强度，无法满足工程需要，因此应考虑钢筋混凝土衬砌方案。

本节研究高温洞段Ⅳ类围岩下的不同支护方案，其中包括喷锚支护方案（厚度分别为 15cm 和 20cm）以及二次衬砌方案，每种方案均考虑了纯温度荷载及 TM

耦合场影响下的结构受力，并与结构应力进行了对比，得出以下结论。

（1）采用喷锚支护时，喷层厚度分别为 15cm 和 20cm，在单纯温度荷载影响下，运行期由于高温差影响，喷层表面均出现了较大的拉应力。15cm 方案各断面喷层表面拉应力量值均在 2.13MPa 左右，20cm 方案拉应力略有减小，为 1.98MPa 左右，可见埋深等对温度应力的影响较小。在考虑结构荷载和温度荷载耦合条件下，运行期长期过水条件下，喷层最大拉应力量值发生在拱顶，15cm 喷层各段面拱顶分别为 3.52MPa、3.53MPa、3.44MPa，当厚度增加为 20cm 时应力大约减小了 0.4MPa，随着埋深厚度增加，喷层承担的施工期荷载较大，因此最大拉应力有减小的趋势。

（2）采用衬砌方案时，施工期衬砌不承担荷载，运行期仅内水荷载影响下，衬砌拉应力量值随着衬砌厚度的增加而降低，随着内水水头的增加衬砌拉应力呈增长趋势，40cm 衬砌方案各断面衬砌拉应力分别为 0.98MPa、1.04MPa 和 1.06MPa，在考虑温度场应力场耦合工况下，各断面衬砌拉应力量值达到 2.81MPa、2.86MPa 和 2.88MPa。若将衬砌厚度增加为 50cm，温度应力显著增加，致使衬砌最大拉应力增加了约 0.15MPa，因此各断面均推荐采用 40cm 衬砌方案。

7.4　工　程　设　计

7.4.1　基本原则

常温条件下，引水隧洞支护结构的设计与施工已经相当成熟，然而在高温或高温差条件下的支护结构设计原则、设计方法与指标却无经验或研究成果可依。高温隧洞支护结构设计的难题主要是高温对支护结构在施工期和运行期可能产生的不良影响。本节基于对现场实际监测资料，室内试验以及理论解析、数值模拟等研究成果的详细分析，对布仑口—公格尔水电站高岩温引水隧洞的支护结构进行分析设计，给出不同围岩类别下的推荐设计方案。

7.4.2　推荐设计方案

1.　Ⅱ类高温洞段

对于引水隧洞桩号发 10+293m～发 15+492m 岩性主要为黑云母花岗岩，岩石坚硬完整，块状构造，构造不发育，为Ⅱ类围岩洞段。根据前期设计分析可知，对于花岗岩洞段，考虑到存在高地应力问题，初步设计了采取混凝土衬砌的支护措施，但由于出现高地温情况，考虑到高地应力、高地温等综合因素对支护结构的受力较大，花岗岩Ⅱ类围岩洞段不采取任何支护措施。在仅受温度荷载影响时，洞周岩体均受拉，且拉应力量值最大，在两场耦合条件下，由于受自重应力的影响，拉、压应力值均有所降低，可见，单纯温度影响下对洞壁岩体受力不利，自重荷载能够抵消部分温度应力。花岗岩洞段在收到温度荷载影响下会在拱顶及底拱一定范围内产生拉应力值，拉应力区范围较小，不会对隧洞安全性产生过大影响。

2. III类围岩高温洞段

III类围岩下的不同支护方案，其中包括毛洞方案、一次支护方案（厚度分别为 10cm、15cm 和 20cm）以及二次衬砌方案，每种方案均考虑了纯温度荷载及 TM 耦合场影响下的结构受力，并与结构应力进行了对比，得出以下结论。

（1）采用一次支护方案时，喷层厚度分别为 10cm、15cm 及 20cm，在单纯温度荷载影响下，运行期由于高温差影响，喷层表面拉应力量值均在 1.8MPa 左右；在考虑结构荷载和温度荷载耦合条件下，运行期长期过水条件下，喷层最大拉应力量值发生在拱顶，分别为 2.6MPa、2.5MPa、2.4MPa，三种支护厚度下喷层受力较为接近。

（2）采用衬砌方案时，施工期衬砌不承担荷载，运行期仅内水荷载影响下，衬砌拉应力量值不超过 0.8MPa，在考虑温度场应力场耦合工况下，衬砌拉应力量值达到 3.7MPa 左右，这与现场实测的数据也较为接近，衬砌拉应力量值较大，III类围岩高温洞段不建议采用衬砌方案。

（3）通过过水后短时间内支护结构受力变化规律的研究可知，喷层厚度在过水初期对喷层受力有较大影响，在过水的前几天时间里，支护结构越薄，内部约束越小，其受力越小，在过水后期，喷层拉应力逐渐稳定，差值也趋于稳定，较薄喷层拉应力相对略大。因此，当采用较厚的支护结构时，在过水的前期很可能出现拉裂破坏。

（4）在III类围岩不同埋深、不同水头等因素影响下，喷层的受力变化不超过 10%。

（5）综合分析，建议采用一次支护作为永久支护方案，采用 15cm 厚 C30 掺加不高于 1%的聚酯纤维混凝土挂网喷层。

3. IV类围岩高温洞段

IV类围岩下的不同支护方案，其中包括喷锚支护方案（厚度分别为 15cm 和 20cm）以及二次衬砌方案，每种方案均考虑了纯温度荷载及 TM 耦合场影响下的结构受力，并与结构应力进行了对比，得出以下结论。

（1）采用喷锚支护时，喷层厚度分别为 15cm 和 20cm，在单纯温度荷载影响下，运行期由于高温差影响，喷层表面均出现了较大的拉应力。15cm 方案各断面喷层表面拉应力量值均在 2.13MPa 左右，20cm 方案拉应力略有减小，为 1.98MPa

左右，可见埋深等对温度应力的影响较小。在考虑结构荷载和温度荷载耦合条件下，运行期长期过水条件下，喷层最大拉应力量值发生在拱顶。15cm 喷层各段面拱顶分别为 3.52MPa、3.53MPa、3.44MPa，当厚度增加为 20cm 时应力大约减小了 0.4MPa，随着埋深厚度增加，喷层承担的施工期荷载较大，因此最大拉应力有减小的趋势。

（2）采用衬砌方案时，施工期衬砌不承担荷载，运行期仅内水荷载影响下，衬砌拉应力量值随着衬砌厚度的增加而降低，随着内水水头的增加衬砌拉应力呈增长趋势，40cm 衬砌方案各断面衬砌拉应力分别为 0.98MPa、1.04MPa 和 1.06MPa，在考虑温度场应力场耦合工况下，各断面衬砌拉应力量值达到 2.81MPa、2.86MPa 和 2.88MPa，若将衬砌厚度增加为 50cm，由于温度应力显著增加，致使衬砌最大拉应力增加了约 0.15MPa，因此各断面均推荐采用 40cm 衬砌方案，见表 7.4。

表 7.4 各典型断面衬砌结构受力汇总 （单位：MPa）

典型断面	荷载	方案	拱顶		拱腰		拱底	
			径向	环向	径向	环向	径向	环向
断面一	结构应力	40cm 衬砌	-0.27	0.98	-0.27	0.99	-0.27	0.99
		50cm 衬砌	-0.26	0.88	-0.27	0.89	-0.27	0.89
	温度应力	40cm 衬砌	0.05	1.84	0.05	1.79	0.05	1.84
		50cm 衬砌	0.07	1.99	0.07	1.94	0.07	1.99
	TM 耦合应力	40cm 衬砌	-0.21	2.81	-0.22	2.78	-0.22	2.82
		50cm 衬砌	-0.20	2.86	-0.20	2.83	-0.20	2.87
断面二	结构应力	40cm 衬砌	-0.28	1.04	-0.28	1.05	-0.29	1.05
		50cm 衬砌	-0.28	0.93	-0.28	0.94	-0.28	0.94
	温度应力	40cm 衬砌	0.05	1.84	0.05	1.79	0.05	1.84
		50cm 衬砌	0.07	1.99	0.07	1.94	0.07	1.99
	TM 耦合应力	40cm 衬砌	-0.23	2.86	-0.23	2.84	-0.23	2.87
		50cm 衬砌	-0.21	2.91	-0.21	2.88	-0.21	2.92
断面三	结构应力	40cm 衬砌	-0.29	1.06	-0.29	1.08	-0.29	1.06
		50cm 衬砌	-0.29	0.94	-0.29	0.96	-0.29	0.95
	温度应力	40cm 衬砌	0.05	1.84	0.05	1.79	0.05	1.84
		50cm 衬砌	0.07	1.99	0.07	1.94	0.07	1.99
	TM 耦合应力	40cm 衬砌	-0.24	2.88	-0.24	2.86	-0.24	2.89
		50cm 衬砌	-0.22	2.92	-0.22	2.91	-0.22	2.93

（3）由于耦合作用下衬砌结构拉应力过大，应对断面进行配筋，根据分析结果可知各断面受力接近，Ⅳ类围岩配筋统一采用内侧 $8\phi20$，外侧 $5\phi20$。

4. V类围岩高温洞段

高温洞段V类围岩下的不同衬砌方案，每种方案均考虑了纯温度荷载及 TM 耦合场影响下的结构受力，并与结构应力进行了对比，得出以下结论。

（1）采用衬砌方案时，施工期衬砌不承担荷载，运行期仅内水荷载影响下，衬砌拉应力量值随着衬砌厚度的增加而降低，随着内水水头的增加衬砌拉应力呈增长趋势，50cm 衬砌方案各断面衬砌拉应力分别为 1.05MPa 和 1.07MPa，在考虑温度场应力场耦合工况下，各断面衬砌拉应力量值达到 2.38MPa 和 2.40MPa，若将衬砌厚度增加为 60cm，由于围岩导热系数和热容较低，致使供热能力，温度应力影响减弱，致使衬砌最大拉应力降低了约 0.06MPa，这与IV类围岩的分析结果略有差异（表 7.5）。

表 7.5　各典型断面衬砌结构受力汇总　　　　　　　　　（单位：MPa）

典型断面	荷载组合	方案	拱顶		拱腰		拱底	
			径向	环向	径向	环向	径向	环向
断面一	结构应力	50cm 衬砌	-0.27	1.05	-0.27	1.07	-0.27	1.07
		60cm 衬砌	-0.26	0.94	-0.27	0.96	-0.27	0.96
	温度应力	50cm 衬砌	0.05	1.35	0.05	1.31	0.05	1.35
		60cm 衬砌	0.06	1.39	0.05	1.35	0.06	1.39
	TM 耦合应力	50cm 衬砌	-0.22	2.38	-0.22	2.38	-0.22	2.40
		60cm 衬砌	-0.21	2.32	-0.21	2.31	-0.21	2.33
断面二	结构应力	50cm 衬砌	-0.27	1.07	-0.27	1.10	-0.28	1.09
		60cm 衬砌	-0.27	0.96	-0.27	0.98	-0.27	0.97
	温度应力	50cm 衬砌	0.05	1.35	0.05	1.31	0.05	1.35
		60cm 衬砌	0.06	1.39	0.05	1.35	0.06	1.39
	TM 耦合应力	50cm 衬砌	-0.22	2.40	-0.22	2.40	-0.23	2.42
		60cm 衬砌	-0.21	2.33	-0.21	2.33	-0.22	2.35

（2）根据分析结果综合分析，推荐采用 50cm 衬砌方案。

（3）由于耦合作用下衬砌结构拉应力过大，因此应对断面进行配筋，根据分析结果可知各断面受力接近，V类围岩配筋统一采用内侧 $9\phi20$，外侧 $7\phi20$。

7.4.3　配筋

根据 7.4.2 小节分析结果可知，运行期是该引水隧洞的控制工况，运行期衬砌受力随着衬砌厚度的增加而减小，从经济原则考虑，推荐 50cm 衬砌方案，并根据 50cm 衬砌的分析结构进行配筋计算。具体配筋结果见表 7.6 所示。

表 7.6　Ⅴ类围岩各断面配筋汇总

典型断面	轴力值/kN	弯矩值/(kN·m)	计算所需配筋面积/mm²	实际配筋	实际配筋面积/mm²
断面一	850	2830	2823.1/2034.1	9φ20/7φ20	2827/2199
断面二	855	2880	2843.3/2042.5	9φ20/7φ20	2827/2199

高温洞段Ⅴ类围岩下的不同衬砌方案，每种方案均考虑了纯温度荷载及 TM 耦合场影响下的结构受力，并与结构应力进行了对比，得出以下结论。

（1）采用衬砌方案时，施工期衬砌不承担荷载，运行期仅内水荷载影响下，衬砌拉应力量值随着衬砌厚度的增加而降低，随着内水水头的增加衬砌拉应力呈增长趋势，50cm 衬砌方案各断面衬砌拉应力分别为 1.05MPa 和 1.07MPa，在考虑温度场应力场耦合工况下，各断面衬砌拉应力量值达到 2.38MPa 和 2.40MPa，若将衬砌厚度增加为 60cm，由于围岩导热系数和热容较低，致使供热能力，温度应力影响减弱，致使衬砌最大拉应力降低了约 0.06MPa，这与Ⅳ类围岩的分析结果略有差异，见表 7.7。

表 7.7　各典型断面衬砌结构受力汇总　　　　　　（单位：MPa）

典型断面	荷载组合	方案	拱顶		拱腰		拱底	
			径向	环向	径向	环向	径向	环向
断面一	结构应力	50cm 衬砌	-0.27	1.05	-0.27	1.07	-0.27	1.07
		60cm 衬砌	-0.26	0.94	-0.27	0.96	-0.27	0.96
	温度应力	50cm 衬砌	0.05	1.35	0.05	1.31	0.05	1.35
		60cm 衬砌	0.06	1.39	0.05	1.35	0.06	1.39
	TM 耦合应力	50cm 衬砌	-0.22	2.38	-0.22	2.38	-0.22	2.40
		60cm 衬砌	-0.21	2.32	-0.21	2.31	-0.21	2.33
断面二	结构应力	50cm 衬砌	-0.27	1.07	-0.27	1.10	-0.28	1.09
		60cm 衬砌	-0.27	0.96	-0.27	0.98	-0.27	0.97
	温度应力	50cm 衬砌	0.05	1.35	0.05	1.31	0.05	1.35
		60cm 衬砌	0.06	1.39	0.05	1.35	0.06	1.39
	TM 耦合应力	50cm 衬砌	-0.22	2.40	-0.22	2.40	-0.23	2.42
		60cm 衬砌	-0.21	2.33	-0.21	2.33	-0.22	2.35

（2）根据分析结果综合分析，推荐采用 50cm 衬砌方案。

（3）由于耦合作用下衬砌结构拉应力过大，因此应对断面进行配筋，根据分析结果可知各断面受力接近，Ⅴ类围岩配筋统一采用内侧 9φ20，外侧 7φ20。

7.5　高岩温引水隧洞特殊施工措施

对于Ⅱ类花岗岩洞段，不采取支护措施，在施工时，应控制毛洞的光洁度，保证过流满足要求。

而对于Ⅲ类围岩洞段采用喷锚支护结构作为永久衬砌的可行性，施工时，为了保证Ⅲ类围岩高温隧洞在施工期、运行期的稳定性，采用一次喷锚支护措施，支护厚度为15cm，为提高一次支护抗拉强度，应采用添加聚酯纤维混凝土挂网喷层，分两次喷射完成，首次喷护5cm素混凝土，挂网后，进行10cm聚酯纤维混凝土喷护。为了提高钢筋网片的整体稳定性，应布设系统锚杆，使得锚杆与网片连接成整体。应考虑到过流问题，控制表面起伏差；在喷射过程中及时进行收光处理。

对于Ⅳ、Ⅴ类围岩洞段，采用一次喷锚支护结构与二次永久衬砌。施工时，在确保初期支护有效的情况下，进行二次衬砌施工，严格确保一次支护与二衬之间紧密接触。

温度是影响施工质量的重要因素，对于所有洞段支护施工时，应确保正常的通风降温，不仅在施工操作时，而且在支护结构强度充分发挥前（混凝土强度至少达到七天强度），应持续通风降温。防止围岩洞壁温度回升。

7.5.1　降温方案确定

布仑口—公格尔水电站高岩温引水隧洞的高温成因不同于其他工程，并非由高温热水所致，而是由于石墨夹层的高导热性，使地壳深部热源热量传导至地表，形成局部高地温现象。因此，该工程洞周围岩温度具有持续性，难以借鉴以往高温隧洞通过排热水方案达到降温的目的。本小节根据现有的地质资料和相关工程经验，为防治和减小高温对作业人员的伤害和工程进度的影响，初步确定了以下几种降温方案。

（1）加强通风。岩石的热容系数较小，通过通风措施能在短时间内取得较好的降温效果。施工中采取大功率通风设备，风机功率要满足通风需要，通风系统采用压入式和吸出式综合布置，提高工作面的风速，加快洞内空气循环，减少热散发和蒸汽浓度，增强局部通风强度，以达到降温的目的。同时还可以降低洞内粉尘浓度，净化洞内空气。

（2）局部冷水喷雾。在高地温地段，除应采取加强通风外，还可以喷洒冷水降低洞内环境温度，确保施工的顺利进行。拟在边墙架设100mm钢管，钢管上每隔10～15m设喷雾器，沿洞进行喷雾降温。喷雾一方面可以吸收洞内粉尘，另一方面也可使高压冷水雾喷在高温岩石上发生相变，快速吸收热量，使洞内气温快速降低。

（3）隔热材料覆盖及时加强洞内支护，减少石墨片岩与空气的接触，在滞后开挖掌子面段 15m 左右，喷射强度等级为 C25 的混凝土厚 10cm，喷射前隧洞岩壁铺设石棉布等隔热材料。

（4）局部制冷机制冷。如果洞内环境温度过高可以考虑采用空调系统和冰块冷却系统进行制冷。所谓冰块制冷系统（IceEnergy 系统）就是利用冰块液化，甚至气化吸热的原理来达到制冷的目的。这一制冷系统已经在美国等其他一些国家的校园和大楼制冷系统中得到了广泛的应用。

（5）综合降温措施。如果洞内环境复杂同时存在多种高温诱因，单独使用一种降温方案无法到制冷目的时，可以考虑综合应用各种降温措施，以使洞内环境温度降低到可正常施工状态。

7.5.2　降温方案优选

综合对比分析，7.5.1 小节的各种降温措施各有所长。经深入分析和实践发现，冷水喷雾遇高温岩体易产生气化，且雾气较大给人蒸煮的感觉，令工作人员感觉不适，因此不适合本工程。喷混凝土前在隧洞岩壁铺设石棉布等隔热材料的降温方案在施工上难以操作，因此也不可取。局部制冷剂降温措施造价高昂，不便于全面推广应用。低温冷水可以快速达到降温效果，但是影响正常施工，通风管降温虽然不影响施工但耗时过长，因此经过对比分析决定综合应用这两种降温方案，并辅以其他降温措施。即高温洞段的降温采用以通风为主，辅助低温冷水快速降温技术等。通风方式采用风机压入式，风机布置在施工支洞洞口，外界低温新鲜空气通过通风管被压入到掌子面，从而可以有效降低工作环境温度。根据相关经验及热能对流分析初步确定隧洞掌子面所需的有效通风量为 $750 \sim 850 \mathrm{m}^3/\mathrm{min}$，相应的风机气压为 $2313 \sim 3736\mathrm{Pa}$。由于该工程所处海拔在 3000m 以上，因此其实际风压要远小于标况下的实测风压，因此在配置风压机应进行相应的折减。通过综合考虑初选 SDF（A）-No.8.0 隧洞专用通风机，并在各高温施工支洞洞口分别布设 2 台。该强通风措施基本可以满足高海拔地区高温洞段不同施工期的通风降温要求。通风管采用高强抗拉软风带，该高强抗拉软风带由高强涤纶长纤维 PVC 增强塑布制成。当系统风压大于 3000Pa 时，在靠近风机 20m 范围内的风管采用厚度约为 2mm 的铁皮制作的硬质通风管，以便达到消除气锤减少风阻的目的。通风带每节长 20m，采用链式连接；硬质通风管采用镀锌铁皮制作，并套接箍带加强，采用玻璃胶密封。

随着隧洞的掘进通风距离的加大，可以辅以局部冷水快速降温措施。

8 结 语

针对高岩温引水隧洞这一近年来经常遇到的工程问题开展了现场试验、室内模拟试验、解析分析及数值仿真试验研究。从对隧洞温度场的分析入手，建立了未支护及支护条件下的高岩温引水隧洞温度场解析解格式，在此基础上对热力学参数对温度场分布的影响进行了分析；依托新疆布仑口—公格尔高岩温引水隧洞工程，在现场布设试验洞，对温度场分布规律进行了验证。从热力学参数条件、支护结构与围岩间的黏结条件以及支护结构温度场、应力场细观分析三个方面对高岩温引水隧洞支护结构受力特性数值试验的参数及边界条件进行了分析、讨论。建立了运行期考虑温度荷载及内水荷载的支护结构受力求解解析解公式，揭示了瞬态温度场下支护结构温度-应力耦合机制；在上述研究基础上，对高温隧洞不同工况条件下的支护结构受力进行了全面分析，最终提出了高岩温引水隧洞支护结构的设计原则。

1. 通过现场实测与数值试验与解析分析，得到围岩支护结构温度场变化规律

施工期，对于围岩为导热系数中等的板岩、石英砂岩的隧洞，在其通风长度为 L，直径为 D 的情况下，在一般正常施工通风条件下，其降温区影响半径为 $2.5D \sim 3D$，且随通风强度增加而增大，也就是说由于隧洞的开挖通风，在离隧洞中心 $2.5D \sim 3D$ 半径范围内围岩温度发生变化，而在其半径范围之外，温度将保持恒温，随着通风长度 L 的增大，影响半径减小；不通风条件时，在自然对流作用下，其温度影响半径为 $1.5D \sim 2D$。

施工期毛洞条件下，通风与不通风的情况下，隧洞围岩中的温度分布均呈对数曲线。在施工通风时，从洞深温度稳定区到洞壁降温急速；而在施工不通风条件下，洞壁内围岩温度变化平缓。若围岩原始地温为 T，则在通风条件下，在离隧洞轴线中心径向 $2.5D \sim 3D$ 位置，围岩温度与地温相同；在离隧洞轴线中心径向 $1.5D \sim 2D$ 位置，温度下降为原始地温 T 的 50% 左右；在离隧洞轴线中心径向 $1D$ 左右位置，温度下降为原始地温 T 的 80% 左右。

在衬砌施工期，通风作用下，自洞壁开始，围岩温度以 $T/5 \sim T/10$ 的温度梯度向围岩深部递减。

在进行隔热材料布设后，围岩温度升高 $T/10 \sim T/8$；在隧洞进水之后，由于水（气）密性，围岩温度瞬间升高，在离隧洞轴线中心径向 $1D$ 位置处，围岩温度达

到近 $0.8T$ 左右。随着进水时间的持续,热量交换的进一步进行,围岩浅部温度回落至 $0.3T$ 左右。在进水停止后,排空洞内水,短时间洞内温度升高,增大幅度 $0.1T$ 左右。

对于衬砌支护的温度,在施工初期,使用厚度为 5cm 导热系数为 $0.058W/(m\cdot℃)$ 的隔热材料的复合衬砌内外侧温度差是没有使用隔热材料的普通衬砌内外侧温差的 1/2 左右。

在过水运行期,衬砌内外侧产生的温度差 $\Delta t=(0.1\sim0.2)T/h$。

2. 确定了隧道围岩、复合衬砌温度场计算模型与解析表达式

基于现场试验分析确定的隧道围岩温度场计算模型与复合衬砌温度场计算模型,利用傅里叶定律推导出圆形隧洞在无任何支护与隔热措施下温度影响范围内的温度分布公式与复合衬砌隧洞的温度场分布公式。利用解析公式与实测数据进行对比,在不同条件下,计算值与实测值具有较好的一致性,解析分析的温度值能较好地反映实际的围岩、衬砌温度分布状况,为进一步解析分析衬砌热应力分布规律奠定了基础。

3. 对高岩温隧洞温度场数值模拟中参数、边界条件及温度-应力耦合机理进行了深入研究

(1)高岩温引水隧洞温度场变化分为开挖未施做喷层阶段、施工期施做喷层后阶段以及运行期阶段。在第二阶段,由于施做喷层相当于在洞壁与空气间增加了一层"隔热层",在此情况下,洞周岩体温度有一定幅度的回升,从而也会造成喷层内部温度快速升高,对混凝土强度造成一定影响,因此在施做喷层后,应加强通风。

(2)引水隧洞过水时,由于水温与洞壁温差较大,使得洞壁温度在 1 小时内发生突降,降幅达到 70%左右,产生了较大的温差应力,对支护结构的安全造成较大影响。

(3)温度在 20~80℃变化时,对支护结构及围岩的相关热学、力学参数产生一定影响,经本文数值模拟考虑参数随温度变化的研究发现:支护结构受力变化不超过 10%,因此,在针对高温条件下支护结构的数值模拟分析中可不考虑相关力学参数随温度的变化。

(4)通过室内试验可知,高温条件下混凝土与岩块间黏结强度低于常温情况,降低幅度一般在 20%以内,对支护结构受力的影响在 5%以内。

(5)高岩温引水隧洞中支护结构的受力与温度变化的相关性较强,温差大于 30℃时,温度荷载可变为控制因素;由于支护结构厚度较大时,内部温度梯度较高,采用增大支护厚度的方式来提高支护结构的安全性将适得其反,当围岩类别

较好时，因尽量采用薄层支护结构。对于 II、III 类围岩，可考虑用喷层替代较厚的永久衬砌。

（6）温差超过 50℃条件下，运行期温度荷载所引起的支护结构受力值占总应力值的 80%以上。同时，与单纯内水作用时相比，衬砌结构的应力分布不均匀程度增加，衬砌厚度越厚时，内部应力分布越不均匀，外侧受压，内侧受拉趋势越严重。

4. 高温隧洞下现场试验设计方案、监测项目及实测成果分析

（1）施做喷层前，洞周岩体受洞内通风影响较为明显，洞周岩体温度在 10～15 天时间平均从 70℃降为 50℃。施做喷层后，由于喷层混凝土导热系数较低，从而"隔绝"了岩体向洞内的散热，在试验洞小孔间断通风情况下，洞周岩体温度在 15～20 天时间里基本回升至初始观测岩温值。在通风条件下，深部岩体温度逐渐趋于稳定，在 15～20 天岩体内部导热与洞壁向空气散热基本达到热平衡状态。过水后，在 2～3℃低温水的影响下，洞周 3m 范围内岩体温度发生突降，1～3 天时间里岩温初始值从 60～80℃突降到 20～30℃；过水 3～5 天后，洞周岩体温度基本稳定在 25℃左右。

（2）施工期喷层喷射后，受洞壁高温影响，喷层温度提高，从而使得喷层环向、径向均受压，径向压应力值小于环向压应力值；施工期喷层环向压应力值在 1.8MPa 左右，径向压应力为 0.3MPa 左右；过水后受到高温差影响，支护结构受力明显从压应力向拉应力转化；喷层环向拉应力量值提高至 1.5MPa 以上，不超过 2.0MPa；径向拉应力量值较小，不超过 0.2MPa。

（3）从后期对隧洞现场的喷层的实测发现，喷层表面无拉裂缝，高温差影响下喷层受力完全满足强度要求。现场监测到的温度及应力变化规律与解析解及数值模拟结果具有较好的吻合度，验证了解析解公式的可靠性及数值模拟中边界及参数取值的合理性。

5. 高温隧洞衬砌应力变化特征

在全面分析高温隧洞在不同围岩类别条件下洞周及洞内温度分布规律的基础上，对高温隧洞衬砌力学特性进行了试验研究，得到了高温隧洞衬砌应力变化特点。对于围岩为中等导热 [导热系数 5～15W/（m·℃）] 的板岩、石英砂岩等的隧洞，在其埋深为 H、直径为 D、围岩原始地温为 T、衬砌厚度为 h 的情况下有以下特征。

在隧洞进水后，衬砌原来所承受的压应力转化为拉应力，且拉应力值瞬间增加很快。拉应力的量值与 D、T、h 关系密切，在过水运行期，在衬砌温度内外侧温差 Δt=（0.5～1）T/Dh，衬砌拉应力（$\Delta t/10$）（$D/5～D/2$）MPa。在过水之后，

衬砌拱腰位置拉应力最大，该部位同时也出现数量不等的拉裂缝，与试验观测相符。在隔热材料作用下，最终隔热复合衬砌拉应力量值与无隔热材料衬砌拉应力量值相差不大，但是受其隔热影响，衬砌内应力变化相对平缓。

6. 通过不同的衬砌隔热材料，试验对比不同隔热材料的隔热效果与适应性

在三种 5cm 厚隔热材料下，XPS、EPS、泡沫玻璃，其在隧道围岩温度发生变化时，表现出不同的隔热效果，从而对于衬砌受力表现出不同的影响。由于自身强度较低，EPS 在衬砌施工完成后，在进行过水后，衬砌左边墙环向拉应力达到最大。对于隔热材料 XPS 与泡沫玻璃，在进行过水时，洞壁温度发生改变时，表现出良好的隔热效果，有效地阻滞了衬砌环向拉应力的进一步增大，并且使得衬砌应力变化相对平缓。对 XPS 与泡沫玻璃而言，泡沫玻璃隔热效果要优于 XPS。

对比三种隔热材料，在施工初期，泡沫玻璃隔热性优于其他两种隔热材料，在其隔热作用下，衬砌内外侧温度接近零值，几乎没有差异；在 EPS 作用下，隔热效果次之，衬砌内外壁温度差异在 $T/20$（T 为岩体稳定温度值，同）；在 XPS 作用下，隔热效果最差，衬砌内外壁温度差异在 $T/10$。在衬砌施工完成后，在洞内通风情况下，三种隔热复合衬砌内外侧温度差不大于 $T/10$，而对于普通衬砌（无隔热层）的内外侧温度差，最大值超过 $T/6$。

7. 利用解析方式，得到了不同温度 Δt 时刻衬砌应力的变化规律

在分析隧道开挖引起的隧洞围岩应力、应变变化的基础上，对于开挖高温洞室提出了温度与开挖共同影响围岩力学特性的分析模型。根据此解析模型，得出开挖卸荷与温度变化相互影响引起的隧道围岩任意深度处的变形与应力分布。基于本节提出的衬砌 TM 耦合分析微步温变模型，对高温隧道运行期，过水时隧道的衬砌结构进行 TM 耦合分析；求得了在微步温变下，衬砌的应力与变形，比较真实地反映衬砌的力学性态，并得到了现场试验的验证。

8. 高温差下衬砌热应力变化规律

通过数值试验研究了高温洞段衬砌结构受力特性，得到了高温差下衬砌热应力变化规律。施工期衬砌不承担荷载，运行期仅内水荷载影响下，衬砌拉应力量值随着衬砌厚度的增加而降低，但在考虑温度场应力场耦合工况下，衬砌厚度增加 10%，温度热应力增加 10%～20%。若内水水头为 H，衬砌温度差 $\Delta t=（0.5\sim1）T/Dh$，衬砌内部产生大小为（$1/400\sim1/300$）$H\Delta t$（MPa）的总应力。

考虑到施工期洞壁高温对衬砌混凝土产生较大影响，建议在极高温洞段可采用隔热层隔离高温，采用隔热层后能够明显将温度隔离开，使得衬砌内部温度无高温热源补给，保持在较低的水平上，从对衬砌受力起到积极的作用。

通过数值分析可知，仅采用较薄衬砌混凝土措施，可使得运行期低温水对内侧衬砌温度影响变小，衬砌内侧受压，隧洞满足稳定性要求；采用隔热层能够很好地将衬砌与高温热源隔离，从而降低了高温对衬砌凝结初期的影响，使得衬砌有较高的安全性。

9. 高温养护条件下的抗折强度试验研究

根据高温隧洞喷层混凝土经历的高温环境，对水泥基砂浆试件进行了高温养护条件下的抗折强度试验研究，其中，素砂浆 28d 100℃的抗折强度比 60℃降低达 15%。因此，100℃的高温对水泥混凝土的劣化程度比以往研究的 60℃要更加严重。无论是素混凝土还是纤维混凝土基本都遵循一致的规律，即高温对混凝土有两个不同的影响。在早龄期阶段，温度占主导作用，温度的升高能够加快水化反应的速度，促进了混凝土早期强度的快速发展，使混凝土的早期强度得到提高。在强度发展的后期阶段，水化反应占主导作用，温度的继续升高使得水分蒸发的速度变得较快，在水化反应中能够利用的水分逐渐地减少，当水在高温下被蒸发完全时，后期的强度就无法增长。因而，高温干燥环境会延缓水化反应的进程，有时甚至引起水化反应的完全停止，即温度的上升会抑制混凝土后期强度的发展并最终导致混凝土后期强度降低。

根据水泥基试件的高温试验结果，通过对高温下混凝土强度变化过程所涉及的化学反应进行分析，水在一定程度上对水泥水化过程产生影响，温度对水泥水化过程中水分的影响是造成水泥水化产物中钙离子量的变化的一个重要因素，因而得出了水化产物中钙离子量的变化是温度对混凝土强度改变的主要原因。即得到混凝土强度改变的化学机理；采用化学动力学试验测定了钙离子的反应速率。

由本书所定义的胶结物有效面积推导了用可溶胶结物变化量表示的温度影响因子；用化学动力学理论推导了其高温影响演化方程，建立了混凝土高温下细观强度模型。运用此模型与用试验得出的混凝土强度值对比验证，证明了书中模型的合理性与可靠度。本模型从细观角度描述混凝土宏观力学性质的变化，只要测定一定温度下胶结物的种类与初始含量及就可以得到相应龄期及温度下的强度值。

10. 高温差下混凝土喷层的强度特性试验研究

对于砂浆试件的抗折强度，温度梯度越大，试件的强度劣化越严重，纤维减缓了劣化程度，且随着龄期增长，温度梯度的影响越大；温度梯度制约了砂浆强度的增长速度，温度梯度越大，相同时间段内砂浆试件的强度增长越缓慢。

基于混凝土试件的劈拉强度，在试验的基础上依据弹性力学及热力学理论，本书建立了考虑温差劣化因子影响的混凝土劈裂抗拉强度表达形式。得到相应的规律，即混凝土的劈拉强度大小随着温度的逐渐升高越来越小，不同的纤维混凝土受温度的影响程度不同。3d 龄期时温度对聚酯纤维混凝土的劈拉强度的影响非常明显，而聚丙烯纤维混凝土的劈拉强度受温度的影响最小。7d 龄期 80℃时，聚丙烯纤维混凝土劈拉强度损失最大，达到 35%～40%，其次是聚酯纤维混凝土，为 25%～30%。随着龄期的增长，温度高于 70℃时，聚丙烯纤维混凝土受温度的影响更为敏感。书中的劈拉强度计算式概念明确，参数容易获取，且包含了温度场环境混凝土结构的主要特征参数，如温差，常温下混凝土试件的劈拉强度荷载，混凝土的热膨胀系数、弹性模量等，能够较全面地反映出实际喷层混凝土承受的温度差影响的力学特性。

根据不均匀温度梯度下纤维混凝土强度劣化的机理分析，利用 Eshelby 和 Mori-Tanaka 的细观力学理论，将高温下的高分子纤维的软化看作是混凝土内部不能承载的夹杂，考虑了在温度梯度下纤维与裂纹之间的相互作用，同时根据克拉珀龙方程反映高温环境下温度梯度对于纤维混凝土中水分迁移的影响，初步建立了高温差下喷层纤维混凝土的细观力学模型，展示了纤维体积份数、微裂纹密度、纤维不同取向等与混凝土开裂强度之间的变化关系。

根据衬砌混凝土运行检修工况下的热力学边界条件，通过室内试验研究了反复温度梯度循环条件下的衬砌混凝土的往返热应力疲劳强度特征。砂浆试件承受的温度越高，进行的循环次数越多，其应变及其变化量就越大。聚丙烯腈砂浆试样与素砂浆相比二者具有一致的规律。各类砂浆在高温、循环次数的作用下应变呈增加趋势。试验显示，温度循环加载下的强度值都低于非循环加载下的强度值，充分说明了在温度循环荷载作用下试样产生了疲劳效应。

基于损伤力学理论，以细观热力学原理为背景，根据混凝土疲劳损伤的发展变化规律，将冷热反复温度荷载影响下的疲劳塑性应变作为疲劳损伤因子，借助严密的数学、力学概念，本书建立出表征冷热反复温差下衬砌混凝土的疲劳损伤模型。首次提出将室内试验中衬砌混凝土承受的冷热温度循环次数与实际工程引水洞衬砌的使用年限有机联系起来，具有重要的现实意义。

11. 高岩温引水隧洞支护结构设计基本原则

（1）对于 I、II 类围岩，不采用支护措施，避免支护结构产生较大的温度应力而发生破坏；当不采用支护无法满足内水压力、糙率、掉块等运行条件要求时，宜采用薄层支护形式。

（2）对于III类围岩，为了防止衬砌的不均匀热应力开裂，最好采用改良后的混凝土薄层喷层支护代替常规的混凝土衬砌，喷层厚度不超过 20cm。

（3）对于IV、V类围岩，由于岩体完整性较差、强度较低，考虑运行期要承担一定的内水压力，因此可采用衬砌支护，配筋情况可适当考虑；如果洞壁温度较大时，可优先考虑采用保温层以降低衬砌的温度应力，严禁以增加衬砌厚度减小衬砌拉应力的手段。

（4）对于极端情况，围岩条件差（Ⅴ类围岩以下）、运行期温差大（80℃以上）同时承担高内水水头（大于100m）的引水隧洞，还应考虑采用内衬钢管，外包混凝土（或钢筋混凝土）衬砌的复合式衬砌形式。

（5）不支护与锚喷支护下隧洞断面尺寸应按与混凝土衬砌过水断面水头损失相等的原则确定，满足过水的糙率要求。

（6）高温条件下隧洞整体稳定性分析应采用有限元方法，主要以运行期过水工况为控制工况，对于初始围岩应力大、内水水头高的隧洞，应将温度荷载与运行荷载（水）结构荷载叠加计算。

（7）高岩温引水隧洞应布置长期观测仪器，包括洞周一定深度范围内的温度监测、支护结构的应力、应变监测等，定期对监测结果进行分析，保证隧洞长期运行的稳定性。

（8）本原则中所指的高温隧洞是指岩体内部具有非地下水因素引起的稳定热源，在施工期通风后，洞壁温度持续稳定在50℃以上，运行期满洞过水温度低于15℃的引水隧洞，隧洞埋深在500m以内，不具有岩爆、分区破裂等高地应力特征。

本书关于支护结构设计的研究成果已通过专家评审并在新疆布仑口—公格尔高岩温引水隧洞工程中应用了三年，检修进洞检查未发现喷层、衬砌的热应力产生的裂缝。

参 考 文 献

[1] 刘世锦. 加快西部水电开发[M]. 北京: 水利水电出版社, 2007.

[2] 王学潮, 杨维九, 刘丰收. 南水北调西线一期工程的工程地质和岩石力学问题[J]. 岩石力学与工程学报, 2005, 24(20): 3603-3613.

[3] 周菊兰, 郑道明. 地下工程施工中高地温、高温热水治理技术研究[J]. 四川水力发电, 2011, 30(5): 81-84.

[4] 柳红全. 齐热哈塔尔水电站工程长隧洞高地热处理研究[J]. 新疆水利, 2013, (4): 10-14.

[5] 和学伟. 高温高压热水条件下的引水隧洞施工[J]. 云南水利发电, 2003, 19(S1): 59-61.

[6] 中华人民共和国矿山安全法实施条例[S]. 北京: 中华人民共和国劳动部, 1996.

[7] 谢遵党. 世界深埋长隧洞建设中的问题及应对措施[J]. 人民黄河, 2004, 26(10): 37-39.

[8] 仇玉良. 公路隧道复杂通风网络分析技术研究[D]. 西安: 长安大学, 2005.

[9] 徐琳. 长大公路隧道火灾热烟气控制理论分析与实验研究[D]. 上海: 同济大学, 2007.

[10] 李立明. 隧道火灾烟气的温度特征与纵向通风控制研究[D]. 合肥: 中国科学技术大学, 2012.

[11] CARVEL R O, BEARD A N, JOWITT P W, et al. The influence of tunnel geometry and ventilation on the heat release rate of a fire[J]. Fire Technology, 2004, 40(1): 5-26.

[12] 刘何清. 高温矿井井巷热质交换理论及降温技术研究[D]. 长沙: 中南大学, 2010.

[13] 黄俊歆. 黄俊矿井通风系统优化调控算法与三维可视化关键技术研究[D]. 长沙: 中南大学, 2012.

[14] 何满潮, 徐敏. HEMS 深井降温系统研发及热害控制对策[J]. 岩石力学与工程学报, 2008, 27(7): 1353-1361.

[15] PARRA M T, VILLAFRUELA J M, CASTRO F, et al. Numerical and experimental analysis of different ventilation systems in deep mines[J]. Building and Environment, 2006, 41(2): 87-93.

[16] SU S, CHEN H W, TEAKLE P, et al. Management characteristics of coal mine ventilation air flows[J]. Journal of Environmental, 2007, 86(1): 1-19.

[17] 李国富. 高温岩层巷道主动降温支护结构技术研究[D]. 太原: 太原理工大学, 2010.

[18] 陈安国. 矿井热害产生的原因、危害及防治措施[J]. 中国安全科学学报, 2004, 14(8): 3-6.

[19] 孙艳玲, 桂祥友. 煤矿热害及其治理[J]. 辽宁工程技术大学学报, 2003, 22(S): 35-37.

[20] 张习军, 王长元, 姬建虎. 矿井热害治理技术及其发展现状[J]. 煤矿安全, 2009, 40(3): 33-37.

[21] 郭平业. 我国深井地温场特征及热害控制模式研究[D]. 北京: 中国矿业大学, 2010.

[22] 谭贤君. 高海拔寒区隧道冻胀机理及其保温技术研究[D]. 武汉: 中国科学院武汉岩土力学研究所, 2010.

[23] 邓刚. 高海拔寒区隧道防冻害设计问题[D]. 成都: 西南交通大学, 2012.

[24] 乔春江, 陈卫忠, 郭小红, 等. 西藏扎墨公路嘎隆拉特长隧道建设技术[J]. 岩石力学与工程学报, 2012, 31(9): 1908-1920.

[25] 黄亚, 吴珂, 黄志义. 长隧道火灾中拱顶温度场的数值模拟[J]. 消防科学技术, 2009, 28(4): 162-165.

[26] 张玉春, 何川. 基于人员疏散随机性的公路隧道火灾风险分析[J]. 土木工程学报, 2010, 43(7): 113-118.

[27] 王少飞, 林志, 余顺. 公路隧道火灾事故特性及危害[J]. 消防科学技术, 2011, 30(4): 337-340.

[28] 张念, 谭忠盛. 高海拔特长铁路隧道火灾烟气分布特性数值模拟研究[J]. 中国安全科学学报, 2013, 23(6): 52-57.

[29] 谢强, 陈永萍. 秦岭隧道区域地温场特征分析和隧道围岩岩温预测[J]. 西南交通大学学报, 2002, 37(2): 177-179.

[30] 侯新伟, 李向全, 蒋良文, 等. 大瑞铁路高黎贡山隧道热害评估[J]. 铁道工程学报, 2011, (5): 60-65.

[31] 刘保国, 杨英杰, 张清. 秦岭隧道在深埋高地热条件下围岩变形的粘弹性分析[J]. 岩石力学与工程学报, 1999, 18(3): 275-278.

[32] 谢遵党. 世界深埋长隧洞建设中的问题及应对措施[J]. 人民黄河, 2004, 26(10): 37-39.

[33] 杨德源, 杨天鸿. 矿井热环境及其控制[M]. 北京: 冶金工业出版社, 2009.

[34] 岑衍强, 侯祺棕. 矿内热环境[M]. 武汉: 武汉工业大学出版社, 1989.

[35] 胡汉华, 吴超, 李茂楠. 地下工程通风与空调[M]. 长沙: 中南大学出版社, 2005.

[36] 余恒昌, 邓孝, 陈碧婉. 矿山地热与热害治理[M]. 北京: 煤炭工业出版社, 1991.

[37] 中国科学院地质研究所地热室. 矿山地热概论[M]. 北京: 煤炭工业出版社, 1981: 78-201.

[38] LAMBRECHTS, DE V J. The estimation of ventilation air temperatures in deep mines[J]. Journal of the Chemical, Metallurgical and Mining Society of South Africa, 1950, 50(8): 184-198.

[39] 平松良雄. 通风学[M]. 刘运洪, 译. 北京: 冶金工业出版社, 1981.

[40] 侯祺棕, 沈伯雄. 调热圈半径及其温度场的数值解算模型[J]. 湘潭矿业学院院报, 1997, 12(1): 9-16.

[41] 胡汉华. 金属矿山热害控制技术研究[D]. 长沙: 中南大学, 2007.

[42] 李红阳. 高海拔地区高温隧道热害预测与控制技术[J]. 煤矿安全, 2009, 40(8): 32-35.

[43] 王世东, 虎维岳. 深部矿井煤岩体温度场特征及其控制因素研究[J]. 煤矿科学技术, 2013, 41(8): 18-21.

[44] 王志军. 高温矿井地温分布规律及其评价系统研究[D]. 青岛: 山东科技大学, 2006.

[45] 魏润柏, 徐文华. 热环境[M]. 上海: 同济大学出版社, 1994.

[46] FANGER P O. Thermal Comfort Analysis and Applications in Environmental Engineering[M]. New York: McGraw-Hill, 1970.

[47] DE DEAR R J, ARENS E, ZHANG H, et al. Convective and radioactive heat transfer coefficients for individual human body segments[J]. International Journal of Biomete-orology, 1997, 40(3): 141-156.

[48] 向立平, 王汉青. 高温高湿矿井人体热舒适数值模拟研究[J]. 矿业工程研究, 2009, 24(3): 66-69.

[49] 孙丽婧. 高温高湿环境下的人体耐热受力实验与评价[D]. 天津: 天津大学, 2006.

[50] 吕石磊. 极端热环境下人体热耐受力研究[D]. 天津: 天津大学, 2007.

[51] 李国建. 高温高湿低氧环境下人体热耐受性研究[D]. 天津: 天津大学, 2008.

[52] 罗嗣海, 钱七虎, 周文斌, 等. 高放废物深地质处置及其研究概况[J]. 岩石力学与工程学报, 2004, 23(5): 831-838.

[53] 周宏伟, 谢和平, 左建平. 深部高地应力下岩石力学行为研究进展[J]. 力学进展, 2005, 35(1): 91-99.

[54] BOWER K M, ZYVOLOSKI G. A numerical model for thermo-hydro-mechanical coupling in fractured rock [J]. International Journal of Rock Mechanics and Mining Sciences. 1997, 34(8): 1201-1211.

[55] THOMAS N, HERBERT K, DAVID D, et al. Coupled 3-Dthermo-hydro-mechanical analysis of geotechnological in situ tests[J]. International Journal of Rock Mechanics and Mining Sciences, 2011, 48(1): 1-15.

[56] TSANG C F, BARNICHONC J D, BIRKHOLZERA J. et al. Coupled thermo-hydro-mechanical processes in the near field of a high-level radioactive waste repository in clay formations [J]. International Journal of Rock Mechanics and Mining Sciences, 2012, 49(1): 31-44.

[57] 冯夏庭, 丁梧秀. 应力–水流–化学耦合下岩石破裂全过程的细观力学试验[J]. 岩石力学与工程学报, 2005, 24(9): 1465-1473.

[58] 申林方, 冯夏庭, 潘鹏志. 单裂隙花岗岩在应力-渗流-化学耦合作用下的试验研究[J]. 岩石力学与工程学报, 2010, 29(7): 1379-1388.

[59] 鲁祖德, 丁梧秀, 冯夏庭, 等. 裂隙岩石的应力-水流-化学耦合作用试验研究[J]. 岩石力学与工程学报, 2008, 27(4): 796-804.

[60] 刘亚晨, 席道瑛. 核废料贮存裂隙岩体中 THM 耦合过程的有限元分析[J]. 水文地质工程地质, 2003, (3): 81-87.

[61] 唐春安, 马天辉, 李连崇, 等. 高放废料地质处置中多场耦合作用下的岩石破裂问题[J]. 岩石力学与工程学报, 2007, 26(S2): 3932-3938.

[62] 蒋中明, DASHNOR H, FRANOISE H. 核废料地质贮存介质黏土岩的三维各向异性热-水-力耦合数值模拟[J]. 岩石力学与工程学报, 2007, 26(3): 493-500.

[63] 张玉军. 核废料地质处置概念库 HM 耦合和 THM 耦合过程的二维离散元分析与比较[J]. 工程力学, 2008, 25(3): 218-223.

[64] 刘文岗, 王驹, 周宏伟, 等. 高放废物处置库花岗岩热-力耦合模拟研究[J]. 岩石力学与工程学报, 2009, 28(1): 2875-2883.

[65] LEMMERER J, KUSTERLE W, LINDLBAUER W, et al. Fire loading of highly fire- resistant concrete tunnel linings[A]. In IABSE Symposium. Structures and Extreme Events[C]. Zurieh: ETH Honggerberg, 2005, 31-38.

[66] IBRAHIM A, EL-ARABI, HEINZ D, et al. Structural a analysis for tunnels exposed to fire temperatures[J]. Tunneling and Underground Space Technology, 1992, 7(1): 19-24.

[67] SCHREFLER B A, BRUNELLO P, GAWIN D, et al. Concrete at high temperature with application to tunnel fire [J]. Computational Mechanies, 2002, 29(1): 43-51.

[68] WITEK A, GAWIN D, PESAVENTO F, et al. Finite element analysis of various methods for protection of concrete structures against spalling during fire[J]. Computational Mechanies, 2007, 39(3): 271-292.

[69] 闫治国. 隧道衬砌结构火灾高温力学行为及耐火方法研究[D]. 上海: 同济大学, 2007.

[70] 汪洋. 隧道火灾下衬砌结构安全性能研究[D]. 长沙: 中南大学, 2008.

[71] 张孟喜, 黄瑾, 贺小强. 火荷载下沉管隧道结构的热-力耦合分析[J]. 土木工程学报, 2007, 40(3): 83-87.

[72] 曾巧玲, 赵成刚, 梅志荣. 隧道火灾温度场数值模拟和试验研究[J]. 铁道学报, 1997, 19(3): 92-98.

[73] 赵志斌. 火灾作用下长江隧道衬砌结构温度场和温度应力研究[D]. 武汉: 武汉理工大学, 2006.

[74] 金浩, 杨培中, 金先龙. 秦岭特长公路隧道火灾数值仿真研究[J]. 计算机仿真, 2006, 23(10): 269-272.

[75] 李忠友, 刘元雪, 刘树林, 等. 火灾作用下隧道衬砌结构变形理论分析模型[J]. 岩土力学, 2012, 33(S2): 307-310.

[76] 熊珍珍, 宋宏伟, 敖苈. 隧道火灾衬砌混凝土破坏形态的数值分析[J]. 地下空间与工程学报, 2013, 9(S2): 2014-2018.

[77] 杨世铭, 陶文栓. 传热学[M]. 北京: 高等教育出版社, 2006.

[78] 奥齐西克. 热传导[M]. 俞昌铭, 译. 北京: 高等教育出版社, 1983.

[79] 张洪济. 热传导[M]. 北京: 高等教育出版社, 1992.

[80] 俞昌铭. 热传导及其数值分析[M]. 北京: 清华大学, 1981.

[81] 赖远明, 喻文兵, 吴紫汪, 等. 寒区圆形截面隧道温度场的解析解[J]. 冰川冻土, 2001, 23(2): 126-130.

[82] 张耀, 何树生, 李靖波. 寒区有隔热层的圆形隧道温度场解析解[J]. 冰川冻土, 2009, 31(1): 113-118.

[83] 夏才初, 张国柱, 肖素光. 考虑衬砌和隔热层的寒区隧道温度场解析解[J]. 岩石力学与工程学报, 2010, 29(9): 1767-1773.

[84] 张国柱, 夏才初, 殷卓. 寒区隧道轴向及径向温度分布理论解[J]. 同济大学学报(自然科学版), 2010, 38(8): 1117-1122.

[85] 冯强, 蒋斌松. 寒区隧道温度场 Laplace 变换解析计算[J]. 采矿与安全工程学报, 2012, 29(3): 391-395.

[86] 邵珠山, 乔汝佳, 王新宇. 高地温隧道温度与热应力场的弹性理论解[J]. 岩土力学, 2013, 34(S1): 1-8.

[87] LAI Y M, LIU S Y, WU Z W, et al. Approximate analytical solution for temperature fields in cold regions circular tunnels[J]. Cold Regions Science and Technology, 2002, 34(1): 43-49.

[88] PRASHANT K J, SUNEET S, RIZWAN-UDDIN. Analytical solution to transient asymmetric heat conduction in a multilayer annulus[J]. Journal of Heat Transfer, 2009, 131(1): 1-7.

[89] SUNEET S, PRASHANT K J, RIZWAN-UDDIN. Analytical solution to transient heat conduction in polar coordinates with multiple layers in radial direction[J]. International Journal of Thermal Sciences, 2008, 47(3): 261-273.

[90] NINA G, JUERGEN S. New approaches for the relationship between compressional wave velocity and thermal conductivity[J]. Journal of Applied Geophysics, 2012, 76: 50-55.

[91] 陈尚桥, 黄润秋. 深埋隧洞地温场的数值模拟研究[J]. 地质灾害与环境保护, 1995, 6(2): 30-36.

[92] 张智, 胡元芳. 深埋长大隧道施工掌子面温度预测[J]. 世界隧道, 1998, (6): 33-36.

[93] 张智, 胡元芳. 深埋隧道人工制冷施工降温措施探讨[J]. 世界隧道, 1999, (6): 22-25.

[94] 陈永萍, 谢强, 宋丙林. 秦岭隧道岩温预测经验公式的建立[J]. 隧道建设, 2003, 23(1): 46-49.

[95] 舒磊, 楼文虎, 王连俊. 羊八井隧道地温分析[J]. 冰川冻土, 2003, 25(S1): 24-28.

[96] 张学富, 赖远明, 杨风才, 等. 寒区隧道围岩冻融影响数值分析[J]. 铁道学报, 2002, 24(4): 92-96.

[97] 张学富, 赖远明, 喻文兵, 等. 寒区隧道三维温度场数值分析[J]. 铁道学报, 2003, 25(3): 84-90.

[98] 张学富, 苏新民, 赖远明, 等. 昆仑山多年冻土隧道施工温度影响分析[J]. 冰川冻土, 2003, 25(6): 621-627.

[99] 张学富, 赖远明, 喻文兵, 等. 风火山隧道多年冻土回冻预测分析[J]. 岩石力学与工程学报, 2004, 23(24): 4170-4178.

[100] 张学富, 张闽湘, 杨风才. 风火山隧道温度特性非线性分析[J]. 岩土工程学报, 2009, 31(11): 1680-1685.

[101] 晏启祥, 何川, 曾东洋. 寒区隧道温度场及保温隔热层研究[J]. 四川大学学报(工程科学版), 2005, 37(3): 24-27.

[102] 胡增辉, 李晓昭, 赵晓豹, 等. 隧道围岩温度场分布的数值分析及预测[J]. 地下空间与工程学报, 2009, 5(5): 867-872.

[103] 刘玉勇, 吴剑, 郑波, 等. 高海拔严寒地区特长公路隧道温度场计算分析[J]. 科学技术与工程, 2011, 11(18): 4262-4267.

[104] 郭春香, 杨凡杰, 吴亚平, 等. 混凝土水化热对寒区隧道围岩融化及回冻过程的影响[J]. 铁道学报, 2011, 33(11): 106-110.

[105] 杨旭, 严松宏, 马丽娜. 季节性冻土区隧道温度场分析与预测[J]. 隧道建设, 2012, 32(1): 57-60.

[106] 谭贤君, 陈卫忠, 于洪丹. 考虑通风影响的寒区隧道围岩温度场及防寒保温材料敷设长度研究[J]. 岩石力学与工程学报, 2013, 32(7): 1400-1409.

[107] 吴紫汪, 赖远明, 藏恩穆, 等. 寒区隧道工程[M]. 北京: 海洋出版社, 2003.

[108] 王大为, 吕康成, 金祥秋. 寒区公路隧道围岩温度测试与分析[A]. 2001 年全国公路隧道学术会议论文集, 北京: 人民交通出版社, 2001.

[109] 张先军. 青藏铁路昆仑山隧道洞内气温及地温分布特征现场试验研究[J]. 岩石力学与工程学报, 2005, 24(6): 1086-1089.

[110] 张德华, 王梦恕, 任少强. 青藏铁路多年冻土隧道围岩季节活动层温度及响应的试验研究[J]. 岩石力学与工程学报, 2007, 26(3): 614-619.

[111] 赖金星, 谢永利, 李群善. 青沙山隧道地温场测试与分析[J]. 中国铁道科学, 2007, 28(5): 78-82.

[112] 陈建勋, 罗彦斌. 寒冷地区隧道温度场的变化规律[J]. 交通运输工程学报, 2008, 8(2): 44-48.

[113] 邹一川, 夏才初, 张国柱. 高寒地区隧道围岩及洞内气体温度分布规律研究[J]. 西部交通科技, 2012, (1): 1-4.

[114] 雷俊峰. 拉日铁路吉沃希嘎隧道地热影响分析及工程对策[J]. 铁道建筑, 2013, (9): 31-33.

[115] 彭田生, 刘勇军, 聂跃高. 地下隧道管壁混凝土温度场及应力场仿真分析[J]. 红水河, 2004, 23(1): 38-42.

[116] 吕记斌. 考虑温度影响的隧道初期支护安全性评估方法研究[D]. 北京: 北京交通大学, 2008.

[117] 徐明新. 温度对隧道初期支护安全性的影响[J]. 应用基础与工程科学学报, 2009, 17(6): 927-934.

[118] 徐明新. 隧道初期支护安全性评价理论与方法研究[D]. 北京: 北京交通大学, 2009.

[119] 方朝阳. 大型隧洞衬砌混凝土施工期温度及应力监测与反分析[D]. 武汉: 武汉大学, 2002.

[120] 王亚南. 高地温地下洞室围岩稳定及支护结构受力数值试验研究[D]. 西安: 西安理工大学, 2011.

[121] 赖远明, 吴紫汪, 朱元林, 等. 寒区隧道温度场和渗流场耦合问题的非线性分析[J]. 中国科学(D 辑), 1999, 29(S1): 21-26.

[122] 裴捷, 水伟厚, 韩晓雷. 寒区隧道围岩温度场与防水层影响分析[J]. 低温建筑技术, 2004, (4): 4-6.

[123] 马建新. 高寒地区特长公路隧道温度场及保温隔热层方案研究[D]. 成都: 西南交通大学, 2004.

[124] 何欣. 公格尔水电站高温试验洞实测资料分析及热学参数反演研究[D]. 西安: 西安理工大学, 2012.

[125] DURUTURK Y S. The variation of thermal conductivity with pressure in rocks and the investigation of its effect in underground mines[D]. Cumburiyet University, Sivas, Turkey, 1999.

[126] DEMIRCI A, GORGULU K, DURUTURK Y S. Thermal conductivity of rocks and its variarion with uniaxial and triaxial stress[J]. International Journal of Rock Mechanics&Mining Sciences, 2004, 41: 1133-1138.

[127] SKRZYPEK J, GANCZARSKI A. Modeling of material damage and failure of structure[D]. Berlin: Spinger-Verlag, 1999.

[128] 唐世斌. 混凝土温湿型裂缝开裂过程细观数值模型研究[D]. 大连: 大连理工大学, 2009.

[129] 朱伯芳. 大体积混凝土温度应力与温度控制[M]. 北京: 中国电力出版社, 1999.

[130] 董福品, 董哲仁, 鲁一晖. 坝后压力管道结构中钢筋的温度应力研究[J]. 水利水电技术, 1997, 11(28): 64-67.

[131] 叶永, 寇国样, 田斌, 等. 钢衬钢筋混凝土压力管道温度应力研究[J]. 三峡大学学报, 2004, 26(4): 328-331.

[132] 王贤能, 黄润秋. 引水隧洞工程中热应力对围岩表层稳定性的影响分析[J]. 地质灾害与环境保护, 1998, 9(1): 43-48.

[133] 徐长春. 高地热、高地应力条件下的隧道力学行为及工程措施研究[D]. 重庆: 重庆大学, 2009.

[134] 刘光沛, 杨成永, 陆景慧, 等. 热力地沟衬砌温度的数值模拟[J]. 特种结构, 2004, 21(2): 28-30.

[135] 朱振烈. 布仑口高温隧洞围岩与支护结构的温度应力数值仿真研究[D]. 西安: 西安理工大学, 2013.

[136] 刘俊平. 布仑口引水隧洞围岩及衬砌结构温度分布与受力特性分析[D]. 西安: 西安理工大学, 2013.

[137] 姚显春. 高温差下隧洞围岩衬砌结构热应力特性研究[D]. 西安: 西安理工大学, 2013.

[138] 曲星. 高岩温引水隧洞温度场、应力场耦合机理及支护结构设计原则研究 [D]. 西安理工大学, 2014.

[139] 张岩. 高温差环境下引水洞衬砌及围岩的强度特性研究 [D]. 西安理工大学, 2014.

[140] HEUZE F E. High-temperature mechanical physical and thermal properties of granitic rocks[J]. International Journal of Rock Mechanics and Mining Sciences & Geomechanics Abstracts, 1983, 20(1): 3-10.

[141] LAU J S O, GORSKI B, JACKSON R. The effects of temperature and water-saturation on mechanical properties of Lac du Bonnet pink granite[C]//8th ISRM Congress. International Society for Rock Mechanics, 1995.

[142] 许锡昌, 刘泉声. 高温下花岗岩基本力学性质基本研究[J]. 岩土工程学报, 2000, 22(3): 332-335.

[143] 吴忠, 秦本东, 谌论建, 等. 煤层顶板砂岩高温状态下力学特征试验研究[J]. 岩石力学与工程学报, 2005, 24(11): 1863-1867.

[144] 张连英. 高温作用下砂岩力学性能研究[J]. 采矿与安全工程学报, 2007, 24(3): 293-297.

[145] 康健. 岩石热破裂的研究及应用[M]. 大连: 大连理工大学出版社, 2008.

[146] 徐小丽, 高峰, 高亚楠, 等. 高温后花岗岩力学性质变化及结构效应研究[J]. 中国矿业大学学报, 2008, 37(3): 402-406.

[147] 苏承东, 郭文兵, 李小双. 粗砂岩高温作用后力学效应的试验研究[J]. 岩石力学与工程学报, 2008, 27(6): 1162-1170.

[148] 尹土兵. 高温后粉砂岩动态办学特性及破坏机理研究[D]. 长沙: 中南大学, 2008: 27-37.

[149] 徐小丽. 温度载荷作用下花岗岩力学性质演化及其微观机制研究[D]. 徐州: 中国矿业大学, 2008: 33-56.

[150] 陈剑文. 盐岩的温度效应及细观机理研究[D]. 武汉: 中国科学院武汉岩土工程研究所, 2008: 13-34.

[151] 蒋志坚. 大理岩高温后力学性质研究[J]. 地下空间与工程学报, 2011, 7(S2): 1572-1576.

[152] 赵阳升. 多孔介质多场耦合作用及其工程响应[M]. 北京: 科学出版社, 2010.

[153] 中华人民共和国住房和城乡建设部. 混凝土结构设计规范(GB 50010-2010)[S]. 中国建筑工业出版社.

[154] KENJI A, KEISUKE H, TAKEHISA Y. Storage of refrigerated liquefied gases in rock tunnel: Characteristics of rock under very low temperature[J]. Tunnelling and Underground space Technology, 1990, 5(4): 319-325.

[155] PARK C, SYNN J H, SHIN H S, et al. Experimental study on the thermal characteristics of rock at low temperatures [J]. Int. J. Rock Mech. Min. Sci, 2004, 41(3): 1-14.

[156] MONSEN K, BARTON N. A numerical study of cryogenic storage in underground excavations with emphasis on the rock joint response[J]. International Journal of Rock Mechanics & Mining Sciences, 2001, 38(7): 1035-1045.

[157] 陆洲导. 钢筋混凝土梁对火灾反应的研究[D]. 上海: 同济大学, 1989.

[158] 过镇海. 钢筋混凝土原理[M]. 北京: 清华大学出版社, 1999.

[159] LIE T T. A procedure to calculate fire resistance of structural members[C]. International Seminar on Three Decades of Structural Fire Safety, 1983.

[160] 陈丽艳. 混凝土体内的应变测量[J]. 实验室研究与探索, 1994, 41(3): 73-76.

[161] 水工混凝土试验规程(SL352-2006)[S]. 北京: 中国水利水电出版社, 2006.

[162] 通用硅酸盐水泥(GB 175-2007)[S]. 北京: 中国标准出版社, 2007.

[163] 潘志华, 泡沫砼变形和开裂问题及可能的控制途径[C]. 中国混凝土与水泥制品协会泡沫混凝土分会成立大会暨第一届中国泡沫混凝土技术交流会论文集, 张家界, 2009.

[164] 日用管状电热元件(JB/T 4088-2012)[S]. 北京: 机械工业出版社, 2013.

[165] 金属管状电热元件(JB/T 2379-1993)[S]. 北京: 机械工业科学研究院, 1993.

[166] 李顺凯. 水泥砂浆的干缩研究[D]. 南京: 南京工业大学, 2004.

[167]　谷丰吉. 大体积混凝土温度应变测试及防裂措施研究[D]. 西安: 西安建筑科技大学, 2005.

[168]　竹内洋一郎, 郭廷玮, 李安定. 热应力[M]. 北京: 科学出版社, 1977.

[169]　MOHR B J, BIERNACKI J J, KURTIS K E. Micro-structural and chemical effects of wet/dry cycling on pulp fiber cement composites[J]. Cement and Concrete Composites, 2006.

[170]　玄东兴. 水泥混凝土组成材料的热相互作用与热再生体系的研究[D]. 武汉: 武汉理工大学, 2010.

[171]　HUANG W. Properties of cement-fly ash grout admixed with bentonite, silica fume, or organic fiber[J]. Cement and Concrete Research, 1997, 27(3): 395-406.

[172]　ATKINSON A, HAXBY A, HEARNE J A. The Chemistry and Expansion of Limestone-portland Cement mortars Exposed to Sulphate-containing Solutions [M]. Harwell: Nirex, 1988.

[173]　BASSUONI M T, NEHDI M L. Durability of self-consolidating concrete to sulfate attack under combined cyclic environments and flexural loading[J]. Cement and Concrete Research, 2009, 39(3): 206-226.